高等院校创新创业教育系列教材

创 新 设 计
——TRIZ 系统化创新教程

Innovative Design
—Systematic Innovation based on TRIZ

第 2 版

主　编　张换高
副主编　张建辉　张　鹏　赵文燕
参　编　刘　芳　杨伯军　孙建广

机 械 工 业 出 版 社

创新设计是解决发明问题的创新方法与传统设计过程相结合，形成的以实现产品创新为基本要求的系统化设计方法及过程。本书以发明问题解决理论——TRIZ 为基本核心内容，面向产品设计各阶段，系统讲授产品创新设计中发现问题、分析问题和创造性解决问题的系统化方法。

本书以经典 TRIZ 为基础，结合国内外相关研究，按照解决发明问题的流程，系统地介绍发明问题的发现、分析与求解的工具和方法。全书内容共 20 章，分为 6 篇：创新设计概论篇、问题分析工具篇、发明问题求解工具篇、目标导向工具篇、设计流程与软件工具篇、创新设计知识拓展篇。

本书融入了作者及所在研究团队多年从事 TRIZ 研究、培训、教学和项目咨询的经验和心得，并结合了作者最新的研究成果，把通过根原因分析确定的冲突区域作为求解问题的切入点，为综合应用 TRIZ 求解工程技术问题提供了系统化方法。

本书面向高等院校本科生和研究生编写，同时也可作为 TRIZ 初学者及国家创新工程师认证（一级和二级）的技术创新方法部分的培训教材。

图书在版编目（CIP）数据

创新设计：TRIZ 系统化创新教程/张换高主编. —2 版. —北京：机械工业出版社，2023. 12

高等院校创新创业教育系列教材

ISBN 978-7-111-74918-9

Ⅰ. ①创… Ⅱ. ①张… Ⅲ. ①创造学-高等学校-教材 Ⅳ. ①G305

中国国家版本馆 CIP 数据核字（2024）第 008114 号

机械工业出版社（北京市百万庄大街 22 号 邮政编码 100037）
策划编辑：丁昕祯 责任编辑：丁昕祯
责任校对：李 婷 封面设计：张 静
责任印制：常天培
北京机工印刷厂有限公司印刷
2024 年 8 月第 2 版第 1 次印刷
184mm×260mm · 19. 75 印张 · 1 插页 · 487 千字
标准书号：ISBN 978-7-111-74918-9
定价：63. 80 元

电话服务 网络服务
客服电话：010-88361066 机 工 官 网：www. cmpbook. com
010-88379833 机 工 官 博：weibo. com/cmp1952
010-68326294 金 书 网：www. golden-book. com
封底无防伪标均为盗版 机工教育服务网：www. cmpedu. com

前言

本书由河北工业大学国家技术创新方法与实施工具工程技术研究中心人员编写。2013年4月，河北工业大学国家技术创新方法与实施工具工程技术研究中心被科技部批准正式纳入国家工程技术研究中心建设序列，主要面向企业技术创新需求，从事技术创新方法理论研究、工程化关键技术和计算机辅助创新软件开发及其推广应用工作。本中心是创新方法研究会技术创新方法专业委员会所在地，在理论研究方面已形成 TRIZ、破坏性创新使能技术、功能设计、复杂性理论、产品平台设计、专利规避设计等富有特色且具有优势的研究方向，建立了一种面向我国企业创新需求的技术创新方法体系。中心曾承担科技部、广东省、河南省、河北省、天津市、青海省、内蒙古自治区等省、市、自治区和中国化工集团、中船重工、原北车集团、三一重工、广州无线电集团、中钢集团、河北钢铁、长城汽车、天冠集团、新奥集团等大型企业的技术创新方法培训工作，参与制定了创新方法国家标准。2011年以中心牵头的技术创新方法推广与应用团队被科技部评为“十一五”国家科技计划执行优秀团队，2013年获得河北省科技进步一等奖，2012~2013年中心在技术创新方法理论研究、推广应用及创新人才培养等方面成果突出，分别获得中国产学研合作创新成果奖和中国产学研合作创新奖。

本书结合中心在本校本科生和研究生创新设计课程教学和对外技术创新方法培训的经验，面向创新设计过程，以问题形成、分析和求解过程为主线，以发明问题解决理论（TRIZ）为核心内容，面向在校本科生和研究生，讲授创新设计理论和 TRIZ 的基本概念、过程和方法。

本书按照40~56学时编写，对于创新设计课程学时数较少的院校，可自行选择课堂讲授内容。

本书共6篇20章，分为创新设计概论篇、问题分析工具篇、发明问题求解工具篇、目标导向工具篇、设计流程与软件工具篇和创新设计知识拓展篇。编写分工如下：第1章绪论、第2章产品设计方法学概述、第3章 TRIZ 概述、第5章因果分析与冲突区域确定、第7章资源分析、第15章产品技术成熟度及其预测、第16章技术系统进化定律和进化路线以及附录由张换高编写；第14章裁剪由张换高、张建辉编写；第10章技术冲突解决理论、第11章物理冲突解决理论由张换高、张鹏编写；第4章功能分析由张鹏、张建辉编写；第18章发明问题解决的流程由刘芳、张换高编写；第6章理想解分析、第8章 TRIZ 中的思维工具由张鹏、赵文燕编写；第19章计算机辅助创新软件——InventionTool 系列软件简介、第20章专利申请与规避由张建辉编写；第9章效应知识库、第17章需求进化由刘芳、孙建广编写；第12章物质-场模型及其变换规则和第13章标准解由杨伯军编写。

本书第5章、第7章、第14章、第18章结合了作者团队最新研究成果，其余各章也融入了团队多年来的研究成果和心得。

感谢博士生刘力萌参与本书编写过程中的大量资料整理和文字编辑工作。感谢硕士生邱旸、邱亮、赵磊、王炎、郝明星、林娜、陶涛、郭洪奎等为本书翻译了大量资料和案例。

感谢中心曹国忠、孙建广、陈子顺、江屏、赵文燕等老师对本书内容提供了大量资料和建议。

最后感谢我们的导师檀润华教授对我们成长过程中的悉心指导和对本书的大力支持。

编　者

目录

第 4 篇 目标导向工具篇

第 5 篇 设计流程与软件工具篇

第 6 篇 创新设计知识拓展篇

第1篇

创新设计概论篇

创新设计属于设计方法学的范畴，区别于传统设计，是通过设计过程实现设计结果创新性为目的的设计方法学。百度百科把创新设计定义为："充分发挥设计者的创造力，利用人类已有的相关科技成果进行创新构思，设计出具有科学性、创造性、新颖性及实用性产品的一种实践活动。"实际上创新性已经成为现代工业社会普遍性要求，创新已经成为现代设计的本质。

本篇结构如图Ⅰ-1所示。

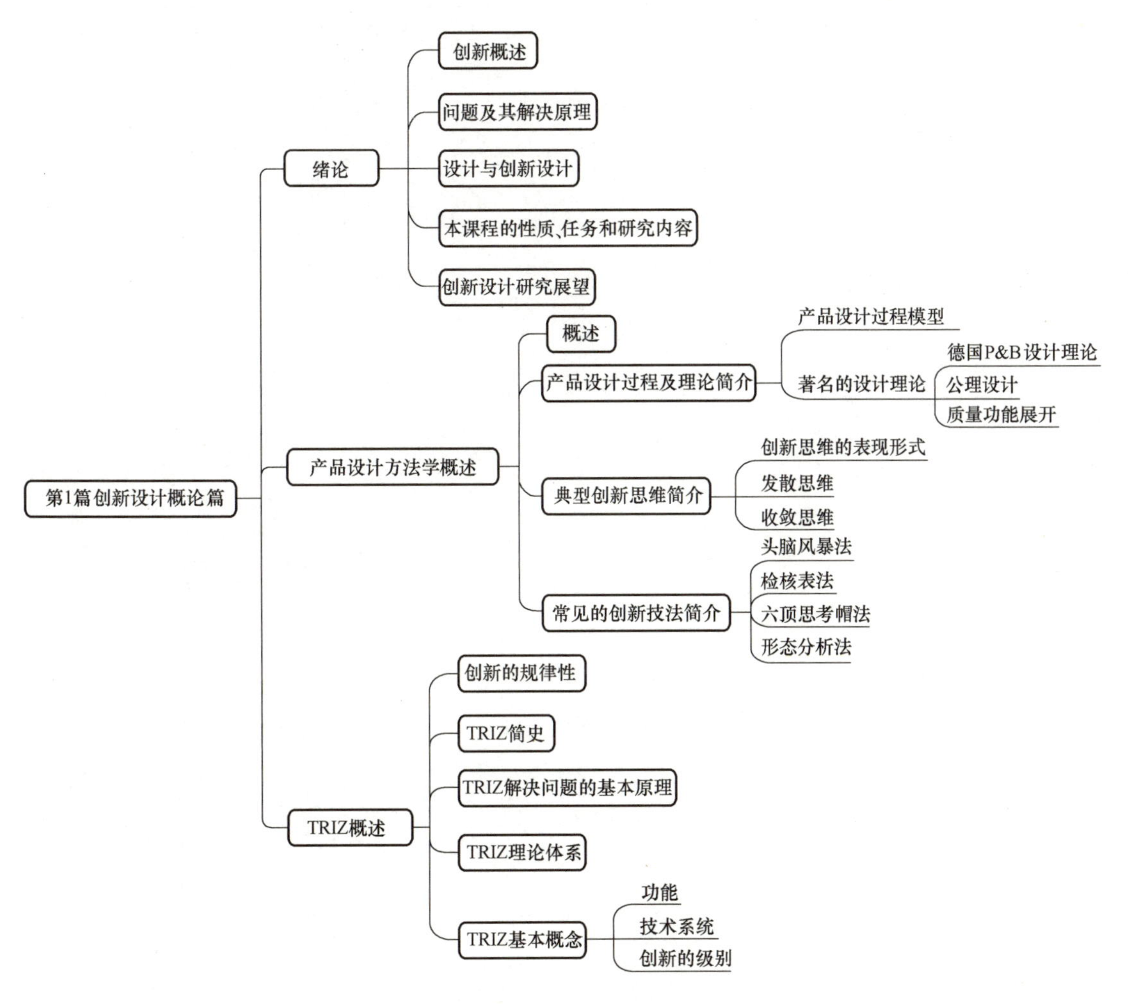

图Ⅰ-1　第1篇结构

围绕创新设计相关概念和理论方法，本篇分为三章。

第 1 章绪论：主要介绍本书所涉及的一些基本概念、基础知识和作为本科课程应具有的地位和作用。包括创新概述；问题及其解决原理；设计与创新设计；本课程的性质、任务和研究内容；创新设计研究展望。

第 2 章产品设计方法学概述：主要概括介绍产品设计方法学的研究对象和部分成果，分为产品设计过程及理论、典型创新思维简介和常见的创新技法简介三部分，其中产品设计理论部分简要介绍德国 P&B 设计理论、公理设计和质量功能展开方法。典型创新思维主要比较发散思维和收敛思维。创新技法主要介绍头脑风暴法、检核表法、六顶思考帽和形态分析法。

第 3 章 TRIZ 概述：简要介绍创新的规律性、TRIZ 简史、TRIZ 解决问题的基本原理、TRIZ 理论体系和 TRIZ 基本概念。

第1章 绪论

纵观人类发展历史，创新始终是一个国家、一个民族发展的重要力量，也始终是推动人类社会进步的重要力量。不创新不行，创新慢了也不行。如果我们不识变、不应变、不求变，就可能陷入战略被动，错失发展机遇，甚至错过整整一个时代。

——习近平

1.1 创新概述

当今世界，以信息技术为主要标志的科技进步日新月异，高科技成果向现实生产力的转化越来越快，初见端倪的知识经济预示人类的经济社会生活将发生新的巨大变化。同时世界经济一体化进程不断加快，国与国之间的竞争更趋激烈，各国都在抓紧制定面向新世纪的发展战略，争先抢占科技、产业和经济的制高点。

1.1.1 创新的含义

“创新”一词在古文献中出现很早，如《魏书》有“革弊创新”，《周书》中有“创新改旧”，其中创新都有创造或开始新事物的意思。在英语中 Innovation（创新）起源于拉丁语（“a novel change, experimental variation, new thing introduced in an established arrangement”），有三层含义：一是指全新的变化；二是实验变异；三是在已建立的秩序中引入新事物。上述三层含义在工程设计领域可以引申为创新的三个层次：突破性创新（radical innovation）、渐进性创新（incremental innovation）和集成创新（integrated innovation）。

创新目前还没有一个统一的定义，却又是一个普遍使用的概念。在商品经济社会之前，创新更多的是人们某种行为或活动的客观结果，“新”并不是目的，而是区别于已有的更加符合当时社会需求的结果。但是在商品经济社会，创新既是一种目的，又是一种结果，还是一种过程。“新”既是目的，也是结果，此时“新”的含义是指知识产权意义上的新，即在结构、功能、原理、性质、方法、过程等方面的、第一次的、显著的变化；“创”表明了“新”实现的困难，即需要经过一个开拓性的过程。

百度百科中把创新定义为：“以现有的思维模式提出有别于常规或常人思路的见解为导向，利用现有的知识和物质，在特定的环境中，本着理想化需要或为满足社会需求，而改进或创造新的事物、方法、元素、路径、环境，并能获得一定有益效果的行为。”在西方，创新理论的起源可追溯到 1912 年美籍经济学家约瑟夫·熊彼特（Joseph Alois Schumpeter, 1883—1950）的《经济发展理论》。在该著作中熊彼特提出创新就是建立一种新的生产函数，即把一种新的生产要素和生产条件的“新结合”引入生产体系。创新有五种表现形式：引入一种新产品，引入一种新的生产方法，开辟一个新的市场，获得原材料或半成品的一种新的供应来源，新的组织形式。熊彼特的创新概念包含的范围很广，本质上是企业创新理论，涉及技术性变化的创新及非技术性变化的组织创新。

现代管理学之父彼得·德鲁克（Peter F. Drucker，1909—2005）指出：“作为一种经验规律，如果在产生一种新思想上花费一美元，则在对之进行研究以便把它转化为一种新发现或新发明，就必须花费十美元。在‘研究’上每用十美元，在‘发展’（‘开发’）上至少要花费一百美元。在‘发展’（‘开发’）上花费一百美元，则在市场上引进和建立一种新产品或一个新企业就需要花费一千或一万美元。而只有在市场上建立了一种新产品或一种新企业之后，才能说已有了一种‘创新’。”德鲁克的论断给产品创新又赋予了经济性的内涵，这正是商品社会创新的基本目的，创新不仅仅是为了“新”而“创”，更是为了从中获得收益。

1.1.2　创造、发明与创新的关系

在产品创新领域，与创新有关的另外两个基本概念为创造（Creation）与发明（Invention），上述德鲁克关于创新的论断实际上也揭示了创造、发明与创新的关系。图 1-1 表达了三者间的关系，即

创新=设想(理论概念)+发明(技术发明)+商业开发

1）创造是原始设想的一种表达，如头脑中的影像、材料、模型、草图或图形等。创造过程具有结构化或非结构化的自然属性，精确预测创造发生的时间是困难的。

2）发明是原始设想得到某种技术可行性证明的结果，证明的方法如计算、仿真、建立物理模型进行试验等，即发明是导致某种有用结果的技术设想或技术创意。发明阶段的结果可以申请专利或某种知识产权加以保护。

3）创新是发明在某企业商品化开发，企业通过产品从市场获得了收益。《第五项修炼》一书的作者彼得·圣吉说：“当一个新的构想在实验室被证实可行的时候，工程师称之为‘发明’（Invention），而只有当它能够以适当的规模和切合实际的成本，稳定地加以重复生产的时候，这个构想才成为一项‘创新’（innovation）。”

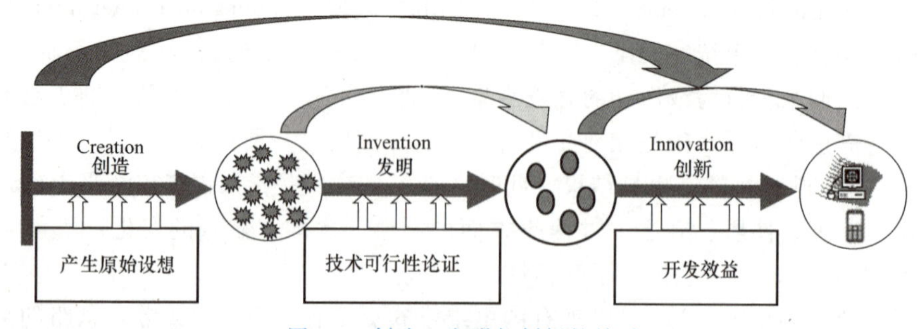

图 1-1　创造、发明与创新的关系

产生设想只是创新的必要开端，发明是设想的技术实现，真正让人们从创新成果中获益的是商品化后的产品。例如：CT（X 射线断层扫描仪）是由 EMI 公司的工程师豪斯菲尔德（N·Housfield）发明的，但是真正把它变成服务社会的机器的是通用电气公司；家用吸尘

器是由看门人斯潘格勒（James Spangler）发明的，而被胡佛（William Hoover）成功商业化；卡式录像机是索尼公司发明的，但真正商品化是在松下公司。

1.1.3 产品创新过程模型

德鲁克对创新的论断实际上指的就是产品创新，该论断首先揭示了产品创新经济性的内涵，其次也揭示了产品创新的过程。

产品创新包含模糊前端（Fuzzy Front End，FFE）、新产品开发（New Product Development，NPD）、商品化（Commercialization）三个阶段，如图 1-2 所示。模糊前端阶段要根据市场机遇产生多个设想，并根据企业能力，通过评价确定若干个设想，针对这些设想启动新产品开发项目。新产品开发包括产品设计与制造，该阶段通过概念设计、技术设计、详细设计、工艺设计及制造，将上阶段输入的设想转变成产品，并输出到商品化阶段。经过市场运作，在商品化阶段将产品转变成企业效益，从而完成产品创新的全过程。

在产品创新过程中技术创新主要体现在模糊前端与新产品开发阶段，是通过不断发现并创造性地解决其中出现的技术问题而实现产品创新的。而商品化阶段遇到的障碍，一方面可以用管理创新的方法解决，同时也可以利用社会的技术环境，创造更多的市场化途径。本书的研究内容集中在创新的前两个阶段：模糊前端阶段创新设想的产生和新产品开发阶段问题的解决。

本书主要研究的是如何通过一个创新设计的过程，达到产品创新的目的。鉴于本书主要面向工科专业的学生和工程师，如何把产品市场化的问题不作为本书的研究内容。本书主要针对产品创新过程的前两个阶段涉及的技术创新的问题进行研究，对于企业而言，技术创新包括产品创新和工艺创新。两类创新都是最终缩短或消除客户需求与产品现状之间的距离的过程。

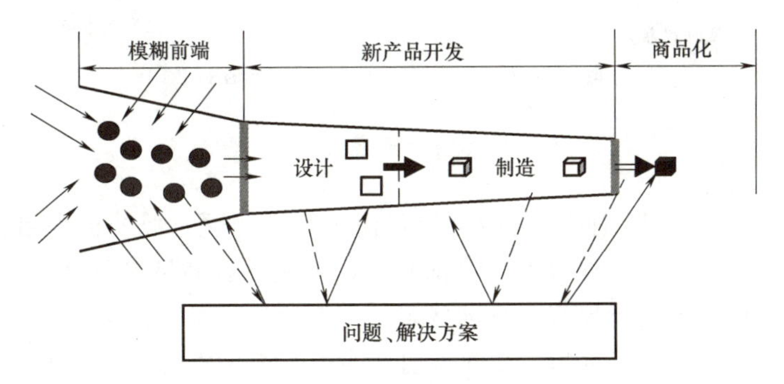

图 1-2 产品创新过程模型

1.2 问题及其解决原理

创新是一个复杂的过程，需要不断地解决各阶段出现的问题：在模糊前端主要是如何产生创新设想及创新设想如何选择的问题；在产品开发阶段主要是如何把选定的创新设想变成真实产品的问题，当然在开发的各个阶段问题又各不相同；在商品化阶段主要是如何进行商业化运作使产品能够产生效益的问题。本节主要介绍问题的定义、分类以及解决问题的一般过程和原理。

1.2.1　问题的定义

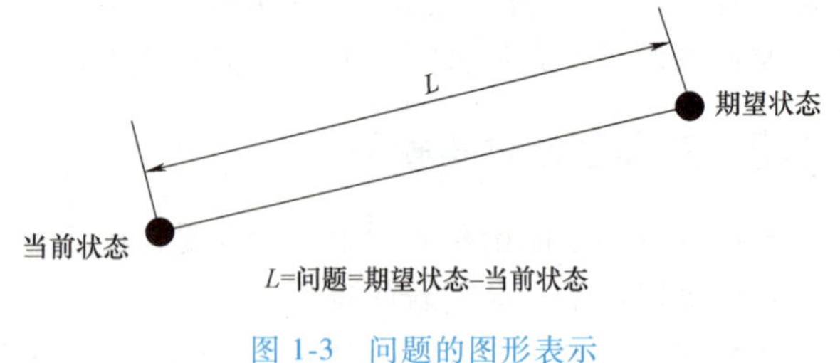

图 1-3　问题的图形表示

关于问题的定义，在不同的时期，不同的领域也并不相同。佐藤允一在其著作《问题解决术》一书中认为“问题就是目标与现状的差距，是必须要解决的事情”。简而言之，问题就是“期望状态”与“当前状态”相比较所存在的距离。该定义体现了问题动态发展的特性，适用于任何类型的问题。如图 1-3 所示，当前状态与期望状态之间存在距离 L，L 即为问题。

1.2.2　问题的分类

人们在生活中会遇到形形色色的问题，不同的分类标准可以得出不同的问题类型。

1. 原因导向型问题与目标导向型问题

佐藤允一在 1984 年根据问题产生的来源将问题划分为三类。

（1）发生型问题　发生型问题是指已经发生或能够预先确定必然发生的问题，即“期望状态”与“当前状态”已经明确了的问题。从设计角度而言，发生型问题是指设计方案实施的结果没有达到设计目标或有异常产生。如图 1-4 所示，该类问题又可以分为未达问题和逃逸问题，前者是指期望的目标没有达到；后者是指随着时间的推移，系统状态逐渐偏离期望状态。解决该类问题的关键在于确定产生问题的根本原因。

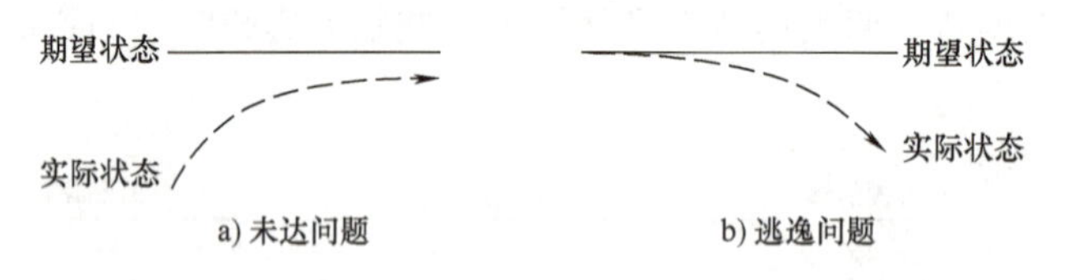

图 1-4　发生型问题的两种类型

（2）探索型问题　探索型问题是指虽然目前未发生问题，但若提高目标值或水平则会导致问题发生。该类问题可以理解为“当前状态”明确并且满足当前要求，“期望状态”是根据当前状态主观创造的高于现有水平的状态。从设计角度而言，探索型问题是在设计方案实施结果成功达到原定设计目标后，出于改善弱点、加强优点的目的人为提高设计目标导致的问题。

（3）假设型问题　假设型问题也是目前未发生的问题，它是由于设定了至今所没有的、全新的目标而引起的问题。该类问题可以理解为因为“当前状态”与预计的“期望状态”距离太大，导致“当前状态”与“期望状态”关系模糊，“当前状态”对解决问题的可借鉴程度可忽略不计，即该类问题是“当前状态”与“期望状态”都不明确的问题。从设计角度而言，假设型问题是出于产品或工艺开发，或防范未来未知风险的目的，人为设定的问题，由于存在较大不确定性，现有设计方案很难作为研究起点。

如图 1-5 所示，按照问题解决的关键点，以上三类问题又可以归结为两类。

（1）原因导向型问题　原因导向型问题是指“期望状态”与“当前状态”都明确，以确定问题发生的原因为关键点的问题。发生型问题就是原因导向型问题，其解决的关键就是要通过问“为什么”找到问题产生的根本原因，从问题发生的点入手，消除问题发生的条件，以使问题得以解决。

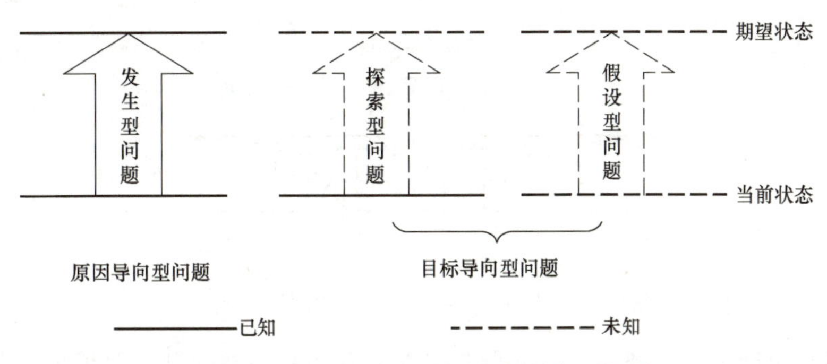

图 1-5　原因导向型问题和目标导向型问题

（2）目标导向型问题　目标导向型问题是指“期望状态”需要首先进行设计才能产生问题的问题。探索型问题和假设型问题都属于目标导向型问题，如何创造性地产生期望状态本身就是一个困难问题。一般通过构建“如何改善（加强）”“如果……则……”提出改善点或创意，然后形成问题。

创新就是要解决以上两类问题，即在因果分析基础上解决原因导向型问题；通过技术和市场预测，解决预测未来产品的问题，实现目标导向型问题的解决。

2. 通常问题与发明问题

Savransky 在 2000 年按照解决问题的困难程度将工程问题分为两类：通常问题与发明问题。解决通常问题一般不具有创新性，创新设计就是要解决发明问题。

（1）通常问题　通常问题是指所有解决问题的关键步骤及用到的知识均为已知的，解决该类问题只需要按照传统经验和做法，按部就班地完成即可。

例 1-1　如图 1-6 所示，根据带式输送机的阻力和速度选择电动机后设计减速器，在没有其他苛刻的设计约束前提下，任何一个合格的机械工程师都能够完成这项工作，因为该问题是机械科学已经解决了的问题，只需按照机械设计手册或教科书中的设计过程和知识完成即可，该问题属于通常问题。

（2）发明问题　发明问题是指对于问题的解至少有一个关键步骤是未知、解的目标不清楚或含有相互矛盾的需求。所谓关键步骤是指如果缺少此步骤，则问题不能得到解决。对于那些应用常规经验和做法无法解决，或者会导致冲突发生的问题就是发明问题。

例 1-2　如图 1-7 所示，波音公司改进 737 的设计时，需要将使用中的发动机改为功率更大的发动机。发动机功率越大，它工作时需要的空气越多，就需要更大的整流罩进气口面积，常规解决

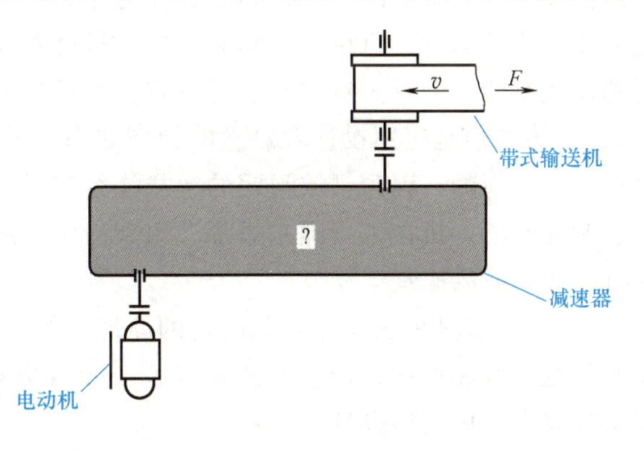

图 1-6　带式输送机减速器的设计问题

方法是增大发动机整流罩的直径，但是导致整流罩离地面的距离减小，距离的减小会影响飞机的安全，这是不允许的，即采用常规措施导致了改进目标与不期望次生结果的冲突，该问题属于发明问题。

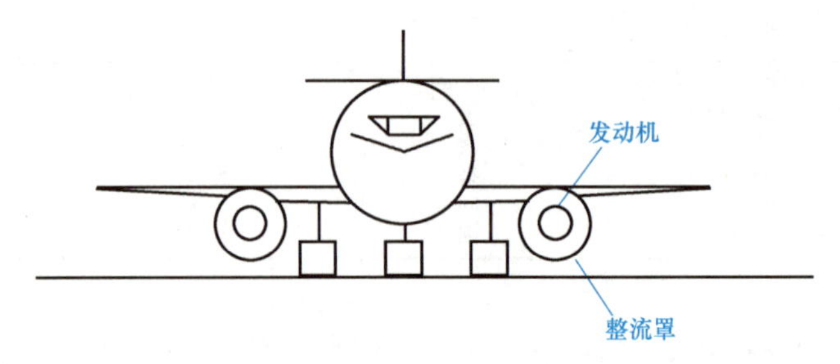

图 1-7 发动机整流罩的问题

当一个问题明确之后，判断一个问题是发明问题还是通常问题，要根据问题解决的方式以及解决的程度来判断：如果设计者应用已有知识、按照通常的经验和做法对系统进行设计或修改，期望目标能够达到并且在现有的约束条件下不产生其他次生问题，则该问题就是一个通常问题；反之，如果产生了次生问题或者按照通常的经验和做法无法达到期望的目标，则该问题将是一个发明问题。例如，对于例 1-1 的减速器设计，如果增加苛刻的空间约束，使得按照目前的材料和制造水平导致实现困难时，该问题就转化为发明问题。

1.2.3 问题解决的一般原理

人们解决问题是基于知识和经验的，问题的解不是凭空产生的，而是自觉或不自觉地应用了类比原理和过程。虽然心理学上有“顿悟”之说，但是“顿悟”也不是凭空产生的，其本质是在某种场景下发现了需解决的问题与某个类比物之间的相似性，进而从类比物中找到了问题的解。

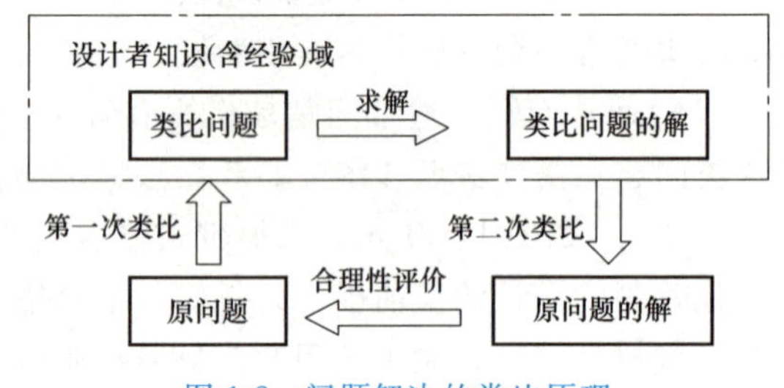

图 1-8 问题解决的类比原理

如图 1-8 所示，问题解决的过程是经过四步两次类比的过程。

1）第一步是根据个人或团队的知识和经验去类比所定义的问题，把问题转化为个人/团队知识域中的问题。比如对于一个传动系统需要调速的问题，机械工程师和电气工程师首先会想到各自领域中常见的调速问题。如果问题比较复杂，会首先对问题进行分解，然后再对分解后的分问题进行类比分析。

2）第二步是应用设计者熟悉的领域知识（经验）去求解转化后的问题。这一步往往是比较容易实现的，因为领域问题的解往往是设计者比较熟悉的，一般属于通常问题。例如：上述调速问题，机械工程师一般都会想到齿轮系的调速原理，而电气工程师一般都会想到电动机调频调速的原理。

3）第三步是根据类比问题的解的原理，类比原问题的解。比如采用齿轮系调速原理完成原问题的调速设计，最直接的是寻找一个参数相近（类比原则）的已有变速器设计，根据实际要求，做变型设计。

4）第四步是把得到的解按照原问题的约束进行评价，比如上述变速问题，如果有空

间、重量等方面的约束，可以用来评价得到的解是否合理。

1.2.4 问题求解的一般流程

从问题的定义看，解决问题本质上就是改变系统的当前状态到期望状态的过程。如图1-9所示，问题解决过程一般包括问题发现、初始问题定义、问题分析（最终问题定义）、问题解决四个步骤，其中问题解决可以按照上述步骤经两次类比完成。

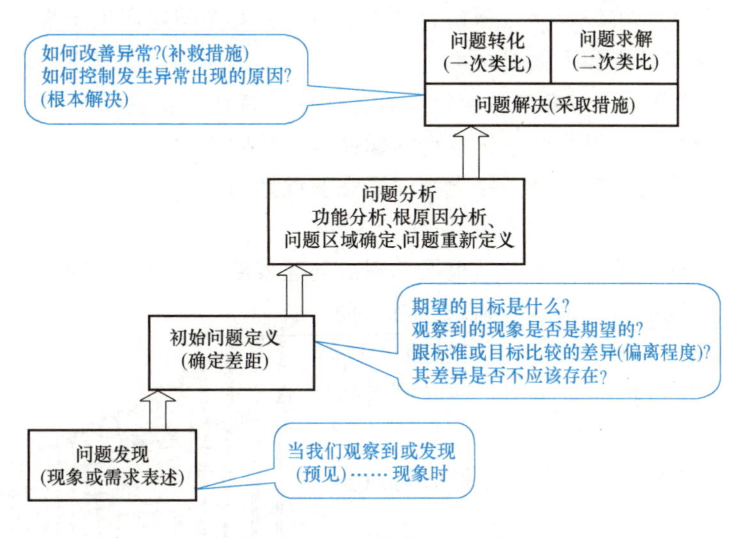

图1-9 问题解决的一般过程

（1）问题发现　在设计的不同阶段面临的问题是不同的，一般在设计开始阶段，问题主要来自两方面：一是用户需求，即从市场调研或用户反馈得到的关于某种产品的具体特性要求或对现有产品不满意的指标；二是设计者或企业领导者产生了某种设想，需要通过设计来实现，即从问题的定义的角度而言，也就是明确了设计对象期望的状态。

（2）初始问题定义　问题定义是明确当前状态与期望状态的差距。因为设计对象往往是一个系统，初始问题反馈的信息往往是针对整个系统的，但是真正引起问题的原因可能只是系统中的某个局部子系统，因此该步骤主要是在系统层次上定义问题。

（3）问题分析　问题分析是为了确定问题产生的原因，在基于对系统分解的基础上，缩小问题涉及的区域，最终确定导致系统问题发生的子系统，重新在子系统层次上定义问题。

（4）问题解决　按照前述问题解决的原理通过两次类比实现问题转化和具体问题的求解。

1.2.5 问题求解过程中存在的困难

如上所述，问题求解包括问题发现、初始问题定义、问题分析、问题解决四个过程，其中问题解决又要通过两次类比才能够解决。任何一个环节的任务失败都会导致问题求解的失败。

1. 问题发现阶段存在的困难

1）对于发生型问题中的未达问题，期望的目标没有实现，问题表象比较清楚，因此问题容易发现。但是对于偏离问题，往往需要预测偏离发生的时间和偏离的程度，对于复杂系统这种预测往往是比较困难的。目前计算机技术的发展，尤其是大型工程软件的应用和虚拟现实技术为我们发现问题提供了必要工具和条件。

2）对于探索型问题，如何确定需要加强的优点和改善的弱点本身就是一个比较困难的问题，往往需要敏锐的市场观察力和预测能力。目前针对该问题产生了很多市场调查的方法和途径，尤其是网络调查和大数据技术，使得从客户获得期望要求变得相对容易。

3）对于假设型问题，未来产品应该具有什么样的特征，提供什么样的性能，因为不是基于当前市场预测的，所以相对于探索型问题而言，难度更大。

本书第 4 篇将致力于解决对于探索型问题和假设型问题如何发现期望目标的问题。

2. 初始问题定义阶段存在的困难

初始问题定义阶段的主要任务是根据发现的问题表象，正确确定问题的目标。该阶段存在的困难是有时问题的目标是不明确的，对不同利益相关者，确定的目标有可能是相互冲突的。如图 1-10 所示为翻越护栏的问题。该问题可以有以下几个定义：

图 1-10　翻越护栏的问题

① 对交通管理者而言，该问题是如何阻止人们翻越护栏。

② 对行人而言，该问题又成为如何改善非开放交通路口的交通问题。

③ 对驾驶人而言，是在这种情况下如何避免发生交通事故的问题。

④ 对媒体而言，可能是如何提高公民遵纪守法观念的问题，也可能是隔离护栏设置是否合理的问题，还可能是如何提高附近居民出行方便性的问题。

3. 问题分析阶段存在的困难

问题分析阶段的主要困难是如何确定系统中与问题相关关键环节和参数的问题，对已有系统进行改进或利用时，以系统最小的改变达到解决系统的问题是最理想的。但是如何确定改变的对象和关键参数，往往是比较困难的。

对于产品改进问题，问题分析阶段的关键是确定问题的根原因。导致问题的原因可能有很多，并且各因素之间也有比较复杂的关系，如何从众多的因素中找到最根本性因素是该阶段存在的最大困难。

本书第 2 篇将解决问题分析阶段如何确定根原因，进而确定问题关键点的问题。

4. 问题解决阶段存在的困难

按照问题解决的原理，需要把问题转化到个人熟悉的领域，然后根据个人的知识和经验提出解决方案，在此过程中存在两大障碍：有限的知识域和思维定式。

（1）有限的知识域　随着科学技术的发展，出现了不同的学科；同时社会分工的细化，行业划分越来越细。任何人在当今社会，不可能掌握所有学科和行业内的知识，这就导致仅凭个人经验，很难得到跨学科或跨领域的解。如图 1-11 所示，对于某个看似机械领域的问题，有可能其最优解并不在机械领域，而是在化学领域，则仅凭着机械领域的知识，按照问题求解原理，仅靠个人的力量永远得不到最优解。

本书的核心理论发明问题解决理论（TRIZ）提供了基于不同学科和领域知识的工具和知识库，可以解决个人创新过程中，知识域有限的问题。

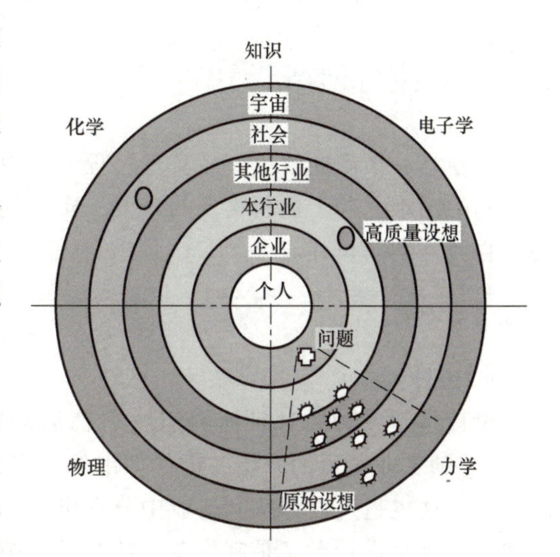

图 1-11 有限的知识域

（2）思维定式

例 1-3 日本的东芝电气公司 1952 年前后曾一度积压了大量的电扇卖不出去，7 万多名职工为了打开销路，费尽心机地想了不少办法，依然进展不大。有一天，一个小职员向当时的董事长石坂提出了改变电扇颜色的建议。第二年夏天东芝公司推出了一批浅蓝色电扇，大受顾客欢迎。提出这一改变颜色的设想，既不需要有渊博的科技知识，也不需要有丰富的商业经验，为什么东芝电气公司和其他生产厂之前没人想到、没人提出来？这显然是因为，自有电扇以来，电扇都是黑色的。虽然谁也没有规定过电扇必须是黑色的，而彼此仿效，代代相袭，渐渐地就形成了一种惯例、一种传统，似乎电扇都只能是黑色的。这样的惯例、常规、传统反映在人们的头脑中，便形成一种心理定式、思维定式。时间越长，这种定式对人们的创新思维的束缚力就越强，要摆脱它的束缚也就越困难。

思维定式（Thinking Set），也称“惯性思维”，就是按照积累的思维活动经验教训和已有的思维规律，在反复使用中所形成的比较稳定的、定型化了的思维路线、方式、程序和模式。在环境不变的条件下，定式使人能够应用已掌握的方法迅速解决问题。而在情境发生变化时，它则会妨碍人采用新的方法。消极的思维定式是束缚创造性思维的枷锁。

如图 1-12 所示，每个人在成长过程中，随着知识和见识的增长，都会形成一定的情感边界、经验边界、知识边界和信念边界，这些已形成的知识、经验等，都会使人们形成认知的固定倾向，从而影响后来的分析、判断，形成“思维定式”，即思维总是摆脱不了已有“框框”的束缚，表现出消极的思维定式。

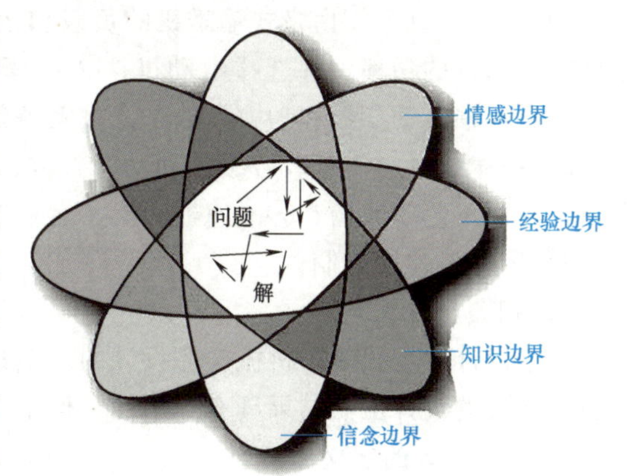

图 1-12 思维定式形成的原因

为了克服思维定式和有限的知识域这两方面的障碍，出现了以个人或群体思维引导为手段的创新思维方法和以一定的流程和组织方式实施这些创新思维方法的创新技法。第 2 章将对其中部分创新思维方法和创新技法进行介绍。TRIZ 通过一个系统化的创新过程，辅以思维工具突破思维定式，TRIZ 中的思维工具将在第 2 篇介绍。

1.3　设计与创新设计

创新是一个不断解决产品实现过程中出现的各类问题的过程，在解决问题的各个阶段又有不同的困难。鉴于创新实现的难度，实现创新需要一个规划、实施的过程，这个规划实施的过程就是创新设计。

1.3.1　定义

1. 设计的定义

设计是“一种针对目标的问题求解活动”（阿切尔《设计者运用的系统方法》1965年）。伴随工业革命的开始，近代都市的出现，人类社会迎来了标准化、机械化的大批量生产时代，这也迫使设计从制造业中分离出来，成为一种独立的职业。传统手工业时代的作坊主和工匠既是设计者又是制作者，甚至还是销售者和使用者。工业革命后，从制造业中独立出来的设计，经过再分工，形成造型与功能设计两部分。设计师担任外观设计，而产品的内在功能则由工程师负责。

根据工业设计师 Victor Papanek 的定义，设计（Design）是为构建有意义的秩序而付出的有意识的直觉上的努力。更详细的定义如下：

第一步：理解用户的期望、需要、动机，并理解业务、技术和行业上的需求和限制。

第二步：将第一步的结果转化为对产品的规划（或者产品本身），使得产品的形式、内容和行为变得有用、能用，令人向往，并且在经济和技术上可行。这是设计的意义和基本要求所在。

以上定义可以适用于设计的所有领域，尽管不同领域的关注点从形式、内容到行为上均有所不同。简言之，设计就是设计者利用一切可用资源实现用户需求的过程。

如例 1-1 所述，设计减速器是一个通常问题，但是设计该减速器也需要一个系统化设计过程：

1）方案设计。①由带式输送机的负载和运动参数计算工作机的功率，然后通过传动效率计算电动机的功率，并选择电动机；②计算传动比，并根据齿轮传动比的范围分配传动比，计算各轴运动参数和动力参数；③方案评价和选择。

2）技术设计。①计算各级传动动力参数，并进行齿轮承载能力计算；②设计轴系支承方案，考虑工艺等问题；③减速器润滑、运输等附件设计；④完成装配图。

3）零件工作图绘制。

4）相关文件编制。

以上设计过程代表了机械产品设计的一般过程，但是其设计结果并不具有创新性。因此一般意义上的设计虽然结果具有实用性，但不一定具有创新性。

2. 创新设计的定义

如前所述，问题分为通常问题和发明问题，只有解决发明问题，才是创新。因此，创新设计是解决发明问题的创新方法与传统设计过程相结合，以实现产品创新为要求的系统化设计过程。

创新设计区别于传统设计，是指在上述定义的第一步中加入了创新性的约束，即把已有设计作为需要规避的对象；在第二步中，产品设计方案在保证产品经济和技术可行性的同时，要保证产品的新颖性和创造性。

对于现代企业而言，知识产权保护已经成为企业的重要行为规则之一，因此对于企业产品设计，创新成为设计的本质。

1.3.2 设计的类型及其创新性

按照设计需付出的努力和困难程度，以及对产品改变的程度（创新性），设计可以分为新设计、适应性设计和变参数设计。相对于设计原型，三类设计的结果如图 1-13 所示。其中，新设计与适应性设计属于创新设计，而变参数设计可能会导致工艺的创新设计。

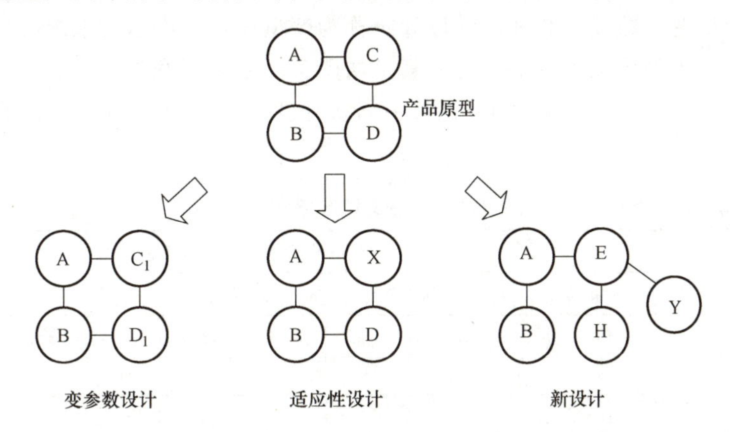

图 1-13 设计的三种类型

1. 新设计

新设计也称为开发性设计，是指对给定的任务提出全新的、具有创造性的解决方案。这种解决方案可以视为一种发明创造。比如晶体管的发明、Windows 系统的发明、网络通信技术的发明等。

新设计是要创造一个全新的产品，因此是一种困难程度最高的创新。创新一旦成功，对原有市场不啻为一场革命，意味着可能的巨大效益。推出全新产品，变化的不仅仅是产品自身，还包括新的生产工艺和设备，这就意味着巨大的资金投入和极高的风险。因此，极少有工程技术人员计划进行或被允许进行完全意义上的原创设计。

2. 适应性设计

适应性设计也称为改良设计，是指在现有的已知系统进行改造或增加较为重要的子系统，如汽车的防抱死系统的设计。适应性设计是对系统中的子系统进行改进，其对系统子系统的改变可能涉及原理的改变，如果开发了一种全新的原理（不是从已有其他系统借用过来的），可以看作是对该子系统的新设计。

适应性设计可能会产生全新的结果，但是它基于原有产品的基础，并不需要做大量的系统重建工作，设计难度一般比新设计难度要低。这种类型的设计是设计工作中最为常见的和普遍的，这是市场需求的反映。通常，消费者总是希望产品能够适应他们目前的生活方式和风格潮流，即消费者有自己的产品观念。为了适应消费者的观念，设计师选择改良设计以确保产品具有良好的商业利润，这是该类设计类型占据设计主导地位的最主要原因。

3. 变参数设计

变参数设计又称为变型设计，是指改变产品某些方面的参数（如尺寸、形态、材料、操控方式等），从而得到新产品。变参数设计不改变原有产品的结构，即原系统不变，而只对其中的子系统做出相应的调整。这种方式常用于系列产品及相关产品开发，如开发不同配置的同品牌汽车等。

变参数设计对产品自身而言原理和结构不变，因此设计难度较小，但变参数设计对生产工艺过程的影响是不确定的，有时会导致生产工艺与设备的巨大变化，如液晶显示屏幕从小到大的变化，主要是受生产工艺水平的限制，在这种情况下，产品设计工作主要是通过工艺创新实现工艺系统的重建，对工艺系统而言往往是适应性设计，甚至是新设计。

某些文献中把变参数设计和适应性设计统称为变型设计，表示对系统改变程度较小的设计，而新设计代表了系统较大的变化，尤其是功能实现原理的变化。

三类设计引起的产品变化见表1-1，其中创新程度用设计引起的产品和工艺变化程度来衡量。

表1-1 三类设计的创新程度

设计类型	创新程度(设计引起产品或工艺的变化)									
	新功能		新原理		新结构		新性能		新工艺	
	总体	局部	总体	局部	总体	局部	总体	局部	总体	局部
新设计	√/×	√/×	√	√	√	√	√	√	√	√
适应性设计	×	√/×	×	√	×	√	×	√	×	√
变参数设计	×	×	×	×	×	×	√/×	√	√	√

注：1. 表中“总体”是指总体包含的各部分的数量和关系的总和，“局部”是指组成总体的某个部分。

2. “√”表示设计引起已有产品的“总体”或某个“局部”的变化，“×”代表设计不会引起总体或任一部分的变化，“√/×”表示存在两种可能。

1.4 本课程的性质、任务和研究内容

1.4.1 课程简介

创新设计是研究产品设计与制造过程中发明问题解决的基本理论和方法的一门技术基础课。以国际上著名的创新设计理论——TRIZ为基础，系统讲授产品设计中发现问题、分析问题和创造性解决发明问题的系统化方法。本课程面向解决设计全过程中出现的发明问题，应用本课程所提到的工具和方法，学生应该具备一定的物理、化学、几何等基本知识和本专业的基本设计知识。

本课程的任务：

1）使学生了解产品概念设计的一般过程。

2）掌握经典TRIZ的基本概念、原理、方法和工具，初步具有应用TRIZ发现问题、分析问题和解决问题的能力。

3）培养学生独立分析、解决问题的能力，提高学生创新意识和能力，增强学生对产品设计和开发工作的适应性。

本课程的研究对象是产品创新设计方法及其规律，以发明问题解决理论（TRIZ）为核心内容，结合创新设计方面的其他研究成果，围绕问题分析、发明问题解决、目标导向（发现问题）三个环节组织教学内容，并对计算机辅助创新和专利申请与规避等方面进行了介绍。

全书分为6篇20章，基本内容如图1-14所示。

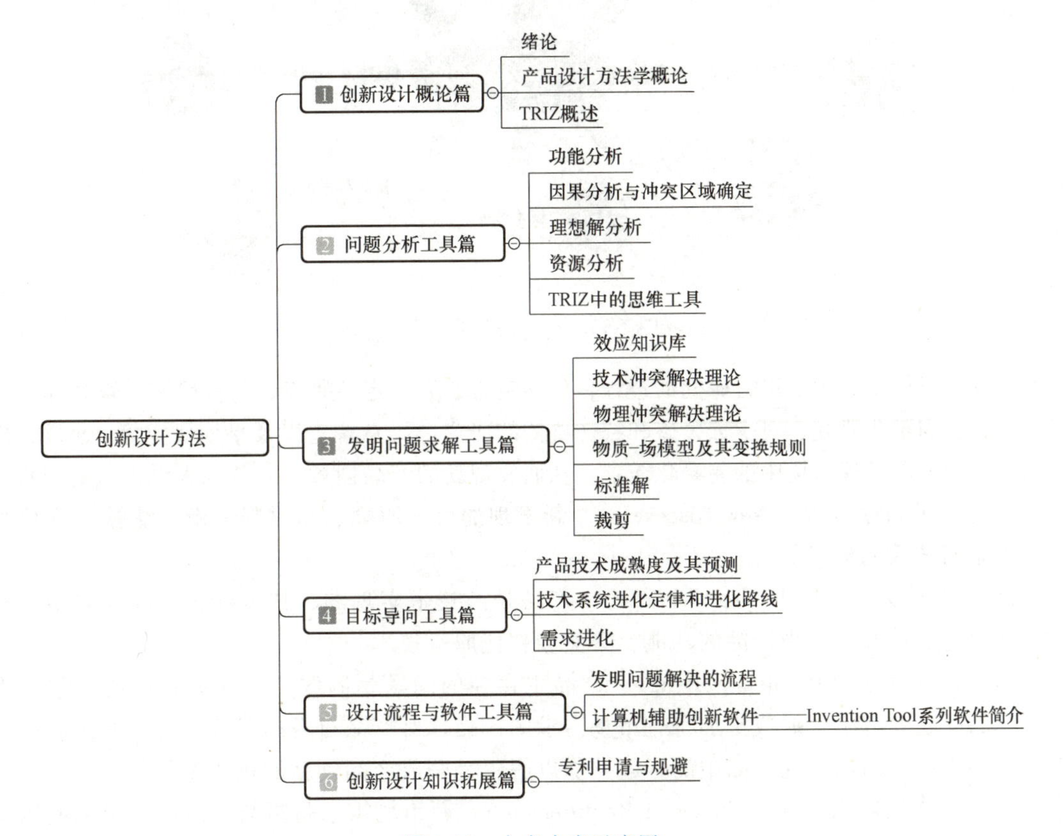

图1-14 本书内容示意图

1.4.2 产品创新的来源

创新开始于创新机会的发现，由发现的创新机会，产生创意，经过技术实现，形成发明。如图1-15所示，产品创新机会来自于以下方面。

（1）洞察力（Insight） 洞察力是指一个人多方面观察事物，从多种问题中把握其核心的能力。它是人们对个人认知、情感、行为的动机与相互关系的透彻分析。洞察力的形成需要长期的各方面知识积累和思维能力训练才能够形成。个人对产品存在问题和发展方向的洞察力，是重要的创新来源。

（2）预测（Forecasting） 产品预测是对当前产品未来状态的预见，一般需要专门的预测方法，并充分运用团队和专门专家的洞察力。

（3）类比（Analogy） 类比就是由两个对象的某些相同或相似的性质，推断它们在其他性质上也有可能相同或相似的一种推理形式。类比的关键是找到事物间的相似性，如由鸟联想到飞行器原理。

（4）市场研究（Marketing Research） 市场研究也称为“市场调查”或“市场调研”，是

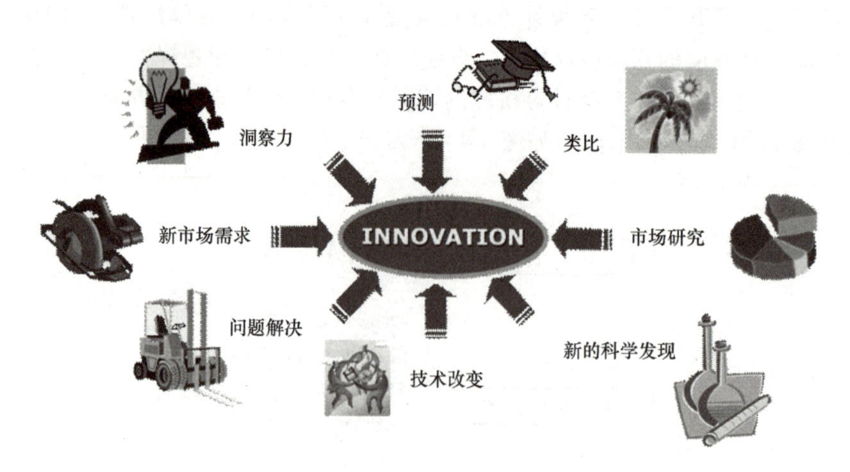

图 1-15　产品创新的来源

指为实现市场信息目的而进行研究的过程，包括定量研究、定性研究、零售研究、媒介和广告研究、商业和工业研究、对少数民族和特殊群体的研究、民意调查以及桌面研究等。通过分析市场信息，可以发现市场中的差异化需求，从而发现新的产品创意，如“老人手机”的出现。

（5）新的科学发现（New Discovery）　新发现的科学原理、新材料、新方法被工程化都可以带来新产品的创意。

（6）技术改变（Technology Change）　产品是由技术实现的，技术处于不断发展中，新技术如果能够更好地实现产品的功能，必然会替代原有技术。

（7）问题解决（Problem Solving）　产品中存在的问题是制约产品性能和市场的重要因素，产品问题的解决，形成更加符合市场需求的产品，对产品自身的改善和市场的拓展都会起到重要作用。因此发现产品中的问题并加以解决是完成产品创新的重要途径。

（8）新市场需求（New Customer Requirement）　新市场需求是指与当前产品相关但目前不能满足的需求。新的市场需求往往需要产品具有新的功能或价值，发现新的市场需求并将之转化为产品自身特性，就会产生新产品的创新。新市场需求与市场研究不同，市场研究是在已有的市场空间找到客户更加准确的需求，而新市场需求需要对已有市场之外的市场做深入研究才能获得。

1.4.3　个体的创新能力的培养

个体的创新能力是指为了达到某一目标，综合运用所掌握的知识，通过分析解决问题，获得新颖、独创的，具有社会价值的精神和物质财富的能力。创新能力是个体的一种创造力，它包括创新意识、创新思维和创新技能三部分。

创新首先是要产生新想法，怎样才能发现新的创新机会产生新想法呢？克莱顿·克里斯坦森（Clayton M. Christensen）在其《创新者的基因》一书中，通过研究近500名创新者，并比照研究了近5000名主管，最终总结了五项发现技能，称为创新者的基因，正是这些基因使得创新者不同于一般的主管。

（1）联系　联系指的是大脑尝试整合并理解新颖的所见所闻。这个过程能帮助创新者将看似不相关的问题、难题或想法联系起来，从而发现新的方向。往往在多个学科和领域交错的时候，就会产生创新的突破。作家弗朗斯·约翰松（Frans Johansson）将这种现象称为“美第奇效应”（Medici Effect）。美第奇效应指的是美第奇家族将众多领域的创造者集结在佛罗伦萨，从而产生了一次创造力大爆发。当时，雕塑家、科学家、诗人、哲学家、画家和建筑家共处一地，各自的领域交错之后，就产生了新的想法，继而促成了文艺复兴的盛景，成就了史上最具创新力的时代之一。简言之，创新的思考者能将旁人认为不相关的领域、难题和想法联系起来。

（2）发问　创新者是绝佳的发问者，热衷于求索。他们提出的问题总是在挑战现状。比如乔布斯问：“为什么计算机一定要装电扇？”他们往往喜欢问：“如果我试着这样做，结果会怎样？”像乔布斯这样的创新者之所以会提问，是为了了解事物的现状究竟如何，为什么现状是这样，以及如何能够改进现状，或是破坏现状。如此一来，他们的问题就会激发新的见解、新的联系、新的可能性和新方向。

（3）观察　创新者同时也是勤奋的观察者。他们仔细地观察身边的世界，包括顾客、产品、服务、技术和公司。通过观察，他们能获得对新的行事方式的见解和想法。乔布斯在施乐帕洛阿尔托研究中心的观察之旅孕育了他的见解，从而催生了 Mac 计算机的创新操作系统和鼠标，以及苹果现在的 OSX 操作系统。

（4）交际　创新者交游广泛，人际关系网里的人具有截然不同的背景和观点。创新者会运用这一人际关系网，花费大量时间精力寻找和试验想法。他们并不仅仅是为了社交目的或是寻求资源而交际，而是积极地通过和观点迥异的人交谈，寻找新的想法。例如：乔布斯曾经和一个名叫阿伦·凯（Alan Kay）的苹果员工交谈，阿伦·凯对他说：“你去看看那些疯子在加州圣拉斐尔干的事儿吧。”他所说的疯子就是艾德·卡姆尔（Ed Catmull）和艾尔维·雷（Alvy Ray）。当时这两个人成立了一家小型计算机图像处理公司，名叫工业光魔公司（Industrial Light&Magic）（该公司曾为乔治·卢卡斯的电影制作过特效）。乔布斯很欣赏该公司的处理技术，因此以 1000 万美元收购了工业光魔公司，并把它更名为皮克斯（Pixar），最终成功上市，市值高达 10 亿美元。如果乔布斯当年没有和阿伦·凯聊天，他最终就不会收购皮克斯，这个世界上也就不会有那些精彩的动画电影，比如《玩具总动员》《机器人瓦力》和《飞屋环游记》。

（5）实验　创新者总是在尝试新的体验，试行新的想法。他们会参观新地方，尝试新事物，搜索新信息，并且通过实验学习新事物。乔布斯终其一生都在尝试新体验——冥想，住在印度的修行所，在里德学院退学后去上书法课。所有这些多姿多彩的体验都为苹果公司激发了创新的想法。

为什么创新者比一般的主管更勤于发问、观察、交际和实验？毋庸置疑是创新意识。克莱顿·克里斯坦森等研究了这些行为背后的驱动力，发现有两点共同之处。第一，他们积极地想要改变现状。第二，他们常常会巧妙地冒险，以改变现状。看看创新者描述自己动机的话语，我们会发现有共同之处。乔布斯想要“在宇宙间留一点响声”。谷歌的创始人拉里·佩奇（Larry Page）说过，他是来“改变世界”的。

创新者要避免陷入一个常见的认知陷阱——现状偏见。有现状偏见的人倾向于固守现状而不是改变。大多数人都会简单地接受现状。我们也许甚至会喜欢例行公事，而不愿意做出改变。我们都认同这句话：“东西没坏就不要修”。但是却没人质疑东西是否真的“没坏”，而创新者则恰恰相反，在他们看来很多东西都“坏了”，而他们想要“修补”。

1.5　创新设计研究展望

创新设计属于设计方法学的范畴，也是系统化的创新方法，是创新方法与传统设计过程相融合的结果。主要研究内容集中在创新思维和创新技法两个方面（第2章介绍），目前研究热点是发明问题解决理论（TRIZ）。TRIZ经过几十年发展，已经形成了从问题发现、问题分析到问题解决的系统化过程和基于知识的工具。本书主要介绍经典TRIZ的基本内容。当前创新设计主要研究热点集中在以下几个方面。

（1）多方法集成研究　创新技法的应用是为了提高创新效率和效果，虽然每种创新技法都自成体系，但又各具所长，各有所侧重。产品设计是一个系统过程，不同阶段出现的问题的表现形式是不同的，其中一种解决方法就是融合不同创新技法，取长补短，提高方法应用的效率。例如：6σ设计与TRIZ方法的集成，约束理论与TRIZ的集成等。

（2）创新设计专题研究　产品创新可以分为渐进性创新、突破性创新和颠覆性创新（也称为破坏性创新），另外创新实现途径又分为原始创新、集成创新、引进消化吸收再创新。这些创新类型和途径如何实现成为研究的专题。另外随着对环境保护意识的加强，出现了绿色设计、可持续性设计等专题研究。围绕专利保护与规避形成的专利布局与规避设计专题研究。当然仿生设计作为一种重要的设计实现途径，很早就成为研究的热点。

（3）TRIZ理论的完善和发展　除了以上不同理论与TRIZ理论的结合外，TRIZ理论本身也在不断完善和发展，如TRIZ理论在非技术领域的应用、基于知识的工具的扩展、基于TRIZ原理的失效预测（AFD）理论和以技术系统进化理论为主线的引导进化（DE）等。

（4）知识网络背景下的设计3.0　路甬祥院士说“如果我们把农耕时代的传统设计视为设计1.0，工业时代的现代设计为2.0，那么知识网络的设计必将进化为3.0。此时，宽带网络将全球连接成一体，大数据成为最重要的创新设计的资源。全球宽带、智能物流、云计算等成为最重要的基础设施。多样化、个性化的需求持续增长。资源环境压力、应对气候变化、科技与产业创新的变化，推动了价值理念的变化。”如何在新的时代背景下充分利用现代工具和资源，用信息技术和人工智能实现创新设计过程是一个发展趋势。

思　考　题

1. 举例说明创新和创造的区别。
2. 产品创新分为哪几个阶段？
3. 简述问题解决的一般流程。
4. 问题求解过程中存在哪些困难？
5. 设计有几种类型？并举例说明。
6. 什么是发明问题？
7. 你认为在知识网络背景下，设计者应具备哪些方面的知识储备？
8. 针对不同的利益相关者，对汽车闯红灯现象（见图1-16）进行问题定义。

图1-16　思考题8图

第 2 章 产品设计方法学概述

2.1 概述

2.1.1 设计方法学的研究对象

设计方法学是研究产品设计规律、设计程序及设计中思维和工作方法的一门综合性学科。它是系统论在产品设计活动中的应用：把设计对象看作是一个承载一定功能的技术系统；把设计过程分解为由不同环节和步骤组成的系统过程。

设计方法学的研究对象：

(1) 设计对象　一个能实现一定技术过程的技术系统。

(2) 设计过程　设定技术过程及规划技术系统的边界，经过一个系统化设计过程，实现系统的功能，并满足一定的设计约束。

(3) 设计评价　根据一定的准则和方法对各方案进行评价，然后按照正确的原则和步骤进行决策，逐步求得最优方案。

(4) 设计思维　设计是一种创新，设计思维应是创造性思维，创造性思维有其本身的特点和规律，并可通过一定的创新技法来激发人们的创造性思维。

(5) 设计工具　把分散在不同学科领域的大量设计信息集中起来，按照设计方法学的系统程式分类，建立各种设计信息库，通过计算机等先进设备方便快速调用参考。

(6) 现代设计理论与方法的应用　把不断形成和发展的设计理论和方法应用到设计进程中，使设计方法学更加完善。

对设计方法学的研究，一般认为始自德国的 F. Reuleaux，1875 年他在《理论运动学》一书中第一次提出了“进程规划”的模型，对机械技术现象中本质上统一的东西进行抽象，在此基础上形成了一套综合的步骤。从 20 世纪 60 年代初期以来，各国经济发展迅速，竞争加剧，一些主要工业国家采取措施加强设计工作，设计方法学取得飞速发展。德国、英国、美国、日本和前苏联都取得了很多研究成果，这些成果可以归纳为设计理论和方法、创新思维和创新技法。

2.1.2 现代设计理论和方法

设计理论研究产品设计过程的系统行为和基本规律，是对产品设计原理和机理的科学总结。谢友柏院士认为现代设计理论主要由四部分构成；分别是：设计过程理论、性能需求驱动理论、知识流理论和多利益方协调理论。其中设计过程理论是研究设计过程构成及任务的理论，也是研究相对成熟的理论，如普适设计方法学（Comprehensive Design Methodology）、公理设计（Axiomatic Design）等。性能需求驱动反映了设计追求的首要目标是满足性能需求，其中的关键是性能的描述问题，质量功能展开（Quality Function Deployment，QFD）等都属于该类设计理论。知识流理论反映了现代设计的基础是知识的获取和应用，设计过程可以看成是知识在设计的各个节点和各个有关方面之间的流动过程，TRIZ 提供了基于知识的工具，普适设计方法学提供了设计目录，都代表了方案设计环节的设计知识集成。多利益方协调理论反映了现代设计复杂的特点，设计完成需要多个不同利益方共同完成，因此传统的优化设计和冲突解决理论只能实现一个利益方内部的设计优化，无法实现“整体”优化。

设计方法是产品设计的具体手段，是针对设计过程中某个环节的问题解决的方法。它包括功能-结构方法、面向 X 的设计、三次设计、可靠性设计和绿色设计等。

2.1.3 创新思维

（1）定义 创新思维也称为创造性思维，是指以新颖独创的方法解决问题的思维过程。通过这种思维能突破常规思维的界限，以超常规甚至反常规的方法、视角去思考问题，提出与众不同的解决方案，从而产生新颖的、独到的、有社会意义的思维成果。

创新思维是以感知、记忆、思考、联想、理解等能力为基础，以综合性、探索性和求新性为特征的高级心理活动。创新思维能力要经过长期的知识积累、素质磨砺才能具备。至于创新思维的过程，则离不开繁多的推理、想象、联想、直觉等思维活动。

（2）创新思维的训练 创新思维训练是提高创造力的必要途径。通过大运动量的“思维体操”锻炼，人的思维的流畅性、变通性和独特性将会得到提高，如果再进一步了解发明创造的方法、技巧，就一定可以在发明的天地里施展才能。

创新思维训练可以从广度、深度、力度、速度、高度和空间度等几个方面去进行。

1）广度训练。广度训练主要是训练思路的广延，横向扩散。例如：借用某一概念来展开思维，先写一个“红”字，然后尽可能多地举出带有“红”的东西。

2）深度训练。深度训练也是发散思维的训练，但发散的方向是纵向的，向深处发展。例如：尽可能多地举出利用红色可以做些什么。

3）力度训练。力度训练是训练摆脱习惯性思维的束缚进入创新的意境。训练思维的力度，要注意能迅速地从发散思维转向集中思维，抓住事物的本质，重点突破。

4）速度训练。要训练面对一个问题，以最快的速度取出脑子里储存的有关信息。比如规定在一分钟之内写出各种写字用的东西，看谁写得最多。

5）高度训练。要站得高，看得远，训练时可以采用“角色扮演”的方法，设想“假如我是某企业的负责人，我将会怎样面对市场竞争去改进我的产品”。这样做往往会有一个高创性的发明目标，就会提出高水平的设想。

6）空间度训练。空间度训练可以借助空间坐标系来进行，用信息交合的方法，获得大量新的设想。

2.1.4 创新技法

创新技法是建立在认识规律基础上的创新心理、创新思维方法的技巧和手段。常用的创新技法（Ideation Method），即创新设想产生方法，分为两类：直觉的方法（Intuitive Method）与逻辑的方法（Logical Method）。直觉的方法是通过激发人的头脑中沉睡的思维过程而产生设想，其结果很难预测，但存在取得创新设想的可能性。逻辑的方法，或合理化方法，包含对问题系统化的分解与分析，这些方法基于科学的、工程的原理及应用解的目录。创新技法的分类如图 2-1 所示。

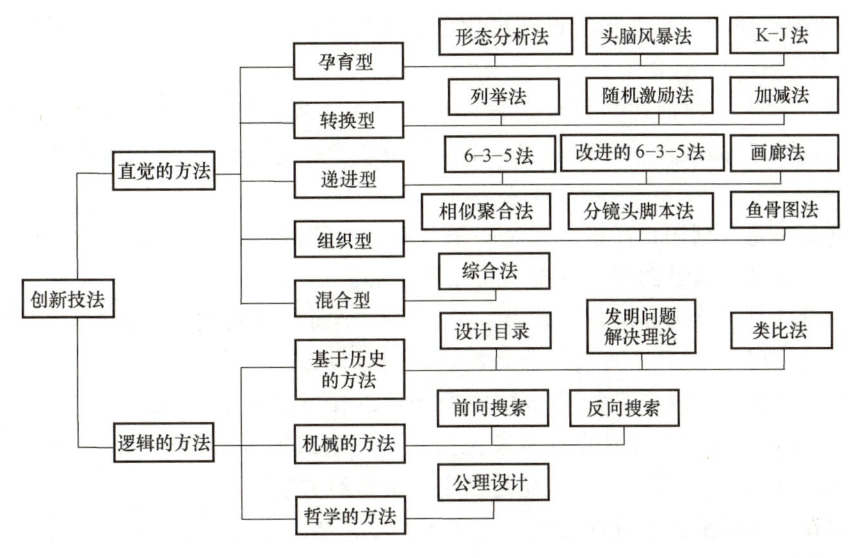

图 2-1 创新技法分类

直觉的方法包含孕育型（Germinal）、转换型（Transformational）、递进型（Progressive）、组织型（Organizational）和混合型（Hybrid）等方法。孕育型方法是指设计者在没有任何参考解的条件下促使产生设想的方法，常用的方法有：形态分析法（Morphological）、头脑风暴法（Brainstorming）、K-J 法（K-J Method）。转换型方法是在已有设想基础上产生新设想的方法，如列举法（Checklists）、随机激励法（Random Stimuli）、加减法（PMI Method）。递进型方法是在一段时间内通过重复相同的步骤，在某些离散的步骤中产生设想的方法，包含 6-3-5 法（6-3-5 Method）、改进的 6-3-5 法（Improved 6-3-5 Method）、画廊法（Gallery Method）三种方法。组织型方法是帮助设计者将很多设想形成某种结构，以有效的形式产生新设想，相似聚合法（Affinity Method）、分镜头脚本法（Storyboarding）、鱼骨图法（Fishbone Diagrams）属于该类方法。混合型方法采用很多不同的技法，如综合法（Synectics）。

逻辑的方法分为基于历史的方法（History Methods）、机械的方法（Mechanistic Methods）和哲学的方法（Philosophical Methods）。基于历史的方法是把前人已得到的解，以某种逻辑存放于知识库中，包括设计目录（Design Catalogs）、发明问题解决理论（TRIZ）、类比法（Analogy Methods）等方法。机械的方法采用系统的方法探索初始解的变形，前向搜索（Forward Steps）与反向搜索（Inversion）是常用的方法。哲学的方法包含很多关于设计本身的研究，这些研究对设计产生了很深刻的影响，公理设计（Axiomatic Design）属于该类方法。

2.2 产品设计过程及理论简介

2.2.1 产品设计过程模型

设计是一个复杂的过程。针对设计的复杂性，形成的设计过程也不是一个简单的顺序过程，经过多年的研究，已提出多个设计过程模型。英国开放大学的Cross将这些模型归为描述型（Descriptive Models）与规定型（Prescriptive Models）两类过程模型。前者对设计过程中可行的活动进行描述，后者规定设计过程所必需的活动。

1. 描述型产品设计过程模型

如图2-2所示为一种描述型设计过程模型。该模型既适用于新设计，也适用于变型设计。该模型描述了产品设计的一般过程，即问题分析、概念设计、技术设计和详细设计四个阶段。

1）问题分析是根据用户需求，通过问题分析，对待设计的对象和子系统进行定义（或重新定义），确定各种设计约束、标准及可用资源等。

2）概念设计是产品创新的核心环节，要产生多个所定义问题的原理解，并按照一定的原则进行评价选定一个或几个可行的原理解进入后续设计。

3）技术设计是要完成产品的总体结构设计，设计过程中要考虑之前确定的设计约束。如果概念设计选定的方案在技术设计阶段无法实现，则回到概念设计或回到问题分析阶段，重新开始设计。如有几个可行方案，还需确定一个最终方案。

4）详细设计是根据总体设计方案，按照生产工艺要求完成全部生产图样及技术文件。

2. 规定型产品设计过程模型

图2-3所示为源自德国的规定型设计过程模型。该模型由七个阶段组成，对每一阶段都规定了需完成的任务及特定的工作结果。该模型中阶段2和阶段3共同构成前述描述型模型中的概念设计阶段。在概念设计与技术设计之间插入了模块的划分，把模块化贯彻到设计中。

图2-3与图2-2所示的模型有明显的区别。图2-2并没有特别规定任务如何完成，如并

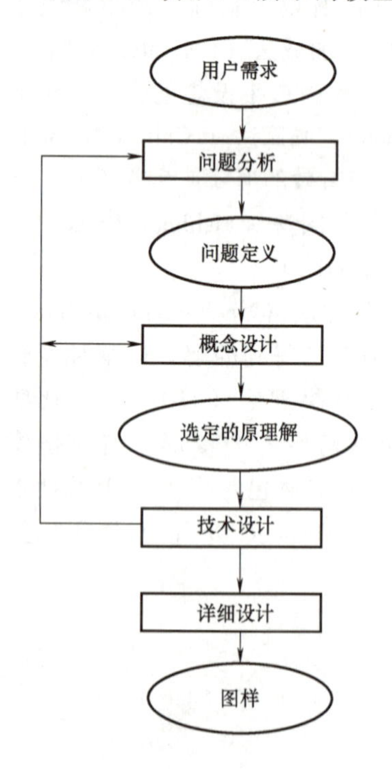

图2-2 描述型设计过程模型（French模型）

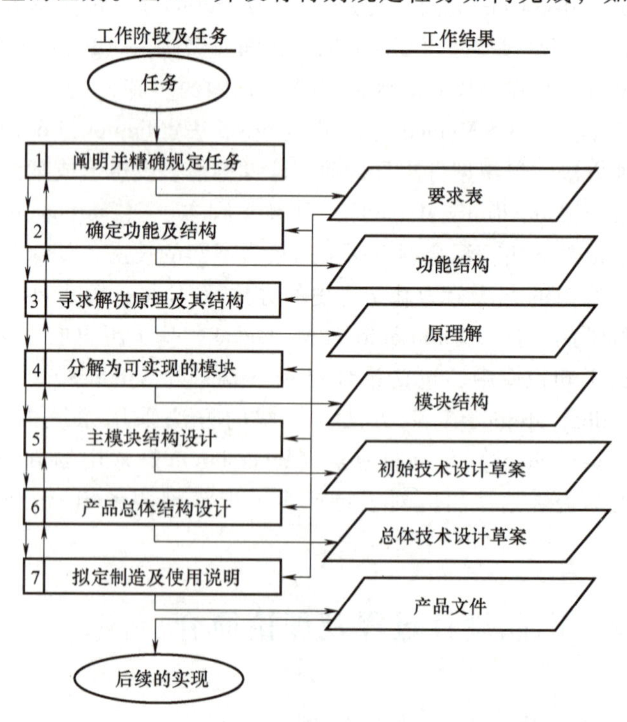

图2-3 规定型设计过程模型（VDI2221设计过程模型）

没有明确提出采用什么方法得到待设计产品的原理解，而只是说明应该提出原理解，设计者可以尽情发挥。图 2-3 规定设计者必须如何做，如确定功能及结构阶段规定设计者必须确定待设计产品的功能结构，而不能用其他方法，虽然设计者不能尽情发挥，但工作阶段本身已被已往设计经验证明是合理的。

3. 企业新产品开发设计的一般过程

如图 2-4 所示为企业进行新产品开发时产品设计的一般过程，该过程涵盖了产品从原始设计到产品样机最终到定型生产的各个设计环节。具体而言，产品开发设计过程包括任务规划阶段、概念设计阶段、技术设计阶段、详细设计阶段和定型生产阶段。

（1）任务规划阶段　该阶段要进行需求分析、市场/需求预测、可行性分析，根据企业内部的发展目标、现有设备能力及科研成果等，确定设计目标，包括功能、性能/设计参数及约束条件，最后明确详细的设计要求作为设计、评价和决策的依据，制定设计任务书（Product Design Specification，PDS）。该阶段是对产品创新影响较大的阶段，很大程度上决定了要设计一个什么样的产品。

（2）概念设计阶段　如前述，该阶段是产品创新的核心环节，其核心任务是产品功能原理的设计。首先将系统总功能分解为若干复杂程度较低的分功能，直至最简单的功能元，通过各种方法求得各个功能元的多个解，组合功能元的解（多解）。然后根据技术、经济指标对已建立的各种功能结构进行评价、比较，从中求得最佳原理。

（3）技术设计阶段　该阶段要将功能原理方案具体化为产品结构草图，以便进一步进行技术、经济分析，修改薄弱环节。主要工作包括零部件布局排列、运动副设计、人-机-环境的关系确定以及零部件的选材、结构尺寸设计等，再进行总体优化、设计，确定产品装配草图。该阶段在设计过程中，由于资源的限制，有可能会形成发

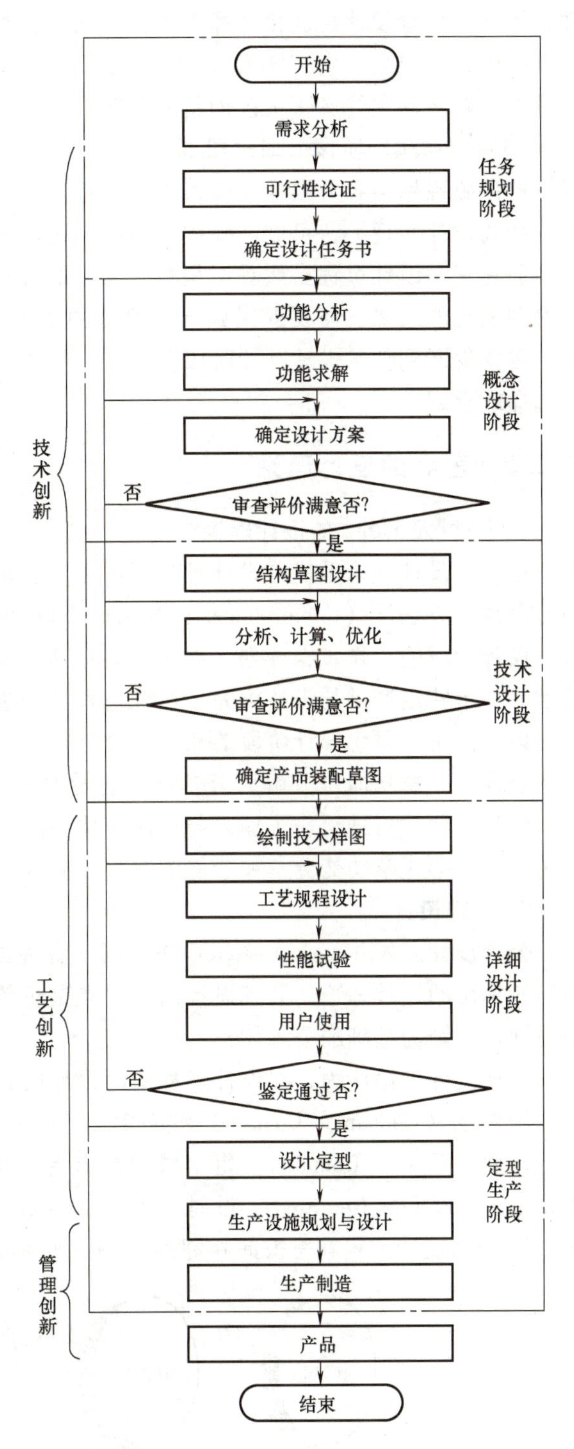

图 2-4　企业新产品开发设计的一般过程

明问题。以上三个阶段涉及的创新活动都属于技术创新的范畴。

(4) 详细设计阶段 该阶段又称为施工设计阶段。在上述装配草图的基础上，进行部件、零件的分解设计、优化计算等工作，通过模型试验检查产品的功能和零部件的性能，并加以改进，完成全部生产样图，进行工艺设计，编制工艺规程文件等有关技术文件。该阶段涉及的创新活动主要属于工艺创新的范畴。

(5) 定型生产阶段 该阶段通过用户试用进行设计定型，同时为了批量生产，需要进行生产设施规划与布局设计，投入生产制造。该阶段的创新主要属于管理创新的范畴，但是在生产线设计实现上，可能需要进行生产系统的创新设计。

前述三个设计过程虽然看似是顺序完成的过程，但是，在具体设计的每个环节，如果不能得到满意的结果，需要返回到上一级或更上级的步骤。比如技术设计的结果不能满足要求，需要返回到技术设计开始阶段重新进行技术设计或者返回到概念设计阶段重新进行方案的选择或求解。

2.2.2 著名的设计理论

1. Pahl 及 Beitz 的设计理论

德国的设计理论是优秀设计过程所积累经验的总结。该理论的典型代表是 Pahl 及 Beitz 的普适设计方法学（Comprehensive Design Methodology）。该设计方法学，建立了设计人员在每一设计阶段的工作步骤计划，这些计划包括策略、规则、原理，从而形成完整的设计过程模型。一个特定产品的设计可完全按该过程模型进行，也可选择其中的一部分使用。

该方法中，概念设计阶段的核心是建立待设计产品或技术系统的功能结构。产品首先由总功能描述，总功能可分解为分功能，各分功能可一直分解到能够实现的功能元为止。物料、能量、信号三种流作为输入与输出，将各功能元有机地组合在一起就形成了产品的功能结构。本书第 4 章功能分解和功能求解将主要介绍这部分内容。

2. 公理设计

公理设计（Axiomatic Design）是美国麻省理工学院（MIT）以 Suh 为首的设计理论研究小组所提出的设计理论。公理设计的出发点是将传统的以经验为基础的设计活动，建立以科学公理、法则为基础的公理体系。

公理设计理论认为，在设计过程中的设计问题可分为四个域，如图 2-5 所示。通常概括为：用户域（Consumer Domain）、功能域（Function Domain）、结构域（Physical Domain）和工艺域（Process Domain）。每个域中都有各自的元素，即用户需求（Custom Needs）、功能要求（Function Require）、设计参数（Design Parameters）和工艺变量（Process Variables）。产品设计过程就是彼此相邻两个域之间参数相互转换的过程。相邻的两个设计域是

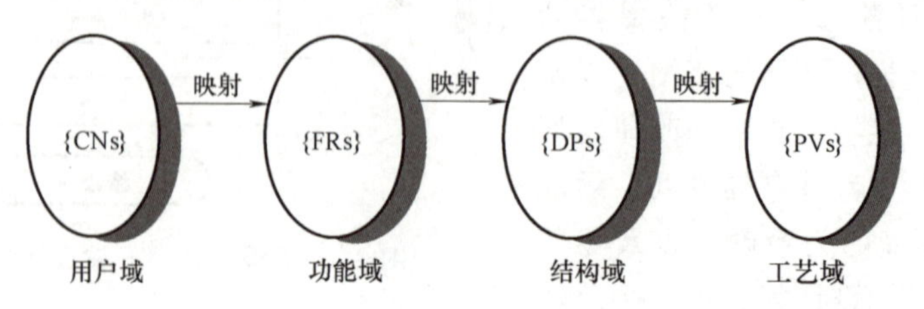

图 2-5 公理设计理论中的产品设计过程

紧密联系在一起的，两者的设计元素均有一定的映射关系。公理设计定义了相邻的设计域（见图 2-5）之间的映射关系，即

$$\{FRs\} = [A]\{DPs\}（以功能域和结构域为例）$$

公理设计通过在相邻的两个设计域之间进行“之字形”映射变换进行产品设计，并在变换的过程中利用设计公理判断设计的合理性及选择最优的设计。与其他的设计理论相比较，公理设计不是单纯在每一个设计域中完成自身的设计，而是充分考虑相邻的两个设计域之间的相互关系，在两个设计域之间自上而下地进行变换，整个映射关系过程形象地描述为“之字形”映射，如图 2-6 所示。

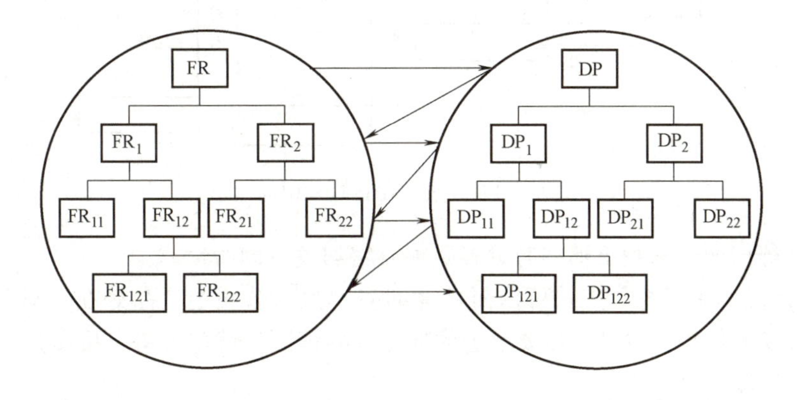

图 2-6 “之字形”映射示意图

公理设计提出了两条设计公理：

1）独立性公理（The Independence Axiom）：维护功能要求之间的独立性。

2）信息公理（The Information Axiom）：设计的信息尽量力求最少。

公理设计的两条设计公理可以在设计过程中帮助设计者判断设计的合理性。但是如果发现设计不满足设计公理的要求，设计者只能凭经验去修改。公理设计基本上是一种概念上的表达，距离完善的理论体系和实用尚有一定的差距。

3. 质量功能展开

质量功能展开（Quality Function Deployment，QFD）是由赤尾洋二和水野滋两位日本教授于 20 世纪 60 年代作为一项质量管理系统提出的。从质量保证的角度出发，通过一定的市场调查方法获取顾客需求，并采用矩阵图解法将对顾客需求实现过程分解到产品开发的各个过程和各职能部门中去，通过协调各部门的工作以保证最终产品质量，使得设计和制造的产品能真正满足客户的需求。简言之，QFD 是一种顾客驱动的产品开发方法。通过质量屋（House of Quality，HOQ）建立用户要求与设计要求之间的关系，这种形式可支持设计及制造全过程，如图 2-7 所示。

具体而言，QFD 包括以下典型步骤。

1）确定目标顾客。

2）调查顾客要求，确定各项要求的重要性。

3）根据顾客的要求，确定最终产品应具备的特性。

4）分析产品的每一特性与满足顾客各项要求之间的关联程度，如通过回答“有更好的

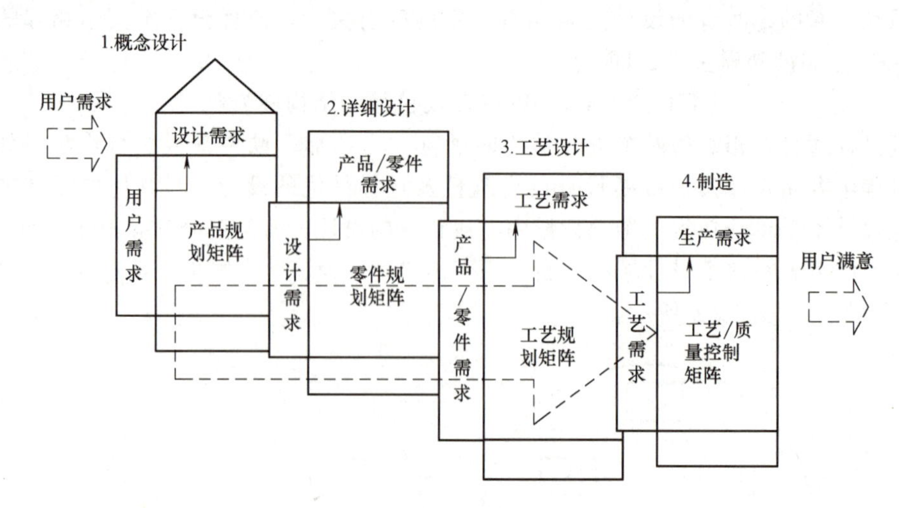

图 2-7　QFD 在设计制造过程中的应用

解决办法吗”等问题确保找出那些与顾客要求有密切关系的特性。

5）评估产品的市场竞争力。可以向顾客询问“这家公司的产品好在哪里”，据此可以了解产品在市场的优势、劣势及需要改进的地方，并请顾客就该公司产品及竞争对手产品对其要求的满足程度做出评价。

6）确定各产品特性的改进方向。

7）选定需要确保的产品特性，并确定其目标值。

QFD 经过不断完善，成为全面质量管理（TQM）中的重要设计工具，并已在日本的造船、汽车等许多行业得到广泛应用，在美国及其他很多国家的企业中也已有大量应用，对改进产品质量起到了重要作用。在概念设计阶段，质量屋给出了待设计产品明确的设计要求，但并没有给出实现这些要求的具体方法与规则。

2.3　典型创新思维简介

美国哈佛大学第 26 任校长陆登庭（Neil L. Rudenstine）曾经说过“一个成功者和一个失败者的差别并不在于知识和经验，而在于思维方式。”创新就要改变我们传统的思维方式，实现思维的创新。

2.3.1　创新思维的表现形式

创新思维是指以新颖独创的方法解决问题的思维过程。通过创新思维能突破常规思维的界限，以超常规甚至反常规的方法、视角去思考问题，提出与众不同的解决方案，从而产生新颖的、独到的、有社会意义的思维成果。

创新思维有很多表现形式：

（1）抽象思维　抽象思维亦称逻辑思维，是认识过程中用反映事物共同属性和本质属性的概念作为基本思维形式，在概念的基础上进行判断、推理，反映现实的一种思维方式。

（2）形象思维 形象思维是用直观形象和表象解决问题的思维。其特点是具体形象性。

（3）直觉思维 对一个问题未经逐步分析，仅依据内因的感知迅速地对问题答案做出判断、猜想、设想，或者在对疑难百思不得其解之中，突然对问题有“灵感”和“顿悟”，甚至对未来事物的结果有“预感”“预言”等都是直觉思维。

（4）灵感思维 灵感思维是指凭借直觉而进行的快速、顿悟性的思维。它不是一种简单逻辑或非逻辑的单向思维运动，而是逻辑性与非逻辑性相统一的理性思维整体过程。

（5）发散思维 发散思维是指从一个目标出发，沿着各种不同的途径去思考，探求多种答案的思维。

（6）收敛思维 收敛思维是指在解决问题的过程中，尽可能利用已有的知识和经验，把众多的信息和解题的可能性逐步引导到条理化的逻辑序列中去，最终得出一个合乎逻辑规范的结论。

（7）分合思维 分合思维是一种把思考对象在思想中加以分解或合并，然后获得一种新的思维产物的思维方式。

（8）逆向思维 逆向思维是对司空见惯的似乎已成定论的事物或观点反过来思考的一种思维方式。

（9）联想思维 联想思维是指人脑记忆表象系统中，由于某种诱因导致不同表象之间发生联系的一种没有固定思维方向的自由思维活动。

正确认识和培养创新思维，有助于我们的创新实践，创新思维研究成果很多，分类方法也不尽相同，本节主要介绍创新思维中最常用的发散思维和收敛思维。

2.3.2 发散思维

1. 概述

发散思维又称为辐射思维、放射思维、扩散思维或求异思维，是指大脑在思维时呈现的一种扩散状态的思维模式，它表现为思维视野广阔，思维呈现出多维发散状。如“一题多解”“一事多写”“一物多用”等方式可以培养发散思维能力。发散思维是通过对思维对象的属性、关系、结构等重新组合获得新观念和新知识，或者寻找出新的可能属性、关系、结构的创新思维方法。

发散思维方式是指个体在解决问题过程中常表现出发散思维的特征，表现为个人的思维沿着许多不同的方向扩展，使观念发散到各个有关方面，最终产生多种可能的答案而不是唯一正确的答案，因而容易产生有创意的新颖观念。

2. 发散思维的特点

（1）流畅性 流畅性是思维发散最基本的要求，我们说某人的思维流畅，则是指他对所遇到的问题在短时间内就能有多种解决的方法。如在最短的时间里对某事物的用途、状态等做出准确的判断，提出最多的处理方法。流畅性是发散思维“量”指标，衡量的是思维发散速度。思维的流畅性是可以训练的，并有着较大的发展潜力。

（2）变通性 心理学家蒙德·波诺把思维分为直达思维和旁通思维两种。他认为直达思维是程式化的逻辑思维，旁通思维要对各种事物提出新看法。直达思维把一个孔眼挖得更深，旁通思维则试图多处钻孔。旁通思维指的是发散思维的变通性，是横向思维，以灵活性为基础，实现思维的扇状扩张。变通性是发散思维的“质”的指标，表现了发散思维的灵活性。

（3）独创性　独创性是发散思维的本质，是思维发散的目的。思维能力使人们突破常规和经验的束缚，并对事物做出新奇的反应，促使人们获得创造性的成果。

运用发散思维，要求人们想得快、想得多、想得新、想得奇，这是许多科学家的共同特点。

3. 发散思维的方法

（1）一般方法

材料发散法——以某个物品为材料，以其为发散点，设想它的多种用途。

功能发散法——从某事物的功能出发，构想出获得该功能的各种可能性。

结构发散法——以某事物的结构为发散点，设想出利用该结构的各种可能性。

形态发散法——以事物的形态为发散点，设想出利用某种形态的各种可能性。

组合发散法——以某事物为发散点，尽可能多地把它与别的事物组合成新事物。

方法发散法——以某种方法为发散点，设想出利用此方法的各种可能性。

因果发散法——以某个事物发展的结果为发散点，推测出造成该结果的各种原因，或者由原因推测出可能产生的各种结果。

（2）假设推测法　假设的问题不论是任意选取的，还是有所限定的，所涉及的都应当是与事实相反的情况，是暂时不可能的或是现实不存在的事物对象和状态。

由假设推测法得出的观念大多可能是不切实际的、荒谬的、不可行的，但这并不重要，重要的是有些观念在经过转换后，可以成为合理的有用的思想。

（3）集体发散思维　发散思维不仅需要用上我们自己的全部大脑，有时候还需要用上我们身边的无限资源，集思广益。集体发散思维可以采取不同的形式，比如我们常常戏称的“诸葛亮会”以及在设计方面我们通常要采用的“头脑风暴”。

（4）常见发散思维形式　发散思维形式很多，常见的发散思维形式如下：

1）换位思考。站在对方的立场上体验和思考问题。

2）质疑思维。质疑思维就是指对每一种事物都提出疑问，这是许多新事物、新观念产生的开端。质疑思维又分为条件质疑、过程质疑和结果质疑。例如：伽利略在比萨斜塔所做的著名的自由落体实验。

3）立体思维。思考问题时跳出点、线、面的限制，更多维度考虑问题，如立体农业。

4）平面思维。平面思维是指人的各种思维线条在平面上聚散交错，也就是哲学意义上的普遍联系。联系和想象是平面思维的核心。

5）侧向思维。侧向思维是从问题相距较远的事物中获得启示，从而解决问题的思维方式，如 DNA 双螺旋结构的发现。

6）逆向思维。逆向思维是指背逆通常的思考方法，从相反的方向思考问题，如跑步机的发明。逆向思维分为结构逆向、功能逆向、状态逆向和结果逆向。

7）平行思维。平行思维是为了解决较大型问题，需要从不同的方向寻求互不干扰、互不冲突即平行的方法来解决问题的一种思路，如六顶思考帽法。

8）组合思维。从某一事物出发，以此为发散点，尽可能多地与另一（些）事物连接成具有新价值的事物，如集成创新。

2.3.3 收敛思维

1. 收敛思维的概念

收敛思维也称为集合思维、求同思维，它是相对于发散思维而言的。它与发散思维的特点正好相反，它的特点是以某个思考对象为中心，尽可能运用已有的经验和知识，将各种信息重新进行组织，从不同的方面和角度，将思维集中指向这个中心点，从而达到解决问题的目的。这就好比凸透镜的聚焦作用，它可以使不同方向的光线集中到一点。

2. 收敛思维的特点

（1）目的性　这是思维活动的出发点和归宿，没有目的的思维是散乱的，是无效的，当然也谈不上聚合了。

（2）聚合性　以集中思维为特点的收敛性思维具有“向心性”，是以某个思考对象为中心，从不同的方向将思维指向这个中心，以找到解决问题方法的思维方式。

（3）客观性　在思维过程中，无论是思维的原料或思维的产品，尽管它们往往是以概念化形式表现出来的，但它们却是客观的，是接受实践检验的。

（4）选择性　多样化的丰富信息是思维活动的基础，要达到思维目标，就必须对大脑中存储的信息进行筛选，保留有用的，去掉无用的。

3. 收敛思维的形式

（1）目标确定法　平时我们碰到的大量问题比较明确，很容易找到问题的关键，只要采用适当的方法，问题便能迎刃而解。但有时，一个问题并不是非常明确，很容易产生似是而非的感觉，把人们引入歧途。

目标确定法要求我们首先要正确地确定搜寻的目标，进行认真的观察并做出判断，找出其中关键的现象，围绕目标进行收敛思维。

目标的确定越具体越有效，不要确定那些各方面条件尚不具备的目标，这就要求人们对主客观条件有一个全面、正确、清醒的估计和认识。目标也可以分为近期的、远期的、大的、小的。开始运用时，可以先选小的、近期的，熟练后再逐渐扩大。

创新首先要有一个实现的目标，只有目标明确，才能够按照既定的目标，寻找各种资源（发散思维过程），最终选择能够实现目标的资源和途径。

（2）求同思维法　如果有一种现象在不同的场合反复发生，而在各场合中只有一个条件是相同的，那么这个条件就是这种现象的原因，寻找这个条件的思维方法就称为求同思维法。求同思维法在分析问题发生的原因时是非常有效的一种思维方法。

4. 发散思维和收敛思维的关系

如果把解决问题的思路比喻成道路的话，思维的角度和方向就变得举足轻重。发散思维以不同的思维方向、路径和角度去探求解决问题的多种不同答案，正受到人们的关注和重视，并成为创造性思维方法的重要组成部分。与此同时，收敛思维以其理性、逻辑、集聚、合围的特点，给发散思维方式既带来了“张力”，又提供了“合力”。因此，发散思维和收敛思维如同一个钱币的两面，既对立又统一，具有互补性，不可偏废。发散思维中想象和联想力自由驰骋，收敛思维使想象和联想回到现实。没有发散思维，就很难达到新颖、独特，而没有收敛思维，任何新颖独特的设想也难以具有现实性的品格。因此，为了达到一种平衡，创造性解决问题应训练发散与收敛思维并举。

2.4 常见的创新技法简介

2.4.1 头脑风暴法

1. 概述

在创新活动中，应用“集思广益”的例子是屡见不鲜的，创造学家在此基础上创造了一种科学的开发创新性设想的创新技法——头脑风暴法。

头脑风暴法又称为智力激励法、BS法、自由思考法，是由美国创造学家奥斯本（Alex Faickney Osborn）于1939年首次提出、1953年正式发表的一种激发创造性思维的方法。所谓头脑风暴（Brain-storming）最早是精神病理学上的用语，指精神病患者的精神错乱状态，现在转而为无限制的自由联想和讨论，其目的在于产生新观念或激发创新设想。

头脑风暴法又可分为直接头脑风暴法（通常简称为头脑风暴法）和质疑头脑风暴法（也称为反头脑风暴法）。前者是专家群体决策尽可能激发创新性，产生尽可能多的设想的方法，后者则是对前者提出的设想、方案逐一质疑，分析其现实可行性的方法。

2. 技法原理

奥斯本头脑风暴法的理论基础是创造工程的群体原理，用群体的智慧克服个人的知识有限性和思维定式，是一种引导群体思维发散的方法。

奥斯本头脑风暴法就是以自由、轻松的会议方式，使每个与会者都能围绕主题积极思考、大胆想象、任意发挥、出谋献策，营造一种智力互激、信息互补、思维共振、设想共生的特殊环境，从而有效地调动集体的智慧，寻求丰富的创造设想。应该特别强调的是，集体智慧决不等于与会者个人智慧的简单叠加。这是因为在集体智慧中，除了每个人原有的智慧成分之外，还应包含人们相互激励、相互启发、相互促进、相互补充，从而使人们的认识及思维水平不断提高、不断完善而产生的智慧增生，而这种智慧增生部分相当可观，不可忽视。对此，国外曾有人专门进行过研究，结果表明，在群体活动中，人的智力激发程度能增强50%以上，而自由联想的效率能提高65%~93%。

基于人们对于群体原理的深入认识及驾驭智力激励规律的有效探索，形成了奥斯本头脑风暴法的四项原则，这四项原则是奥斯本头脑风暴法的精华和核心，其最终执行的有效程度也取决于人们对于这些原则贯彻得是否得力，是否真正到位。奥斯本头脑风暴法四项原则如下：

（1）自由思考　即要求与会者尽可能解放思想，无拘无束地思考问题并畅所欲言，不必顾虑自己的想法或说法是否“离经叛道”或“荒唐可笑”。

（2）延迟评判　即要求与会者在会上不要对自己和他人的设想评头论足，不要发表“这主意好极了！”“这种想法太离谱了！”之类的“捧杀句”或“扼杀句”，也禁止出现评判的形体语言。至于对设想的评判，留在会后组织专人考虑。

（3）以量求质　即鼓励与会者尽可能多而广地提出设想，以大量的设想来保证质量较高的设想的存在。

（4）结合改善　即鼓励与会者积极进行智力互补，在增加自己提出设想的同时，注意思考如何把两个或更多的设想结合成另一个更完善的设想。

上述的四项原则当中，“自由思考”突出自由奔放，求异创新，这是奥斯本头脑风暴法的宗旨；“延迟评判”要求思维轻松、气氛活跃，这是激发创造力的保证，也是该技法的关键；“以量求质”追求设想的数量，这是获得高质量创造性设想的前提和条件；“结合改善”强调相互补充和相互完善，这是奥斯本智力激励法成功的标准。由此可见，四项原则各有侧重、相辅相成、浑然一体、关联协同，从而保证了智力激励的实现。

3. 操作程序及要点

（1）会前准备

1）选定会议主持人。会议主持人的作用至关重要，因此应尽量具备以下条件：

① 有进行创造的强烈愿望，思路开阔、思维活跃，熟悉奥斯本头脑风暴法的基本原理，理解并能贯彻智力激励会的四项原则，充分发挥激励的作用机制，调动与会者的积极性。

② 对会议所要解决的问题有比较明确的认识和理解，并能根据发言的情况及时对与会者做启示诱导，有一定的组织能力。

③ 具有民主作风，能平等对待每个与会者，造成自由畅想、气氛融洽的局面，能灵活处理会议中出现的各种情况，保证会议按预定程序进行。

2）拟定会议主题。由会议主持人和问题提出者共同分析研究，拟定本次会议所议论的主题。主题应力求内容单一、目标明确，而且不能贪多，一次会议只求解决一个问题。对于复杂的系统问题应分解为若干相对独立的单一问题，使会议主题集中。

3）确定参加会议人选。

① 参加人数：智力激励会的参加人数以 5~10 人为宜。人数过多，可能使会议时间过长，且无法保证与会者有充分发表设想的机会；反过来，人数过少，所覆盖的知识面过于狭窄，不能有效互补，也难以形成热烈活跃的气氛。

② 人员的专业构成：参加会议的人员中应既有内行，又有外行，内行多于外行。内行者不局限于同一专业，要照顾到知识结构的合理性。外行者要思维活跃，善于提出问题，以突破专业思考的局限。也有按照下述三个原则选取的：

a. 如果参加者相互认识，要从同一职位（职称或级别）的人员中选取。领导人员不应参加，否则可能对参加者造成某种压力。

b. 如果参加者互不认识，可从不同职位（职称或级别）的人员中选取。这时不应公布参加人员的职称，不论成员的职称或级别的高低，都应同等对待。

c. 参加者的专业应力求与所论及的决策问题相一致，这并不是专家组成员的必要条件。但是，专家中最好包括一些学识渊博，对所论及问题有较深理解的其他领域的专家。头脑风暴法专家小组应由下列人员组成：

- 方法论学者——专家会议的主持者。
- 设想产生者——专业领域的专家。
- 分析者——专业领域的高级专家。
- 演绎者——具有较高逻辑思维能力的专家。

4）提前下达会议通知。将会议的时间、地点、所要解决的问题、可供参考的资料和设想、需要达到的目标等事宜一并提前几天通知与会者，使他们在思想上有所准备，并提前酝酿解决问题的设想。

（2）会议步骤

1）热身阶段。这个阶段的目的是创造一种自由、宽松、祥和的氛围，使大家得以放松，进入一种无拘无束的状态。主持人宣布开会后，先说明会议的规则，然后随便谈点有趣的话题或问题，如可做一些智力游戏、讲幽默小故事、做简单的发散思维练习等活动，让大家的思维处于轻松和活跃的状态。如果所提问题与会议主题有着某种联系，人们便会轻松自如地进入会议议题，效果自然更好。

2）明确问题。会议开始，由会议主持人向与会者介绍本次会议所讨论的问题，使与会者对问题有一个全面的了解，从而更准确地把握主攻的方向。

介绍问题时，既要做深入浅出的简要解释，向与会者提供直接相关的背景材料，又注意不要将自己的初步设想和盘端出，以免形成条条框框，束缚与会者的思路。

3）重新表述问题。经过一段讨论后，大家对问题已经有了较深程度的理解。这时，为了使大家对问题的表述能够具有新角度、新思维，主持人或书记员要纪录大家的发言，并对发言纪录进行整理。通过纪录的整理和归纳，找出富有创意的见解，以及具有启发性的表述，供下一步畅谈时参考。

4）自由畅谈。自由畅谈是智力激励会的中心环节，也是决定会议能否达到预期目标的关键阶段。会议主持人运用四项原则引导大家突破心理障碍和思维约束，营造一种自由、宽松、热烈、活跃，相互激励、相互推动的气氛，使与会者能充分开动脑筋，充分发表意见，思维共振、信息共享，尽可能多地提出创造性设想。

为了使大家能够畅所欲言，需要制定的规则是：第一，不要私下交谈，以免分散注意力。第二，不妨碍他人发言，不去评论他人发言，每人只谈自己的想法。第三，发表见解时要简单明了，一次发言只谈一种见解。

自由畅谈阶段的时间应由主持人见机行事，灵活掌握，一般不超过一小时。待大家充分发表完意见，对所要解决的问题产生出较丰富的设想以后，主持人即可宣布会议结束。

（3）会后整理　由于会上大家提出的设想大都未经仔细推敲和认真论证，只有经过加工、整理、提炼和完善，才真正具有实用价值。因此，头脑风暴会结束后，主持人应组织专人对各种设想进行分类整理，具体做法是：

1）增加与补充。在头脑风暴会后，还可有目的地与部分与会者取得联系，或补充原来的意见，或提出更加新颖的设想。这是不可忽视的一步。因为通过休息，人们的心情冷静下来以后，可能会有新的想法，思路可能会有所发展，甚至获得某种灵感，都有可能激发新的设想。

2）评价与优选。为使评价与优选方便、可行，具有可操作性，最好拟定一些评价指标，如结构是否简单？工艺是否可行？做法是否合理？费用是否节省？具体拟定哪些指标，要根据问题本身的性质和解决问题的要求来决定。

在评价的基础上，再对各种设想逐一分析比较、优胜劣汰，做到优中选优，从中得出最佳的、最适用的或者最有价值的设想。

实施奥斯本头脑风暴法，大致可以遵循以上程序，但并非一成不变，要根据具体问题进行具体分析，做到灵活掌握、灵活运用。

2.4.2 检核表法

1. 概述

检核表法是奥斯本1941年提出的，检核表即“检查一览表”或“检查明细表”。检核表的作用是为对照检查提供依据，还可以起到启发思路的作用。根据需要研究的对象的特点列出有关问题，形成检核表，然后逐一核对讨论，从而发掘出解决问题的大量设想。奥斯本的检核表是针对某种特定要求制定的，主要用于新产品的研制开发。

检核表法的设计特点之一是多向思维，用多条提示引导你去发散思考。奥斯本检核表法中有九个问题，就好像有九个人从九个角度帮助你思考。你可以把九个思考点都试一试，也可以从中挑选一两条集中精力深入思考。检核表法使人们突破了不愿提问或不善提问的心理障碍，在进行逐项检核时，强迫人们思维扩展，突破旧的思维框架，开拓了创新的思路，有利于提高创新的成功率。

2. 检核表法的实施过程

其基本做法是：第一步，选定一个要改进的产品或方案；第二步，面对一个需要改进的产品或方案，或者面对一个问题，从表 2-1 所列的九个角度提出一系列的问题，并由此产生大量的思路；第三步，根据第二步提出的思路，进行筛选和进一步思考、完善。

在实施检核表法的过程中需注意以下事项：

1）要联系实际一条一条地进行检核，不要有遗漏。

2）要多检核几遍，效果会更好，或许会更准确地选择出所需创新、发明的方面。

3）在检核每项内容时，要尽可能地发挥自己的想象力和联想力，产生更多的创造性设想。进行检索思考时，可以将每大类问题作为一种单独的创新方法来运用。

4）核检方式可根据需要，一人检核也可以，三至八人共同检核也可以。集体检核可以互相激励，产生头脑风暴，更有希望创新。

表 2-1 奥斯本的检核表法

检核项目	含　义
能否他用	现有的事物有无其他的用途；保持不变能否扩大用途；稍加改变有无其他用途
能否借用	能否引入其他的创造性设想；能否模仿别的东西；能否从其他领域、产品、方案中引入新的元素、材料、造型、原理、工艺、思路
能否改变	现有事物能否做些改变（如颜色、声音、味道、式样、花色、音响、品种、意义、制造方法）；改变后效果如何
能否扩大	现有事物可否扩大适用范围；能否增加使用功能；能否添加零部件；能否延长它的使用寿命，增加长度、厚度、强度、频率、速度、数量、价值
能否缩小	现有事物能否体积变小、长度变短、重量变轻、厚度变薄以及拆分或省略某些部分（简单化）；能否浓缩化、省力化、方便化
能否替代	现有事物能否用其他材料、元件、结构、力、设备力、方法、符号、声音等代替
能否调整	现有事物能否变换排列顺序、位置、时间、速度、计划、型号？内部元件可否交换
能否颠倒	现有事物能否从里外、上下、左右、前后、横竖、主次、正负、因果等相反的角度颠倒过来用
能否组合	能否进行原理组合、材料组合、部件组合、形状组合、功能组合、目的组合

3. 案例分析

对照奥斯本检核表法的实施过程，在手电筒创新中可以提出一系列创新问题，最终可以确定创新的立足点（见表 2-2）。

表 2-2 手电筒的创新思路

序号	检核项目	引出的发明
1	能否他用	其他用途:信号灯、装饰灯
2	能否借用	增加功能:加大反光罩,增加灯泡亮度
3	能否改变	改一改:改灯罩、改小电珠和用彩色电珠等
4	能否扩大	延长使用寿命:使用节电、降压开关
5	能否缩小	缩小体积:1 号电池→2 号电池→5 号电池→7 号电池→8 号电池→纽扣电池
6	能否替代	代用:用发光二极管代替小电珠
7	能否调整	换型号:两节电池直排、横排、改变式样
8	能否颠倒	反过来想:不用干电池的手电筒,用磁电动机发电
9	能否组合	与其他组合:带手电的收音机、带手电的钟等

2.4.3 六顶思考帽法

1. 平行思维和六顶思考帽

平行思维（Parallel Thinking）也称为水平思维，是被誉为“创新思维之父”的英国著名学者爱德华·德·博诺（Edward de Bono）提出的。平行思维是将我们的思维从不同侧面和角度进行分解，分别进行考虑，而不是同时考虑很多因素。每一位思考者都将自己的观点同其他人同等对待，而不是一味地批驳其他人的观点。

六顶思考帽是爱德华·德·博诺博士开发的“平行思维”工具，强调的是“能够成为什么”，而非“本身是什么”，是寻求一条向前发展的路，而不是争论谁对谁错，避免将时间浪费在互相争执上。

运用六顶思考帽能够帮助人们：

➢ 提出建设性的观点。

➢ 聆听别人的观点。

➢ 从不同角度思考同一个问题，从而创造高效能的解决方案。

➢ 用“平行思维”取代批判式思维和垂直思维。

➢ 提高团队成员的集思广益能力，为统合综效提供操作工具。

作为一种象征，帽子的价值在于它指示了一种规则。帽子的一大优点是可以轻易地戴上或者摘下。同时帽子也可以让周围的人看得见。正是由于这些原因，爱德华·德·博诺选择帽子作为思考方向的象征性标记，并用六种颜色代表六个思考的方向，它们是白色、红色、黑色、黄色、绿色和蓝色。

在实际运用中，以颜色而不是功能来指代帽子有很好的理由。如果你要求一个人对某事做出情绪化的反应，你也许不会得到预期的答案，因为人们认为情绪化的反应是不对的。但是术语“红色思考帽”本身代表的是中性。你要求别人“暂时脱下黑色帽子”比要求他不要继续谨小慎微更为容易。颜色的中性消除了使用帽子的尴尬。思考成了一个运用一定规则的游戏，而不是一件充满规劝和谴责的事情。所有的帽子都可以直接提到，比如：

——我希望你摘下黑色思考帽。

——让我们都戴上红色思考帽思考几分钟。

——这样进行黄色帽子思考很好。现在让我们戴上白色思考帽。

六顶思考帽中每一顶帽子的颜色与其功能是相关的，如图 2-8 所示。

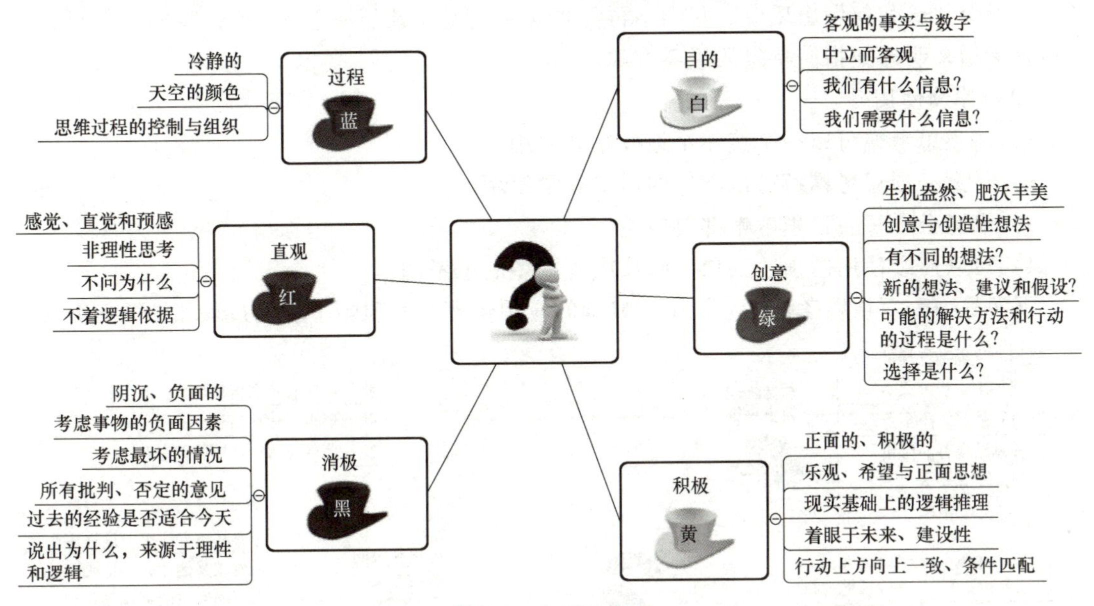

图 2-8　六顶思考帽

1）白色思考帽。白色代表中性和客观。白色思考帽思考的是客观的事实和数据。

2）红色思考帽。红色代表情绪、直觉和感情。红色思考帽提供的是感性的看法。

3）黑色思考帽。黑色代表冷静和严肃。黑色思考帽意味着小心和谨慎。它指出了任一观点的风险所在。

4）黄色思考帽。黄色代表阳光和价值。黄色思考帽是乐观、充满希望的积极的思考。

5）绿色思考帽。绿色是草地和蔬菜的颜色，代表丰富、肥沃和生机。绿色思考帽指向的是创造性和新观点。

6）蓝色思考帽。蓝色是冷色，也是高高在上的天空的颜色。蓝色思考帽是对思考过程和其他思考帽的控制和组织。

2. 如何使用思考帽

有两种使用思考帽的基本方法。一种是单独使用某顶思考帽来进行某个类型思考的方法，另一种是连续地使用思考帽来考察和解决一个问题。

（1）单独使用　在单独使用中，思考帽就是特定思考方法的象征。在对话或讨论的过程中，你可能遇到需要新鲜看法的情形：

——我想我们在这里需要戴上绿色思考帽来思考。

同样的会议中，过一会儿可能又有新的建议：

——对此我们也许应该戴上黑色思考帽来考虑。

思考帽可以这样人为转换正是其优点所在。没有思考帽，我们对思考方式的指向就是虚弱的、个人化的，比如我们只能说：

——我们这里需要一些创造性。

——不要如此消极。

没有必要每次张口都要说明你运用的是哪一顶思考帽。就像提供给人们进行不同思考的思考工具一样，六顶思考帽可以根据你的需要随时取用。一旦人们经过了如何使用思考帽的训练，就会知道如何做出反应。我们不再需要含糊地说“请想一想这个”，我们现在可以用六顶思考帽来明确地指向特定的思考方式。

（2）连续使用

1）每顶思考帽可以一个接一个地按序列使用。

2）任意一顶思考帽都可以随你的需要经常使用。

3）没有必要每一顶思考帽都要使用。

4）可以连续使用两顶、三顶、四顶或者更多的思考帽。

下面是一个六顶思考帽在会议中的典型的应用步骤，六顶帽子应用过程如图 2-9 所示。

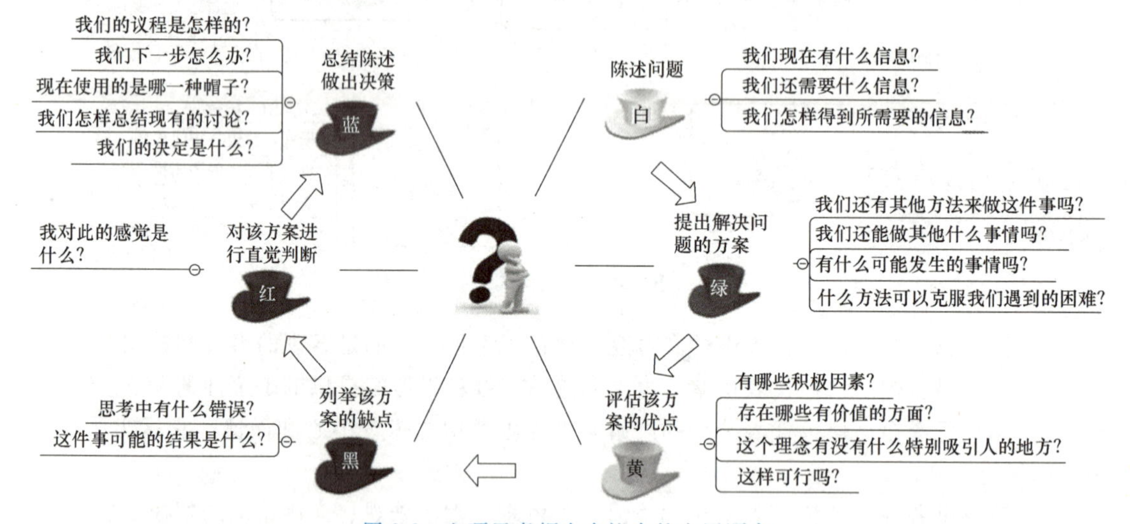

图 2-9　六顶思考帽在会议中的应用顺序

① 陈述问题（白帽）。

② 提出解决问题的方案（绿帽）。

③ 评估该方案的优点（黄帽）。

④ 列举该方案的缺点（黑帽）。

⑤ 对该方案进行直觉判断（红帽）。

⑥ 总结陈述，做出决策（蓝帽）。

2.4.4　形态分析法

1. 形态分析法简介

形态分析法（Morphological Analysis，MA）是由美籍瑞士天体物理学家和天文学家弗里茨·兹威基（Fritz Zwicky）在 20 世纪 30 年代前期提出的。它是一种构建和研究包含在多维、非量化复杂问题中的关系全集的方法。在第二次世界大战中，他加入了美国火箭研制小组，应用形态分析法，在一周内提出了 576 种不同的火箭设计方案。这些方案几乎包括了当时所有可能的火箭设计方案。战后证实，其中就包括美国一直想得到的德国巡航导弹 V1 和 V2 的设计方案。

在文献中出现较多的形态学分析工具是形态学矩阵，见表 2-3。形态学矩阵左边第一列列出了设计对象的所有需完成的项目（如功能元），每个项目的同一行中右侧的每个元素是实现该项目的某种可能途径。从右侧每一行取一个元素组合到一起就是一个可能的系统设计方案。如表 2-3 中，若系统有 3 个项目需完成，每个项目有 5 种实现途径或方案，组合后系统共有 5×5×5 = 125 种可能方案。当然并不是每种组合都是可行的，需要检验哪些是或不是可能的、可行的、实用的和值得关注的配置等，以在形态学域确定“解空间”。

表 2-3 形态学矩阵

项目	参数可能取值				
P_1	P_{11}	P_{12}	P_{13}	P_{14}	P_{15}
P_2	P_{21}	P_{22}	P_{23}	P_{24}	P_{25}
P_3	P_{31}	P_{32}	P_{33}	P_{34}	P_{35}

形态分析法用于产品创新设计：在问题分析、概念设计、技术设计以及详细设计过程中，都可以利用形态分析法分别进行分析。在问题分析阶段，分析对象是设计参数，产生更符合需求的 PDS；在概念设计阶段，分析对象是产品功能结构及原理方案，产生优化的概念解；在技术设计阶段，分析对象是实现概念的具体结构或参数，得到优化的初步技术方案；在详细设计阶段，分析对象是产品具体结构和工艺路线，得到优化的详细结构。

形态分析法的理论基础是系统工程，是产品在各个层次上的系统化结构的可分性决定了形态分析法的效果。形态分析法必须与系统设计过程紧密结合，才能起到其产生优化解的作用。

形态分析法的不足也是显而易见的，进行形态分析时需要尽可能多地列出所有可能的取值或解，而形态分析法对这些底层解的产生缺乏有效的工具，分析的效果取决于参与者的经验和知识。因此，形态分析法是一种依靠直觉或灵感进行创新的方法。它只是通过把复杂系统分成相对独立部分，降低了直接求解的难度，通过子系统解的组合大大扩大解空间的范围。为了提高形态分析的效果和效率，可借助头脑风暴法、TRIZ 等启发创新思维的方法提高底层解的数量和质量。

2. 形态分析法的步骤

形态分析法是一种系统化分析方法。它把研究对象或问题分为一些基本组成部分，并对每一个基本组成部分单独进行处理，分别得出各种解决问题的办法或方案，然后通过不同的组合关系而得到多种总方案。弗里茨·兹威基把形态分析法分为五个步骤。

1）明确问题。确定要研究的对象和要达到的目标。

2）问题分解。把问题分解成若干个基本组成部分，并对每个部分的特性（或方案）穷举求解。

3）建立一个包含所有基本组成部分的多维矩阵，在这个矩阵中应包含所有可能的总的解决方案。

4）检查这个矩阵中所有的总方案是否可行，并加以分析和评价。

5）对各个可行的总方案进行比较，从中选出一个最佳的总方案。

下面以新型洗衣机设计的例子说明形态分析法的应用。运用形态分析法探索新型洗衣机的设计方案时，可以按以下方法进行。

1）明确问题。从洗衣机的总体功能出发，分析实现“洗涤衣物”功能的手段，可得到“盛装衣物”“分离脏物”和“控制洗涤”等基本分功能。以分功能作为形态分析的三个因素。

2）问题分析。对应分功能因素的形态，是实现这些功能的各种技术手段或方法。为列举功能形态，应进行信息检索，密切注意各种有效的技术手段与方法。在考虑利用新的方法时，可能还要进行必要的实验，以验证方法的可用性和可靠性。在上述的三个分功能中，“分离脏物”是最关键的功能因素，列举其技术形态或功能载体时，要针对“分离”功能，从多个技术领域（机、电、热、声等）去思考。

3）列形态学矩阵并进行组合。经过一系列分析和思考，建立起洗衣机形态学矩阵，见表2-4。

表2-4　洗衣机形态学矩阵

问题（功能）	形态1	形态2	形态3	形态4
盛装衣物A	金属桶	塑料桶	玻璃钢桶	木桶
分离脏物B	摩擦分离	电磁振荡分离	热胀分离	超声波分离
控制洗涤C	手控	机械定时器	计算机控制	

利用表2-4，理论上可组合出4×4×3＝48种方案。

4）方案评选。

① 方案A1—B1—C1是一种最原始的洗衣机。

② 方案A1—B1—C2是最简单的普及型单缸洗衣机。这种洗衣机通过电动机和V带传动使洗衣桶底部的拨轮旋转，产生涡流并与衣物相互摩擦，再借助洗衣粉的化学作用达到洗净衣物的目的。

③ 方案A2—B3—C1是一种结构简单的热胀增压式洗衣机。它在桶中装热水并加进衣物，用手摇动使桶旋转增压，实现洗净衣物的目的。

④ 方案A1—B2—C2是一种利用电磁振荡原理进行分离脏物的洗衣机。这种洗衣机可以不用洗涤拨轮，把水排干后还可使衣物脱水。

⑤ 方案A1—B4—C2是超声波洗衣机的设想，即考虑利用超声波产生很强的水压使衣物纤维振动，同时借助气泡上升的压力使衣物运动而产生摩擦，达到洗涤的目的。

经过初步分析，便可挑选出少数方案进行进一步研究。

思　考　题

1. 简述产品设计过程，并叙述每个阶段的创新性体现在什么地方？
2. 公理设计中的独立公理对工程设计有什么意义？

3. 应用 QFD 对教室中的黑板进行一次质量改进分析？

4. 查文献说明如何进行发散思维的训练？

5. 应用检核表法进行书包的创新。

6. 针对公共浴室热水浪费问题，组织一次研讨会，应用头脑风暴法进行问题原因分析，并对该问题用六顶思考帽法进行分析与求解。

7. 形态分析法的基本原理是什么？

8. 简述形态分析法的步骤。

9. 应用形态分析法探索新型自行车的设计方案。

第3章

TRIZ概述

TRIZ是“发明问题解决理论”由俄文（теории решения изобрет-ательских задач，ТРИЗ）转换成拉丁文（Teoriya Resheniya Izobreatatelskikh Zadatch，TRIZ）后的首字母缩写，其英文全称是Theory of Inventive Problems Solving，缩写为TIPS，其意义为解决发明问题的理论。TRIZ是苏联发明家根里奇·阿奇舒勒（G. S. Altshuler，1926—1998）及其领导的一批研究人员，自1946年开始，在分析研究世界各国250万件专利的基础上，提取专利中所蕴含的解决发明问题的原理及其规律性之后建立起来的。

3.1 创新的规律性

发明问题解决理论（TRIZ）是诞生于苏联的创新理论。研究表明，创新是有规律可循的。该理论依据如下三个重要发现。

1）问题及其解在不同的工业部门及不同的科学领域重复出现。

2）技术系统进化模式在不同的工业部门及不同的科学领域重复出现。

3）发明经常采用不相关领域中所存在的效应。

这些原理表明：多数创新或发明不是全新的，而是一些已有原理或结构在本领域的新应用，或在另一领域的应用。TRIZ是以分析大量专利为基础总结出的概念、原理与方法，这些原理与方法的应用解决了很多产品与过程创新中的难题，对创新设计具有指导意义。

如图3-1所示，从图3-1a到图3-1e依次分别是分离胡椒籽与皮、剥坚果、剥葵花子、

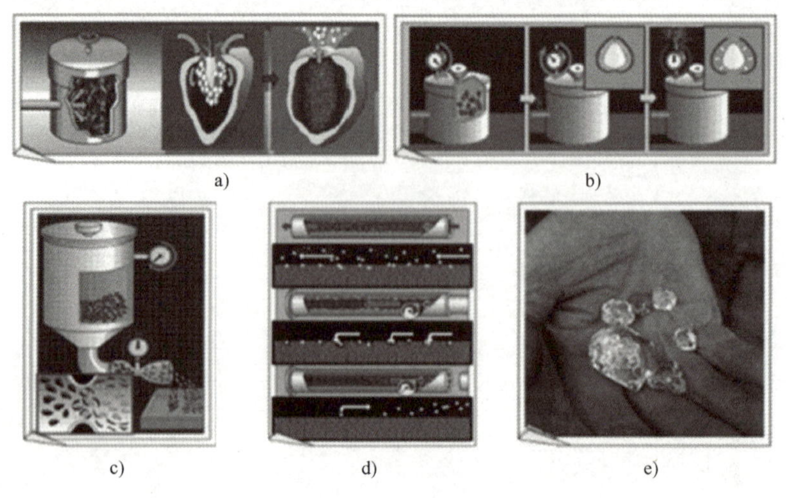

a) b) c) d) e)

图3-1　问题及其解在不同领域重复出现

去除管道结垢和破碎人造金刚石。这些分属于不同的工业领域的问题，从功能的角度来讲是相同的，即实现两个宏观物体的分离，因此解的原理也是相同的，都采用了缓慢升压后突然降压这一科学原理，说明相同的问题及其解在不同的工业领域是重复出现的，不同点在于胡椒籽去皮，葵花子、坚果去壳常用压力在 1MPa 以下，清洗管道结垢常用压力在 3MPa 以下，而人造金刚石沿自身裂纹分解常用压力为 100~200MPa。

技术系统进化模式是实现某种功能的产品自身特征演化所表现出来的规律性。如图 3-2 所示，图 3-2a 门禁系统与图 3-2b 汽车转向系统结构演变体现了图 3-2c 所示的演变规律。

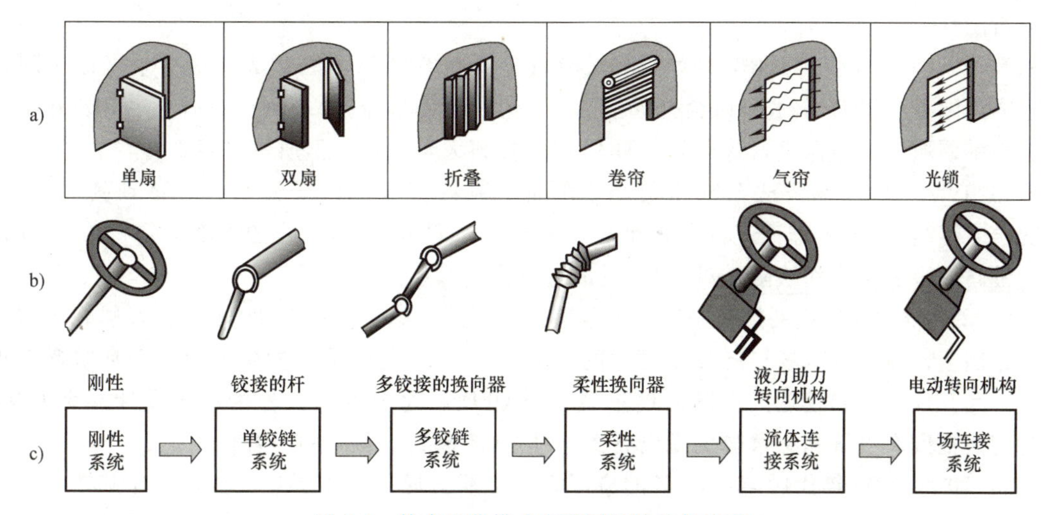

图 3-2 技术进化模式在不同领域重复出现

一些已有的科学效应应用于新的工程领域，可以得到全新的设计结果。图 3-3 所示为将 X 射线透射效应分别用于医疗 X 透视机和安检机。

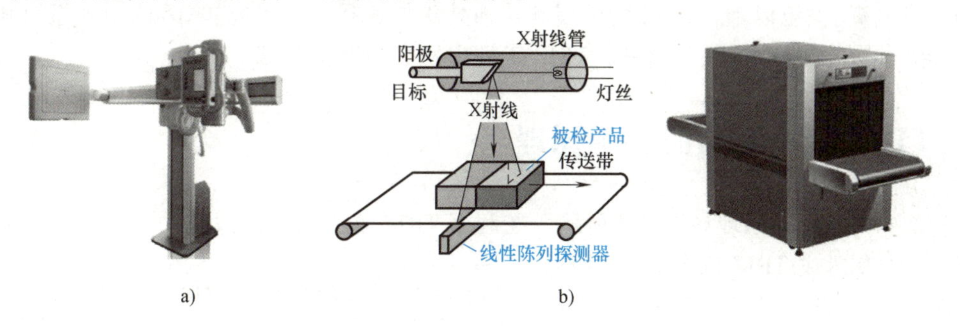

图 3-3 发明经常采用不相关领域中所存在的效应

3.2 TRIZ 简史

TRIZ 诞生于 70 多年前，它是由根里奇·阿奇舒勒提出的。阿奇舒勒于 1956 年发表了第一篇有关 TRIZ 理论的论文，1961 年出版了第一本有关 TRIZ 理论的著作《如何学会发明》。他于 1970 年一手创办的一所进行 TRIZ 理论研究和推广的学校后来培养了很多 TRIZ 应用方面的专家。

在 20 世纪 80 年代中后期 TRIZ 理论仅封闭在苏联范围内。从 1985 年开始，早期的

TRIZ 专家中的一部分移居到欧美等国，从而促进了 TRIZ 在全世界范围内的传播。1989 年，阿奇舒勒集合了当时世界上数十位 TRIZ 专家，在彼得罗扎沃茨克建立了国际 TRIZ 协会，阿奇舒勒担任首届主席。国际 TRIZ 协会从建立至今一直是 TRIZ 理论最权威的学术研究机构，目前它在全球 10 多个国家和地区拥有 30 余个成员组织，共拥有数千名 TRIZ 专家。

TRIZ 在苏联和西方的发展大体经历了以下几个阶段。

1）1946—1980 年，阿奇舒勒创建了 TRIZ 的理论基础，并建立了 TRIZ 的一些基本概念和分析工具。

2）1980—1986 年，TRIZ 开始得到公众注意，研究队伍不断扩大，很多学者成为阿奇舒勒的追随者，TRIZ 学术研讨会开始召开，很多 TRIZ 学校得以建立，同时，TRIZ 开始了在非技术领域的应用探索。这期间，TRIZ 研究资料大量积累，但质量良莠不齐。

3）1986—1991 年，从 1986 年开始，阿奇舒勒因健康原因研究兴趣转移到其他方面，他的学生继续对 TRIZ 理论进行研究和推广。伴随着 TRIZ 应用实践的不断丰富，传统 TRIZ 理论暴露出很多不足和缺陷，对 TRIZ 的改进和提高开始活跃。

4）20 世纪 90 年代初期到中期，苏联解体和冷战的结束使许多 TRIZ 专家移居到了欧美等西方国家，在西方市场经济高度发达的环境中，TRIZ 获得了新的生命力，受到质量工程界，产品开发人员和管理人员的高度重视，与 QFD 和稳健设计并称为产品设计三大方法。这时期大批俄文书籍和文章被翻译成英文，对 TRIZ 起到了很好的普及作用。

5）20 世纪 90 年代后期，TRIZ 的应用案例逐渐出现，摩托罗拉、波音、克莱斯勒、福特、通用电气等世界级大公司已经利用 TRIZ 理论进行产品创新研究，并取得了很好的效果。在工程界应用的同时，学术界对 TRIZ 理论的改进和与西方其他设计理论及方法的比较研究也逐步展开，并取得了一些研究成果，TRIZ 的发展进入了新的阶段。

6）进入 21 世纪以来，TRIZ 的发展和传播处于加速状态，研究 TRIZ 的学术组织和商业公司不断增多，学术会议频频召开，TRIZ 正处于发展的黄金时期。

3.3　TRIZ 解决问题的基本原理

TRIZ 解决问题的原理如图 3-4 所示。在利用 TRIZ 解决问题的过程中，设计者首先将待设计的产品表达成 TRIZ 问题，然后利用 TRIZ 中的工具，如发明原理、标准解等，求出该 TRIZ 问题的普适解或称模拟解（Analogous Solution）。与前述图 1-8 所描述的问题解决的类比原理对照，可以发现，TRIZ 集成了各领域解决同类问题的知识和经验，突破了个人知识的局限性，另外通过系统化的解决问题的流程，避免思维惯性。

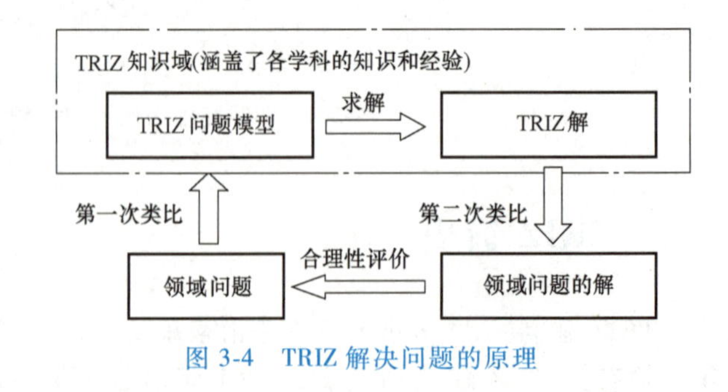

图 3-4　TRIZ 解决问题的原理

TRIZ 中直接面向解决系统问题的模型有三种，其基于知识的解集以及特点，见表 3-1。对于系统改进过程中的同一个问题，一般可以同时转化为三类问题并分别求解。

表 3-1 TRIZ 中三类问题模型及对应的基于知识的工具

问题模型		基于知识的工具集(解集)	特　　点
功能模型		效应知识库	集合了大量专利实现不同功能的原理所蕴含的效应,为实现跨领域的解提供支持
物质-场模型		76 条标准解	用于元件间作用或场变换的过程中出现的问题,标准解描述的是通过物质-场变换解决问题的途径
冲突模型	技术冲突	40 条发明原理	用于解决系统参数改进问题过程中,不同子系统间的矛盾的要求
	物理冲突	4 条分离原理	用于解决系统参数改进过程中,对同一对象提出的相反的要求

3.4　TRIZ 理论体系

图 3-5 所示为 TRIZ 的体系结构。TRIZ 理论体系分为概念层、分析方法层、问题解决方法层和系统化方法层，还有计算机辅助创新（Computer-Aided Innovation，CAI）系统的支持。

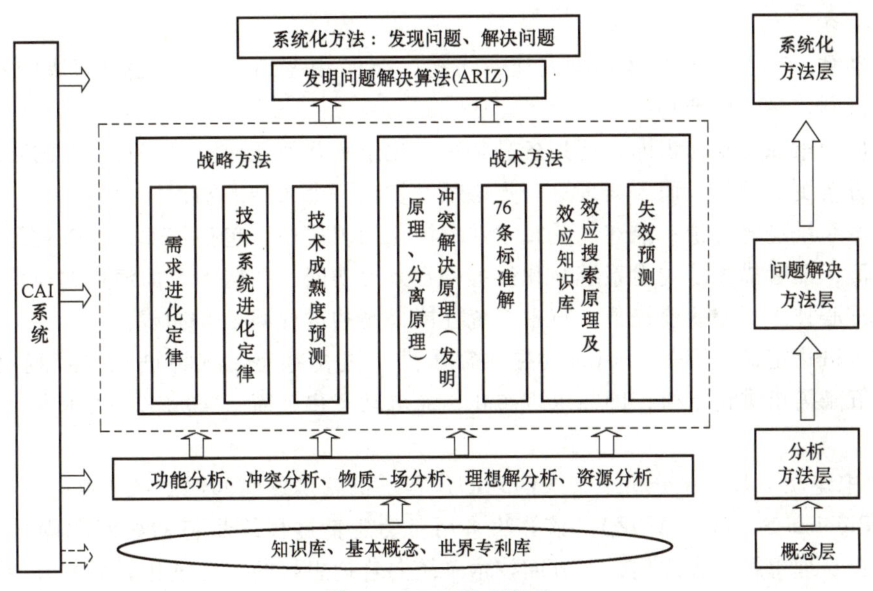

图 3-5　TRIZ 体系结构

TRIZ 分析方法层包含的分析工具有：功能分析、冲突分析、物质-场分析、理想解分析和资源分析，这些工具用于问题模型的建立、分析和转换。

1）功能分析：功能是系统存在的目的。功能分析的目的是从完成功能的角度而不是从技术的角度分析系统、子系统、部件。该过程包括裁剪，即研究每一个功能是否必需，如果必需，系统中的其他元件是否可完成其功能。设计中的重要突破、成本或复杂程度的显著降低往往是功能分析及裁剪的结果。

2）冲突分析：在系统改进过程中，出现了不期望的结果，这就是冲突。当技术系统某一参数或子系统的改进，导致另外某些参数或子系统的恶化，这就是技术冲突。当对同一对象提出相反的要求，这就是物理冲突。TRIZ 中建立了标准的冲突分析和解决过程及工具。

3）物质-场分析：阿奇舒勒认为发明问题解决的功能都可由两种物质及其间作用的场来

描述。

4）理想解分析：TRIZ 在解决问题之初，首先抛开各种客观限制条件，通过理想化来定义问题的最终理想解（Ideal Final Result，IFR），以明确理想解所在的方向和位置，保证在问题解决过程中沿着此目标前进并获得最终理想解，从而避免了传统创新设计方法中缺乏目标的弊端，提升了创新设计的效率。

5）资源分析：发现系统或超系统中存在的资源是系统改进过程中的重要环节。一个理想的设计方案不引入或引入尽可能少的资源。

TRIZ 解决问题的方法层主要是各种基于知识的工具，包括解决具体技术问题的战术方法和解决技术系统长期发展问题的战略方法。其中战术方法包括：发明原理和分离原理，标准解和效应搜索原理及效应知识库。战略方法包括：技术成熟度预测和技术系统进化定律（合称技术系统进化理论）以及 TRIZ 大师 Vladimir Perov 提出的需求进化定律。这些工具是在积累人类创新经验和研究大量专利的基础之上发展起来的。

➢ 冲突解决原理：包括发明原理和分离原理。发明原理是解决技术冲突时系统方案的抽象化描述，阿奇舒勒总结了 40 条发明原理。分离原理是解决物理冲突时系统方案的抽象化描述。

➢ 标准解：对于用物质-场模型表达的问题，TRIZ 中总结了 76 条用于解决问题的物质-场变换的规则，称为标准解。

➢ 效应搜索原理及知识库：运用各种物理、化学和几何效应可以实现期望的功能，使问题的解决方案更加理想，而要实现这一点必须开发出一个大型的知识库。

➢ 技术系统进化理论：描述的是技术系统演化的规律性，包括技术系统进化定律和技术成熟度预测，前者描述了技术系统演化过程中在系统功能、结构等方面演化的规律性；后者描述了在核心技术不变的前提下，技术系统性能提高的过程满足 S-曲线。

➢ 需求进化定律：Vladimir Perov 提出需求处于进化状态，这种进化受客观规律支配，并归纳为五条需求进化定律，即需求理想化、需求动态化、需求集成化、需求专门化和需求协调化。

TRIZ 中建立了系统化分析、解决问题的过程，也就是发明问题解决算法（Algorithm for Inventive-Problem Solving，ARIZ）。该算法采用一套逻辑过程逐步将初始问题程式化，并特别强调冲突与理想解的程式化，一方面技术系统向着理想解的方向进化，另一方面如果一个技术问题存在冲突需要克服，该问题就变成了一个发明问题。应用 ARIZ 取得成功的关键在于没有理解问题的本质前，要不断地对问题进行细化，一直到确定了物理冲突。该过程及物理冲突的求解已有软件支持。

3.5 TRIZ 基本概念

3.5.1 功能

1. 功能的定义

19 世纪 40 年代，美国通用电气公司的工程师迈尔斯首先提出功能（Function）的概念，并把它作为价值工程研究的核心问题。他将功能定义为“起作用的特性”，顾客买的不是产品本身，而是产品的功能。自此“功能”思想成为设计理论与方法中最重要的概念，功能分析（Functional Analysis）也起源于此。关于功能的定义还有很多种，如“功能是对象满足某种需求的一种属性”“功能是指产品能够提供的活动机会”“功能是向顾客表明产品在使用过程中的物质运动形态”等。由上述定义可以看出，功能是系统存在的目的，是对产品具体效用的抽象化描述，体现了顾客的某种需要，应当是产品开发时首先考虑的因素。

一个系统的总功能通常用黑箱模型表达，如图 3-6 所示，输入、输出为能量流、物料流和信息流，即产品的功能是对能量、物料和信息的转换。一般用“动词+名词”的形式描述一个功能。动词为主动动词，表示产品所完成的一个操作，名词代表被操作的对象，是可测量的，如分离枝叶、照明路面。

图 3-6 黑箱模型

功能实现原理的通用性是 TRIZ 的重要发现，可以通过定义功能寻找其他领域或行业已经解决的同类问题。

2. 功能的分类

1）按照系统功能的主次可以分为：

➢ 主要功能：是对象建立的目的（用途），即设计对象就是为实现这一功能而创建的，如小汽车的载客与载货功能。

➢ 附加功能：是赋予对象新的应用功能，一般与主要功能无关，如汽车上加的音响、空调等。

➢ 潜在功能：技术系统并不总按照指定用途使用，而是执行了即时功能，如警察用汽车设置路障。

产品的主要功能正常实现是客户对产品的最低要求。附加功能有“锦上添花”之意，附加功能实现程度可以较低，对客户满意度影响较小。当附加功能实现程度达到市场中同功能产品的性能时，附加功能会转变为主要功能。例如：手机引入的照相功能在早期就是附加功能，但当其拍照性能接近或达到市场中数码相机的性能时，会替代数码相机，原来的附加功能变成主要功能。

2）按照子系统（或元件）的功能与系统的主要功能的关系分为：

➢ 基本功能：与对象的主要功能实现直接有关的子系统的功能，是系统执行部分的功能。

➢ 辅助功能：为更好实现基本功能服务的功能，即服务于其他子系统的功能。辅助功能也是与主要功能相关的。

3）按照产品与用户的交互关系分为：

➢ 实用功能：是用户通过操作产品才能实现的功能，一般涉及物质、能量、信息的变换。

➢ 外观功能：也称为美学功能，是指产品的形态、色彩、材质、装饰等直接体现出的标识、提示和装饰等功能，是人对产品的直接心理和感官体验，如卫生间的图形标识。

➢ 象征功能：是比外观功能更加抽象的功能，是产品在使用情境下的象征意义，如鸽子象征着和平；Louis Vuitton 象征着时尚，还象征着奢侈、身份、地位和财富。

3.5.2 技术系统

1. 技术系统、子系统和超系统

技术系统是以实现功能为目的，不同元件相互作用、相互影响组成的整体。一个复杂的系统还可细分为子系统，子系统是以实现基本功能为目的的更小的系统。技术系统要与外界有物质、能量、信息的交换，因此技术系统是在一个更大的系统中发挥作用，这个更大的系统称为超系统。超系统元件是指与技术系统有直接作用的系统外元件。

2. 技术系统提出的意义

TRIZ 认为能够执行一个主要或者基本功能的产品、过程和技术等都可以定义为系统，都是为满足特定需求/目的而设计的。把研究对象看作是实现功能的系统，这是 TRIZ 中重要的观点，奠定了 TRIZ 研究的理论基础。

➢ 在对系统研究过程中为了表达各部分之间的关系，建立了物质-场模型，并用于表达系统元件间作用存在的问题，提出了标准解法。

➢ 基于系统的观点，提出了冲突的概念和冲突解决理论，即出于改进系统的目的对系统任何组成部分的改变，都可能对其余部分或整体产生负面影响，这就是冲突。

➢ 总结了实现某一主要功能的不同技术系统进化的规律性和同一技术系统进化的规律性，建立了技术系统进化理论。

3. 技术系统进化 S-曲线

实现某一功能的技术系统，其进化的结果表现为代表功能实现程度的特性参数随时间的变化。对产品而言就是关键性能的提升。基于某一核心技术（实现功能的原理）的产品，其性能提高的过程可用 S-曲线描述，如图 3-7a 所示。新系统开始于实现主要功能的一个新原理的出现，由于只有有限的资金和人员参与，系统性能提升缓慢；一旦技术突破，使得新系统进入了市场，其良好的前景吸引大量人员、资金的注入，产品进入性能快速提升阶段；任何实现功能的原理都有固有的技术极限，当性能提升到接近其固有的极限时，系统性能提升的速度降低，直至停滞，或者被基于新的原理的新系统替代，开始一条新的 S-曲线，如图 3-7b 所示。实现同一特性参数的不同技术系统的进化过程表现为 S-曲线族。例如：图 3-8 所示的人造光源的进化 S-曲线族。

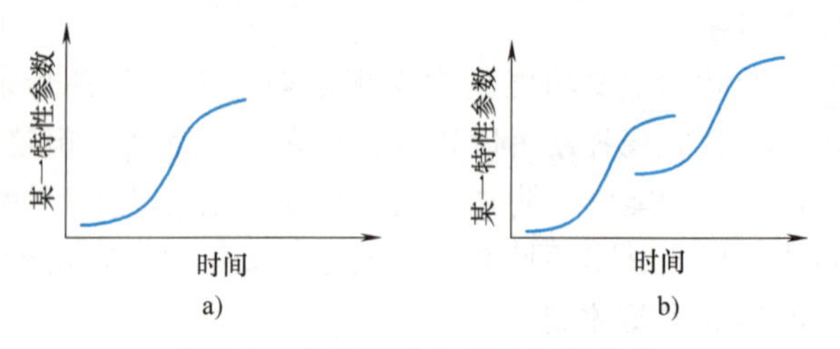

图 3-7 产品进化 S-曲线及其替代

4. 技术系统的界定

技术系统是人造物，如投影仪、激光笔、手机、桌椅等。这些人造物都有一个名称，系统名称的概括程度直接决定了系统包含的变体数量。例如：人造光源、LED 光源和单色光 LED 三个名称直接决定了系统包含的产品内容和变体数量是不同的。比如人造光源就至少包含了基于燃烧原理的照明、白炽灯、荧光灯和 LED 灯等多个技术系统。

系统的主要功能是通过一定执行原理实现的，通常，相同功能能够通过不止一种方法实现。这种情况下，每个实现原理对应一个不同的系统。例如：飞机、直升机和滑翔机的主要功能“飞行”是相同的，但实现原理是不同的，因此分属于不同的技术系统，各自有自己

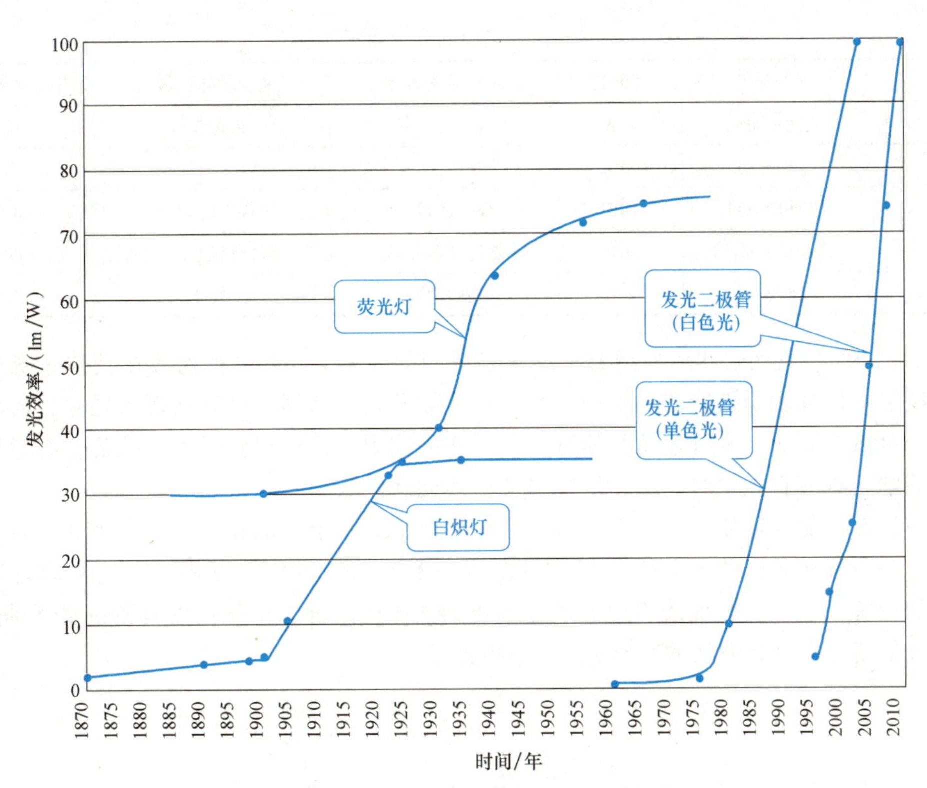

图 3-8 人造光源的进化 S-曲线族

的进化 S-曲线。系统的主要功能描述的抽象程度越高，则实现同一功能的解就越多。

总之，要根据自己的研究目的，选择合理的系统名称及功能描述。根据系统实现的原理，界定技术系统的范围。

3.5.3 创新的级别

发明在创新过程中占有重要的地位。阿奇舒勒通过研究把发明分为五个级别，普通设计人员采用试验纠错法从产生最初的工作原理，到最终选定工作原理过程中，所产生工作原理的个数决定解的级别。产生高级别的解或发明需要更多的知识，另外还与问题的难易程度、知识来源等有密切的关系。五级描述如下：

1 级（Level 1）：通常的设计问题，或对已有系统的简单改进。设计人员自身的经验即可解决，不需要创新。大约 32%的解属于该范围。

2 级（Level 2）：通过解决一个技术冲突对已有系统进行少量的改进。采用行业中已有的方法即可完成。解决该类问题的传统方法是折中法。大约有 45%的解属于该范围。

3 级（Level 3）：对已有系统有根本性的改进。要采用本行业以外已有的方法解决，设计过程中要解决冲突。大约有 18%的解属于该范围。

4 级（Level 4）：采用全新的原理完成已有系统基本功能的新解。解的发现主要是从科学的角度而不是从工程的角度。大约有 4%的解属于该类。

5 级（Level 5）：罕见的科学原理导致一种新系统的发明。大约有 1%的解属于该类。

表 3-2 列出发明的五个级别。

表 3-2 发明的五个级别

级别	创新的程度	百分比	对系统的改变	基于的知识域	可选解的数目
1	显然的解	32%	量变、折中	个人的知识	10
2	少量的改进	45%	局部质变、解决冲突	行业内的知识	100
3	根本性的改进	18%	根本性改变	学科内的知识	1000
4	全新的概念	4%	创造了新系统	跨学科的知识	100000
5	发现	1%	新发现	新知识	1000000

表 3-2 表明，发明过程中所遇到的绝大多数问题或相似问题已被前人在其他系统或其他领域解决了。假如发明人能按照正确路径，从低级开始，依据自身的知识与经验，向高级方向努力，可从本企业、本行业及其他行业已存在的知识与经验中获得大量的解，有意识地去发现这些解，将节省大量时间，降低发明及后续创新的成本。

为一种新功能确定新原理，产生新技术，并诞生了一个新的技术领域，实现了 4 级或 5 级创新，是一条从未有的 S-曲线的起点。在沿一条 S-曲线进化的过程中，技术的改进属于 1~3 级的创新。当一条 S-曲线对应的原理进化到其极限之前，由该曲线跳到新的 S-曲线，3 级或 4 级创新往往是新曲线的起点，如图 3-9 所示。

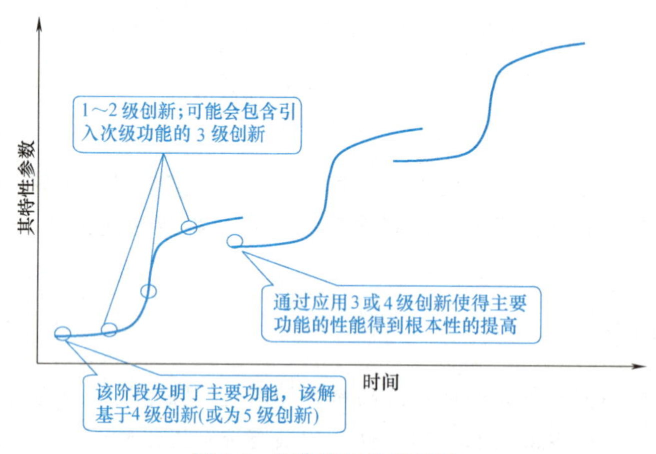

图 3-9 S-曲线与发明等级

思 考 题

1. TRIZ 理论依据什么原理？
2. TRIZ 发展分几个时期？
3. TRIZ 的基本原理是什么？
4. 什么是产品“功能”？查找文献讨论功能的表达方法。
5. 以自行车为例，分析该系统的构成。
6. 创新如何分级？

第 2 篇

问题分析工具篇

美国管理哲学家亚伯·阿可夫曾说："我们失败的原因多半是因为尝试用正确的方法解决错误的问题。"在工作中，通常会遇到需要解决的问题不清晰或被错误地定义，对于设计问题而言，系统中存在的问题往往表象与问题的根源差得很远。头痛医头脚痛医脚往往解决不了根本问题，并且有可能引起新的问题。准确认识问题是解决问题的前提。

1. 问题陈述方法

首先要正确陈述要解决的问题，陈述问题时要注意以下三点。

➢ 所陈述的是一个有待解决的问题，而不是问题的解决方法或可能的原因。例如："因为产品性能不好，导致产品滞销"，这种问题表述带有臆测的成分，导致很难对滞销原因展开分析。

➢ 所陈述的是有实际影响的问题，而不是简单陈列事实，即真正需要解决的问题。

➢ 所陈述的问题是具体和明确的，而不是笼统或含糊的。例如："产品质量不过关"，这种问题描述就过于笼统。

下面是一个问题陈述模版，适合于对各种技术问题进行描述。

1）定义技术系统实现的功能（研究对象的总功能），理解技术系统存在的目的。功能一般表述为"改变或保持（动词）+作用对象+作用对象的参数"的形式。

2）描述现有技术系统的工作原理。渐进性创新不改变现有系统的原理，突破性创新需要打破现有系统的原理。具体选择要看产品技术成熟度预测结果。

3）描述当前技术系统存在的问题。明确问题的表象，如果有必要，把一个复杂问题分解为几个相互独立的子问题分别求解。

4）明确问题出现的条件和时间。明确出现的条件和时间是为了分析系统的根原因。

5）明确问题或类似问题的现有解决方案及其缺点。明确问题是否已有解决方案，解决的效果如何。如果问题已经被解决，并且结果已经能够接受，就不成为问题。如果已有解已申请专利保护需进行专利规避设计或购买专利使用权。

6）明确对系统的要求。这是为了确定设计的目标。

2. 问题分析方法

在问题描述之后，就可开始问题分析。为了把一个技术问题转化为 TRIZ 问题，需进行以下分析。

（1）功能分析　在定义系统总功能的基础上，对研究对象的功能进行分解。得到系统功能模型。本篇第 4 章主要介绍两种功能分析的方法。

（2）因果分析和冲突区域确定　问题的原因往往隐藏在表象的背后，根原因分析是要找到导致问题的根源，即在功能模型中确定最终导致系统问题的元件及其之间的作用，即冲突区域。在冲突区域解决问题对系统改变小，是企业的首选。根原因分析方法和冲突区域确定原则将在第 5 章详细介绍。

（3）理想解分析　理想解分析是为了突破问题本身，重新审视已有系统存在的目的，在更高层次上提出系统改进目标。理想解的概念及分析方法将在第 6 章详细介绍。

（4）资源分析　解决系统存在的问题的关键是发现能够解决问题的资源。资源类型、资源分析方法将在第 7 章进行介绍。

除了上述分析方法，TRIZ 还提供了一些克服思维惯性的思维工具，如聪明小人法、空间-时间-成本算子、九窗口法等，这些都可以作为独立的工具使用，也是 ARIZ 中的重要工具，将在第 8 章分别进行介绍。

第 4 章 功能分析

产品是功能的载体，功能是产品的核心和本质，因此功能是产品创新的出发点和落脚点。对系统进行功能分析是对设计问题分析的第一步。功能有很多描述方式，本章主要介绍两种：一种是表达输入输出流转换关系的产品功能结构；另一种是基于 TRIZ 中物质-场模型的功能模型。前者既适用于新产品的设计，也适用于产品的改进，应用 TRIZ 中的效应知识库求解功能需要以此为基础；后者主要用于已有产品的改进设计，TRIZ 中主要分析过程是以此为基础的。

4.1 功能结构

4.1.1 功能描述

概念设计阶段的主要任务是产生满足需求功能的原理解。其关键步骤是将用户需求抽象为功能需求，即对产品的功能进行描述。功能一般用“动词+名词”的形式来表达，动词为一主动动词，表示产品所完成的一个操作，名词代表被操作的对象，是可测量的。例如：产生力、分离混合物、降低温度等。

功能是产品设计的依据，功能的描述应符合以下要求。

(1) 简洁准确　功能的描述必须做到简洁、明了，能准确地反映功能的本质，与其他的功能明显地区别开来。对动词部分要求概括明确，对名词部分要求便于测定。例如：传动轴的功能是“传递转矩”，变压器的功能是“转换电压”。

(2) 定量化　所谓定量化，是指尽量使用可测定数量的语言来描述功能。定量化是为了表述功能实现的水平或程度。当然，在许多情况下是很难对功能进行定量化描述的。

(3) 抽象化　功能的描述应该有利于打开设计人员的设计思路，描述越抽象，越能促进设计人员开动脑筋，寻求种种可能实现功能的方法。例如：设计夹具的时候，可以有多种夹紧方式，如果描述为“机械夹紧”，则会使人想到“螺旋夹紧”“偏心夹紧”等方法；如果抽象一点描述为“压力夹紧”，则会使人想到气动、液动、电动等许多方式，设计方案会更丰富。

(4) 考虑约束条件　要了解可靠地实现功能所需要的条件，其中包括：功能的承担对象是什么（What）？为什么要实现（Why）？由什么要素来实现（Who）？什么时间、什么位置实现（When，Where）？如何实现（How）？实现程度如何（How much）？虽然在描述功能时这些条件都省略了，但是决不能忘却这些条件。

4.1.2 功能分解

功能是从技术实现的角度对待设计系统的一种理解，是系统或子系统输入/输出参数或状态变化的一种抽象描述。对于一个技术系统或产品而言，功能表现为系统具有的转化能量、物料、信息或其他物理量的特性，即技术系统输入量和输出量之间的关系。图4-1为技术系统功能示意图。

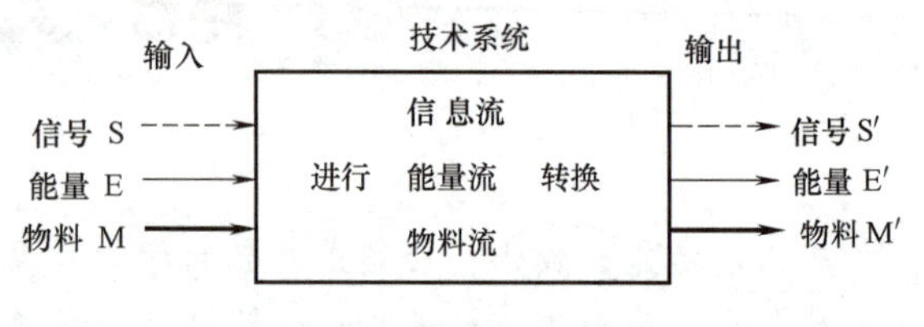

图 4-1 技术系统功能示意图

复杂的用户需求通常由若干个具有内在联系的功能共同实现。为了便于寻求满足产品总功能的原理方案，或者为了使问题的解决简单方便，通常将总功能分解成复杂程度相对较低的分功能，分功能分解为下一级子功能，一直分解到功能元。该分解过程称为功能分解，如图4-2所示。产品的总功能是指待设计产品或系统总的输入/输出关系。输入/输出的实体称为流。经过高层次的抽象，流分为物质流、能量流和信号流。分功能是总功能的组成部分，它与总功能之间的关系是由约束或输入与输出之间的关系来控制的。功能元是已有零部件、过程的抽象。

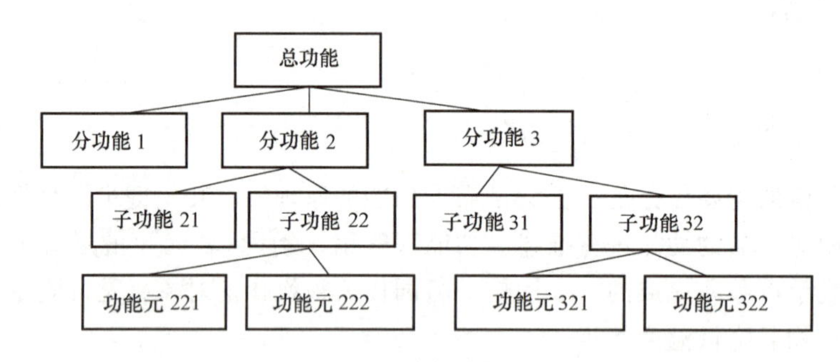

图 4-2 功能分解树

功能分解的目的是将复杂的设计问题简化。Pahl 和 Beitz 在能量流、物料流和信号流的基础上分解设计。首先确定系统的总功能。如果系统是复杂的，再将总功能分解成伴有能量流、物料流和信号流的功能集合。分功能可能根据需要再分解。这一过程可以用图4-3表示。

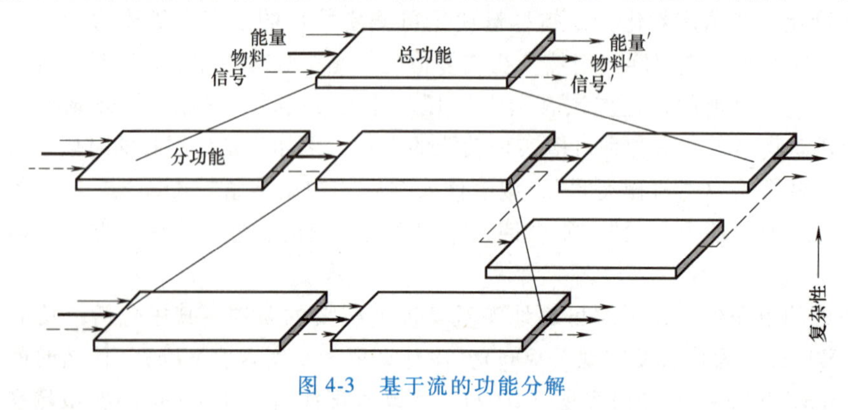

图 4-3 基于流的功能分解

通过功能分解，产品的总功能分解成若干功能元，将系统的各个功能元用流有机地组合起来就得到功能结构。一个功能结构可以抽象地表达顾客对产品的需求。图 4-4 中功能元以图的形式连接起来构成了产品总功能。该图的结构以比较清晰的形式表达了产品依据能量、物质、信息所必须完成的功能之间的关系。

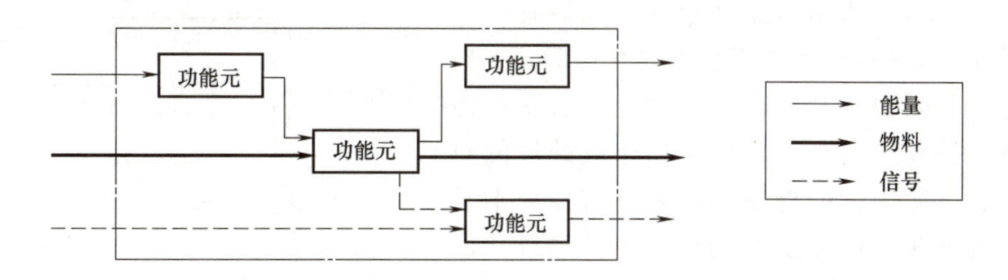

图 4-4 一般的功能结构形式

功能结构是产品设计知识、设计意图的最直接表达，在产品设计和分析中具有重要的作用。其重要性主要体现在以下几个方面。

➢ 功能结构将设计问题模块化、结构化，从而使设计问题转变为一系列容易求解的子问题。

➢ 功能结构将设计信息在功能层次上得到抽象描述，从而使产品的概念设计活动更注重于功能需求的满足，可以实现对产品更本质的分析和评价。

➢ 功能结构将一个总体需求功能逐步地细化、具体化，从而可以建立各个功能元之间的关系。

➢ 功能结构为后续的分析推理提供了基础，如行为仿真、设计评价、决策、修改等。

➢ 功能结构作为下游设计活动的重要参考模型，为面向功能的产品设计过程提供了基础。

➢ 实现同一总功能的功能结构可能有多种，对总功能的分解方式和分解深度的不同、功能元间连接形式和顺序的不同等均会产生不同的功能结构，通过对功能结构的改变往往可以实现产品设计过程的创新和设计方案的优化。

功能结构的建立过程就是功能分解，是通过分解来获得对所设计产品的清晰认识，其本身是一个逻辑推理过程。实际的功能分解过程具有如下四个特征。

➢ 功能结构是客观存在的，功能分解就是寻找和确定已存在的子功能。

➢ 功能总是以流的存在为前提的，没有功能对象的存在，功能也就没有意义。

➢ 下层功能的组合实现上层功能需求，上下层功能间具有一种因果关系，上层功能限定了分解方向。

➢ 一个功能的子功能间要么是因果关系，要么是逻辑关系，它显示了分解方式。

4.1.3 建立功能结构的方法

功能结构的建立是通过对用户需求的分析确定总功能，将其分解为分功能直至功能元的过程。对于已有系统而言，功能元就是对系统零部件或过程的抽象，功能结构是对已有系统功能实现过程的表达。对于新系统而言，建立功能结构的过程是一个边分解边求解的过程，功能结构是功能求解结果的一种表达方式。

1. P&B 的功能结构

在系统化设计方法中，德国的 Pahl 及 Beitz 的设计理论是一种被世界所接受的理论。

P&B 理论基于功能分析给出了建立功能结构的过程和方法，其主要包括以下几个步骤。

步骤 1：通过分析顾客需求，抽象待设计产品的总功能，即待设计产品或系统总的输入/输出关系，输入/输出由能量流、物料流、信号流组成。

图 4-5~图 4-7 所示为建立拉伸试验装置功能结构的过程。图 4-5 所示为该装置的总功能，方框中的拉伸试件是对总功能的一种描述，其中拉伸是要进行的操作或处理，试件是操作或处理的对象。描述总功能输入的能量、物料、信号分别是克服负载的能量、试件及控制信号。描述总功能输出的能量、物料及信号分别是试件的变形能、已变形的试件、检测到的试件受力及试件变形量。

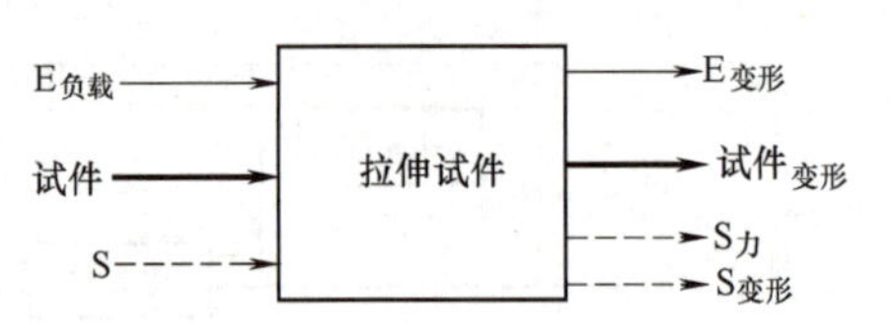

图 4-5 拉伸试验装置总功能

步骤 2：按照用户需求，将产品总功能分解为伴有能量流、物料流和信号流，且容易实现的分功能集合。

图 4-5 所示的总功能过于抽象，很难实现，需将其进一步分解为较容易实现的分功能。图 4-6 所示为将总功能分解为四个分功能的模型。

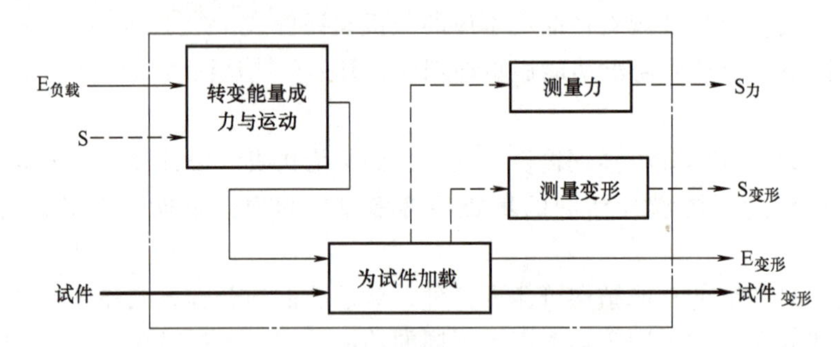

图 4-6 拉伸试验装置分功能

步骤 3：将分功能继续分解为功能元，由功能元组成的模型即为功能结构。

图 4-7 是将图 4-6 中的分功能继续分解为功能元后的模型，即功能结构。图 4-7 所示的功能结构中有 8 个功能元，每个功能元与已有部件或子系统对应，或较容易实现。

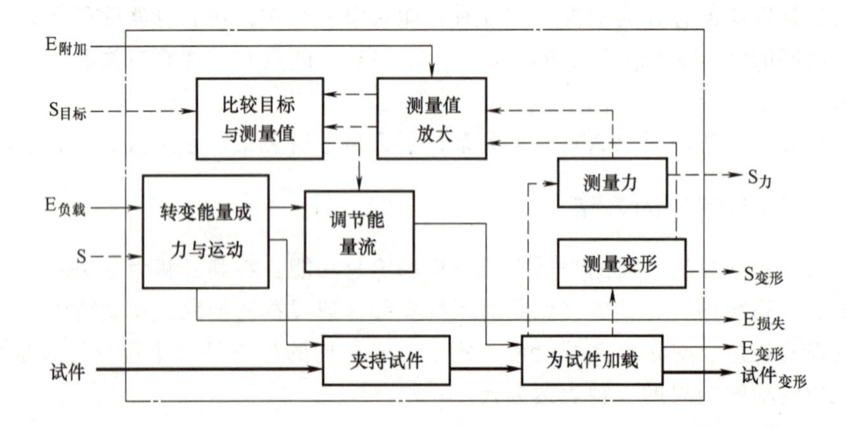

图 4-7 拉伸试验装置功能结构

图 4-5~图 4-7 的分解过程，即为确定能够求解的功能元的过程，这个过程能否顺利完成主要依赖于设计人员的知识和经验。对“动词+名词”的功能描述方式中的“动词”和“名词”的选择也依赖于设计者自身，这种描述方式的优点是更具体，缺点是抽象程度不够会约束思考的方向。为了更加统一功能的描述，便于建立通用的知识库，出现了以功能基描述功能的方式。

例 4-1 图 4-8 所示为某中药机械的功能结构。其工作原理是将混合均匀的药料投入到加料口内，通过进药腔的压药翻板，在螺旋挤出机的挤压下推出多条相同直径的药条。在自控导轮的控制下同步进入制丸刀后，连续制成大小均匀的药丸。

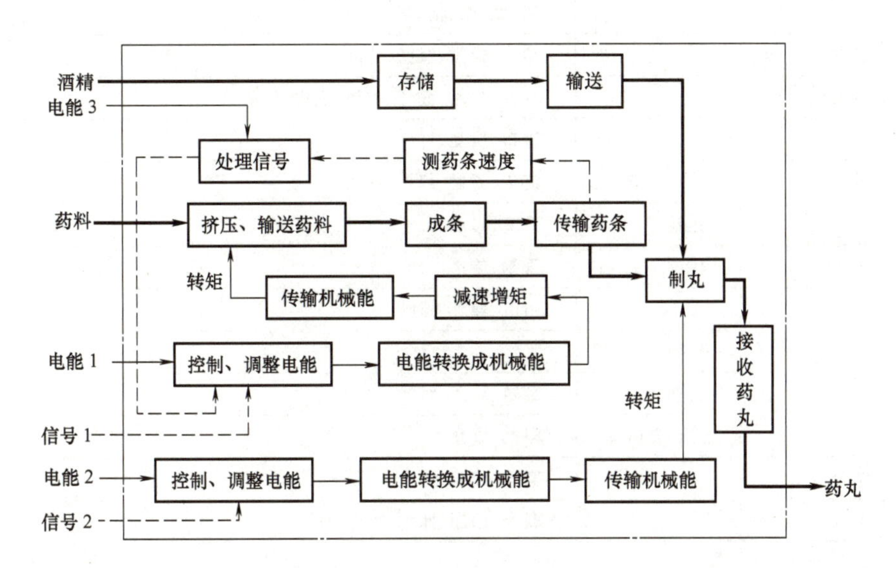

图 4-8 中药制丸机功能结构

2. 基于功能基的功能结构

(1) 功能基 功能元是功能分析过程中，设计者能够求解的最小单元。这涉及功能分解到什么程度结束的问题。不同设计者针对同一问题，分解得到的功能元集合是不同的。抽象出一组功能作为功能元集对功能分析有普遍的指导意义。Collins 提出了机械设计中的 105 种功能，Kirschman 提出了机械设计的 4 组功能，TRIZ 中抽象出了 30 种功能，Stone 提出了功能基（Functional Basis）的概念。功能基是用归纳法（Inductive Approach）生成的一种建立功能结构使用的通用设计语言，该语言由用来表达功能元的功能集合和流集合组成。设计者可以使用简单的功能元集合描述一个产品的全部功能。

Stone 对功能的有关概念进行了重新定义：

- 产品功能（Product Function）：以动词-名词形式描述产品总任务的输入/输出关系。
- 分功能（Sub-function）：以动词-名词形式描述产品分任务的输入/输出关系。
- 功能（Function）：以动词形式描述元件或产品的一个操作。
- 流（Flow）：随时间变化的能量、物料、信号；功能所描述操作的承受者。
- 功能基（Functional Basis）：由功能集与流集所组成的设计语言，该语言用于形成分功能。

功能基是功能与流的集合，分功能由功能与流合成。功能与流是进行功能分析、建立功能结构的基本元素。功能基中的功能用动词表示，分为类功能和基本功能。流用名词表示，分为类流、基流、子流和补足物。表4-1所列为功能的集合，表4-2所列为流的集合。功能基中的元素经过不同的组合可组成1000多个功能元（或分功能）。这些功能元可用于产品的功能分析及绘制功能结构。利用功能基建立功能结构便于控制功能的分解及设计师之间的交流。

表4-1　功能的集合

类功能	基本功能	限制流类功能	同义词
分支	分离	移动	开关、分解、释放、分开、拆开、解开、减去
			切、抛、撒、钻、车
	精制		精华、拉紧、过滤、清除
	分发		分岔、分散、散开、扩散、倒空、驱散
导向	输入		进口、接受、许用、俘获
	输出		流传、喷射、部署、移动
	传递	运输	升降、移动
		传导	管制、传达
	引导		指引、伸直、驾驶
		转换	
		转动	翻转、旋转、纺
		允许自由度	限制、放开
连接	结合		紧固、装配、缚上
	混合		联合、添加、捆扎、接合
控制	起动		开始、激发
	调节		控制、允许、防止、使能、使不能、限制、打断
	改变		增加、减少、放大、减小、扩大、规格化、繁殖、按比例变化、矫正、调整
		形成	压紧、压碎、成型、压缩、刺穿
		制约	
转换	转换		形变、液化、固化、气化、浓缩、集成、区分、处理
供应	储存		包含、收集、储存、俘获
	供给		填充、提供、补充、揭露
	吸取		
接发	感知		接收、确认、辨别、检查、定位
	预示		标记
	显示		
	测量		计算
支撑	终止		绝缘、保护、防止、防护、制约
	稳定		稳固
	保护		缚上、装上、锁住、扣住、固定
	定位		定向、排队、位于

表 4-2 流的集合

类流	基流	子流	补足物	
物料	人		手、脚、头等	
	气体			
	液体			
	固体			
信号	状态	听觉	音调、口头	
		嗅觉		
		触觉	温度、压力、粗糙度	
		味觉		
		视觉	位置、位移	
	控制			
能量	人		力	运动
	声		压力	粒子速度
	生物		压力	容积流量
	化学		亲合力	反应速度
	电		电动力	电流
	电磁	光	亮度	速度
		太阳	亮度	速度
	液压		压力	容积流量
	磁		磁动力	磁通量
	机械	转动	转矩	角速度
		平动	力	速度
		振动	幅值	频率
	气压		压力	质量流量
	辐射		密度	衰减率
	热		温度	流量

（2）基于功能基的功能结构建立

步骤 1：确定产品的总功能。产品功能用动词+名词的形式表示，输入/输出由用户需求确定。

以下是以果汁机为例建立功能模型的过程。图 4-9 所示为其总功能，描述为榨果汁。总功能的输入能量、物质、信号分别为电能、人力、水果、刀具、开关信号，其输出能量、物质、信号分别为转矩、热能、振动、果汁、残渣、开关信号。

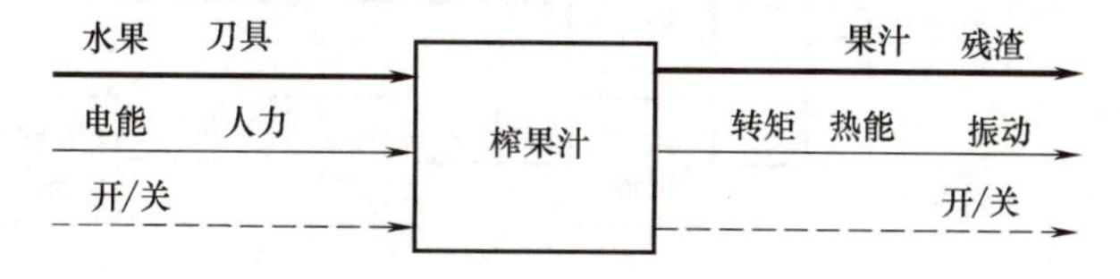

图 4-9 果汁机的总功能

步骤 2：将产品总功能进行分解，并使用功能基建立功能树。值得注意的是每一层的分解都应参照顾客的需求，以确保这些子功能能够满足全部顾客需求，图 4-10 所示为果汁机的功能树。

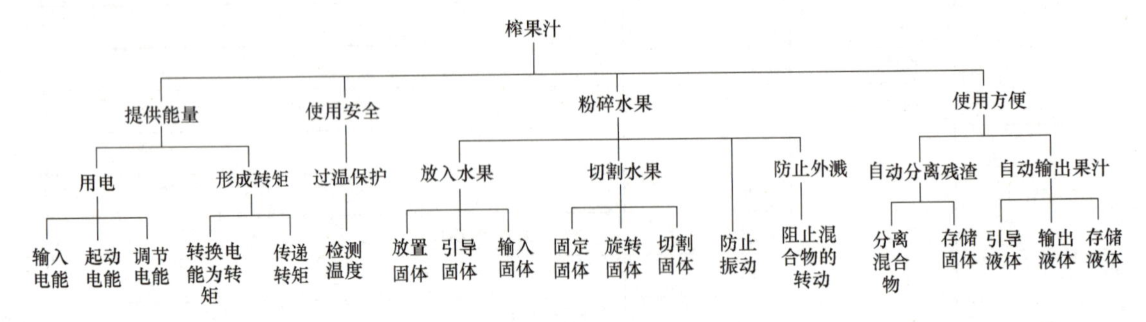

图 4-10 果汁机功能树

步骤 3：引入流，从功能树底层对物质流、能量流、信息流进行追踪，建立每个输入流的功能链。功能链可分为串行功能链和并行功能链。

串行功能链：按时间的先后发生的对流的一系列操作，如图 4-11 所示。在这种形式中，要求子功能遵循特定的顺序排列来实现预期的结果。

并行功能链：按时间同时发生的操作，如图 4-12 所示。这种形式包含了数条不同的串行功能通路，并且在多个通路之间有一个或多个公共通路。

图 4-13 所示为果汁机的功能链。

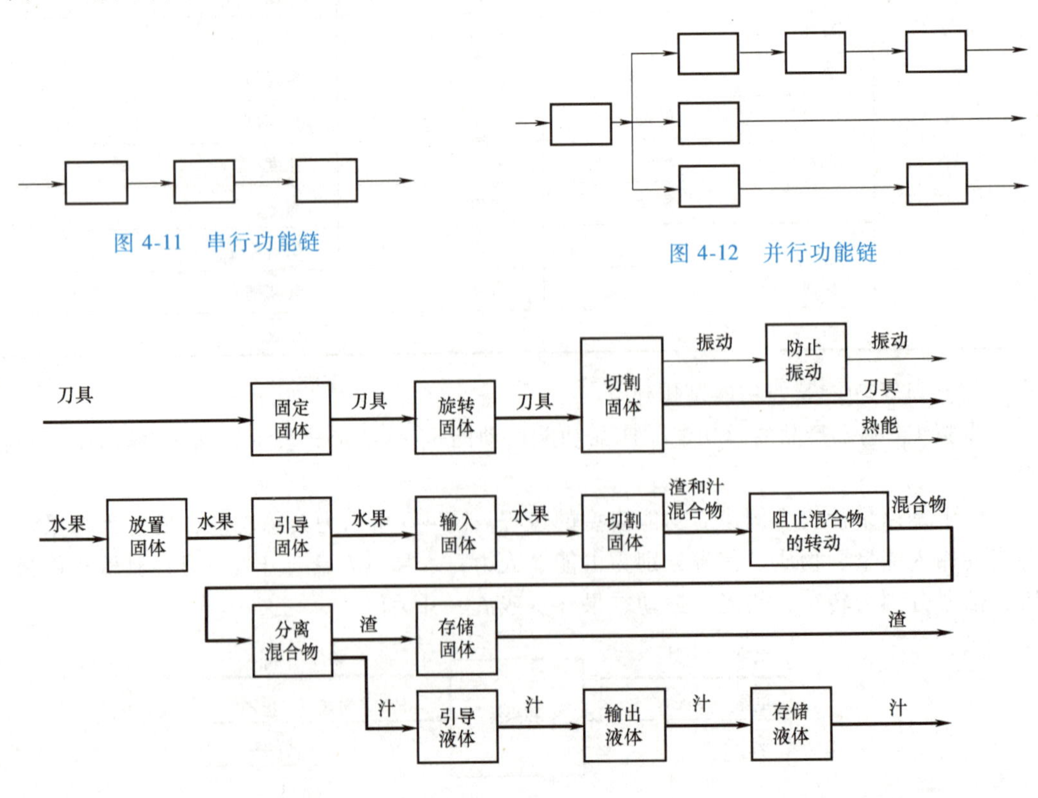

图 4-11 串行功能链

图 4-12 并行功能链

图 4-13 果汁机的功能链

步骤 4：连接各功能链，合并重复的部分，即得产品功能结构。在合成的过程中可能还需要增加新的功能。

图 4-14 所示为果汁机的功能结构。

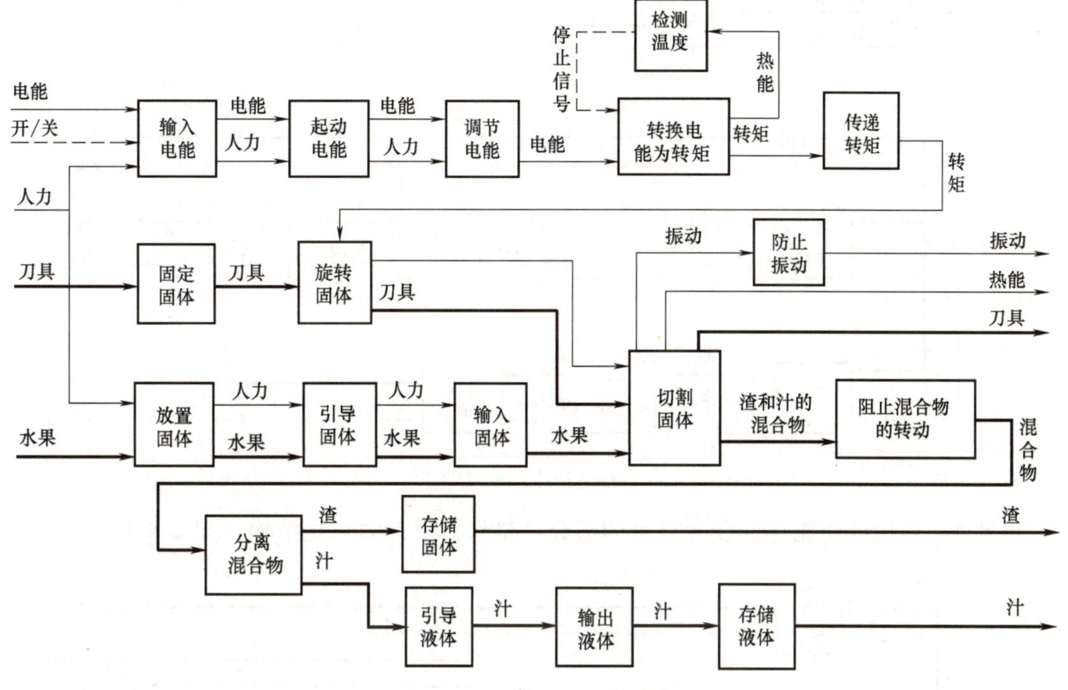

图 4-14 果汁机的功能结构

例 4-2 图 4-15～图 4-18 所示为指甲刀的功能结构建立过程。

步骤 1：确定指甲刀的总功能和输入/输出流，如图 4-15 所示。指甲刀的总功能为剪指甲，输入流有指甲、手指以及手指力，输出流为剪掉的指甲、手指、保留的指甲以及反作用力和动能。

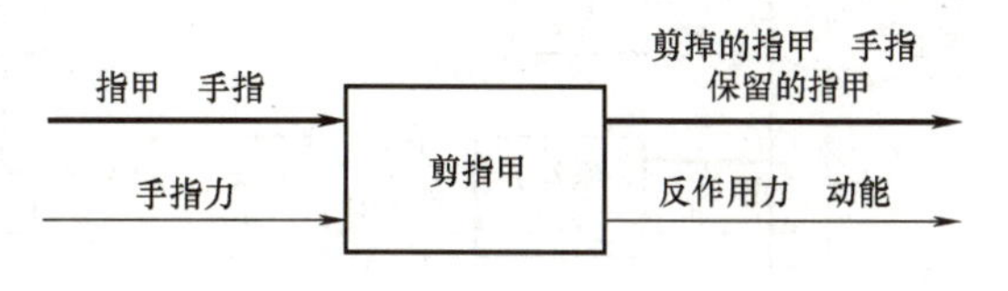

图 4-15 指甲刀的总功能

步骤 2：将指甲刀的总功能分解为子功能，建立功能树，如图 4-16 所示，黑色粗线框内为最底层子功能，即功能元。

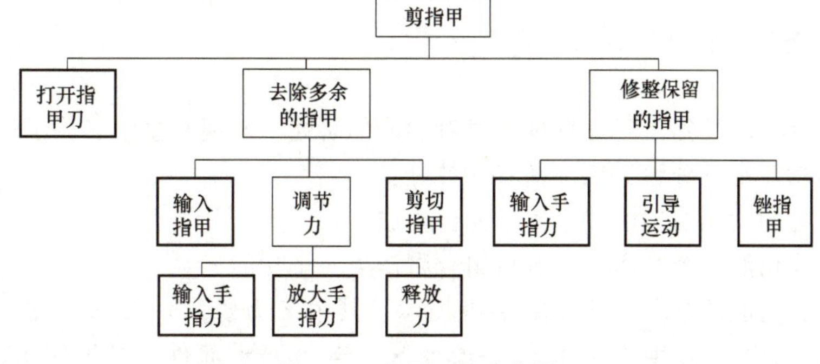

图 4-16 指甲刀的功能树

步骤3：考虑从输入到输出或到转换处对流的每个操作，为每个输入流建立功能链，如图4-17所示。

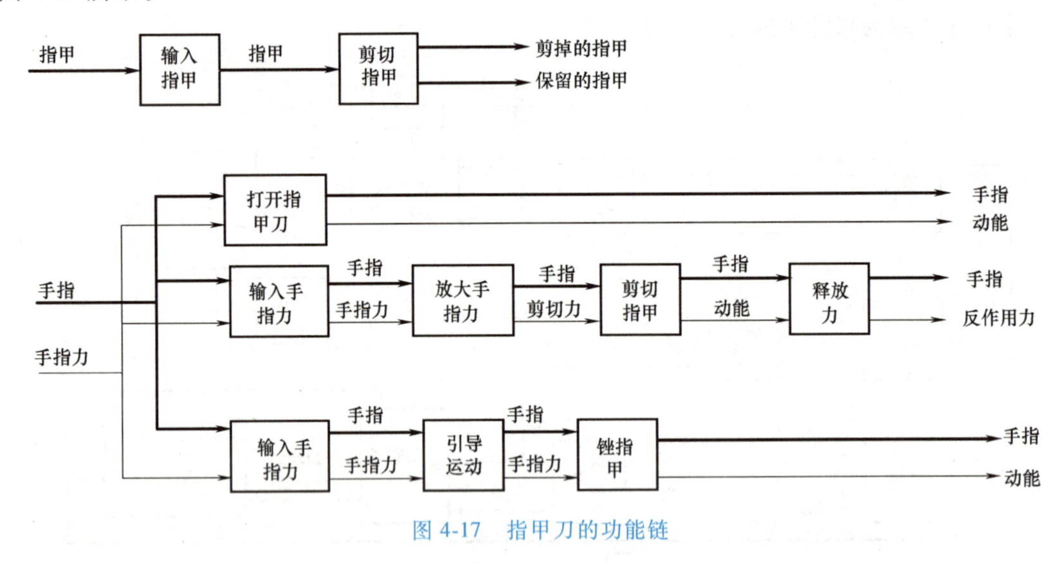

图4-17 指甲刀的功能链

步骤4：连接各功能链，合并重复的部分，得到指甲刀的功能结构，如图4-18所示。

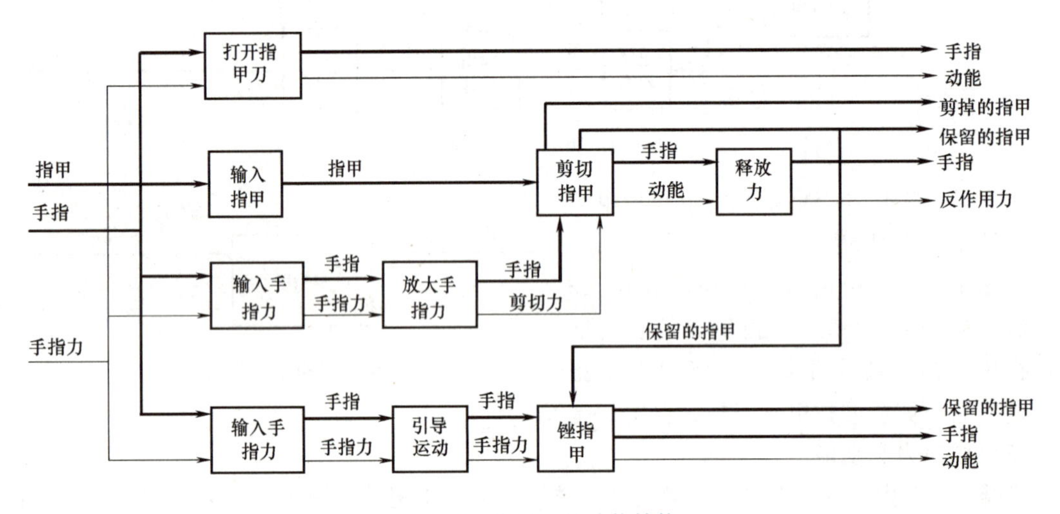

图4-18 指甲刀的功能结构

4.2 物质-场模型和功能表达

功能作为TRIZ的基础，阿奇舒勒通过对功能的研究，发现并总结了以下三条定律。

1）所有的功能都可分解为三个基本元件。

2）一个存在的功能必定由三个基本元件构成。

3）将相互作用的三个基本元件有机组合将产生一个功能。

在TRIZ中，功能的基本描述如图4-19所示。其中F为场，S_1及S_2分别为物质。其意义为：场F通过物质S_2作用于物质S_1并改变S_1。S_1为被动元件，是被作用、被操作、被改变的对象。S_2 为主动元件，起工具的作用，它操作、改变或作用于被动元件 S_1。F 为使能元件，它使 S_1 与 S_2 相互作用。

常用场 F 的符号及意义如下：

Me——机械场；Th——热场；Ch——化学场；E——电场；M——磁场；G——重力场。

一个待设计的系统可能有多个功能，在一个功能中作为被动元件的 S_1 可能是另一功能中的主动元件 S_2。这些功能的总体构成了待设计系统的总功能。

学者 Terninko 等人发展图 4-19 所示的图形符号为图 4-20 所示。其中 F_{type} 代表场的类型。

图 4-19　功能的基本图形表示　　　　图 4-20　功能符号

计算机辅助创新软件 TechOptimizer 产品分析模块中的功能采用图 4-21 所示的方式，物质-场模型中场 F 用“作用（Action）”代替，工具元件 S_2 称为功能载体，被作用对象 S_1 称为功能对象。其意义为：功能载体作用于功能对象，改变或保持功能对象的参数或属性。第 14 章裁剪规则的分析就是基于此模型。4.3 节所述的系统功能模型本质上就是基于此模型，逐一分析元件间关系建立起来的表达系统功能构成及实现过程的模型。

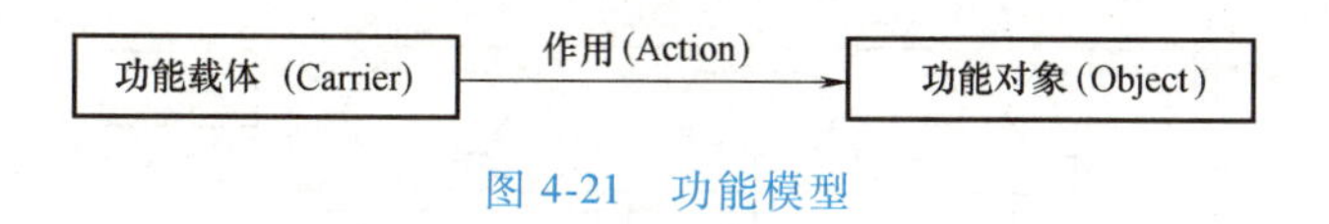

图 4-21　功能模型

图 4-21 中作用具有不同的级别，如图 4-22 所示。

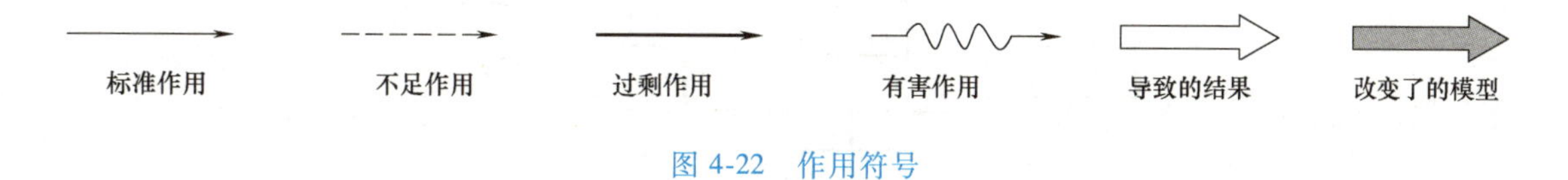

图 4-22　作用符号

标准作用是设计者根据当前用户需求或潜在用户需求确定的；不足或过剩作用指功能是合理的，但作用未达到或超过了标准作用，通过设计应改变作用的量值；有害作用是负面作用，应通过设计尽可能消除。物质-场分析的基础是用图形表示待设计系统。

4.3　功能模型分析

物质-场模型表达了两个元件通过场作用实现功能。技术系统是由不同元件相互连接、相互作用组成的整体，每两个相互作用的元件都可以构建一个物质-场模型，系统的所有元件通过场连接组成复杂的物质-场模型系统，把其中“场”用“作用”表达，就成为系统的功能模型。

4.3.1　功能模型的图形化表示

运用功能分析，将已有产品或基础产品，以模块化的方式，将功能（Function）和元件（Components）具体表达出来，成为功能元件模组（Function&Components），如图 4-23 所示。

功能模型建立的过程分为两步：

1）确定元件、制品、超系统（Component、Product、Super-system）。

2）进行作用（或连接）分析。

元件：组成系统的物质单元，如同一个产品的组成零件，小到齿轮、螺母，大至一个由许多零件组成的系统，都可以认为是一个元件。对于模块化的子系统也可以作为元件，不必再分。

制品：技术系统基本（主要）功能的作用对象，是系统存在的目的，是系统对环境的输出，制品属于超系统。例如：汽车的主要功能是载货或人，该系统的目的或制品是人或货物。电灯的主要功能是照明，因此制品是光。笔的主要功能是书写，因此，制品是墨水。机械手表的功能是计时，时间是抽象的概念，不能作为制品，因此，这里的制品是时针、分针、秒针。根据它们的位置，才产生时间的概念，因此，以此作为制品才是恰当的。

由于制品并不是工程系统的一部分，因此，制品属于超系统元件。确定制品需要以下三个步骤。

① 了解系统的主要功能，即系统的设计目的。

② 判断工程系统主要功能的对象是否为超系统元件。

③ 判断工程系统主要功能的对象的某个参数是否被这个主要功能保持或者改变了。

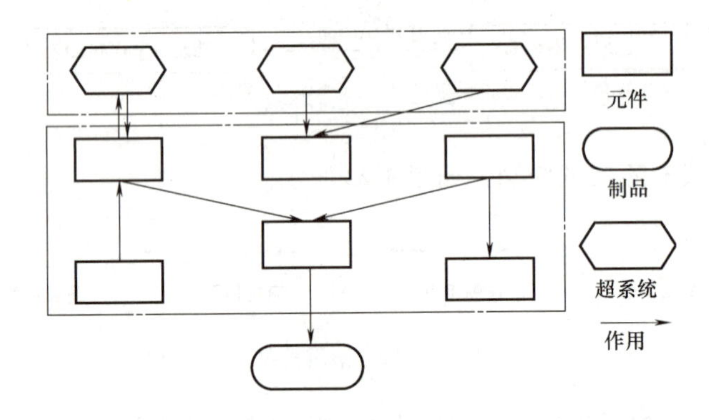

图 4-23　产品功能模型

超系统：存在于系统之外的环境中，与系统之间有相互作用的系统。

产品或系统处于环境之中，与环境存在能量、物质及信息的交换，超系统为影响整个分析系统的要素，具有以下特点。

① 超系统可能使工程系统出现问题。

② 超系统可以作为工程系统的资源，也可以作为解决问题的工具。

③ 超系统应该对系统有影响时才列入。

系统是由功能元件及作用组成的功能网络，该网络与超系统及制品共同构成产品功能模型，如图 4-24 所示。

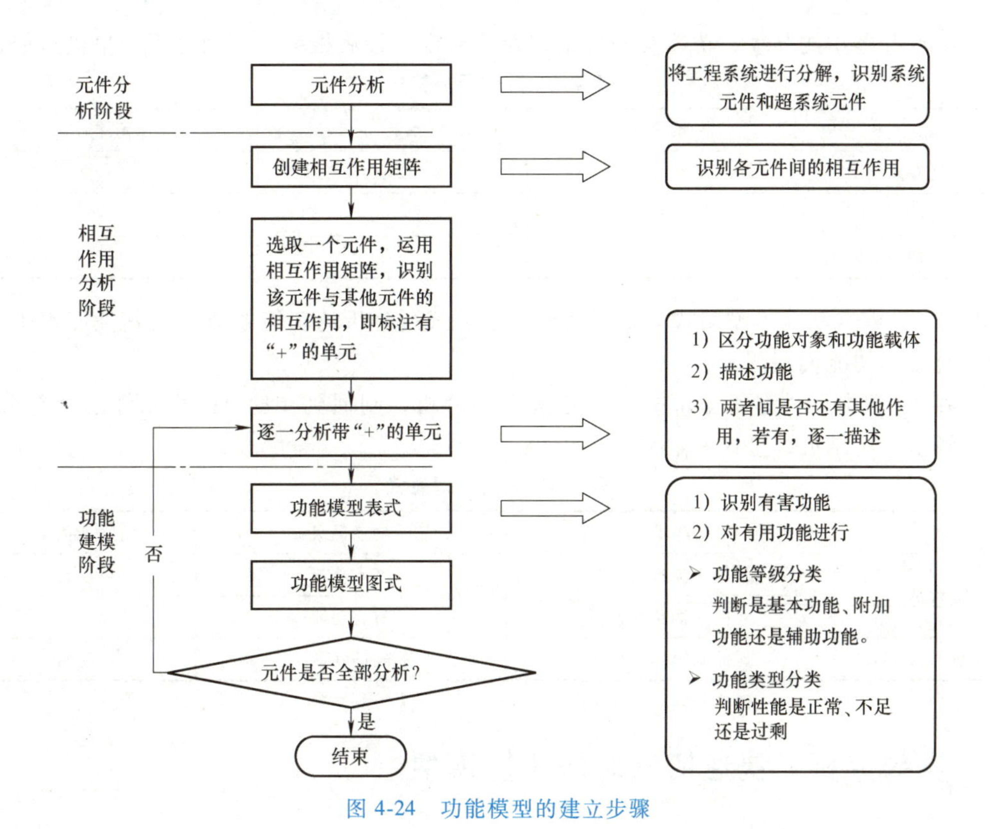

图 4-24 功能模型的建立步骤

4.3.2 功能模型的建立过程

一个工程系统的功能可能不止一个，因此，需要将这些功能综合起来，以便进行直观的分析。功能模型是建立在元件分析、相互作用分析和功能分析基础之上的。功能模型是功能分析部分的输出。建立功能模型的步骤如图 4-24 所示，共包含七个步骤。

步骤 1：元件分析。根据项目的目标和约束选择合适的系统边界，将系统和超系统的元件加以区分，并填入表 4-3 中。

表 4-3 元件分析列表

工程系统	系统元件	超系统元件

步骤 2：创建相互作用矩阵，见表 4-4。识别元件两两之间的相互作用。带“+”的单元意味着可能有作用，后续需要分析具体作用是什么。而带“-”表示两者没有作用，后续分析中将不再考虑。

步骤 3：选取一个元件，运用相互作用矩阵，识别该元件与其他元件的相互作用，即标注有“+”的单元。然后用一个动词或场描述该作用。

步骤 4：完成对每一个有“+”的单元的作用分析。

步骤 5：建立功能模型表式，见表 4-5。功能模型表式帮助设计者识别元件之间的具体作用，系统性地记录下工程系统中各元件所执行的功能、功能等级、功能类型等信息。功能等级的概念将在第 14 章进行介绍，功能类型要结合下一章根原因分析的结果而定。初建功能模型可不考虑功能等级，功能类型可根据经验初定，最后根据根原因分析结果进行修正。

表 4-4 相互作用分析矩阵

元件	元件 A	元件 B	元件 C
元件 A		+	-
元件 B	+		-
元件 C	-	-	

步骤 6：建立功能模型图式，根据功能模型表式所分析的功能的类别及其性能水平，绘制研究对象的功能模型图。

步骤 7：判断元件是否全部分析。若未全部分析，则回到步骤 4；若元件已全部分析，则功能模型分析结束，且这是最后一个步骤。

表 4-5 功能模型表式

件	功能描述	功能等级	功能类型
元件 A	元件 A 支撑元件 B	基本功能	不足
	元件 A 固化元件 B	有害功能	
元件 B	元件 B 容纳元件 A	辅助功能	正常

4.4 案例分析：快速切断阀的功能模型

4.4.1 工程背景

为了使过剩的高炉煤气得以充分利用，国内外开发了一种压差发电装置（TRT）。它利用燃气的高低压力差驱动发电机发电，余留的低压燃气仍可以作为能源应用。TRT 装置中包含一快速切断阀，该阀是一种蝶形阀，用于发生事故时快速切断高炉煤气，切断过程要求在 0.5s 内完成，其结构如图 4-25 所示。快速切断阀安装在基础支架上，与煤气管道相连。所用液压控制系统通过驱动装有动力弹簧的液压缸，实现快速切断阀的慢速开启、慢速关闭，并用快速卸压方式，完成阀口的紧急关闭动作。本节将应用 4.3 节所述过程建立快速切断阀的功能模型。

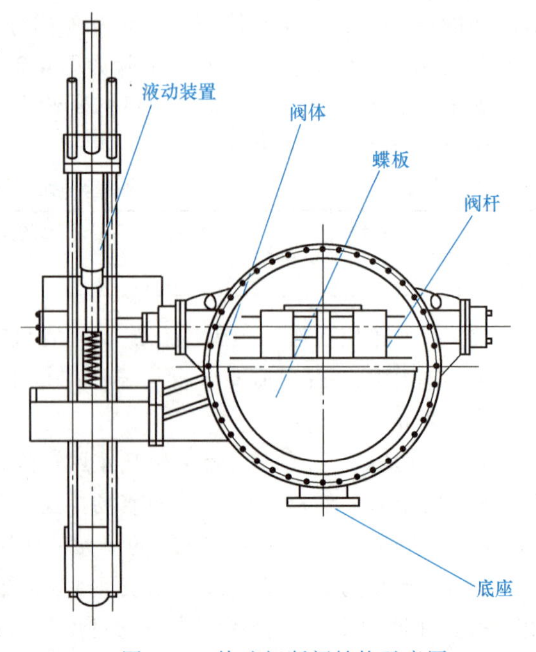

图 4-25 快速切断阀结构示意图

4.4.2 元件分析

要进行元件分析之前，首先要根据项目限制划分出系统和超系统，然后才能列出系统元件和超系统元件，见表 4-6，其中高炉煤气为制品。

表 4-6　快速切断阀元件分析列表

工程系统	系统元件	超系统元件
快速切断阀	液控箱　液压箱　液压泵　电动机　管路　过滤器 液压油　缸筒　活塞　动力弹簧　齿条　齿轮 阀杆　蝶板　阀体　轴承	煤气管道　基础支架 电能　高炉煤气　灰尘

4.4.3　相互作用分析

将表 4-6 中的元件列出来，应用相互作用矩阵表达元件间相互作用关系，如两者有相互作用，则以“+”标记，否则以“-”标记，见表 4-7。

表 4-7　快速切断阀相互作用矩阵

元件	液控箱	液压箱	液压泵	电动机	管路	过滤器	液压油	缸筒	活塞	动力弹簧	齿条	齿轮	阀杆	蝶板	阀体	轴承	煤气管道	基础支架	电能	高炉煤气
液控箱		-	+	-	+	-	-	-	-	-	-	-	-	-	-	-	-	-	+	-
液压箱	-		-	-	-	-	+	-	-	-	-	-	-	-	-	-	-	-	-	-
液压泵	+	-		+	-	-	+	-	-	-	-	-	-	-	-	-	-	-	+	-
电动机	-	-	+		-	-	-	-	-	-	-	-	-	-	-	-	-	-	+	-
管路	+	-	-	-		-	+	-	-	-	-	-	-	-	-	-	-	-	-	-
过滤器	-	-	-	-	-		+	-	-	-	-	-	-	-	-	-	-	-	-	-
液压油	-	+	+	-	+	+		+	+	-	-	-	-	-	-	-	-	-	-	-
缸筒	-	-	-	-	-	-	+		+	-	-	-	-	-	-	-	-	-	-	-
活塞	-	-	-	-	-	-	+	+		+	+	-	-	-	-	-	-	-	-	-
动力弹簧	-	-	-	-	-	-	-	-	+		-	-	-	-	-	-	-	-	-	-
齿条	-	-	-	-	-	-	-	-	+	-		+	-	-	-	-	-	-	-	-
齿轮	-	-	-	-	-	-	-	-	-	-	+		+	-	-	-	-	-	-	-
阀杆	-	-	-	-	-	-	-	-	-	-	-	+		+	-	+	-	-	-	-
蝶板	-	-	-	-	-	-	-	-	-	-	-	-	+		-	-	-	-	-	+
阀体	-	-	-	-	-	-	-	-	-	-	-	-	-	-		+	+	+	-	-
轴承	-	-	-	-	-	-	-	-	-	-	-	-	+	-	+		-	-	-	-
煤气管道	-	-	-	-	-	-	-	-	-	-	-	-	-	-	+	-		-	-	-
基础支架	-	-	-	-	-	-	-	-	-	-	-	-	-	-	+	-	-		-	-
电能	+	-	+	+	-	-	-	-	-	-	-	-	-	-	-	-	-	-		-
高炉煤气	-	-	-	-	-	-	-	-	-	-	-	-	-	+	-	-	-	-	-	
灰尘	-	-	-	-	-	-	+	-	-	-	-	-	-	-	-	-	-	-	-	-

4.4.4 功能建模

每一个标注有“+”的单元是相互对应的，对带“+”的单元一一分析两者的作用，并确定功能等级、功能性能水平和功能价值得分（参看第 14 章）。所得到的结果见表 4-8。

表 4-8 快速切断阀功能模型分析表

元件	功能描述	功能等级	功能类型
液控箱	液控箱启闭液压泵	辅助功能	正常
	液控箱通断管路	辅助功能	正常
	液控箱消耗电能	辅助功能	正常
液压箱	液压箱储存液压油	辅助功能	正常
液压泵	液压泵驱动液压油	辅助功能	正常
	液压泵消耗电能	辅助功能	过剩
电动机	电动机驱动液压泵	辅助功能	正常
管路	管路传导液压油	辅助功能	正常
	管路阻碍液压油	有害功能	有害
过滤器	过滤器过滤液压油	辅助功能	正常
	过滤器阻碍液压油	有害功能	有害
液压油	液压油驱动活塞	辅助功能	正常
缸筒	缸筒储存液压油	辅助功能	正常
	缸筒导向活塞	辅助功能	过剩
活塞	活塞驱动齿条	辅助功能	正常
	活塞驱动动力弹簧	辅助功能	正常
动力弹簧	动力弹簧驱动活塞	辅助功能	不足
齿条	齿条转动齿轮	辅助功能	正常
齿轮	齿轮转动阀杆	辅助功能	正常
阀杆	阀杆转动蝶板	辅助功能	正常
蝶板	蝶板调节高炉煤气	基本功能	正常
阀体	阀体支撑轴承	辅助功能	正常
	阀体连接煤气管道	辅助功能	正常
轴承	轴承支撑阀杆	辅助功能	正常
基础支架	基础支架支撑阀体	辅助功能	正常
电能	电能驱动电动机	辅助功能	正常
	电能驱动液控箱	辅助功能	正常
灰尘	灰尘污染液压油	有害功能	有害

将表 4-8 进行图形化表示，如图 4-26 所示。通过图形可以清楚地了解到每一个功能单元所执行的功能和被作用在该功能单元上的功能，特别是有问题的功能单元。

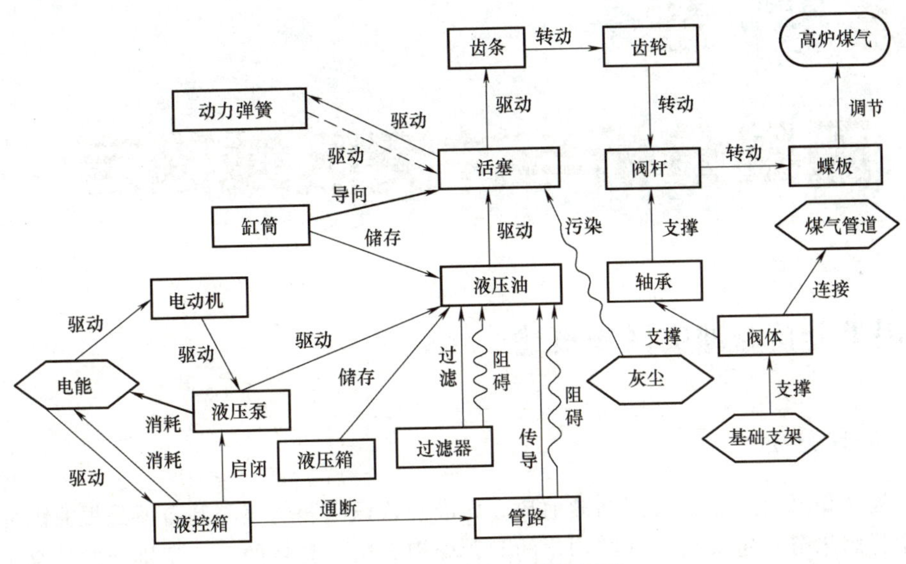

图 4-26 快速切断阀功能模型图

思 考 题

1. 什么是功能分析？为什么要进行功能分析？

2. 功能的描述应符合什么要求？

3. 分析图 4-25 所示快速切断阀的总功能，并按照图 4-26 所示的快速切断阀功能模型建立其功能结构。

4. 查找文献分析中药制丸机原理和结构，并结合图 4-8 所示功能结构，建立其简要的功能模型图。

5. 自选一个已有的技术装置，分析其原理，并建立其功能结构和功能模型。

第 5 章 因果分析与冲突区域确定

5.1 因果分析与冲突区域概述

5.1.1 因果分析

准确地认识问题，是解决问题的前提，而准确认识问题的核心基石就是根原因分析。质量管理学将因果分析定义为一种结构化的问题处理方法，其目的在于识别问题的真正原因以及消除该原因所需要的措施。

原因（Cause）的含义是导致一个结果出现的条件或事件。一个问题的发生往往是由多个层次的原因综合导致的，则从原因层次的角度将原因划分为直接原因、中间原因和根原因，它们共同组成因果链，如图 5-1 所示。

初始问题（Specific Fact）：问题表象，具有可感觉、可衡量性。

直接原因（Direct Cause）：因果链上第 1 层原因，直接导致问题表象出现的原因。

中间原因（Contributing Cause）：因果链上第 2 层到第 $N-1$ 层原因，导致第 1 层到第 $N-2$ 层原因发生的原因，但是自身不能直接导致问题的出现；

根原因（Root Cause）：第 N 层原因，是整个因果链得以启动的引擎。

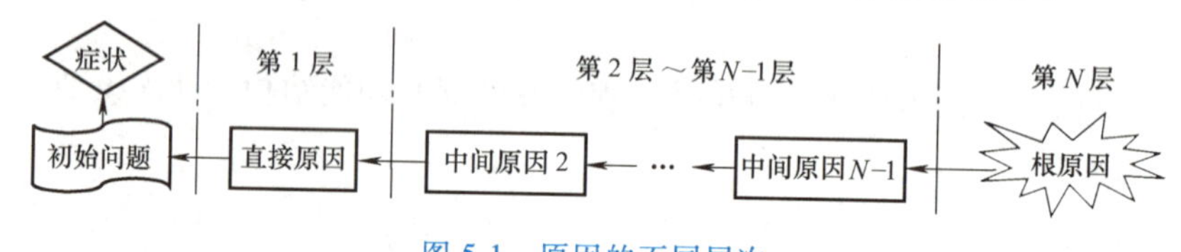

图 5-1 原因的不同层次

因果分析的目的就在于确定问题的根原因，对于一个系统而言，导致问题发生的是系统或系统的某些元件具有某种属性。根原因分析就要确定导致问题发生的元件及其问题属性。

5.1.2 冲突区域

冲突区域（Contradiction Zone）是在系统功能模型中，与系统问题相关的元件间形成的最小单元，表现为两个元件之间相互作用的区域。

如图 5-2a 所示，该问题模型是切黄瓜时，黄瓜片总是黏附在刀面上，则冲突区域为刀面与黄瓜片相互作用的区域，该冲突区域的物质-场模型如图 5-2b 所示。

问题的原因就在于冲突区域的元件或元件间作用所具有的某种属性。之所以称为冲突区域，是因为冲突区域元件属性的改变往往会引起冲突的出现。针对系统中的某个问题，冲突区域可以有一个，也可以有多个。根原因分析的目的就是确定系统中的冲突区域。

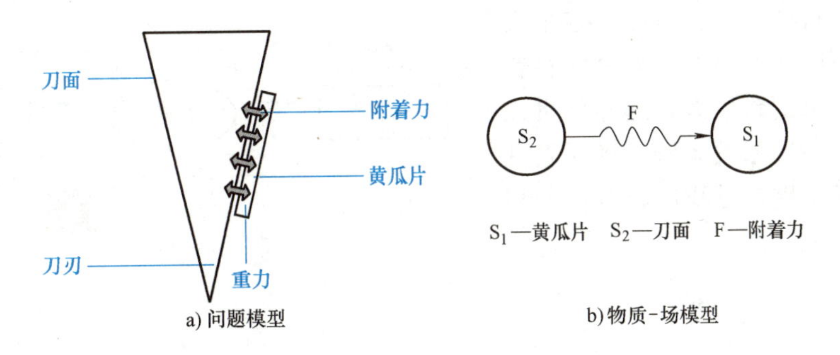

图 5-2　切黄瓜的问题模型与物质-场模型

冲突区域的确定是应用 TRIZ 解题工具解决问题的前提：

1）冲突区域界定了解决问题的最小区域，可保证解决问题过程中系统较小的改变。

2）为了解决问题，需改变冲突区域的元件属性，这种改变可能会导致区域内或区域外的不期望结果产生，即转化为冲突问题。

3）冲突区域可直接用物质-场模型表达，用标准解求解。

4）冲突区域元件功能的重新求解可用效应求解。

5）冲突区域往往是有必要执行功能裁剪的区域。

6）冲突区域的理想解是系统的局部理想解，提供系统解题的思路。

5.2　常用因果分析工具

在质量管理学中，以控制质量为目的，为了解决产品质量问题，针对问题求解的各阶段开发了多种实施工具，见表 5-1。

表 5-1　根原因分析工具列表

问题求解的各阶段	具　体　工　具
问题理解	流程图、关键事件、雷达图、绩效矩阵
问题原因头脑风暴	头脑风暴、书面头脑风暴法、是-非矩阵、名义群组矩阵、配对比较
问题原因数据收集	取样、调查、检查表
问题原因数据分析	柱状图、帕累托图、散点图、问题集中图、关系图、亲和图、运行图、控制图
根原因识别	因果图、矩阵图、5-why 法、故障树分析
根原因消除	六顶思考帽、创造性解决问题理论、系统创新思考方法
解决方案实施	树状图、力场分析

目前，在工程技术领域中，技术人员常用的因果分析法有因果轴分析法、5-why 分析法、鱼骨图分析法和故障树分析法等。

5.2.1　因果轴分析法

因果轴分析法是通过构建因果链探明特定事实发生的原因和产生的结果之间关系的分析方法，以便找出问题发生的根本原因。

因果轴分析的目的：引起特定事实发生的根本原因与产生的结果之间存在着一系列的因果逻辑关系，这样便可以构成一条或多条因果关系链，进而发现问题产生的根原因，寻找问题解决的切入点，如图 5-3 所示。

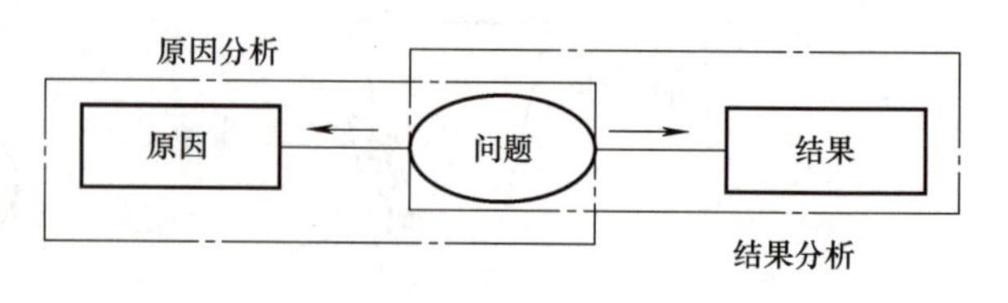

图 5-3 因果链模型

5.2.2 5-why 分析法

5-why 分析法是由丰田公司的大野耐一首创的，这个方法的基本思想是从特定事实入手，通过不断地询问"为什么"，穿过具体层面，逐渐深入挖掘不同抽象层面的原因，追根究底，进而寻找根原因的方法。这是一种迭代的根原因分析方法。提问次数不限于 5 次，可能低于也可能高于 5 次。此方法有两种常用工具，分别是链式图表（见图 5-4）和研讨表（见表 5-2）。

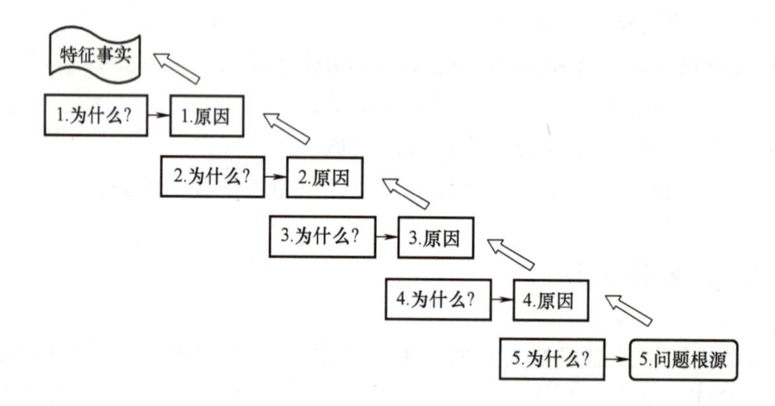

图 5-4 5-why 法链式图表

表 5-2 5-why 研讨表

次数	为什么	原因	及时和最终解决方案
1			
2			
3			
4			
5			

应用 5-why 法的原则：

1）提问时针对所提问题要具体，用简洁、明确的词汇表达；另外尽量避免使用两个动词。

2）叙述要客观，确认所描述的状态是事实，必要时用数据说明。

3）避免涉及人的心理，找系统或超系统中可控因素。

4）确保问题与原因间有必然联系。

5）why 的次数不限，分析要充分。

6）要经得起反溯。

5.2.3 鱼骨图分析法

鱼骨图分析法是一种定性的分析方法，它以头脑风暴法为支撑，从人、机、料、法、环、测六个方面（5M1E）去寻找问题发生的根本原因，如图 5-5 所示。

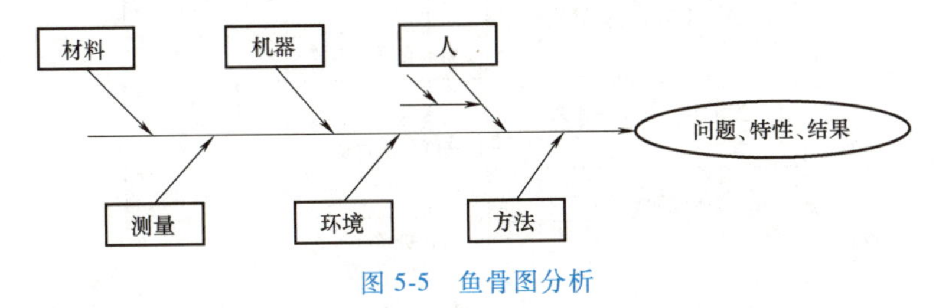

图 5-5 鱼骨图分析

➤ 人（Man/Manpower）：与之相关的人员是否清楚要求？意识如何？数量程度如何？对于分析工程系统中出现的问题，主要分析功能模型中人与系统的交互关系，如果问题产生具有人的影响，应该在系统改进时，通过其他子系统代替人在系统中的功能。

➤ 机器（Machine）：使用的设备、设施是否满足？维护保养状况如何？对于分析工程系统中出现的问题，“机”是指超系统中的人造物。分析“机”的因素就是分析超系统中人造物对系统的影响。

➤ 材料（Material）：材料的成分、物理性能和化学性能。对于工程系统中出现的问题，“材料”泛指系统中所有元件。分析“材料”的因素就是分析与问题有关的元件及其相关属性。

➤ 方法（Method）：文件是否规定清楚？是否可行？是否制定相应的记录表格？是否可行？对于工程系统中出现的问题，主要分析系统的原理是否导致问题的产生。

➤ 测量（Measurement）：测量时采取的方法是否标准、正确？对于工程系统中出现的问题，主要分析检测、控制系统是否存在问题。

➤ 环境（Environment）：工作地的温度、湿度、照明和清洁条件等如何？对于分析工程系统中出现的问题，主要分析超系统中自然环境对系统的影响。

5-why 法和鱼骨图分析法可以结合使用。图 5-6 所示为汽车刹车导管长度不良问题的根原因分析，采用两种分析方法，得到的根原因是“气缸漏气”，鱼骨图分支展开的过程可以应用 5-why 法作为引导工具。

5.2.4 故障树分析法

故障树是一种特殊的倒立树状逻辑因果关系图，它用事件符号、逻辑门符号和转移符号描述系统中各种事件的因果关系，如图 5-7 所示。故障树分析（FTA）的特点是直观、明了、思路清晰、逻辑性强，可以做定性分析，也可以做定量分析。

5.2.5 方法小结

以上所述因果分析方法解决了因果分析过程如何展开的问题，即提供了一种因果逻辑链条。但是上述因果分析方法对以下问题都没有解决。

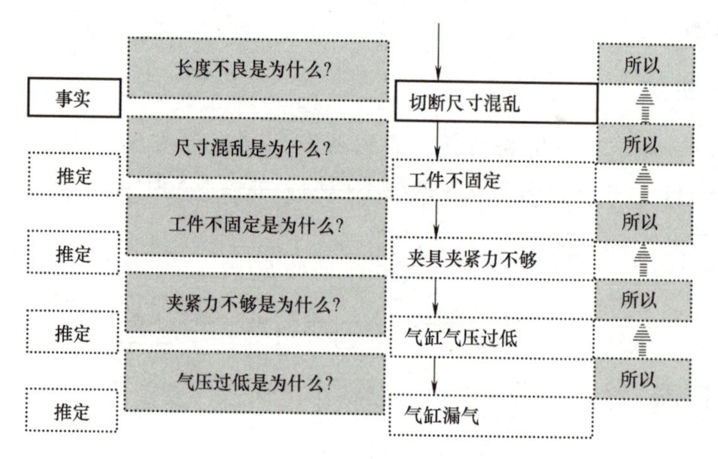

a) 基于5-why法的分析

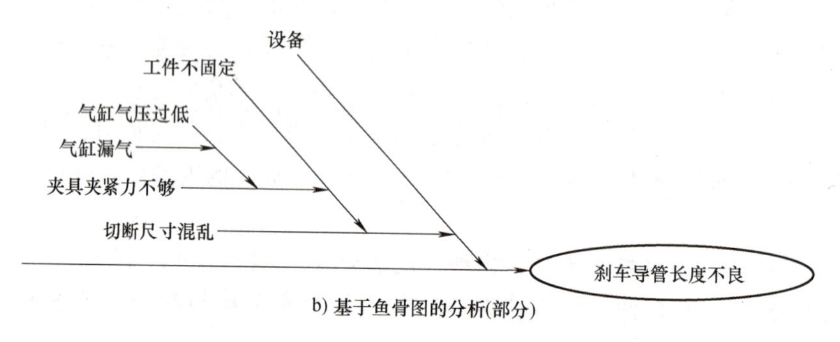

b) 基于鱼骨图的分析(部分)

图 5-6　刹车导管长度不良的根原因分析

1）对因果链条上任意一环，直接原因应该如何描述？即解决“是什么”的问题。

2）直接原因去哪里寻找？即解决“在哪里”的问题。虽然鱼骨图法部分解决了这个问题，但是过于宏观，前述文中已经针对分析工程技术问题的原因进行了重新阐释，但是鱼骨图表现形式决定了其不可能展开过多。

3）如何找到所有可能的原因？

针对上述三个问题，下一节将致力于解决这些问题。

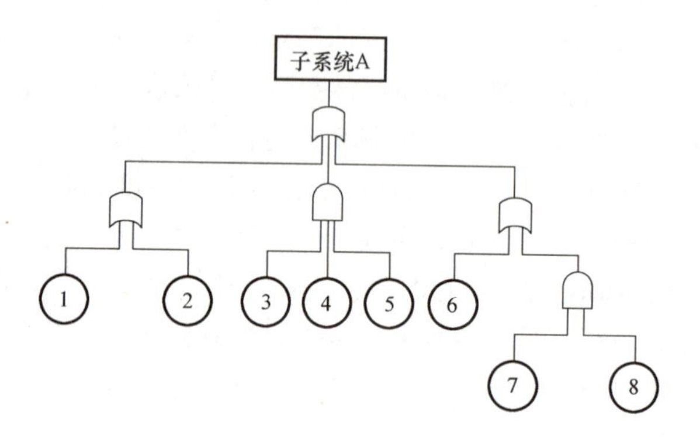

图 5-7　故障树模型

5.3　基于根原因分析的最终冲突区域确定

5.3.1　基本概念

因果分析开始于对特定事实的表述，对于发生型问题，特定事实是客观存在的问题表象；对于探索型问题和假设型问题，因果分析开始于对未来产品愿景的预测，是对未来产品需实现的状态的描述。然后开始问题分析，我们将原因分为初始原因、中间原因、末端原因和根原因。

1）特定事实是可感觉、可衡量的初始问题表象，它是由人类对技术系统的要求决定的，一般来说它是人类要求的反面，如我们对手机的要求是待机时间长，那么特定事实就是待机时间短；我们对热交换器的要求是降低高温介质的温度，那么特定事实就是未降低高温介质的温度。

2）初始原因是指直接导致特定事实存在的原因，它是由与特定事实直接相关的制品或元件组成的初始冲突区域决定的，如在织物印染系统中，初始冲突区域是待印染织物（制品）、染料（直接执行元件）与染色（作用）构成的冲突区域，它决定的初始原因是待印染织物吸附染料量少。

3）中间原因是指处于初始原因和末端原因之间的原因，它既是上一层原因对应结果的原因，又是下一层原因造成的结果。在寻找中间原因时，一定要依据合理的因果逻辑关系，循序渐进，寻找导致上一层原因出现的直接原因，而不是间接原因，避免跳跃，否则会影响根本原因的识别。

4）理论上说，原因可以无穷无尽地挖掘下去，但是对于具体的工程领域，这样的原因分析没有意义，原因分析需要有终点，将位于终点处的原因称为末端原因。确定末端原因的原则有如下六点，达到这六点，就没有必要再进行原因分析了。

- 达到物理、化学、生物或几何领域的极限。
- 达到自然现象。
- 达到法规、国家或行业标准等的限制。
- 不能继续找到下一层原因。
- 达到成本极限或人的本性。
- 根据技术系统的具体情况，继续深挖原因已经与本系统无关。

5）根原因是在各种原因中确定的具有可控性、可操作性、易消除，且一旦消除，同样或类似问题不会再次出现的原因。因此，因果链上的每个原因都有可能是解决特定事实的关键点，都有可能是根原因。

一般来说，解决了末端原因对应的问题，那么由它引起的一系列问题都会迎刃而解，这样解决问题也最彻底。但是，有些时候，末端原因往往不容易解决，所以，我们可以从中间原因和末端原因入手，精心选择可以进一步解决的问题对应的原因，进而寻找最佳解决方案。

上述对于各种原因的分析都是基于纵向上的因果关系分析，即直接促成关系（Straight），若一个低层级原因对应的不期望的结果是由一个高层级中的两个或多个原因造成的，那么就必须要定义这些原因之间的关系，使其形成合理的逻辑关系。同层级水平方向上的原因关系共有三类，分别是：与（And）、或（Or）、综合（Combine）。

- 与（And）：用符号 A 来表示。以此来代表一个不期望的结果是由两个或两个以上的原因共同造成的。不期望的结果出现条件是上述原因必须同时存在。表示方法如图 5-8a 所示。
- 或（Or）：用符号 O 来表示。以此来代表一个不期望的结果是由两个或两个以上的原因造成的，但是这些原因中只要有一个原因存在，那么这个不期望的结果就会发生。表示方法如图 5-8b 所示。

➢ 综合（Combine）：用符号 C 来表示。以此来代表一个不期望的结果受两个或两个以上的原因综合影响。这些原因综合作用的程度达到一定范围时，才会导致不期望的结果发生。如

$$S_{\triangle}=\frac{1}{2}l_{底}\ h_{高}$$

三角形面积过大不是由底长与高度的 And 或 Or 关系所致，而是由底长与高度综合导致的。表示方法如图 5-8c 所示。

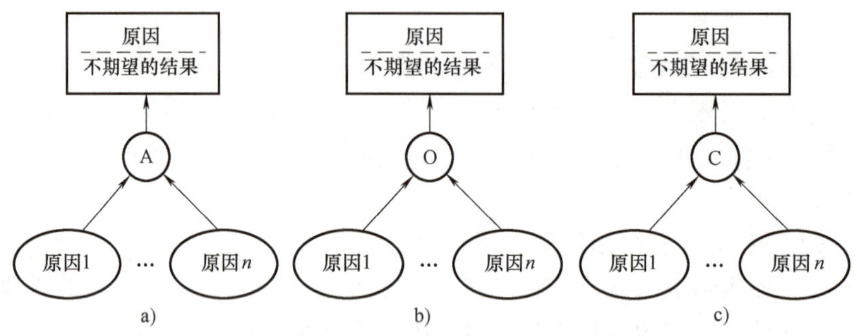

图 5-8　同层级原因之间的关系表达

5.3.2　基于功能模型的因果分析方法

针对上节所述目前因果分析方法中存在的问题，结合企业项目咨询积累的经验，我们提出了一种基于在功能模型上转换冲突区域进行根原因分析的方法。其基本原理是每一个导致上层结果出现的原因都与该原因直接相关的元件或作用的属性有关，这些属性没有沿着期望的方向发展，才导致了上层结果的出现。然而，这些属性没有沿着期望的方向发展又与下层原因直接相关的元件或作用的属性变化不满足要求有关。基于这种思想，我们利用以“三元件模型”为基础建立的功能模型网络图，通过转换冲突区域，去识别不同区域内元件或功能的属性之间的相互影响和相互依赖的内在关系，这样不仅避免了跳跃式的原因寻找，还有利于形成严密的因果逻辑关系。

其基本原理和步骤如图 5-9 所示。

1）初步建立系统功能模型，根据问题表象在功能模型上确定直接相关的初始冲突区域（头痛找头、脚疼找脚）。然后根据分析结果修改功能模型。

2）分析冲突区域三元件（功能载体、功能对象和作用）与问题表象相关的属性。直接导致问题发生的是初始冲突区域的元件具有某种或某几种属性（或属性取值），这些属性称为问题属性。

3）逐一分析问题属性：如果问题属性是由冲突区域外的作用导致的，则以问题属性为结果，重新构建冲突区域（进一步分析需进行冲突区域转换）。如果问题属性是元件的内部属性，不受外部因素影响，且元件不能继续分解，则记录下来作为备选根原因；如果元件可分解，则分解后，缩小冲突区域范围（冲突区域转换）再进行分析。

4）转换冲突区域，重复以上两步骤的过程，并根据每次分析结果修改功能模型。直到确定所有冲突区域和备选根原因。

5）根据分析过程，构建因果逻辑图，逐级分析所有备选根原因的关系。

6）根据备选根原因的关系和根原因的可控性，确定必须消除的根原因。

7）确定冲突区域和解决问题的关键点。

5.3.3　冲突区域确定

从因果分析所得到的原因中，确定可控可改变的底层原因，确定其中容易消除的原因作为根原因，与根原因相关的冲突区域即为最终的冲突区域。

根原因的确定需遵循以下原则：

1）根原因一旦消除，同一或类似问题不再重复出现。因此根原因应该是可控的原因。

2）根原因一般是因果链上容易改变或消除的末端原因，如果末端原因不能改变则向上一级寻找，直到找到通过其他方式改变的原因。对不同的企业而言，可控的原因可能是不同的，因此根原因确定也可能是不同的。具体分析如后续案例分析所述。

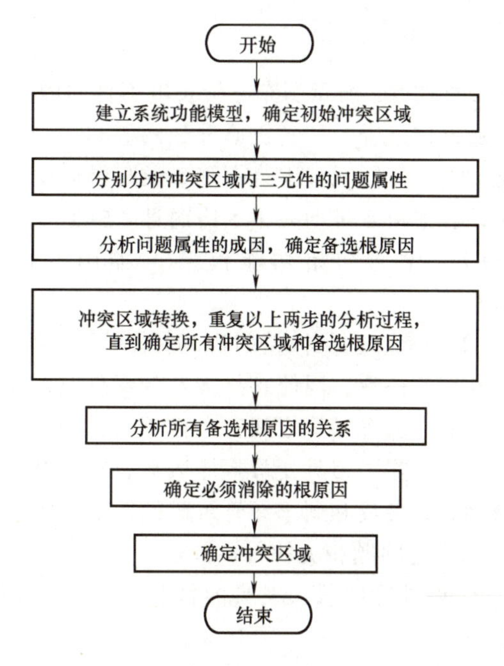

图 5-9　基于功能模型的根原因分析过程

3）确定根原因时要注意因果链中原因间的逻辑关系。如图 5-10 所示的因果链，假设最终确定的关键原因是末端原因 8、9、10，若选择关键原因 9、10 为根原因，那么关键原因 8 也必须同时确定为根原因进行解决，才能避免特定事实 1、2 的发生。若选择关键原因 8 为根原因，那么只要解决这个根原因对应的根本问题，特定事实 1、2 就不会出现。

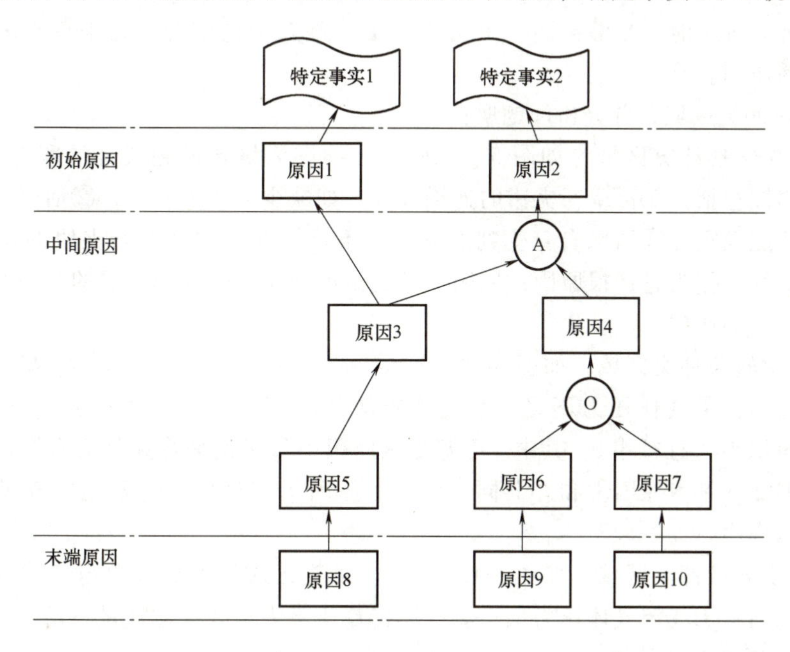

图 5-10　根原因确定过程中的逻辑关系示例

5.3.4　案例分析

以如图 5-6 所示刹车导管长度不良问题为例，分析基于功能模型的根原因分析与最终冲突区域确定过程，切管机原理如图 5-11 所示，切刀 1 高速旋转，两个托辊 3 用于平衡径向切削力，切刀同托辊围绕铜管 2 做圆周运动，完成环切；夹钳 5、6 夹紧工件，夹紧力由气缸驱动，拖板 4 带动夹钳 5 给铜管 2 施加一个轴向拉力，以免切口变形过大。

（1）建立初始功能模型　如图 5-12a 所示。

（2）确定初始冲突区域　问题表象是刹车导管长度不一致，因此直接涉及的元件是刹车导管，而与刹车导管之间存在作用的是刀具和夹钳，在排除了刀具变形等原因后，初始冲突区域确定为夹具和刹车导管组成的作用区域。

（3）与问题相关的属性分析

① 夹钳的形状、夹具的材料（影响摩擦系数）；

② 夹持力不足，修改功能模型，如图 5-12b 所示；

③ 铜管 2 自身的抗压能力限制。

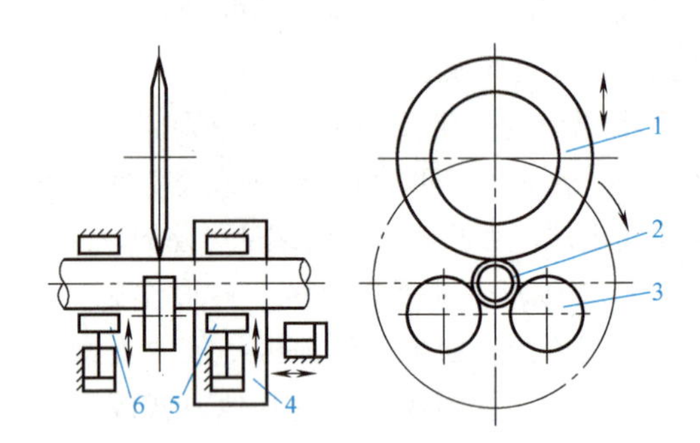

图 5-11　切管机原理图

1—切刀　2—铜管　3—托辊　4—拖板
5—随动夹钳　6—固定夹钳

（4）问题属性成因分析　“夹钳的形状、材料”由原始设计导致，属于冲突区域内元件自身的属性，作为备选根原因。“铜管 2 自身的抗压能力限制”由原材料决定，属于不可控因素。但可以通过设计其他辅助装置提高铜管 2 的抗压能力，如外部加抗压开口套等。本研究假定铜管 2 抗压能力足够。而“夹持力不足”涉及力的来源，力来自于区域外气缸的活塞对夹钳的作用。

（5）转换冲突区域，并分析问题属性

1）第一次转换冲突区域，如图 5-12c 所示。冲突区域转换到气缸活塞与夹钳间作用，涉及的问题属性包括：①活塞与夹钳的连接方式，如缺少力放大机构；②活塞对夹钳作用力不足，修改功能模型；③活塞自身受到的驱动力不足。其中“活塞与夹钳的连接方式”是冲突区域内属性，作为备选根原因；原因②又是由原因①和③共同导致的；而原因③涉及区域外气体对活塞的作用。

2）第二次转换冲突区域，如图 5-12d 所示。冲突区域转换到气体与活塞间作用，涉及的问题属性包括：①气体压力不足；②气体施加到活塞上的作用力不足，修改功能模型；③活塞受压面积小（缸径小）。其中“活塞受压面积小”是区域内元件固有属性，作为备选根原因；原因②又是由原因①和③共同导致的；原因①“气体压力不足”涉及区域外气源或缸筒的保压作用。

3）第三次转换冲突区域，如图 5-12e 所示。冲突区域转换到气源与气体间作用。涉及的问题属性包括：①气源气体压力低；②气体传输压降大；③气体气量不足。涉及外部气源（超系统），对系统改变较大，一般不纳入系统考虑。

4）第四次转换冲突区域，如图 5-12f 所示。冲突区域转换到缸体与气体间作用。涉及的问题属性包括：①缸体的密封结构和缸体的磨损程度，涉及缸体的承压能力；②气体泄漏；③密封件内外气体压差大。其中“缸体的密封结构和缸体的磨损程度”是冲突区域的元件属性，作为备选根原因；原因②又是由原因①和③共同导致的；原因③涉及压差问题，环境气体不可变，压差决定于密封降压过程，决定于原因①。

（6）形成因果逻辑展开图　按照上述分析过程形成因果逻辑展开图，如图5-13所示，阴影框中所有末端原因为备选根原因。把所有末端原因（气源分析略）列表分析，见表5-3。

表5-3　刹车导管长度不良备选根原因

备选根原因	可采取的措施	可控性及改变难度
1. 夹钳的形状、材料	改变夹钳的形状、材料	需重新设计、制造夹钳工作装置
2. 活塞与气缸的连接方式	增加力放大机构	需设计新机构，影响其他部分的连接
3. 活塞受压面积小（缸径小）	更换缸径更大的气缸	需考虑空间是否允许
4. 气源压力低	更换气源	比较困难
5. 缸体的密封结构	设计制造新型气缸	比较困难
6. 缸体/密封件的磨损程度	更换密封件或更换新气缸	更换密封件操作难度大，工时成本高；更换气缸工时成本低，备件成本高

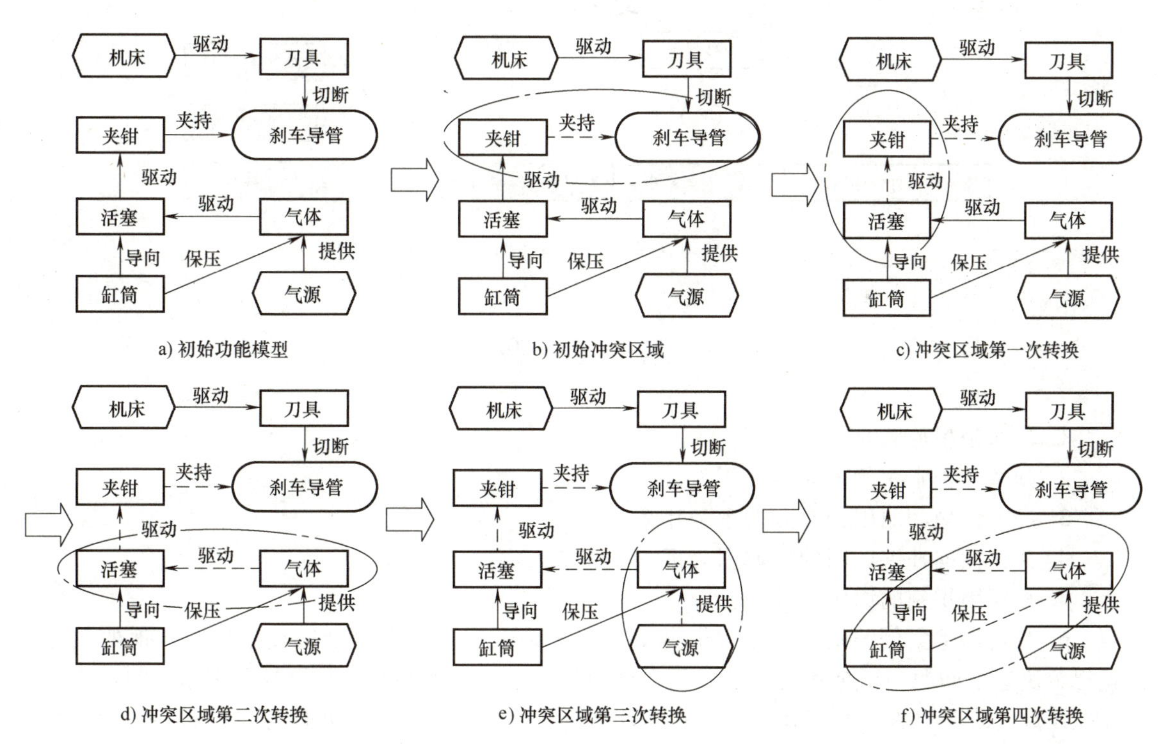

a) 初始功能模型　b) 初始冲突区域　c) 冲突区域第一次转换

d) 冲突区域第二次转换　e) 冲突区域第三次转换　f) 冲突区域第四次转换

图5-12　刹车导管长度不良问题因果分析过程中冲突区域转换过程

（7）根原因与最终冲突区域确定　对于使用切管机的用户而言，对气缸和夹钳等重新设计比较困难，因此根原因是解决缸体磨损导致的漏气问题。最终冲突区域则为缸体与气体之间。但对于设计生产切管机的企业来说，解决该问题应该是致力于从夹钳的形状、活塞与气缸的连接方式以及气缸缸径（以上都是根原因）入手，保证足够的夹紧力。而对于提供气缸的企业而言，解决缸体的密封问题是其根本问题，因此需要改变缸体结构以及抗磨损能力。

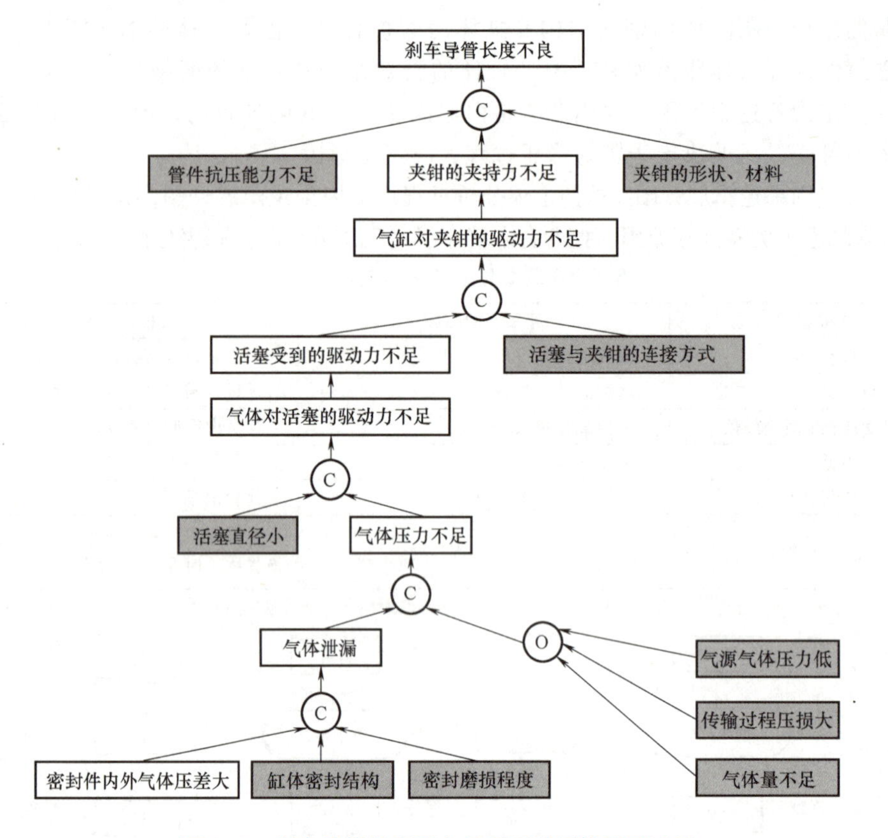

图 5-13　刹车导管长度不良问题因果逻辑展开过程

思　考　题

1. 什么是根原因？
2. 列举几种常用的根原因分析工具。
3. 冲突区域和原因的对应关系是什么？
4. 简述面向冲突区域的根原因分析方法。
5. 根原因识别的原则是什么？

6. 分析以下案例的根原因：有个员工总是上班迟到，给大家带来负面影响，他的领导就想解决这个问题，于是和他谈心，问：你为什么总是迟到？答：我没赶上班车。问：你为什么没赶上班车？答：我起晚了。问：为什么起得晚？答：因为头天睡得晚。问：你为什么那么晚才睡觉呢？答：我喝酒，喝到很晚！

7. 分析以下案例的根原因：有一天动物园管理员们发现袋鼠从笼子里跑出来了，于是开会讨论，一致认为是笼子的高度过低。所以它们决定将笼子的高度由原来的十米加高到二十米。结果第二天他们发现袋鼠还是跑到外面来，所以他们又决定再将高度加高到三十米。没想到隔天居然又看到袋鼠全跑到外面，于是管理员们大为紧张，决定一不做二不休，将笼子的高度加高到一百米。一天长颈鹿和几只袋鼠在闲聊，长颈鹿说：“你们看，这些人会不会再继续加高你们的笼子？”“很难说！”袋鼠回答道：“如果他们继续忘记关门的话！”

第 6 章

理想解分析

理想解是 TRIZ 中一个重要的概念，是针对已有系统提出的未来应该具有的状态。最终理想解是系统的终极理想状态，但又是很难达到的状态。一般情况下都是退而求其次，以低于最终理想解的某个水平作为系统改进的目标。理想解分析就是为了确定系统改进时能够达到的目标。

上一章通过根原因分析在功能模型上确定冲突区域，然后围绕冲突区域进行问题求解，这是产品改进的一般思路，但同时也限定了解的等级不高。为了能得到更高等级的解，需要进行理想解分析。

6.1 理想化

在 TRIZ 中，理想化包含：理想系统、理想过程、理想资源、理想方法、理想机器、理想物质等。理想化的描述如下：

理想机器：没有质量、没有体积，但能完成所需要的工作。

理想方法：不消耗能量及时间，但通过自身调节，能够获得所需的效应。

理想过程：只有过程的结果，而无过程本身，突然就获得了结果。

理想物质：没有物质，功能得以实现。

理想化分为局部理想化与全局理想化两类。局部理想化是指对于选定的原理，通过不同的实现方法使其理想化；全局理想化是指对同一功能，通过选择不同的原理使之理想化。

局部理想化的过程有如下四种模式：

（1）加强　通过参数优化、采用更高级的材料、引入附加调节装置等加强有用功能的作用。

（2）降低　通过对有害功能的补偿，减少或消除损失或浪费，采用更便宜的材料、标准零部件等。

（3）通用化　采用多功能技术增加有用功能的个数，如现代多媒体计算机具有电视机、电话、传真机、音响等的功能。

（4）专用化　突出功能的主次，如早期的汽车厂要生产零部件，最后将它们组装成汽车，今天的汽车厂主要是组装汽车，而零部件由很多专业配套厂生产。

全局理想化有如下三种模式：

（1）功能禁止　在不影响主要功能的条件下，去掉中性的及辅助的功能。例如：采用传统的方法为金属零件刷漆后，从漆的溶剂中挥发出有害气体；采用静电场及粉末状漆可很好地解决该问题，当静电场使粉末状漆均匀地覆盖到金属零件表面后，加热零件使粉末熔化，刷漆工艺完成，其间并不产生溶剂挥发。

（2）系统禁止　如果采用某种可用资源后可省掉辅助子系统，一般可降低系统的成本。例如：月球上的真空使得月球车上所用灯泡的玻璃罩是多余的，玻璃罩的作用是防止灯丝氧化，月球上无氧气，灯丝不会氧化。

（3）原理改变　改变已有系统的工作原理，可简化系统或使过程更为方便，如采用电子邮件代替传统邮件，使信息交流更加方便快捷。

设计人员在设计过程开始需要选择目标，即将问题局部理想化还是将其全局理想化。通常首先考虑局部理想化，所有的尝试都失败后才考虑全局理想化。

6.2　理想化水平

技术系统是功能的实现，同一功能存在多种实现技术，任何系统在完成人们所需的功能时，都有负面作用。理想化水平公式为

$$\text{Ideality}=\sum \text{Benefits}/(\sum \text{Expenses}+\sum \text{Harms}) \tag{6-1}$$

式中　Ideality——理想化水平；

Benefits——效益，包括所有有用的特性和效用；

Expenses——代价，包括全生命周期的成本；

Harms——副作用，包括有害作用和不期望的结果。

该公式的意义为产品或系统的理想化水平与其效益之和成正比，与所有代价及所有危害之和成反比。不断地增加产品理想化水平是产品创新的目标，通过提高式（6-1）中的分子、降低分母或者使比值提高都是提高理想化水平的基本途径。

如果把副作用产生的危害加入到成本中，理想化水平等同于价值工程中的“价值”，因此价值工程方法可用于提高理想化水平。价值工程（Value Engineering，VE）又称为价值分析（Value Analysis，VA），是降低成本，提高经济效益的管理学理论。20世纪40年代起源于美国，创始人是麦尔斯（L. D. Miles）。价值工程的主要思想是通过对选定研究对象的功能及费用分析，提高对象的价值。价值工程的理论基础是价值理论公式，即

$$V=F/C \tag{6-2}$$

式中　V/Value——功能价值系数；

F/Function——功能重要性系数；

C/Cost——成本系数V。

提高价值的五种主要途径为：

1）成本不变，功能提高（$F\uparrow/C\rightarrow=V\uparrow$）。

2）功能不变，成本下降（$F\rightarrow/C\downarrow=V\uparrow$）。

3）成本略有增加，功能大幅度提高（$F\uparrow$大/$C\uparrow$小$=V\uparrow$）。

4）功能略有下降，成本大幅度下降（$F\downarrow$小/$C\downarrow$大$=V\uparrow$）。

5）成本降低，功能提高（$F\uparrow/C\downarrow=V\uparrow$大）。

6.3　理想解与最终理想解

产品处于进化之中，进化的过程就是产品由低级向高级演化的过程。如数控机床是普通

机床的高级阶段，加工中心又是数控机床的高级阶段。再如彩色电视机是黑白电视机的高级阶段，高清晰度彩电是一般彩电的高级阶段。在进化的某一阶段，不同产品进化的方向是不同的，如降低成本、增加功能、提高可靠性、减少污染等都是产品可能的进化方向。如果将所有产品作为一个整体，低成本、高功能、高可靠性、无污染等是产品的理想状态。产品处于理想状态的解称为理想解（Ideal Final Result，IFR）。

产品的理想解实现的过程是其理想化水平提高的过程，理想化水平达到无穷大状态的理想解称为最终理想解。TRIZ 中的理想物质、理想过程、理想方法、理想机器等均是某种形式的最终理想解。最终理想解很难或不可能实现，但产品进化的过程是推动理想解无限趋近最终理想解的过程。

产品进化的过程是产品由低级向高级进化的过程，进化的极限状态是最终理想解，而进化的中间状态是理想解。为了实现低成本、高效能、高可靠性、无副作用等理想状态，产品首先实现多个理想解，通过这些理想解趋近最终理想解。

通过需求分析，可确定产品的理想解集合为

$$\text{IFR}=\{\text{IFR}_1,\text{IFR}_2,\cdots,\text{IFR}_k,\cdots,\text{IFR}_l\}\quad(k\leqslant l)\tag{6-3}$$

式中　l——理想解元素总数。

产品从目前状态或初始状态实现每一个理想解的过程需要一系列的目标实现，而每个目标的实现都存在障碍 C_{ki}，该障碍也由一集合构成，即

$$C_k=\{C_{k1},C_{k2},\cdots,C_{kl}\}\tag{6-4}$$

最终理想解与各理想解之间形成如下关系：

$$\text{Ideality}\infty=[C]\{\text{IFR}\}\tag{6-5}$$

该关系可用图 6-1 描述。最终理想解 IFR 被分解为多个理想解 IFR_k，实现每个理想解需要克服多个障碍及实现多个目标。

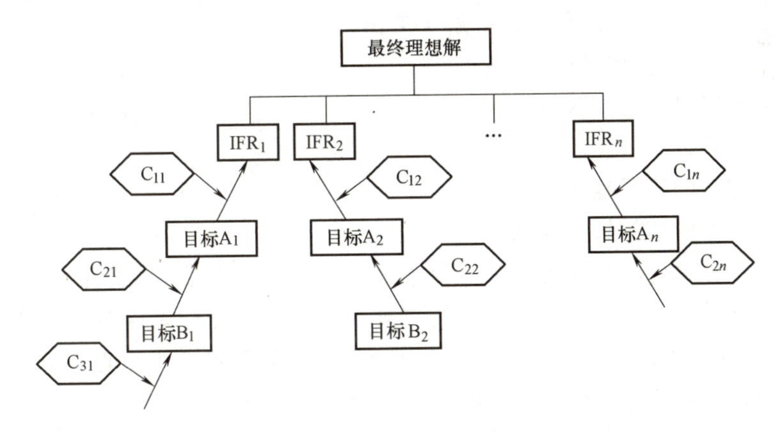

图 6-1　最终理想解实现的过程

理想解可采用与技术及实现无关的语言对需要创新的原因进行描述，创新的重要进展往往从对问题深入的理解所取得。确认那些使系统不能处于理想化的元件是创新成功的关键。设计过程中从起点向理想解过渡的过程称为理想化过程。

理想解有如下四个特点：

1）消除了原系统的不足之处。

2）保持原系统的优点。

3）没有使系统变得更复杂（采用无成本或可用资源）。

4）没有引入新的缺陷。

当确定了待设计产品或系统的理想解后，可用上述四个特点检查，也要用公式（6-1）检查理想解是否正确。

例 6-1　考虑割草机作为工具，草坪上的草作为被割的目标。割草机在割草时发出噪声、消耗燃料、造成空气污染、甩出的草片有时会伤害推割草机的工人。假如设计者的任务是改进已有的割草机，设计者可能会很快想到要减少噪声、增加安全性、降低燃料消耗。但如果确定理想解，就会勾画出未来割草机及草坪维护工业更佳的蓝图。

用户需要的究竟是什么？是非常漂亮且不需要维护的草坪。割草机本身不是用户需要的一部分。从割草机与草坪构成的系统看，其理想解为草坪上的草长到一定的高度就停止生长。至少国际上有两家制造割草机的公司正在实验这种理想草坪的草种，该草种被称为“漂亮草种”。

假定设计者的任务不是在公司或草坪维护工业水平上考虑问题，而要求减少割草机的噪声，其理想解为安静的割草机。噪声低与安静是不同的概念。为了达到低噪声的目的，设计人员要为系统增加阻尼器、减振器等，这不仅增加了系统的复杂性，同时也降低了系统的可靠性。为了使割草机安静，设计人员要寻找并消除噪声源，这不仅提高了割草机的效率，也达到了最初要求降低噪声的目的。

6.4　理想解分析的过程

对于很多的设计实例，理想解的正确描述会直接得出问题的解，其原因是与技术无关的理想解使设计者的思维跳出问题的传统解决方法。

确定理想解的步骤，现描述如下：

1）设计的最终目的是什么？

2）理想解是什么？

3）达到理想解的障碍是什么？

4）出现这种障碍的结果是什么？

5）不出现这种障碍的条件是什么？创造这些条件存在的可用资源是什么？

例 6-2　农场养兔子需要新鲜草，农场主既不希望兔子走得太远而不易被发现，又不希望花很多时间把鲜草送到兔子旁边。应用上述五步分析该问题并提出理想解。

1）问题的最终目的是什么？兔子能够吃到新鲜的青草。

2）理想解是什么？兔子永远自己吃到青草。

3）达到理想解的障碍是什么？放兔子的笼子不能移动。

4）出现这种障碍的结果是什么？由于笼子不能移动，可被兔子吃的草地面积不变，短时间内青草就被吃光了。

5）不出现这种障碍的条件是什么？当兔子基本吃光笼子内的鲜草时，笼子移动到另一块有青草的地方。

6）创造这些条件存在的可用资源是什么？笼子本身安装上轮子，兔子自己可推动其运动到有青草的地方，即兔子本身就是可用资源。

应用 IFR 的基本概念解决产品设计中存在问题的第一步是 IFR 陈述：产品或系统自身具有所需要的功能，且没有有害作用及附加的复杂性。其中自身一词是确定方向及评价精度及质量的关键。之后，设计人员要确定如何增加效益，降低成本及较少副作用。IFR 是设计过程的目标，明确的目标对设计工作及创新十分重要。IFR 可用于不同层面的问题解决，初级的 IFR 所采用的问题解决方案是应用外部资源解决，而无须更多的花费，环境、超系统、副产品等都可以是外部资源。高一级 IFR 不能引入新的物质，而必须通过系统内部的变化解决问题，即采用内部资源解决问题，包括实现功能、消除副作用或减少成本等，同时不使系统变得太复杂。更高一级的 IFR 是在一个特定的区域内解决问题，该区域存在问题，如一零件既要求刚度高又要求柔性好，这是一种相反的需求，产品进化的过程中该问题必须解决。

例 6-3　高层建筑如何更有效地擦窗户是高层建筑设计必须考虑的问题。目前该类窗户多是固定式的，经过专门训练及经过高空作业认证的工人才能从事该项工作（见图 6-2）。该工作危险且需要较多的花费。现应用 IFR 对该问题提出一系列的解决方案。

方案 1：在建筑物内擦窗户。

工人在建筑外工作是危险的，如能在屋内擦窗户则可以解决问题。定义初级 IFR 为采用外部资源解决该问题，但问题的解决原理不能太昂贵。图 6-3 所示为解决方案：采用具有磁性的内外部工具擦窗户。内部工具放置在窗户的内部，外部工具放置在窗户的外部，两部分均有磁性。两工具相对，由于磁力的吸引，内部工具移动时，外部工具随之移动，不断地移动内部工具到窗户的所有位置，可完成擦窗户的功能。

图 6-2　高层建筑窗户传统外部清洁方式

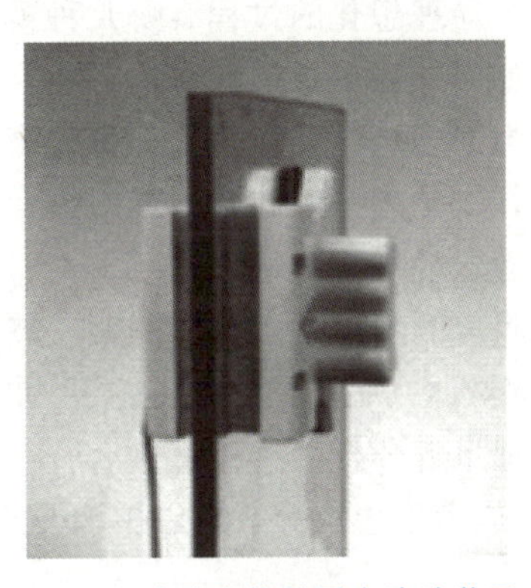

图 6-3　玻璃内外层同步清洁装置

方案 2：旋转式窗户。

应用高一级 IFR，利用系统自身的资源，改变系统本身实现功能。改进窗户的设计使其能转动，转动后窗户的外面变成了里面，工人可以在屋内擦窗户，如图 6-4 所示。

方案 3：免擦玻璃的应用。

按更高一级 IFR，出现问题的区域为窗户外部的玻璃，玻璃必须应用以便采光，但擦去表面的污物困难，从而出现了冲突。彻底解决该冲突，实现 IFR。

图 6-4　旋转式窗户清洁过程

采用自清洁玻璃是一种选择，如图 6-5 所示。该类玻璃表面有一层纳米级涂层，不影响采光。该涂层与阳光进行反应，在雨水的作用下，其反应生成物与玻璃表面污物脱离玻璃表面，实现自清洁，如图 6-6 所示。

图 6-5　自清洁玻璃

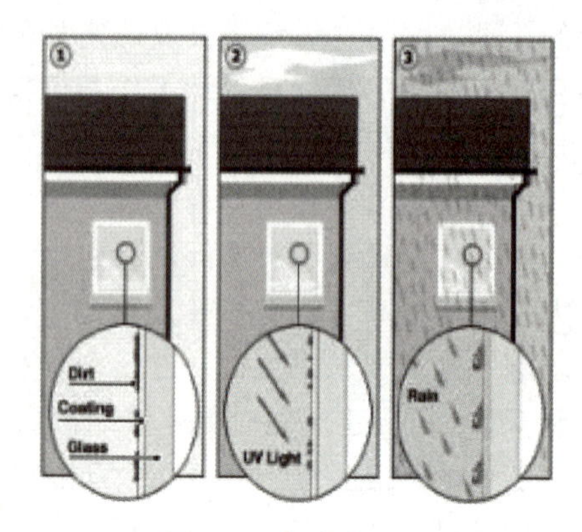

图 6-6　自清洁过程

思　考　题

1. 在 TRIZ 中理想化包括什么?
2. 局部理想化的过程有哪几种模式?
3. 全局理想化的过程有哪几种模式?
4. 如何计算理想化程度?
5. 根据理想化程度公式分析提高理想化的方法。
6. 什么是理想解和最终理想解?
7. 理想解有哪些特点?
8. 暖房的房顶是由金属框架、玻璃或塑料布组成的，为了使暖房中作物在恒温下成长，目前大多数暖房的温度调节是靠手动方式，此问题的理想解是什么?
9. 理想解分析的过程是什么?
10. 应用理想解分析方法解决夏天室温太高的方法。

第7章 资源分析

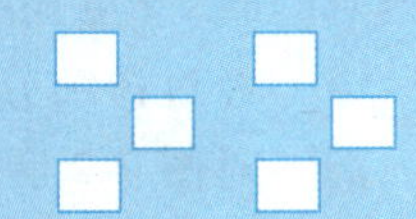

“巧妇难为无米之炊”，无资源的创新是不可能的，从某种程度上说，创新过程就是资源的运用与重新配置的过程。设计中的可用系统资源对创新设计起着重要的作用，问题的解越接近理想解，系统资源就越重要。任何系统只要还没有达到理想解，就应该具有系统资源，这也是理想解分析最后一步要分析资源的原因。应用系统或超系统资源解决系统存在的问题是TRIZ的一个基本观点。如何确认所有的可用资源并合理利用是资源分析的基本任务。对系统资源进行必要的详细分析和深刻理解，对设计人员而言是十分必要的。

7.1 概述

人类的活动就是利用自然、改造自然的过程。资源可以分为自然资源和社会资源。自然资源是指具有社会效能和相对稀缺性的自然物质或自然环境的总称。它包括土地资源、气候资源、水资源、生物资源、矿产资源、海洋资源、能源资源、旅游资源等。从工程设计的角度，要关注超系统中的自然资源，一方面要充分利用自然资源，另一方面要避免对自然资源的浪费和破坏。社会资源是指自然资源以外的其他所有资源的总称，是人通过自身的劳动，在开发利用资源过程中所提供的物质和精神财富的统称。主要包括资本资源、人才资源、智力资源、信息资源、科技资源、管理资源等。对管理技术而言，就是协调、利用各种社会资源进行再创造的活动。对于工程设计而言，也是充分挖掘和利用各种自然、社会资源提出工程系统解决方案的过程。

1982年Vladimir Petrov在TRIZ会议上发表了关于技术系统过剩（Excessiveness）的概念。该观点认为：任何技术系统都具有超过其通常功能的能力，这种超出的能力可以被发现和利用，以使系统达到理想解。实际上“过剩”的能力就是可用资源。

1985年，阿奇舒勒在ARIZ-85中提出了“物质-场资源”的概念。后来，该概念扩展到其他类型的资源，如功能、信息、空间、时间等。

为了与通常所讲的自然资源、金融资源、人力资源区分，针对工程系统中资源利用问题的研究可以归类为一类资源，即发明资源（Inventive Resources）。

在TRIZ中，发明资源定义为：

1）任何由系统或环境中存在的物质（包括废物）变换后得到的新物质。

2）储存的能量、自由时间、未占用的空间、信息等。

3）实现附加功能的技术能力，包括物质的特性，物理、几何或其他效应。

对工程系统而言，实现系统向提高理想化水平的方向进化，最主要的是发现能够利用的发明资源。发明资源通常是隐藏的、不可直接利用的或隐藏在系统或环境中，如对于如图7-1所示导电铜线来说，多数人能够看到它携带的资源：线、空气、电压和电流。

经过详细分析得到如图7-2所示直接可用资源。对图7-2所示资源分析的结果进行不同的组合，又可以得到一些衍生的资源，如图7-3所示。因此资源分析时，不仅要对系统直接可用资源进行分析，还需要分析由直接可用资源进行变换得到的资源。

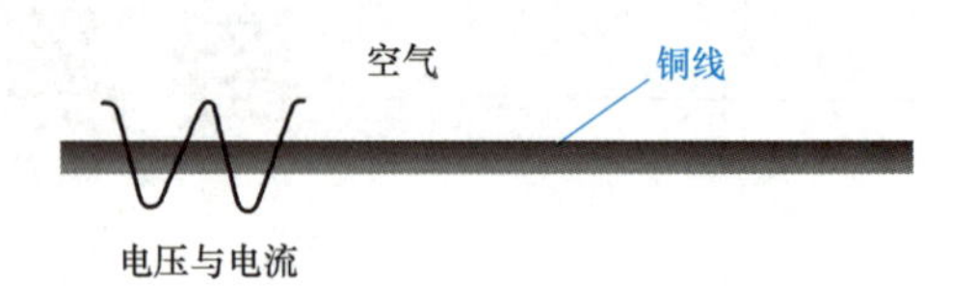

图7-1　铜导线的资源

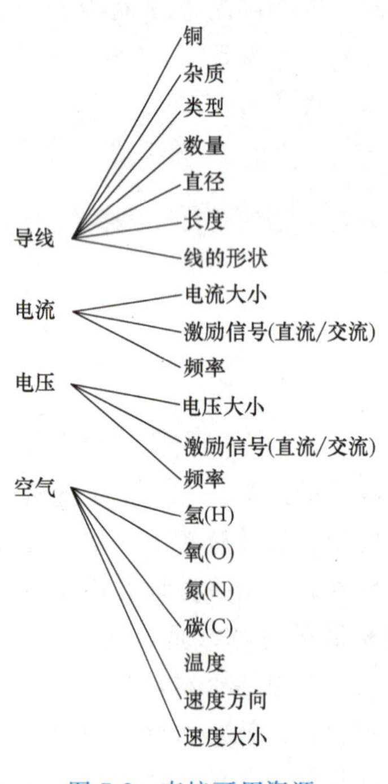

图7-2　直接可用资源

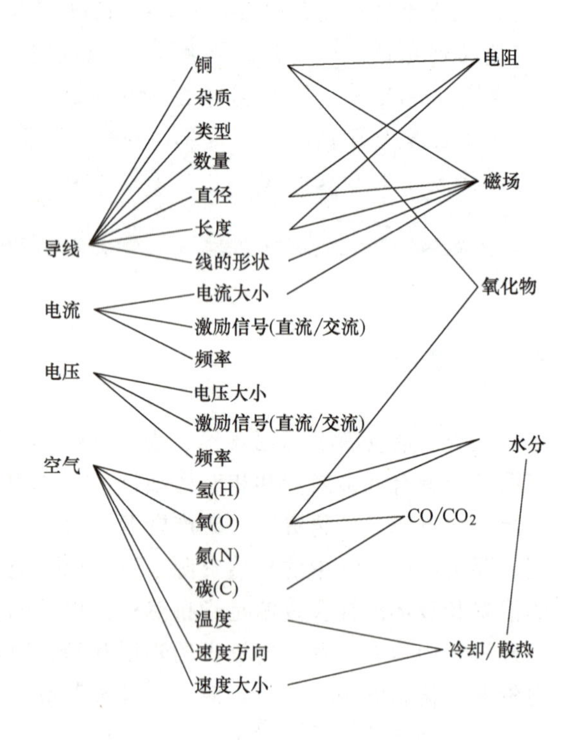

图7-3　导出（衍生）资源

7.2　资源分类

对资源的识别和利用，基本的方法就是对资源进行分类，既可以为资源开发利用提供方向，也可为管理资源、优化资源配置提供指导。从不同方面认识资源有不同的分类方法，本章主要研究面向工程系统设计的发明资源。

7.2.1　发明资源的分类

针对工程技术问题能够利用的发明资源可以有多种分类方法。具体包括：

1）按照解决工程问题过程中发明资源的可及性和资源所在区域，资源分为：

➢ 内部资源：是指在冲突发生的时间、区域内存在的资源，是冲突区域内部元件所能提供的资源。

➢ 外部资源：是指在冲突发生的时间、区域外部系统内存在的资源。

➢ 超系统资源：是指在系统边界范围之外存在于超系统或环境中的资源，也包括系统的副产品。

2）按照资源可用状态可以分为：

➢ 直接应用资源：是指不需做额外的处理或改变即可直接应用的资源，如利用太阳能加热。

➢ 导出资源：又称为衍生资源，是指需要经过额外处理或改变后才能应用的资源，如通过系统内部零部件重新布置腾出的空间。

➢ 差动资源：差动资源是指系统内、外部物质或场能被利用的差异性、非均匀性、非对称性的性质，表现为不同属性和参数，如利用双金属片的热胀冷缩系数不同实现双金属片的弯曲。

3）按照资源的形式可以分为：

➢ 物质资源：是指系统能够利用的内、外部所有的物质元素，从宏观的物体到微观的基本例子。

➢ 场资源：是指系统能够利用的内、外部所有的能源或能量，如重力、机械能、风能、太阳能、热能、电能、核能、磁能、潮汐能等。

➢ 信息资源：是指系统能够利用的所有的信息或信号，包括但并不仅限于电信号。

➢ 功能资源：主要是指系统内、外部元件具有的执行超过其自身通常功能的能力。

➢ 时间资源：是指系统或元件执行功能所能利用的时间。

➢ 空间资源：是指系统或元件执行功能所能够利用的空间。

对于发明资源的分类如图 7-4 所示。

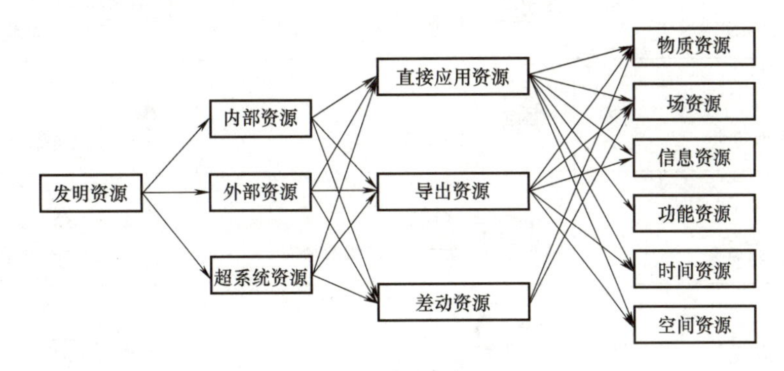

图 7-4 发明资源的分类

7.2.2 资源形式

1. 物质资源

（1）物质资源的构成　物质资源包含系统及其周围环境的物质组成，包括：

➢ 系统及其周围环境的组成元素。

➢ 系统及其周围环境的初始原料。

➢ 系统及其周围环境的产物。

➢ 系统及其周围环境产生的废物。

➢ 环境中的廉价物质，如水、空气、土壤、砂石、雪等。

（2）物质的状态　物质的状态见表 7-1。

表 7-1　物质的状态

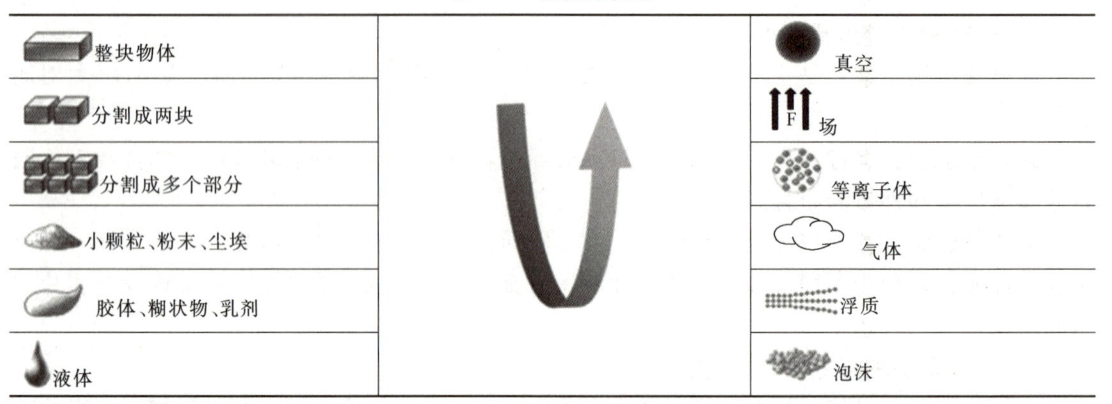

整块物体		真空
分割成两块		场
分割成多个部分		等离子体
小颗粒、粉末、尘埃		气体
胶体、糊状物、乳剂		浮质
液体		泡沫

物质的不同状态在其分割程度上不同：宏观物体被分割直到形成粉末，然后物质粉末向微观级别进一步分割到分子、原子和基本粒子。了解物质的不同状态，可以考虑从某一种状态导出其他状态，形成导出的物质资源。

（3）形态易转换物质　形态易转换物质相对比较容易地改变其状态和特性。根据具体设计需求，可以利用转换前后的物质或者利用转换过程中的能量及其变化。形态易转换物质见表 7-2。

表 7-2　形态易转换物质

易蒸发的物质	易溶断的物质	吸收热的物质
易煮沸的物质	易结晶的物质	热积聚物质
易升华的物质	易硬化的物质	爆炸性物质
易冷却的物质	聚合的物质	易融化的物质
生成气体的物质	解聚的物质	产生液体的物质
吸收气体的物质	产生热的物质	吸收液体的物质

（续）

易燃物质	压电物质	带有形状记忆的物质
电解产物	混合的物质	具有居里效应的物质
分解产物	分解的物质	重组产物

（4）具有特殊性质的物质　在自然界和人造物中，某些物质具有一些特殊性质，这些特殊性质可以用来实现某些特殊功能，或者利用这些特殊性质来完成系统状态的改变，实现导出资源的获取。具有特殊性质的物质见表7-3。

（5）导出物质资源　由直接应用资源如物质或原材料变换或施加作用后所得到的物质称为导出物质资源。导出的形式可参考表7-1～表7-3所列材料的形态、可转换形态和特殊性质。例如，毛坯是通过铸造得到的材料，因此毛坯可看作是铸造的原材料的导出资源。

（6）差动物质资源　差动物质资源是指可被使用的物质内部结构特性或不同物质材料性质的差异性。它分为材料的各向异性和材料间性质的相异性。各向异性，亦称“非均质性”，是指物体的全部或部分物理、化学等性质随方向的不同而各自表现出一定差异的特性。各向异性主要表现在物质的光学特性、电特性、声学特性、力学特性、化学特性、几何特性等方面，如图7-5所示。晶体的各向异性具体表现在晶体不同方向上的弹性模量、硬度、断裂抗力、屈服强度、热膨胀系数、导热性、电阻率、电位移矢量、电极化强度、磁化

表7-3　具有特殊性质的物质

黏性的物质	电流变液体	发光体
易变形的物质	导体	化学试剂
易碎物质	半导体	透明体
双金属片	低摩擦的物质	铁磁粉末
可变阻力	高摩擦的物质	感光物质
可变颜色	带有强烈气味的物质	X射线敏感物质
铁磁液体	带有刺激气味的物质	
绝缘体	铁磁体	

率和折射率等都是不同的。材料间的相异性表现为不同材料的几何、物理、化学性质的不同。差动物质资源就是利用物质的这些差异性完成设计的。

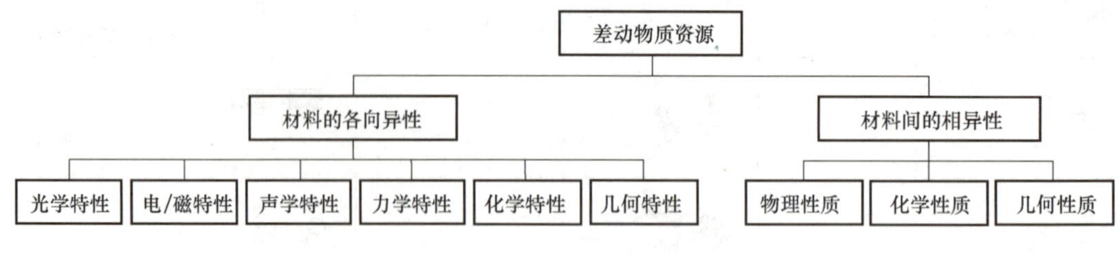

图 7-5 差动物质资源

1）材料的各向异性。

① 光学特性。光学的各向异性是指光在物质中不同方向上的折射率、吸收率不同。例如：利用偏振片中微晶粒对不同振动方向的光吸收能力不同得到偏振光。或者利用具有光学各向异性的晶体在不同方向折射率不同，两次折射得到偏振光。

② 电/磁特性。材料的电学各向异性是指材料某些电学方面的性质沿材料不同方向存在差异。磁各向异性是指物质磁性随方向而变。材料的电学性质主要有两大类：一类是导电性能，如电导率（Electrical Conductivity）、电阻率（Electrical Resistivity）；另一类是介电性能，如介电常数（Dielectric Constant）。例如：异方性导电胶膜（Anisotropic Conductive Film，ACF）可以实现机械互连，使其仅在互连方向形成导电通路，而在互连方向的垂直面方向绝缘，广泛用于液晶面板与驱动芯片的连接。

③ 声学特性。声学的各向异性是指物质在不同方向上声学传导特性的差异。例如：超声探伤：一个零件内部由于结构有所不同，表现出不同的声学特性，使得超声探伤成为可能。超声探伤仪如图 7-6 所示。

④ 力学特性。力学的各向异性是指物体的力学性能随测量方向而异的现象。例如：石墨在平面层原子间作用力很强，在层与层之间作用力很弱。劈木材时沿着最省力的方向劈，如图 7-7 所示。

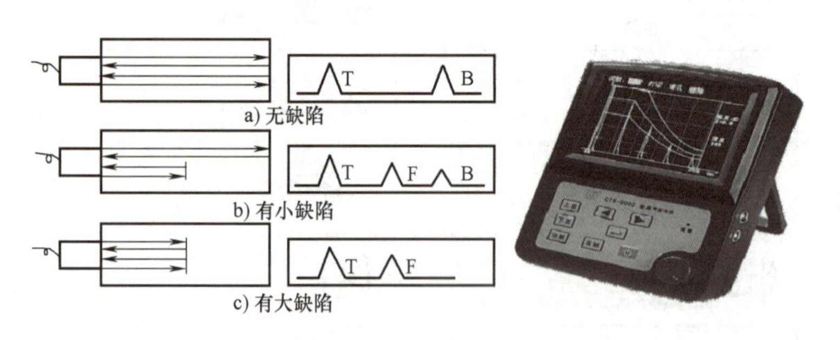

图 7-6 超声探伤仪图

图 7-7 木柴的力学特性各向异性

⑤ 化学特性。化学的各向异性是指物质不同方向、不同位置上化学性质的差异性。

例如：集成电路不能制作在硅片上有缺陷的部位，在制作前需要检测缺陷的位置。位错和层错是单晶硅的主要缺陷，利用缺陷部位易被腐蚀的特性，采用金相腐蚀法观察晶体缺陷。图 7-8 所示为硅片上不同缺陷腐蚀后表现出的特征。

⑥ 几何特性。几何的各向异性是指物质几何非一致性导致的物质其他特性的不同。例

如：贵金属纳米粒子各项独特的化学物理性质都与其粒径和形貌是密切相关的；铜小到某一纳米尺度将不再导电；而本来不导电的二氧化硅到某个纳米尺度将变成导体。如图 7-9 所示振动盘送料机是利用物料形状的非对称性，实现物料的整列输出的。

a) (111)面硅单晶腐蚀坑

b) 偏离(111)面硅单晶腐蚀坑

c) (111)面上螺位错

d) 硅外延片(111)面上层错

图 7-8 金相腐蚀法检测硅片缺陷

图 7-9 振动盘送料机

2）材料间相异性。

① 物理性质相异性。利用不同材料具有的不同物理性质在设计中实现有用功能。例如：合金碎片的混合物可通过逐步加热到不同合金的居里点，然后用磁性分拣的方法分拣得到不同合金磁性不同。居里点也称为居里温度或磁性转变点，是指材料可以在铁磁体和顺磁体之间改变的温度，低于居里点温度时该物质为铁磁体，高于居里点温度时该物质为顺磁体，磁体的磁场很容易随周围磁场的改变而改变。再比如通过空气成分具有的不同凝点制备氧气和氮气。

② 化学特性相异性。利用不同材料具有的不同的化学性质完成一定的功能。例如：蚀刻电路板就是利用材料不同的耐腐蚀能力实现电路板的制备。再比如利用半透膜对不同离子通透和阻挡作用实现液体溶质的分离。

③ 几何相异性。利用不同物质几何形状、尺寸等的不同完成一定的功能。例如：通过滤网不同目数分离不同的物体。

2. 场资源

元件间通过场发生作用完成功能，场本质上就是能量的不同形式。

（1）场的种类 TRIZ 理论中，“场”的概念定义为一个物体对另一个物体施加的作用，常用的“场”如下：

- 机械能；
- 声音、振动；
- 热能；
- 化学能；
- 电场；
- 磁场；
- 电磁场；
- 光能及其他辐射能。

（2）常见的作用形式 机械场是产品中最常见的作用形式，另外物体的运动还会产生其他的力和作用，利用这些场可以完成一些附加作用，常用的机械场、力、相互作用见表 7-4。

表 7-4　常用的作用形式

重力	惯性力	科里奥利力
离心力	内张力	热张力
浮力	液体静压力	气体静压力
液体动压力	气体动压力	摩擦力
弹力	光压力	升力
马格纳斯力	振动	摆动
反作用力	渗透	扩散
声音	超声	波
无线电波	微波	电流
放电	涡电流	磁场
静电场	电磁场	（黄色）光
表面流	基本粒子流	（黑色）红外线
（蓝色）X 射线	（红色）激光	（紫色）紫外线

（3）导出场资源　通过对直接应用场资源的变换或改变其作用的强度、方向及其他特性所得到的场资源。可参考表 7-4 所示能量形式寻找导出场资源。例如：笼型电动机的旋转磁场，是磁场的导出资源；闪电是云与大地之间的强大电场导出的电磁场资源（产生了电流）。

（4）差动场资源　差动场资源是指可被利用的场分布的不均匀性。它包括：

➢ 场梯度的利用。场梯度的利用是利用场的强度在某一方向上的差异，如利用液体中压力随深度的变化实现上浮。

➢ 空间不均匀场的利用，如精密加工或测量车间应远离振动源。

➢ 场值与标准值的偏差。所有的诊断都是基于这一原理。

3. 空间资源

（1）直接可用空间资源　“空间”往往是以设计约束的形式出现的。空间资源包括系统内部及其所处环境中未被占用的空间或“空洞”，这种资源可以用来放置新的物体，也可用来在空间紧张时节约空间。空间资源搜寻方向有：

➢ 系统元素间的空间。

➢ 系统元素内部的空间。
➢ 未被占用的系统元素表面。
➢ 无用元素占用的空间。
➢ 未被使用的空间范围。

（2）导出空间资源　由于几何形状或效应引起的变化所得到的额外的空间。例如：利用麦比乌斯效应制造摩擦带得到的环形带，有效长度是原来的两倍。

4. 时间资源

（1）直接可用时间资源　“时间”也是以设计约束的形式出现的。时间资源是指可被用来改善系统操作的时间区间。它包括：

➢ 过程开始之前的时间段；
➢ 过程期间的时间段，比如暂停和待机模式；
➢ 同时进行不同的过程（并行行为）。

（2）导出的时间资源　由于加速、减速或中断所获得的时间间隔。例如：被压缩的数据可以在较短的时间内传递完毕。

5. 信息资源

（1）直接可用信息资源　信息资源通常用于解决测量、监测和分离功能。因此信息资源是描述物质、场、属性改变或元件的参数的数据，是描述系统、元件及其所处环境状态的所有信息，包括系统及其环境的变化信息。

➢ 系统及其组成元素产生的场；
➢ 脱离系统的物质；
➢ 系统及其组成元素的特性（包括温度、透明度和固有频率等）；
➢ 通过系统及其组成元素的能流变化。

（2）导出信息资源　通过变换与设计不相关的信息，使之与设计相关。所有的间接检测都是利用了导出信息资源。例如：地球表面电磁场的微弱变化可用于发现矿藏，这是利用了铁磁性矿藏对地球磁场的影响。

6. 功能资源

（1）直接应用功能资源　任何元件和系统都有执行超过其自身基本功能的能力，功能资源就是系统及其所处的环境执行额外功能的能力。它包括：

➢ 系统及其所处环境的已知功能用于其他目的，如用旋转的自行车后轮辐条脱花生；
➢ 将系统及其所处环境的有害功能转换为有益功能，如利用天然气加臭；
➢ 系统及其所处环境可执行有益功能的合成与强化，如手机执行拍照功能。

（2）导出功能资源　经过合理变化后，系统完成辅助功能的能力，如锻模经过适当修改后，锻件本身可以带有企业商标。

7.3 资源分析方法

资源分析首先要明确资源分析的目的。资源分析的最终目的是通过对系统或环境中资源的使用提高系统的理想化水平［见式（6-1）］，包括以下途径：

1）利用未被使用资源提供额外有用特性（提高分子）。

2）降低与成本有关的因素（分母），尤其是：

➢ 去除没被使用的资源；

➢ 利用内部资源替代外部资源；

➢ 利用更廉价或者更易获得的资源。

3）降低与有害作用有关的因素（分母），包括：

➢ 有害作用的元件功能的替代；

➢ 有害作用的消除；

➢ 有害作用的产物的利用。

7.3.1　资源列表

资源分析可通过资源列表进行。资源列表包括所需资源描述、资源类型和可用性评价，见表 7-5。

表 7-5　资源列表

资源类型	所需资源属性描述	可用资源		资源可用性评价
物质资源	1. 2. …	内部资源	1.	
			…	
		外部资源	1.	
			…	
场资源	1. 2. …	内部资源	1.	
			…	
		外部资源	1.	
			…	
信息资源	1. 2. …	内部资源	1.	
			…	
		外部资源	1.	
			…	
时间资源	1. 2. …	内部资源	1.	
			…	
		外部资源	1.	
			…	
空间资源	1. 2. …	内部资源	1.	
			…	
		外部资源	1.	
			…	
功能资源	1. 2. …	内部资源	1.	
			…	
		外部资源	1.	
			…	

在列资源列表前必须明确资源分析的目的。第 6 章在进行理想解分析时，最后一步是寻找资源满足理想解实现的条件，按照条件首先确定需要什么类型的资源，然后再分析资源应该具有什么属性。后续应用 TRIZ 工具进行问题求解的过程中，也会遇到系统元件或作用的改变或替代问题，也是要寻找可用资源。

7.3.2 资源搜索方向

明确所需资源类型和资源属性之后，按照一定顺序进行可用资源搜索，搜索方向如图 7-10 所示。

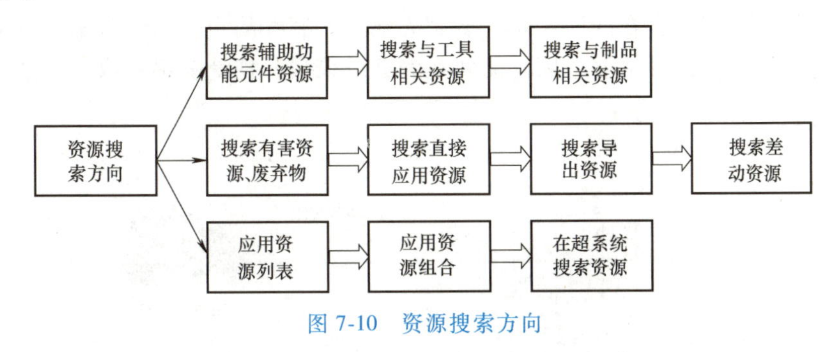

图 7-10 资源搜索方向

7.3.3 资源选择原则

资源选择原则是从资源可及性、资源可用性及成本和资源的数量、质量等方面综合考虑和评价。

(1) 资源可及性 (Resource Accecibilty) 尽可能地发现资源为开发概念解提供机会，因为每项资源都是问题潜在的解。可用资源越多，解空间越大。但是从对系统引起的改变程度看，资源可及性越差，对系统的改变就越大。因此一般系统与其元件具有的资源是最强的、最具效益的解的基础。通过应用已经获取的系统资源，不再需要从系统外部引入资源就能获得好的解。

因此从资源可及性方面，内部资源是首选，然后是系统内资源，再是超系统或环境资源。

(2) 资源可用性 (Resource Readiness) 及成本 (Resource Cost) 从对系统影响最小的角度考虑，直接应用资源应是首选，然后是导出资源，如果涉及检测功能则寻找差动资源。从资源成本的角度考虑，应该首选无成本资源（如空气、重力），然后是低成本或廉价资源，最后选择昂贵资源。

(3) 资源数量 (Resource Quantitative) 按照可用资源存在数量可以分为：

- 资源不足 (Insufficient)；
- 资源充足 (Sufficient)；
- 资源过剩 (Unlimited)。

优先选用过剩资源，其次选择供应充足的资源，最后选择供应不足的资源。

(4) 资源质量 (Resource Qualitative) 从资源的质量上可以分为：

- 有用资源 (Useful)；

➤ 不确定资源（Neutral）；
➤ 有害资源（Harmful）。

优先选用有用资源，其次选择不确定的资源，最后选择有害资源。

7.4　案例分析

如图 7-11 所示为中药滴丸机工作原理，药液在加热釜中加热熔化，通过底部的滴嘴连续滴下，滴到下面的冷凝剂中固化成丸。滴嘴结构如图 7-12 所示，其中针阀用于在药液加热过程中关闭滴嘴。当前存在的问题是，滴制完成后，滴嘴的小孔内通常都含有部分残留药物，药液凝固后容易把滴嘴堵塞，因此需要在滴丸结束后，把滴嘴逐一取下清洗，导致生产率低下。

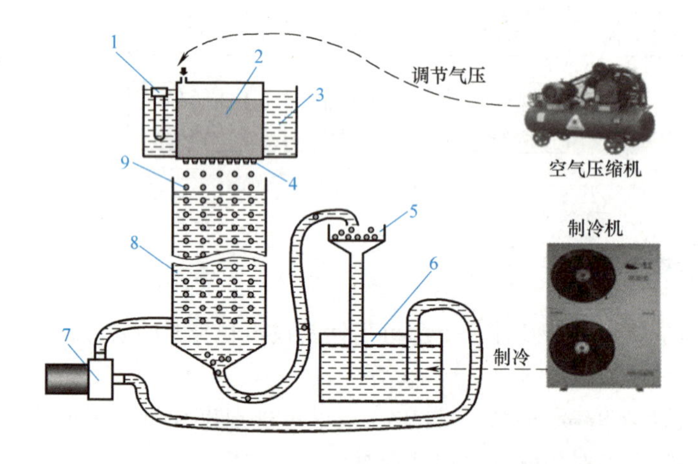

图 7-11　滴丸机工作原理示意图

1—加热器　2—熔融药液　3—保温液　4—滴嘴　5—过滤器
6—负压槽　7—泵　8—冷凝剂　9—液态滴丸

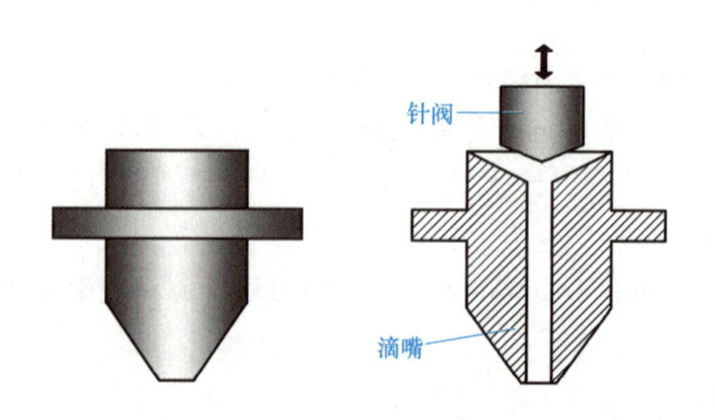

图 7-12　滴嘴结构示意图

该问题的理想解是：不需额外装置或操作，滴嘴能够自己完成清洗过程。

对滴嘴进行资源分析，资源列表见表 7-6。其分析结果如图 7-13 所示。

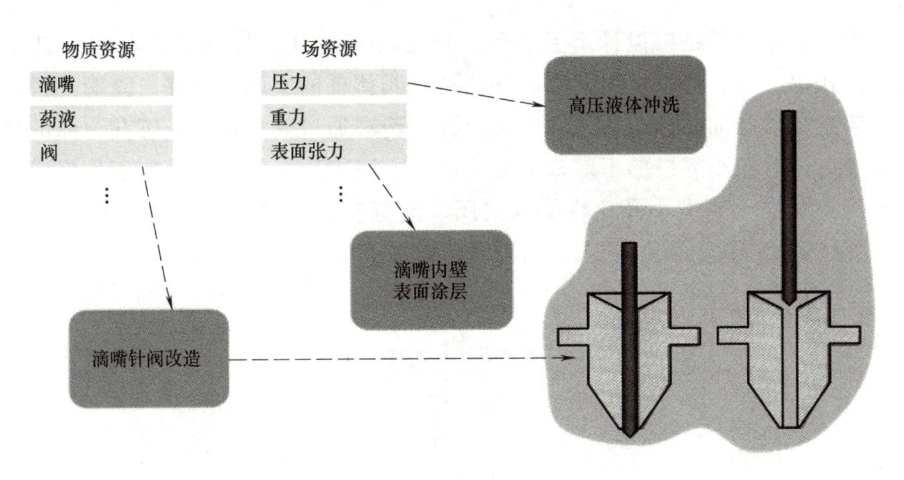

图 7-13 滴丸机滴嘴资源分析及改造

表 7-6 资源列表

资源类型	所需资源属性描述	可用资源		资源可用性评价
物质资源	1. 能够与滴嘴孔壁上的液滴或固化物作用的物质 2. 药液不吸附的物质	内部资源	1. 滴嘴	需改变滴嘴材料或涂层,易引起药液污染
			2. 针阀	可执行与液滴或固化物的机械作用,变换后可用
		外部资源	1. 加热器	需附加装置把热传导到滴嘴;对系统改变大
			2. 釜中空气	可加热空气或改变压力
			3. 化学溶剂	需要溶剂不引起污染,成本高
场资源	1. 需移动药液的力场 2. 需溶解药液的化学场 3. 需熔融药液的热场	内部资源	1. 机械场	
			2. 热场	
		外部资源	1. 气压或液体压力	
			2. 热场	
			3. 化学场	
			4. 重力场	
功能资源	需要移除滴嘴中液体或固化物的功能	内部资源	1. 针阀的启闭功能	
			2. 阀嘴的导向功能	
		外部资源	1. 加热功能	
			2. 保压功能	

最终，根据资源分析结果设计出了一种针阀式滴嘴（ZL200420028766.2）。其结构是在固定的滴嘴的孔中，穿装一根可以活动的阀体杆，阀体杆的上端紧固在自动滴丸机的移动机构上。在药液满足限制的条件时，打开滴丸小孔，药液通过阀杆体与滴嘴孔之间的缝隙，经小孔流到滴嘴口，并在滴嘴口的下端口形成滴液后，滴入冷凝剂中。滴制工作完成后阀杆体通过移动机构将其推入滴嘴小孔，将滴嘴关闭，能够实现自动清洗功能，其结构如图 7-14 所示。

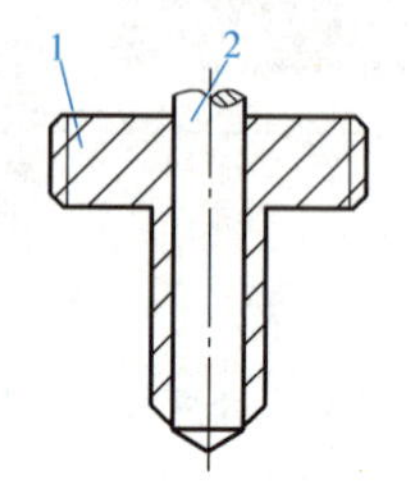

图 7-14　针阀式滴嘴结构示意图

1—滴嘴　2—阀体杆

思　考　题

1. 在 TRIZ 中如何定义发明资源？

2. 在 TRIZ 中对资源如何分类？

3. 列举几种常用的差动资源。

4. 简要叙述资源分析的重要性，并以减少在黑板书写时粉尘的掉落量为目的，分析可用资源。

5. 以提高冰箱的理想化水平为目的，列表分析普通电冰箱的资源。

第8章 TRIZ中的思维工具

8.1 九窗口法

当设计者解决问题时，通常在其头脑里都会产生关于新设计或已有设计的静态影像，但仅有这类影像是不够的。如果我们头脑中有动态影像，会增加设计者的解决问题的能力。由过去到现在及将来变化的影像为动态影像。九窗口法又称为系统算子，是处理动态影像的具体方法。

应用系统算子是将系统问题扩展。如图8-1所示，系统并不是孤立存在的，系统包含子系统，并隶属于超系统，在过程上，系统、子系统和超系统又都处于前系统和后系统之间，系统也包括过去状态和将来状态。

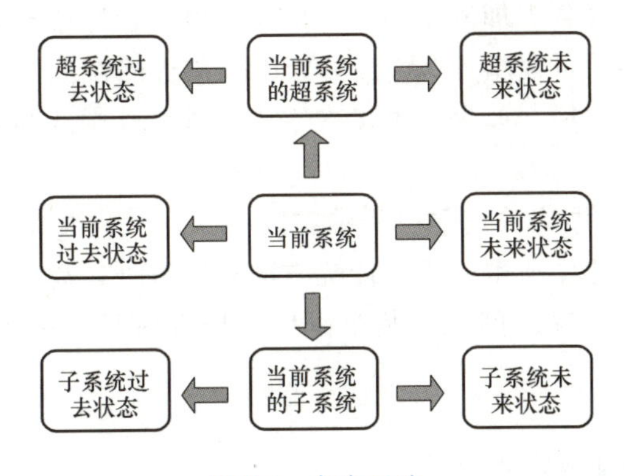

图8-1　九窗口法

系统算子方法考虑系统内问题是否可以转移到所在超系统、子系统及系统的不同时间段。一般当问题在系统内出现时，设计者通常只聚焦于系统内。应用系统算子将问题边界扩大，很多情况下系统内难以解决的问题换个角度分析则很容易解决，如表8-1考虑在超系统、子系统、系统前后过程等寻找原问题的替代解决方法。

表8-1　系统算子

分析问题角度		替代问题解决方法描述
系统构成	超系统	是否可在超系统做某些改进，达到解决原问题同样效果
	子系统	是否可在子系统做某些改进，达到解决原问题同样效果
时间	过去	在问题发生的前过程做某些改进，达到解决原问题同样效果
	将来	在问题发生的后过程做某些改进，达到解决原问题同样效果

（续）

分析问题角度		替代问题解决方法描述
因果关系	原因	消除问题原因，使原问题不发生
	结果	分析问题不解决的不良结果，消除不良结果绕过原问题
输入-输出	输入	对系统输入做出改进，解决原问题
	输出	分析对系统输出造成的不良结果，改变系统输出解决原问题

例 8-1 对系统输入做出改进解决问题实例。

统计数据显示服用安眠药已成为自杀的最主要途径，为防止自杀对安眠药成分做出如下改进：

1）增加安眠药外衣，达到缓释效果。

2）在安眠药外衣中增加可导致服用者呕吐物质；少量服用时对服用者无作用，大量服用时呕吐剂发生作用。

例 8-2 对超系统做出改进解决问题实例。

作战半径是衡量战机乃至空军作战能力的重要指标之一。为了增大飞机的作战半径，人们总是尽可能地增加飞机的载油量，但过大的油料载荷，只能以牺牲飞机的其他性能为代价。在单一飞机技术系统内解决这个冲突非常困难。

在超系统内，在飞行编队中加入专用的加油机，就能较好地解决这一冲突。经过一次空中加油，轰炸机的作战半径可以增加 25%～30%；战斗机的作战半径可增加 30%～40%；运输机的航程差不多可增加一倍。如果实施多次空中加油，作战飞机就可以做到“全球到达，全球作战”。

例 8-3 对系统后过程做出改进解决问题实例。

圆木装车前需要测量计算圆木体积，传统方法测量费时、费力。应用系统算子寻找替代解决方法，在系统后过程解决原问题，装车以后，相机拍照采用图片对比测量计算圆木体积，提高了效率。

8.2 尺寸-时间-成本算子

人们对物体的时间参数和空间参数等的习惯性想象会产生一种思维惯性，TRIZ 中的尺寸-时间-成本算子就是为了克服这类思维惯性。

TRIZ 中将尺寸-时间-成本（Dimensions-Time-Cost，DTC）方法定义为 DTC 算子（DTC Operator），该算子也翻译为 Size-Time-Cost 方法，称为 STC 算子（STC Operator），简称参数算子。其基本思想是将待改变的系统（如汽车、飞机、机床等）与 DTC 建立关系，以打破人们的思维惯性，思考长度参数、时间参数、成本的变化会给问题解决带来的改变，得到创新解。

DTC 算子的规则为：

1）将系统的尺寸从目前的状态减小到 0，再将其增加到无穷大，观察系统的变化。

2）将系统的作用时间由目前状态减小到 0，再将其增加到无穷大，观察系统的变化。

3）将系统的成本由目前状态减小到 0，再将其增加到无穷大，观察系统的变化。

按照上述规则改变原系统后，使人们能从不同的角度去观察与研究系统，这往往可以帮助人们打破思维惯性的束缚，从而发现创新解。为了使这些规则更有效，变化的过程需与系统功能有关：

1）尺寸变化的过程直接与系统的功能相关，如汽车的功能是载货，可以考虑货物是一个原子，或一个星系。

2）时间变化的过程与系统功能所对应的性能相关，如汽车的功能是载货，载货的过程可以一瞬间，也可以是一千年。

3）成本与实现功能的系统相关，如汽车的功能是载货，汽车的成本可以是 1 分钱，也可以是 1000 万人民币。

参数算子不能给出一个精确的答案，它的目的是产生几个“指向问题解”的想法，帮助克服分析问题时的思维惯性。

以下通过废电线回收的实例介绍参数算子的应用过程。

例 8-4 废旧电线回收方法。

废旧电线回收以后，需要将没有利用价值的电线绝缘层和金属分离，以回收金属。现在采用的方法是燃烧电线绝缘层，但对环境污染比较严重。现在需要找到一种方法回收金属并不污染环境。

表 8-2 中列出了使用参数算子（尺寸、时间、成本）得到问题解决途径。

表 8-2 应用参数算子分析废电线回收实例

参数改变	改变的物体或过程	会给问题解决方法带来哪些改变	得到的问题解决途径
尺寸→∞	电线长度非常长	对问题解决没有带来任何好处	无
尺寸→0	电线长度非常短	当电线长度大大小于电线直径成片状时，电线表面的绝缘层很容易剥离	首先将电线破碎，再考虑绝缘层和金属的分离
时间→0	所用时间非常短	对问题解决没有带来任何好处	无
时间→∞	所用时间非常长	可以通过绝缘层在特定条件下的自降解来剥离绝缘层，但必须保证电线在正常使用时不会降解	改进电线绝缘层材料
成本→0	所用成本非常低	对问题解决没有带来任何好处	无
成本→∞	所用成本非常高	通过化学试剂实现金属的置换和还原提取金属	采用化学试剂提取金属

8.3 聪明小人法

聪明小人法（Smart Little People，SLP）是由阿奇舒勒 20 世纪 60 年代开发的一种方法。该方法能帮助设计者理解物理的、化学的微观过程，并采用特殊术语克服思维惯性。

一串高举手臂的小人，可以表示一个实体，如棒料、水泥块、金属块等；该串小人之间的距离变大，但处于连接状态，表示物体的热膨胀；处于奔跑中的一批小人可以描述一团运动中的气体。小人虽然不懂语言，但遵守场的规律存在。例如：增加温度，由小人组成的液体之间的连接紧密程度下降，温度进一步提高，液体将变成气体。因此，聪明小人法是一种处理复杂情景的有效方法。

向微观系统传递是技术进化的一种趋势。描述该趋势的基本思想是宏观系统的微观特性的应用。例如：热膨胀可以用于产生显微镜的微位移，而不采用机械齿轮传动系统产生微位移。材料的各种特性均可用于微观资源，如热膨胀、磁、压电等性能。小人法是描述该类传递技术的一种方法，并在后续的发明问题解决算法（ARIZ）中得到了应用。

例 8-5　水轮发电机叶片加工问题。

叶片材料是特殊钢，首先锻造成形，之后用铣削方法进行粗加工，如图 8-2 所示。加工中出现的问题：长叶片支撑在夹具之间，由于自重及铣削力的影响，叶片向下弯曲，影响其加工精度。已有的解决方案为：专门增加叶片支撑，防止叶片弯曲变形，保证精度。但新问题依然存在：为了保证铣刀轴向移动，叶片支撑要移动新位置，不仅需要时间调整叶片支撑，调整后的新位置也影响加工精度。现采用聪明小人法提出解决方案。

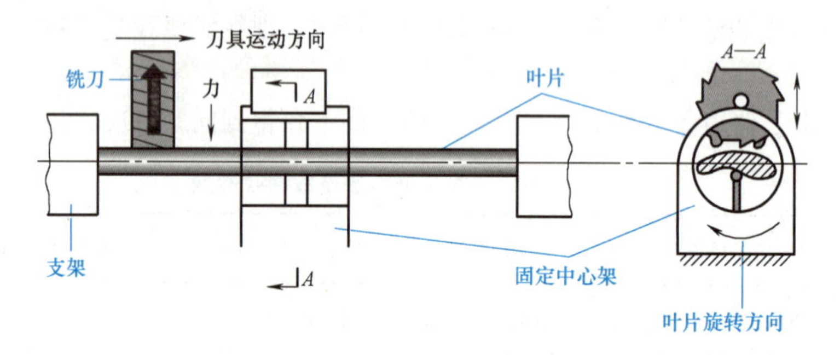

图 8-2　叶片加工过程

问题描述：图 8-3 所示为目前系统的聪明小人模型。刀具一面铣削，一面向右移动。叶片下一批小人向叶片施力，保证叶片不产生向下弯曲变形。在刀具右侧还有一部分小人向左推刀具，影响刀具轴向运动。

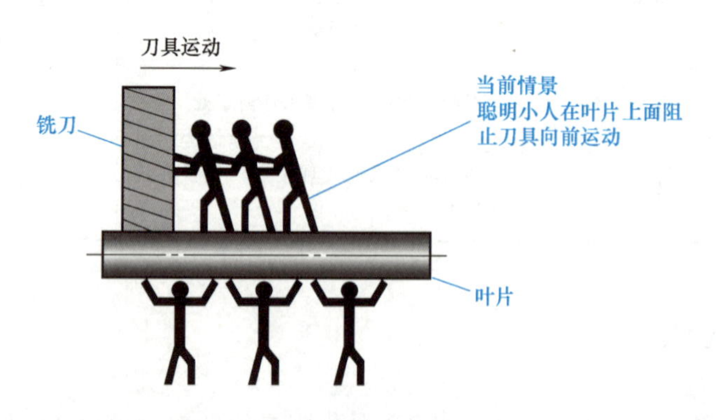

图 8-3　目前系统的聪明小人模型

解决方案描述：刀具做轴向运动的同时，上部的小人也向右奔跑，不影响刀具运动，下部小人还能支撑叶片，不使其向下弯曲，如图 8-4 所示。

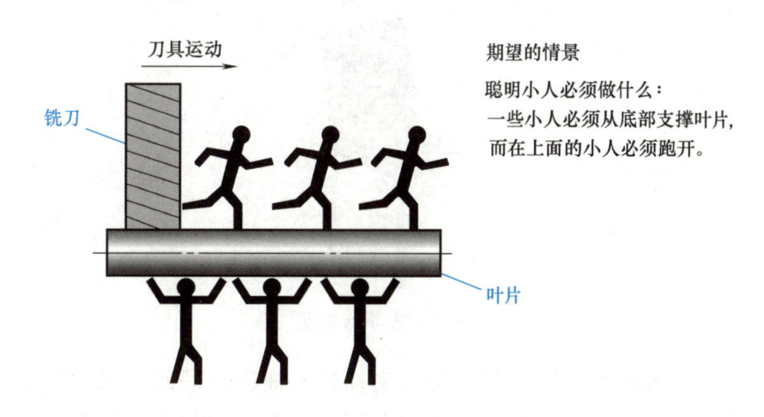

图 8-4 改进系统的聪明小人模型

基于图的模型，可以构造理想解，即发现某种可用资源（X-资源），消除叶片下面的支撑，但不致弱化支撑功能、不能使系统太复杂、不要引出新的问题。

图 8-5 所示为最后的解决方案。在铣削开始前，用一圆柱形保护套套在叶片外部，保护套用泡沫塑料类软材料制成，置于改进设计的原支撑之上，随工件一起转动，使叶片不产生向下弯曲的运动，同时刀具加工过程中很容易将一部分构成保护套的材料去掉，即刀具一面加工叶片，一面去掉保护套材料，保证刀具轴向运动。

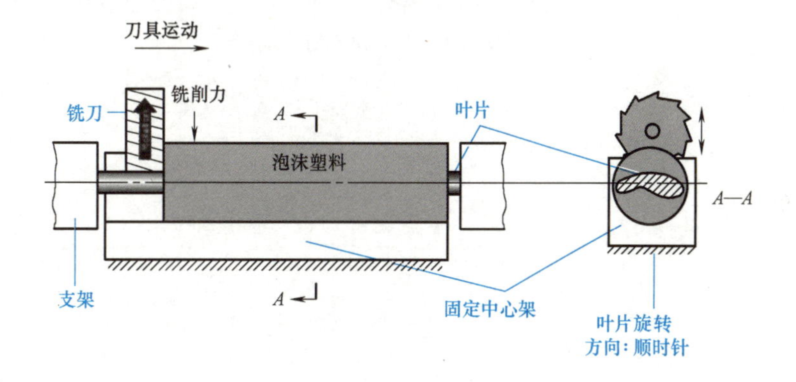

图 8-5 叶片铣削解决方案

思 考 题

1. 什么是九窗口法？

2. DTC 算子的规则是什么？

3. 应用九窗口法解决螺栓容易松动的问题。

4. 采用 DTC 算子对文具盒进行创新。

5. 如图 8-6 所示，日常生活中的椅子，其移动不方便，应用聪明小人法对其进行改进。

图 8-6 思考题 5 图

6. 如图 8-7 所示，现有通常的房门缓冲器由摇杆和液压缓冲阀组成，在实际使用中摇杆突出，机构所占空间比较大，而且又会带来安全问题，应用聪明小人法对其进行改进。

图 8-7 思考题 6 图

第3篇 发明问题求解工具篇

通过根原因分析，在功能模型上确定冲突区域后，从冲突区域和重要子系统或系统两方面分析理想解，然后选择理想解实现策略，根据不同求解策略，应用不同的问题求解方法和工具，在求解过程中，要充分利用资源列表中列出的可用资源，如图Ⅲ-1所示。

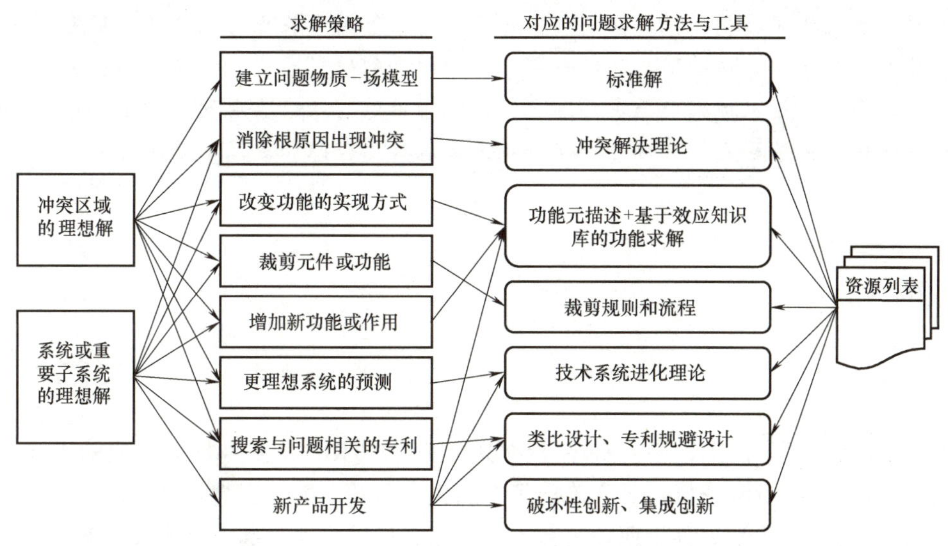

图Ⅲ-1　问题求解策略与求解方法和工具的对应关系

1）由根原因分析确定的冲突区域可以建立问题物质-场模型，物质-场分析就是在此基础上，选择物质-场分析变换规则，或应用76个标准解获取解决方案。

2）根据根原因分析结果，尝试通过某种措施消除根原因，然后分析根原因改变带来的不利影响，从而可以构建冲突，应用冲突解决理论进行求解。

3）如果尝试改变冲突区域、子系统或系统的功能实现方式，或者增加新功能或作用，需要把功能重新描述，用功能元或功能结构表达所求解功能，然后用效应知识库求解。

4）可以对冲突区域或系统内元件及其功能进行裁剪，应用裁剪规则和流程进行求解。

5）如果设计的目的或采用的手段是用新系统代替原有系统，即对更理想的系统进行预测，可以应用技术系统进化理论对系统或系统内元件进行分析。

6）如果是搜索其他企业或领域对同一问题的解，需要进行类比设计和专利规避设计。

7）如果是出于新产品开发的目的，可以采用破坏性创新、集成创新、技术系统进化理论或效应知识库、类比设计和专利规避设计进行产品的研发。

本篇主要介绍TRIZ中发明问题求解的工具：效应知识库（第9章）、技术冲突解决理论（第10章）、物理冲突解决理论（第11章）、物质-场模型及其变换规则（第12章）、标准解（第13章）、裁剪（第14章）。

需要说明的是部分文献把裁剪作为分析问题的工具，不无道理。本书把裁剪归入本篇，主要是基于两点：一是裁剪的目的主要在于解决系统中的问题，是解决问题的一种手段。二是裁剪过程形成了相应的规则，基于这些规则，裁剪执行结果可以形成设计方案，就像物质-场变换规则能够解决问题一样。

第 9 章

效应知识库

效应（Effect）是指在有限的环境下，一些因素和一些结果构成的一种因果现象，多用于对自然现象和社会等现象的描述。例如：温室效应、蝴蝶效应、毛毛虫效应、音叉效应、木桶效应、完形崩溃效应等。在工程技术领域，科学效应确定了产品的功能与实现该功能的科学原理之间的相关性，将物理、化学、几何等科学原理与其工程应用有机结合在一起，建立了科学与工程应用之间的联系。大量的专利研究表明：问题的创新解决方案通常是使用问题所在技术领域中很少用到或根本没有用过的效应实现的；对于一个给定的问题，运用物理、化学和几何效应可以使解决方案能够更理想和更简单地实现。

9.1 效应

9.1.1 概述

效应是发明问题解决理论中一种基于知识的工具。TRIZ 将专利作为效应知识库中效应的主要信息源。通过专利分析，效应确定了专利中产品的功能与实现该功能的科学原理之间的相关性，将物理、化学等科学原理与其工程应用有机结合在一起，从本质上解释了功能实现的科学依据，有利于高级创新解的产生。

产品功能是输入到输出能量、物料和信息的转换，本质上是描述这些能量、物料和信息的属性的变化。这些属性的变化可以用科学效应描述，所以效应建立了功能与实现原理之间的联系。科学效应一般可用科学定律或定理描述，应用效应，可以利用本领域特别是其他领域的有关定律解决设计中的问题。效应按照定律规定的原理将输入量转化为输出量，实现相应的功能。按照效应所包含的信息，效应可分为物理效应、化学效应、生物效应、几何效应。效应可以用物理定律来描述，如摩擦效应通过摩擦定律 $F_f=fN$ 来描述，通过摩擦效应可实现传递转矩功能，如图 9-1 所示。

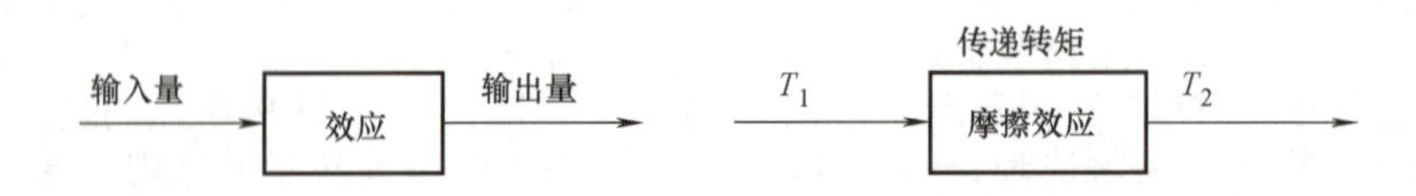

图 9-1　效应示意图及摩擦效应

效应是对系统输入/输出间转换过程的描述，该过程由科学原理和系统属性支配，并伴有现象发生。每一个效应都有输入和输出，因此效应模型有输入和输出两个接口（两极），如图 9-2a 所示。效应还可以通过辅助量来控制或调整其输出，可控制的效应模型扩展为三个接口（三极），如图 9-2b 所示。

一个效应可以有多个输入流、输出流或控制流，如库仑效应中带电体所带电量（Q_1，Q_2）为两个输入流，库仑力（F）为输出流，相对介电常数（ε_r）和带电体间距离（r）为控制流，如图 9-3 所示。效应可以用具有多个输入流、输出流或控制流的多极效应模型表示，如图 9-4 所示。

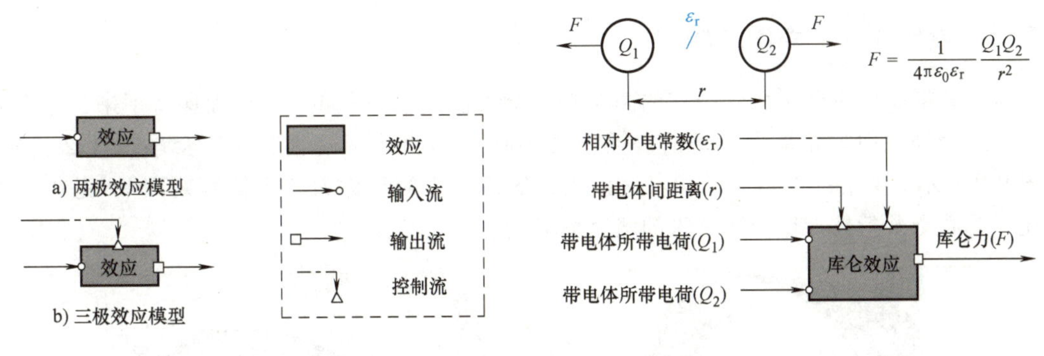

图 9-2 效应模型

图 9-3 库仑效应模型

9.1.2 效应模式

依据效应规定的输入/输出流之间的因果关系可以实现预期的输入/输出转换。预期的输入/输出转换可以由一个效应实现。如果没有可以直接实现预期转换的效应，可以按照邻接效应输入/输出流之间的相容关系，将多个效应组合成效应链。基于多流多极效应模型构建效应链的基本组成方式称为效应模式，效应模式有以下几种。

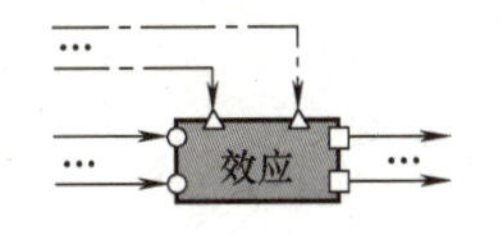

图 9-4 具有多流的多极效应模型

（1）串联效应模式　预期的输入/输出转换由按顺序相继发生的多个效应共同实现，如图 9-5 所示。

（2）并联效应模式　预期的输入/输出转换由同时发生的多个效应共同实现，如图 9-6 所示。

图 9-5 串联效应模式

图 9-6 并联效应模式

（3）环形效应模式　预期的输入/输出转换由多个效应共同实现，后一效应的输出流通过一定的方式返回到前一效应的输入端，如图 9-7 所示。

（4）控制效应模式　预期的输入/输出转换由多个效应共同实现，其中一个或多个效应的输出流由其他效应的输出流控制，如图 9-8 所示。

图 9-7 环形效应模式

图 9-8 控制效应模式

9.2 效应应用范例

9.2.1 效应 1——麦比乌斯圈

拿一条纸，它有两个面，把它的两头粘上就可以做成一个环，两个面保持下来，一个内表面，一个外表面。如果将纸条的一端扭转 180°然后再将两端粘起来，会出现什么情况？如图 9-9 所示，只有一个持续的面。这种扭转的条粘成的环称为“麦比乌斯圈”，是以首次描述了此圈奇妙特性的德国数学家的名字命名的。

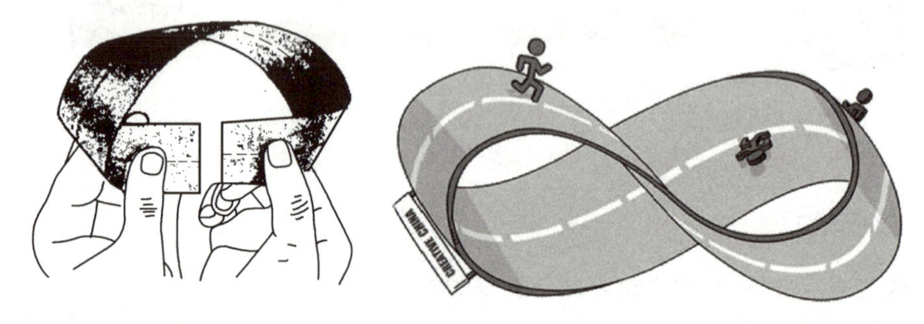

图 9-9 麦比乌斯圈

它设想一个人在麦比乌斯圈的外层表面行走。如果沿着圈走而不越过圈的边，就会回到开始的地方。在这个圈上行走的时间是在一个普通圈上行走时间的两倍，并且走过的是原来圈的两面。

工程应用：工程上应用的研磨带，是在环形带的外表面涂上研磨材料，当研磨层磨完了就要更换研磨带。怎样才能既不增加皮带长度又能使它的工作寿命延长呢？

运用麦比乌斯圈特性可以解决这个问题，如图 9-10 所示。皮带圈的长度和通常的没有两样，但由于它的工作面增加一倍，所以它的寿命也增加了一倍。

麦比乌斯圈还可用于过滤器、录音机等创新设计中，目前利用麦比乌斯圈申请的专利有 100 多项。

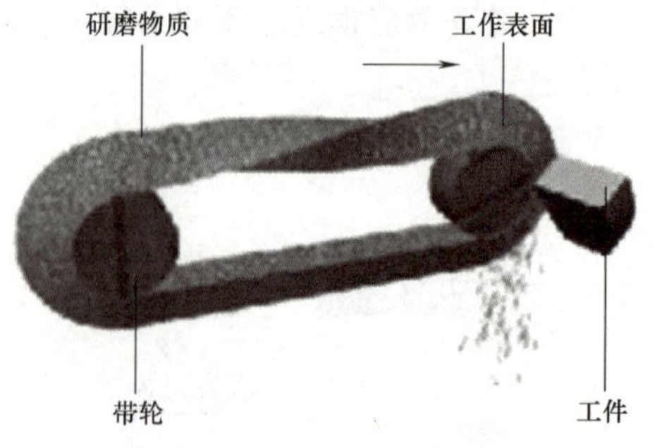

图 9-10 麦比乌斯圈研磨带

9.2.2 效应 2——超塑性（力学、热物理学）

金属合金具有多晶结构。晶粒结构不是理想的，而存在变位。变位处的原子间引力比有序处的力弱。温度升高使组成晶格原子的振动能量增加并导致结构缺陷的增加。当温度为熔点温度一半时，具有细粒结构合金的变位数目增加。如果在晶粒间的边界有足够多的变位，只需要很小的机械力就能引起晶粒间的滑动，如图 9-11 所示，在宏观上表现为变形，这种效应称为超塑性。

工程应用：利用超塑性制成中空元件。航空航天工业中采用重量轻的管状铝钛合金钢生产出结构复杂的中空部件，在生产过程中，需要管状合金钢同时在不同的方向受到气体压力使其发生形变。然而，普通热模成型达不到这个压力值。可以将管状合金钢放进压力和温度适当的加热器或炉中，利用合金的超塑性制成中空元件，如图 9-12 所示。

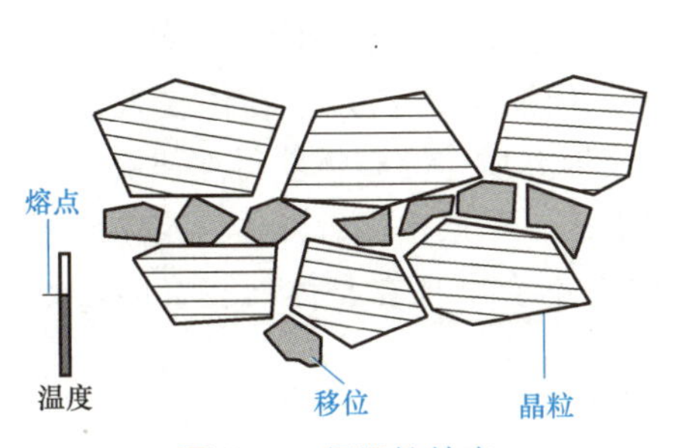

图 9-11 超塑性效应

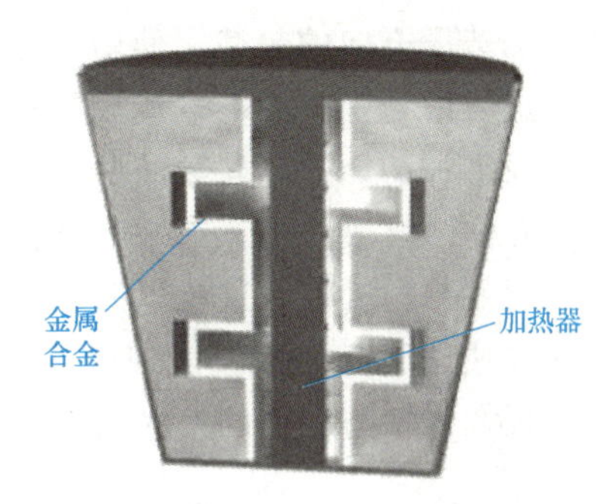

图 9-12 超塑性效应在中空元件成形中的应用

9.2.3 效应 3——离子束溅射（电学、微电子学）

用离子束轰击表面，入射离子的能量将转移到目标材料的原子上。能量转移通常导致表面原子的喷射，这使得表面被侵蚀或溅蚀，如图 9-13 所示。为了防止离子与气体原子相撞，需要将系统放在真空中。

工程应用：电子发射装置。传统的电子发射器利用热阴极，这种方法能量损失大。利用冷阴极制成的电子发射器能够解决能量损失的问题，但是设备的制造过程复杂，成本高，产量很低。为了生产电子发射器，可以利用离子束溅射生成洞形电子发射器的方法，如图 9-14 所示。底层之上有一绝缘层，利用热酸有选择的蚀刻绝缘层。绝缘层上被嵌入的地方为水滴形状的洞。这些洞足够深，能够接触到传导层。通过离子束溅射，钨（或其他电极材料）被沉积到洞里。门电极和锥形发射器同时形成。水滴形状的洞的底部决定发射器的形状。

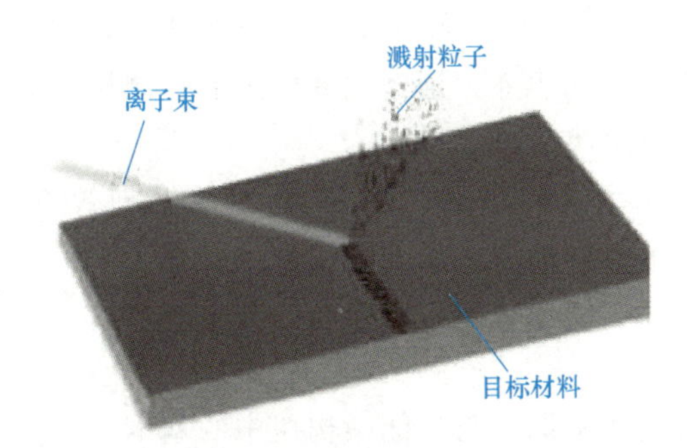

图 9-13 离子束溅射表面原子

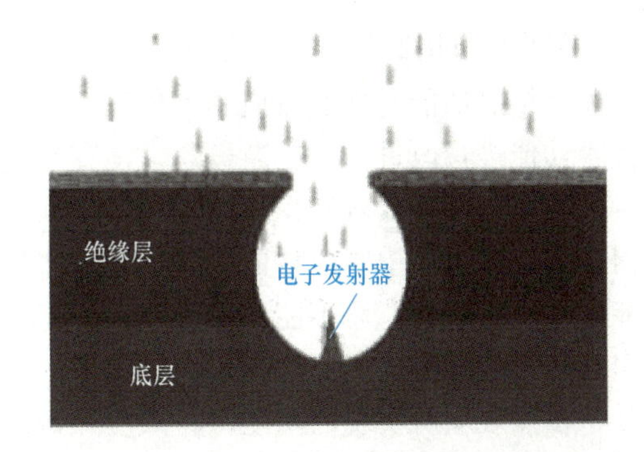

图 9-14 利用离子束溅射生成洞形电子发射器

9.2.4 效应4——处于液体中的物体重量减轻（力学、流体力学、几何学）

将物体置于液体中浮力会使物体的重量减轻，如图9-15所示。当物体浸入液体且液体密度和物体密度一致时，会发生物体失重效应。这种失重效应作为整体系统而不是作为内部结构显示出来。例如：静止在水中的人的内部器官会有失重的感觉。然而，在物体变形中并没有发生由真正的完全失重所引起的变化。

工程应用：浮力装置。空中交通工具产生高加速度，使飞行员和宇航员承受很高的机械载荷。加速度不是均匀地传送到身体的各个部分，因此扰乱了循环系统的正常机能。为了保护物体免受加速度方向的超载，使用了充气装置。然而，这种装置需要复杂的阀门系统和传感器系统。这是因为装置中的气囊必须被快速控制以补偿加速度。为了补偿在具有很大加速度的物体表面增加的压力，建议将物体浸入液体介质中，如图9-16所示。物体浸入恰当密度的液体媒介中会发生失重。如果物体密度均匀，它和液体介质作为整体获得加速度。人体能被认为是近似均匀的。在这项发明中，该装置由两层组成，两层中间有液体。当该装置的使用者受到加速作用时，就会出现弹力，一般来说，弹力不会出现在身体与装置的接触面上，而是出现在装置与座椅的接触面上。

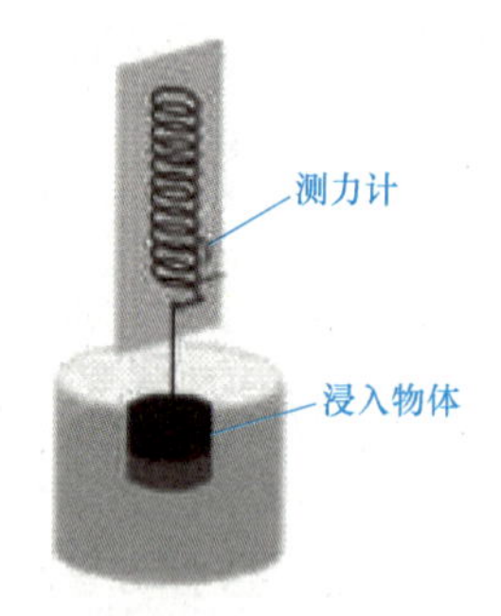

图9-15　将物体置于液体中浮力会使物体的重量减轻

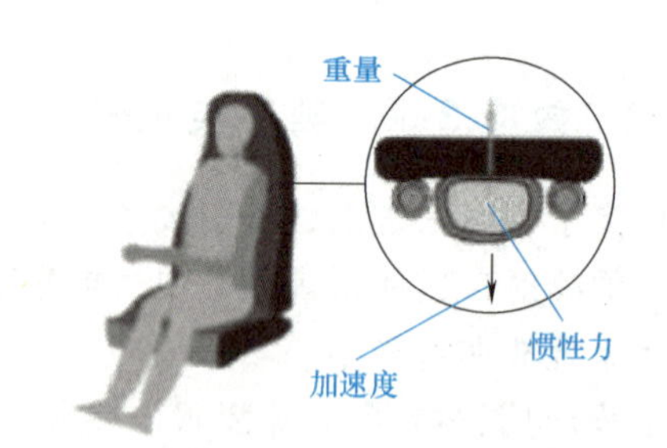

图9-16　置物体于液体中减小该物体的加速度

9.3 效应知识库及应用过程

9.3.1 效应知识库

效应是TRIZ中最容易使用的工具之一，而要实现这一点必须开发出一个大型的效应知识库。按照功能对现有效应和实例进行分类，建立效应知识库，通过关联模式和控制模式对需求功能进行改进，产生新概念，使存在的问题得以解决。

要真正发挥效应知识库的作用，必须收集和总结大量的物理、化学、生物和几何效应，但是效应知识库中所包含的效应并非越多越好，不加选择地将大量的效应添加到知识库中只能产生干扰信息，而不能增加效应知识库的可利用性。应当将效应在产品创新过程中的可利用性作为是否将效应添加到效应知识库的判断依据。

按照效应所实现的功能，将效应知识库中的效应和实例，与功能结构树中的基本子功能对应起来，以确定效应在知识库中的位置。因此，依据需求功能，设计者能快速准确地从效应知识库中找出所需要的效应。

在解决问题过程中，经常会出现下述情况：需求功能已经确定，用以实现功能的效应也已经找到，但仍然不能解决问题，原因在于设计者不知道如何将这些效应应用到实际问题中去。因此，效应知识库中除了效应以外，还应添加大量的工程实例，以提示设计者如何应用效应解决实际问题。另外，每个人的知识是有限的，不可能对各个领域的知识都有深入的了解。为了有效地应用效应知识库和实例来解决问题，每一条效应和实例都应包含必要的说明、应用条件、公式、应用范围等信息。但是，由于这些效应和实例存在于不同的技术领域，使用不同的技术术语，为使其更具有普遍性以解决其他领域的问题，对每一条效应或实例都需要抽象出其本质，忽略与特定领域相关的描述。

9.3.2 应用效应知识库求解功能的一般过程

效应知识库的建立过程以解决用户存在的问题为根本出发点。在进行设计时，设计人员首先要发现和确定问题，然后进行系统分析、功能分析，确定需求功能，建立功能结构，进而按照需求功能从效应知识库中查找恰当的效应和实例，利用关联和控制方式对现有功能进行改进，确定出问题的原理解，并对该原理解进行检验。如果原理解不能满足需求功能，则应该重新对问题进行分析或选择其他效应。

效应知识库中包含着大量的物理、化学、生物和几何效应，涉及多领域的知识，是 TRIZ 中最容易使用的一种工具。在对给定的问题进行分析时，如果问题明确但不知道如何解决，则要应用效应知识库去解决，它可以直接提供给设计者大量的相关效应，使存在的问题得以解决。并且可以通过与其他 TRIZ 工具相结合，消除最终解中可能存在的问题。应用效应知识库解决问题的一般过程如图 9-17 所示。

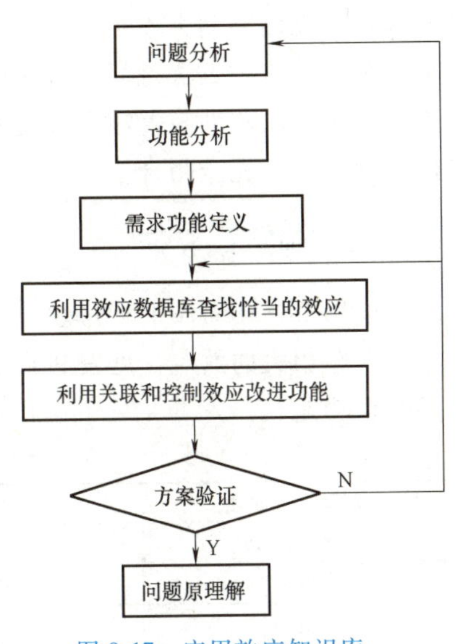

图 9-17 应用效应知识库解决问题的一般过程

9.4 案例分析：快速切断阀的改进设计

9.4.1 问题背景

以 4.4 节所述快速切断阀为例，根据实际生产运行情况，TRT 液压系统及快速切断阀存在着如下一些问题：

➢ 液压控制系统主要由液压泵站、液压箱、蓄能器及控制站组成，整个系统向 6 个点供油（进、出口插板阀，快速切断阀，调速阀，可调静叶及旁通快开阀）。由于高炉煤气含尘量较高，插板阀在启闭过程中液压系统与煤气直接接触，造成整个液压系统的油质清洁度难以满足要求。

➢ 液压系统的仪表在使用过程中存在一些问题，如压力控制开关和压差发讯器的工作可靠性较差，伺服阀和伺服放大器的质量和性能不稳定。

➢ 因操作环境较为恶劣，不经常动作的快速切断阀长期工作的可靠性较低。

➢ 在快速切断阀紧急关闭的最后阶段，由于动力弹簧的弹力随形变的减小而减小，而液压系统不能提供与弹力同向的作用力，因此会出现动力不足，阀门无法完全关闭的情况。

➢ TRT 系统正常工作时，快速切断阀处于打开状态，液压系统需要长时间持续工作，消耗大量电能。

考虑到 TRT 液压系统存在的问题及快速切断阀在 TRT 装置中的重要作用，需要对其液压系统进行改进。

图 4-26 从系统功能的角度描述 TRT 系统中快速切断阀存在的问题，如有害作用：电动机和液控箱消耗大量电能，灰尘污染液压油，过滤器和管路阻碍液压油流动；不足作用：动力弹簧驱动活塞的动力不足。完善这些功能是后续改进设计的出发点。对于快关行程末期动力弹簧驱动活塞动力不足的问题，如果能提供与弹簧弹力同向的作用力，执行元件仍可采用动力弹簧，这种方法是简单可靠的。根据功能分析决定去掉液压驱动系统，采用新的驱动装置。要求新的驱动装置能实现慢开、慢关、快关和游动动作，并能产生与弹簧弹力同向的作用力保证阀门完全闭合。

9.4.2　确定效应链

应用 InventionTool 3.0 软件，浏览效应知识库中的“移动固体物质”功能，可以快速确定与问题相关的效应，见表 9-1，用光、电、磁、液、热、气、声、化等效应都可以实现某些驱动功能。

表 9-1　效应知识库中的相关效应举例

阿基米德原理	热膨胀	惯性	气能积累
弹簧形变	电流变效应	马格努斯效应	磁流变效应
电致伸缩	磁致伸缩	溶解	磁场
电场	反压电效应	帕斯卡定律	牛顿第二定律
安培定则	受迫振动	化学能	磁场力效应

为使驱动系统结构简单，操作方便，成本降低，可选用磁场力效应，使铁心在磁场力的作用下产生运动。但只选用磁场力效应无法满足需求功能，还需要螺线管磁场效应、欧姆效应和螺线管的长度决定磁场强度效应结合成为效应链，对磁场力效应的输入量和控制参数进行控制。

➢ 磁场力效应：铁磁性材料在磁场中受到磁场力作用，沿受力方向运动。

➢ 螺线管磁场效应：线圈由导线缠绕而成。当电流通过螺线管时，在其内部会产生磁场。如果螺线管的长度远大于其直径，则螺线管内的磁场线平行于它的轴线，产生匀强磁场。

➢ 欧姆效应：在导体的两端加一直流电压，在导体的内部会产生直流电流。改变电压或电阻可改变电流强度。

➢ 螺线管长度决定磁场强度效应：导线中的电子运动产生电流。螺线管内的磁场是这些电子产生的磁场之和。增加螺线管的长度可以增加线圈中运动电子的数目，从而增加螺线管内部磁场的强度。

这些效应按照效应链模式结合成为效应链，如图 9-18 所示。

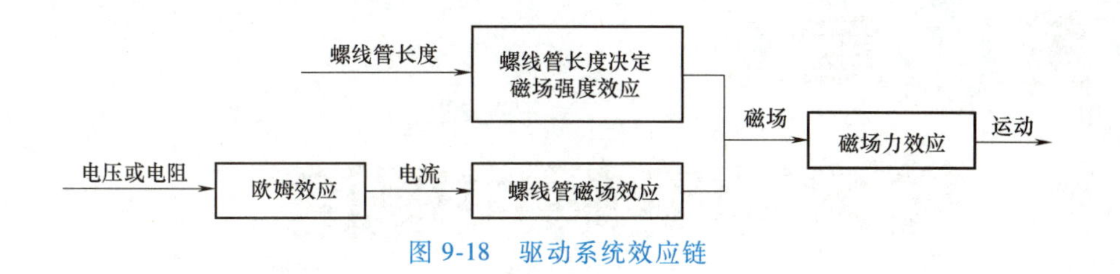

图 9-18 驱动系统效应链

9.4.3 确定驱动系统原理解

当电流通过线圈时，线圈内部会产生磁场。控制线圈中电流的大小可以产生不同强度的磁场，并与动力弹簧配合使线圈内部的铁心以不同的速度向不同的方向运动，驱动阀板实现慢开、慢关、快开、游动动作，如图 9-19 所示。

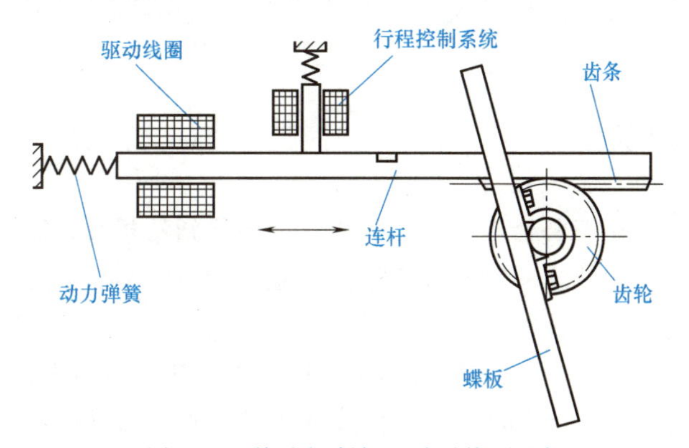

图 9-19 快速切断阀驱动系统原理解

思 考 题

1. 效应有哪几种模式？
2. 描述几种简单的生物效应。
3. 描述几种简单的物理效应。
4. 说明效应与功能之间的关系，并举例。
5. 什么是科学效应？
6. 科学效应如何划分？
7. 查找几种不同效应实现相同功能的例子。
8. 针对提高吸尘器工作效果的问题，查找附录 B 中的对应效应，提出可能的解。

第10章 技术冲突解决理论

问题分析阶段确定根原因之后，解决问题最直接的方法就是通过一定的措施改变或消除根原因。因为工程设计的对象是一个技术系统，系统中任何元件的改变都会对其他元件或系统产生积极或消极的影响，即出现冲突。阿奇舒勒在总结大量专利中解决各种冲突原理的基础上，提出了冲突解决理论，致力于从根本上解决冲突。

10.1 冲突及其分类

在产品设计过程中往往需要处理冲突，如在设计中遇到的相反的需求，原有问题的解决导致新的问题出现等。以往处理冲突的方法往往是做折中（一定约束下的参数优化），并不能从根本上解决冲突。

例 10-1 素有“空中骄子”之称的协和超音速飞机，2003 年 6 月 14 日在法国巴黎国际航展上吻别了蓝天。协和飞机 20 世纪 70 年代投入飞行，被认为是世界上最快、最安全的客机，豪华舒适的内部设施以及 680m/s 的飞行速度对“惜时如金”的商业人士具有强大的吸引力。但该客机载客量小、噪声大、单位时间内耗油量高，所导致的惊人的高票价让绝大多数人不敢问津，在与波音等客机的激烈竞争中不得不退出历史舞台。

例 10-2 传统的汽车驱动系统主要由机械机构和液力系统组成，控制的准确性和系统的复杂性一直是对冲突。理论上，精密的结构可以实现准确控制的要求，但精密的结构所产生的弊端如零件繁多、安装维修复杂、成本高等，与汽车工业生产不适应。自 19 世纪 20 年代以来，液力制动系统在汽车上日益得到应用，虽经不断改进，但问题始终存在：系统繁重、不易维修、与新技术冲突。装备车轮传感器和计算机控制的防抱死制动系统还不得不迁就于这古老的液力制动系统。

TRIZ 致力于发现并从根本上解决冲突。阿奇舒勒将冲突分为三类：

（1）管理冲突（Administrative Contradictions） 管理冲突是指为了避免某些现象或希望取得某些结果，需要做一些事情，但不知如何去做。例如：希望提高产品质量、降低原材料的成本，但不知具体如何实施，即管理冲突揭示了问题，明确了“什么是想要的”。阿奇舒勒认为管理冲突本身具有暂时性，而无启发价值。因此，不能表现出问题的解的可能方向，不属于经典 TRIZ 的研究内容。随着 TRIZ 的发展，目前已经有学者开始研究冲突解决原理在管理学中的应用。

（2）技术冲突（Technical Contradictions） 技术冲突是指一个作用同时导致有用及有害两种结果，也可指有用作用的引入或有害效应的消除导致一个或几个子系统或系统变坏。技术冲突常表现为一个系统中两个子系统之间的冲突。技术冲突出现的三种情况：

➢ 在一个子系统中引入一种有用功能，导致另一个子系统产生一种有害功能，或加强了已存在的一种有害功能。

➢ 消除一种有害功能导致另一个子系统有用功能变坏。

➢ 有用功能的加强或有害功能的减少使另一个子系统或系统变得太复杂。

(3) 物理冲突（Physical Contradictions） 物理冲突是指为了实现某种功能，一个子系统或元件应具有一种特性，但同时出现了与此特性相反的特性。物理冲突出现的两种情况：

➢ 一个子系统中有用功能加强的同时导致该子系统中有害功能的加强。

➢ 一个子系统中有害功能降低的同时导致该子系统中有用功能的降低。

例 10-3 真空吸尘器噪声问题的冲突分析。

真空吸尘器产生大量噪声，如何降低吸尘器的噪声水平呢？这就是管理冲突。

➢ 技术冲突-1：如果采用更少的阻尼材料，吸尘器功率是足够的，但噪声水平太高。

➢ 技术冲突-2：如果增加阻尼材料，噪声水平会降低，但是吸尘器功率是不能接受的；吸尘器的尺寸会增大，风机温度会提高。

➢ 气流不得不小且平稳，以降低噪声；气流不得不大且波动，以提供有效的吸力。气流既要大又要小，既要平稳又要波动，对同一对象提出相反的要求，这就是物理冲突。

10.2 技术冲突的通用化

10.2.1 技术冲突的表达

产品设计中的冲突是普遍存在的，不仅出现在工业产品设计过程中，日常生活中冲突也非常常见。

例 10-4 如果我们想通过加大火焰来加速烧水的过程，但是因加大火焰导致的散热面积增大而导致损失的热能增加，结果需要消耗更多的天然气。

例 10-5 如果我们增加了车速，将会以更短的时间到达目的地，但是因速度提高导致的阻力增大会浪费更多的汽油。

在这些例子中，通常采取折中或是妥协的办法，需找某个“最佳临界点”来获得满意的效果，但实际上并没有从根本上解决问题。在 TRIZ 中，这种系统中某一工程参数得到改善，但导致其他工程参数被恶化的情景被定义为技术冲突。

由于不同的工程系统中工程参数不同，需要一种通用化、标准化的方法描述工程系统中的冲突。通过对 250 万件专利的详细研究，TRIZ 理论提出用 39 个通用工程参数描述冲突。实际应用中，首先要把改进的目标与导致的结果分别用 39 个标准工程参数中的某两个或几个参数来表达。然后运用冲突矩阵（阿奇舒勒矩阵）得到相应的发明原理，帮助解决问题。

10.2.2 通用工程参数

39 个工程参数见表 10-1，其中涉及运动物体和静止物体，是指：

运动物体——与问题相关的两个或多个部件间，发生任何形式的相对移动时，不论移动距离是几毫米还是一段距离，不论直线运动还是曲线运动，这个物体即是运动的。

静止物体——与问题相关的两个或多个部件间，没有发生任何形式的相对移动时，这个物体即是静止的。

表 10-1 通用工程参数

参数序号	参数名称	说明
1	运动物体的重量(Weight of moving object)	运动物体在重力作用下的重量
2	静止物体的重量(Weight of stationary object)	静止物体在重力作用下的重量
3	运动物体的长度(Length of moving object)	运动物体的线性尺寸,也可等同于“宽度”“长度”“高度”等
4	静止物体的长度(Length of stationary object)	静止物体的线性尺寸,也可等同于“宽度”“长度”“高度”等
5	运动物体的面积(Area of moving object)	运动物体的内部或外部的表面面积,也包括接触面积和有效面积
6	静止物体的面积(Area of stationary object)	静止物体的内部或外部的表面面积,也包括接触面积和有效面积
7	运动物体的体积(Volume of moving object)	运动物体或其周围空间所占的体积
8	静止物体的体积(Volume of stationary object)	静止物体或其周围空间所占的体积
9	速度(Speed)	物体的运动速度或各种过程或行为的进行速率。速度包括相对速度和绝对速度;线性速度和曲线速度
10	力(Force)	任何改变物体运动状态的相互作用。可以是直线或曲线轨迹,等同于扭矩。包含静态力和动态力,以及“电子力”或电压
11	应力或压力(Stress or pressure)	单位面积上施加的力。压力是力作用在物体上的一种效果。类似的还有张力、压缩。包含静态和动态的影响,比如疲劳和蠕变。预应力不包含在内
12	形状(Shape)	部件或系统的外部轮廓或外貌
13	结构的稳定性(Stability of the objects)	系统的完整性及系统组成部分之间的关系。磨损、化学分解、拆卸以及熵增都影响稳定性
14	强度(Strength)	物体抵抗外界变化的能力,对破坏的抵抗力,也包括韧性和硬度。可以理解为弹性极限、塑性极限或强度极限;抵抗疲劳形变或蠕变的能力;抵抗直线或曲线力矩的能力
15	运动物体作用时间(Duration of action by a moving object)	运动物体执行一个动作所花费的平均时间。平均时间也包括分解检修、维护或故障间隔时间的周期
16	静止物体作用时间(Duration of action by a stationary object)	静止物体执行一个动作所花费的平均时间。平均时间也包括分解检修、维护或故障间隔时间的周期
17	温度(Temperature)	物体或系统所处的规律的或可感知的热状态,也包括其他热参数,如比热容、热导率、核辐射和对流的参数
18	光照强度/亮度(Illumination intensity/brightness)	单位面积上的光通量,系统的光照特性,如亮度、光线质量
19	运动物体的能量(Use of energy by moving object)	能量是运动物体做功的一种度量。主要是物体实际使用能量的参数
20	静止物体的能量(Use of energy by stationary object)	能量是静止物体做功的一种度量。主要是物体实际使用能量的参数
21	功率(Power)	能量的输出效率
22	能量损失(Loss of energy)	物体做无用功时消耗的能量
23	物质损失(Loss of substance)	部分或全部、永久或临时的材料、部件或子系统等物质的损失
24	信息损失(Loss of information)	部分或全部、永久或临时的数据损失。包含从任何相关的信息获取模式(视觉、听觉、触觉、嗅觉和味觉)获得的信息

（续）

参数序号	参数名称	说　明
25	时间损失(Loss of time)	时间效率低下——等待期、萧条期等
26	物质或事物的数量 (Amount of substance)	材料、部件及子系统等的数量，它们可以被部分或全部、临时或永久的改变
27	可靠性(Reliability)	系统按预期方式和状态完成需求功能的能力。也包括物体或系统保持相关功能的持续能力，即耐久性
28	测试精度 (Measurement accuracy)	系统特征的实测值与实际值之间的误差。减少误差将提高测试精度
29	制造精度 (Manufacturing precision)	系统或物体的实际性能与所需性能之间的误差
30	物体对外部有害作用的敏感性 (Object affected harmful factors)	物体对受外部或环境中的有害因素作用的敏感程度。包括相关问题的安全性
31	物体产生的有害因素 (Object generated harmful factors)	有害因素将降低物体或系统的效率，或完成功能的质量。这些有害因素是由物体或系统操作的一部分而产生的。包括污染、辐射、噪声、振动等
32	可制造性(Ease of manufacture)	物体易于制造、加工、装配的能力，也包括易于检测
33	可操作性(Ease of operation)	要完成的操作应需要较少的操作者、较少的步骤以及使用尽可能简单的工具。一个操作的产出要尽可能多
34	可维修性(Ease of repair)	物体修理方便、舒适、简单、节省时间以及不易发生错误的能力。同时也涉及维修工具方便得到和能够就地修理的能力
35	适应性及多用性 (Adaptability or versatility)	物体或系统响应外部变化的能力，或应用于不同条件下的能力。系统多用途、环境适应性强、使用操作灵活以及具有通用性
36	装置的复杂性 (Device complexity)	系统中元件数目及多样性，如果用户也是系统中的元素将增加系统的复杂性。掌握系统的难易程度是其复杂性的一种度量。涉及的问题有可使用性、功能数量和过剩部件数量
37	监控与测试的困难程度(Difficulty of detecting and measuring)	如果一个系统复杂、成本高、需要较长的时间建造及使用，或部件与部件之间关系复杂，都使得系统的监控与测试困难。测试精度高，增加了测试的成本也是测试困难的一种标志
38	自动化程度 (Extent of automation)	系统或物体在无人操作的情况下完成任务的能力。自动化程度的最低级别是完全人工操作。最高级别是机器能自动感知所需的操作、自动编程和对操作自动监控。中等级别的需要人工编程、人工观察正在进行的操作、改变正在进行的操作及重新编程
39	生产率(Productivity)	单位时间内系统完成有用功能(创造价值)或执行操作的数量。或是每完成一项有用功能或操作所消耗的时间。也可以理解为单位成本内系统完成有用功能(创造价值)或执行操作的数量。或是每完成一项有用功能或操作所消耗的成本

为了应用方便，上述39个通用工程参数可分为如下三类：

1）通用物理及几何参数：No. 1~12，No. 17~18，No. 21。

2）通用技术负向参数：No. 15~16，No. 19~20，No. 22~26，No. 30~31。

3）通用技术正向参数：No. 13~14，No. 27~29，No. 32~39。

负向参数（Negative Parameters）指这些参数变大时，系统或子系统的性能变差。例如：子系统为完成特定的功能所消耗的能量（No. 19~20）越大，则设计越不合理。

正向参数（Positive Parameters）指这些参数变大时，系统或子系统的性能变好。例如：子系统可制造性（No. 32）指标越高，子系统制造成本就越低。

10.2.3 技术冲突的标准化描述

对于一个技术冲突问题，通常采用“如果采用的措施，那么实现的改进目标，但是导致的不期望的结果”的形式来描述。因此根据具体的技术问题，首先需要在明确改进目标的前提下，根据采用的措施，分析导致的不期望结果，才能够明确技术冲突。然后把该技术冲突用通用工程参数进行表达，才能够应用冲突矩阵寻找发明原理，具体过程如下：

第一步：明确要实现的改进目的是什么。改进目的可以是系统改进的最终目的，也可以是期望的子系统或元件的改变。然后从通用工程参数中找到一个或几个能够反映改进目的的参数作为改进参数。

第二步：根据经验或通常的做法，或者应用效应知识库确定能够达到改进目的的途径或方法。

第三步：分析如果采用第二步的途径或方法，除了能达到预定改进目的，还会产生哪些不期望的结果。然后从通用工程参数中找到一个或几个能够反映不期望结果的参数作为恶化参数。

第四步：改进参数和恶化参数就构成冲突，如果改进参数和恶化参数分别不止一个，则进行组合得到多对冲突。

例如：例 10-4 和例 10-5 中的问题用通用工程参数描述分别见表 10-2 和表 10-3。

表 10-2 加大火焰加热导致用气量增加问题的描述

	改进参数	常用改进措施或途径	恶化参数
一般描述	烧水时间、工作效率	加大火焰	热量损失、用气量增大
通用工程参数	生产率		能量损失、物质损失

表 10-3 提高车速导致耗油量增加问题的描述

	改进参数	常用改进措施或途径	恶化参数
一般描述	行驶时间	提高车速	阻力增大、耗油量增大
通用工程参数	生产率		力、能量损失、物质损失

10.3 发明原理

TRIZ 理论中通过通用工程参数描述工程系统存在的技术冲突，然后用 40 个发明原理解决上述技术冲突，发明原理是基于大量可行的解决冲突的原理精炼而来的。40 条发明原理见表 10-4。

表 10-4 发明原理

序号	名称	序号	名称	序号	名称	序号	名称
1	分割	11	预补偿	21	紧急行动	31	多孔材料
2	分离	12	等势性	22	变有害为有益	32	改变颜色
3	局部质量	13	反向	23	反馈	33	同质性
4	不对称	14	曲面化	24	中介物	34	抛弃与修复
5	合并	15	动态化	25	自服务	35	参数变化
6	多用性	16	未达到或超过的作用	26	复制	36	状态变化
7	套装	17	维数变化	27	用低成本、不耐用的物体代替昂贵、耐用的物体	37	热膨胀
8	重量补偿	18	振动	28	机械系统的替代	38	加速强氧化
9	预加反作用	19	周期性动作	29	气动与液压结构	39	惰性环境
10	预操作	20	有效作用的连续性	30	柔性壳体或薄膜	40	复合材料

上述发明原理的效能可以归结为：

- 提高系统效率：10、14、15、17、18、19、20、28、29、35、36、37、40。
- 消除有害作用：2、9、11、21、22、32、33、34、38、39。
- 改进操作和控制：12、13、16、23、24、25、26、27。
- 提高系统协调性：1、3、4、5、6、7、8、30、31。

下面详细描述40条发明原理，为了方便理解，结合多个工程领域的应用实例进行说明。

发明原理1：分割（Segmentation）

1）将一个系统或物体分解成相互独立的子系统或子部分。例如：

可开启组合桥面（见图10-1a）；

管钳；

多芯插头；

外包装材料气泡膜；

相机与镜头相互独立的设计（见图10-1b）。

a) 可开启组合桥面

b) 相机与镜头相互独立设计

图10-1 分割（一）

2）使一个系统和物体易于组装和拆卸。例如：

易于拆卸的自行车座椅、轮胎等部件（见图10-2a）；

泵和液压系统的快速拆卸点；

活页笔记本（见图10-2b）；

组合家具。

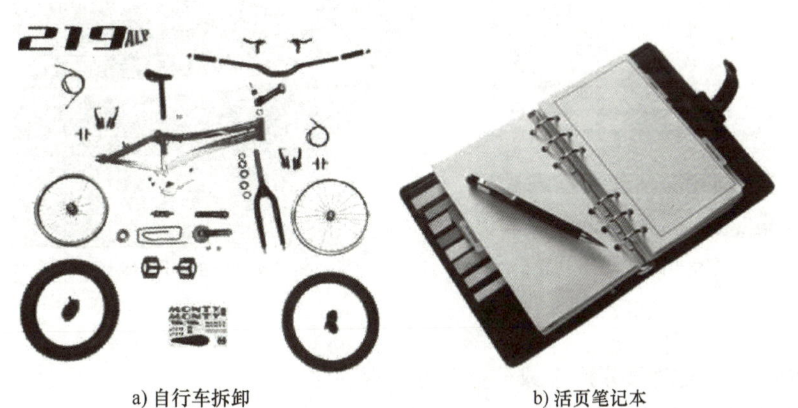

a) 自行车拆卸

b) 活页笔记本

图10-2 分割（二）

3）增加物体相互独立部分的程度。例如：

使用多个控制表面的空气动力学结构；

将 8 阀内燃机扩展为 16 阀或 24 阀；

多头剃须刀（见图 10-3a）；

3D 打印原理（见图 10-3b）。

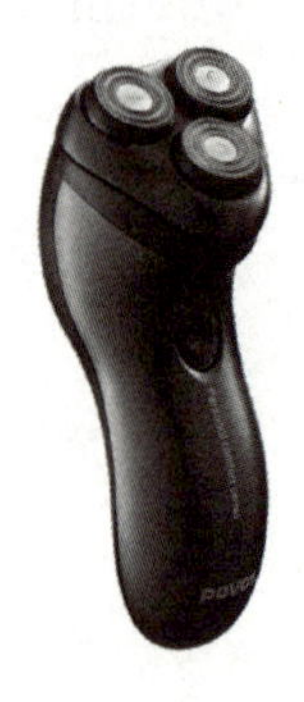

a) 三头剃须刀

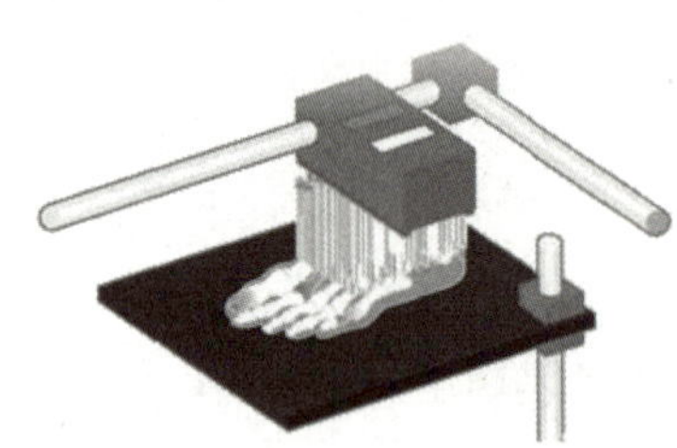

b) 3D打印原理

图 10-3 分割（三）

发明原理 2：分离（Taking out/Separation）

在特定情况下，系统提供的一些功能中，可能有些是不需要的甚至是有害的，设计一种系统去除或隔离无用功能。

1）将一个物体中的“干扰”部分分离出去。例如：

将空调中产生噪声的空气压缩机放于室外（见图 10-4a）；

别墅中的车库；

飞机场候机大厅中的专用吸烟室；

汽车排烟管设置在后部（见图 10-4b）；

燃气热水器为了安全安装在户外；

航母的烟囱设置在舰岛内部。

a) 空调的空气压缩机放于室外

b) 汽车排烟管放于后部

图 10-4 分离（一）

2）将物体中的关键部分挑选或分离出来。例如：

加工车间中的休息室；

办公区中的透明（如玻璃）隔离室；
夜晚，利用狗叫声，而不是真正的狗，作为防盗警示器；
为了使用安全和避免环境污染，采用电子炮代替火药炮或煤气炮（见图 10-5a）；
空中加油机（见图 10-5b）；
稻草人。

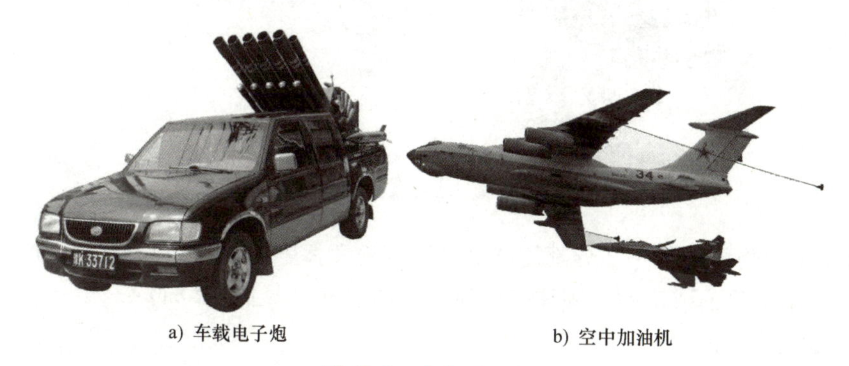

a）车载电子炮　　b）空中加油机

图 10-5　分离（二）

发明原理 3：局部质量（Local Quality）
1）将物体或系统的均匀结构变为不均匀结构。例如：
将系统的温度、密度、压力由恒定值改为按一定的斜率增长或降低；
材料表面的涂层、电镀、防腐处理、表面热处理；
市场细分（见图 10-6a）；
增加建筑物下部墙的厚度使其能承受上部重量；
混凝土中的非均匀分布钢筋产生所需要的强度特性（见图 10-6b）。

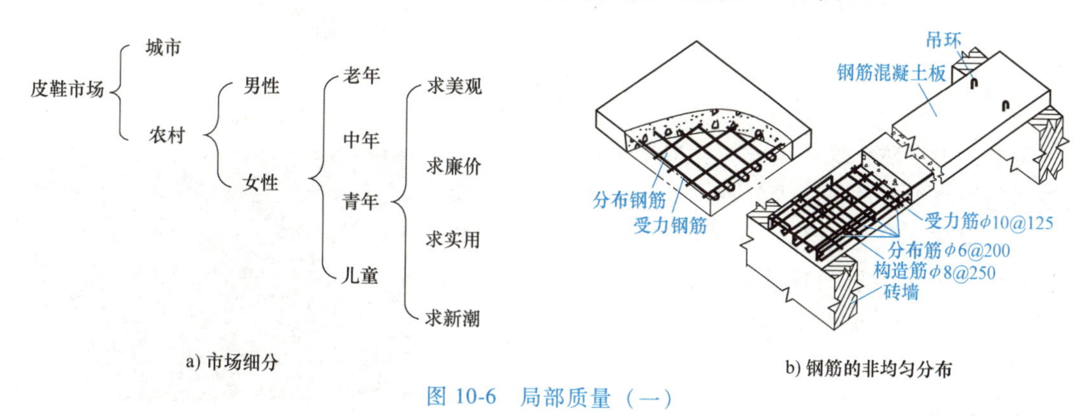

a）市场细分　　b）钢筋的非均匀分布

图 10-6　局部质量（一）

2）将物体或系统周围环境由均匀变为不均匀。例如：
环境中的差动场；
惰性气体保护焊。
3）使系统的每一部分发挥其各自的功能。例如：
瑞士军刀（见图 10-7a）；
铅笔尾部装有橡皮；
锤子的头部另一侧是起钉钳（见图 10-7b）。

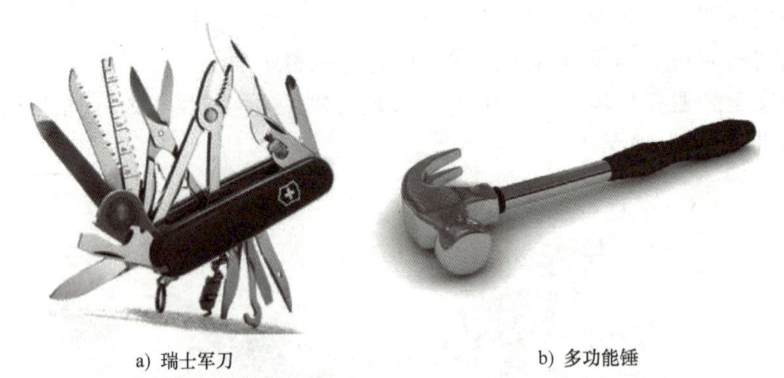

a) 瑞士军刀　　b) 多功能锤

图 10-7　局部质量（二）

4）使系统或物体的每一部分都能够最大限度地发挥不同的有用功能。例如：

用于分别盛放热的或冷的、固体或液体食物的餐盒（见图 10-8a）；

图钉一端尖一端钝；

发动机燃烧系统的不同区域（见图 10-8b）；

汽车婴儿座椅。

a) 多层保温餐盒

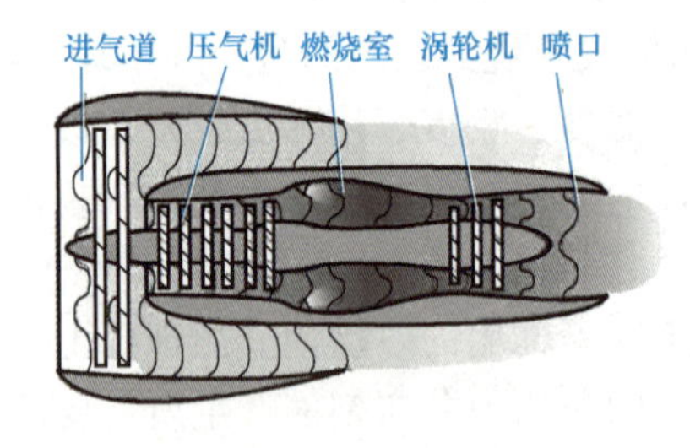

b) 喷射发动机

图 10-8　局部质量（三）

例如：为了防止煤矿尘埃，会应用类似钻孔和制药设备的超细水雾来进行防尘处理。本质上水滴越小，防尘的效果越佳，但是过细的帘状水雾会影响钻矿工作。解决办法是采用多层次锥状水雾（见图 10-9）在超声波打碎的水雾层外包裹颗粒较大的水滴，减小对钻矿工作的影响。

图 10-9　改进的锥状喷雾器

发明原理 4：不对称（Asymmetry）

1）物体或系统是对称的或包含对称线，引入不对称结构。例如：

引入一个几何结构来防止错误的使用方式或装配方式（如电插头的接地端）；

不对称漏斗相比对称漏斗拥有更高的流速；

椭圆和复杂形状截面的密封圈（见图 10-10a）；

机翼不对称结构产生升力（见图 10-10b）；

USB 接口；

波音 737-800 飞机的进气罩（图 10-11）。

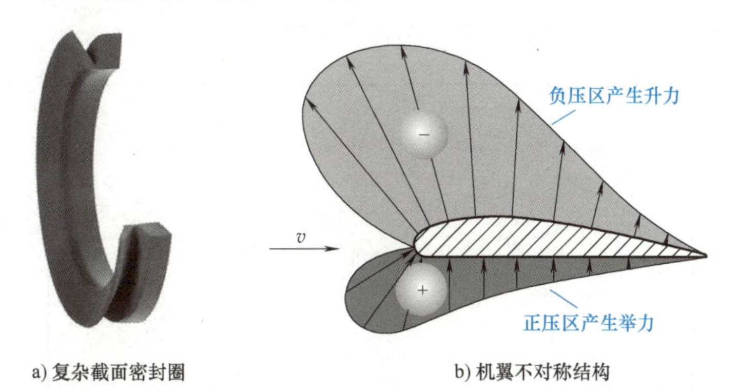

a) 复杂截面密封圈　　b) 机翼不对称结构

图 10-10　不对称（一）

图 10-11　波音 737-800 型客机进气罩的非对称设计

2）改变物体或系统外观以适应外界不对称（如人体工程学）。例如：
符合人体曲线的座椅（见图 10-12a）；
汽车档把的手持感（见图 10-12b）；
眼睛与鼻梁的接触位的镜架结构；
汽车转向机构的补偿结构；
位于机翼的螺旋桨用于补偿外界的不稳定气流。

a) 舒适座椅　　b) 流线型汽车档把

图 10-12　不对称（二）

3）如果某个物体或系统已经是不对称结构，则增加其不对称程度。例如：

增加机翼的变形程度来提升爬升能力；

在一把刻度尺上引进不同测量刻度（见图 10-13）。

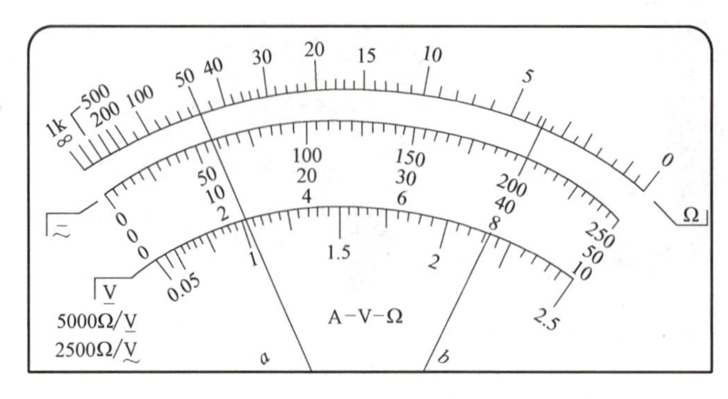

图 10-13　万用电流表的刻度

如果认真地观察周围的环境，就可以发现很难见到一些不对称结构轮廓的物体。为什么？心理学上认为，人类会程序地认定对称结构是完美的。相反的，认为非对称结构是不完美或是有缺陷的。该原理告诉我们并不一定对称结构就是完美的，有时改变物体对称结构可以更有效地解决问题。

汽车轮胎（见图 10-14）就完美地应用了这一原理，在底层和外层的材料上，增加了尼龙带束层和钢丝层，使结构上更加稳定，强度也提高了，既提高了经常磨损的轮胎外侧和底侧强度，又节约了成本，减轻了重量。

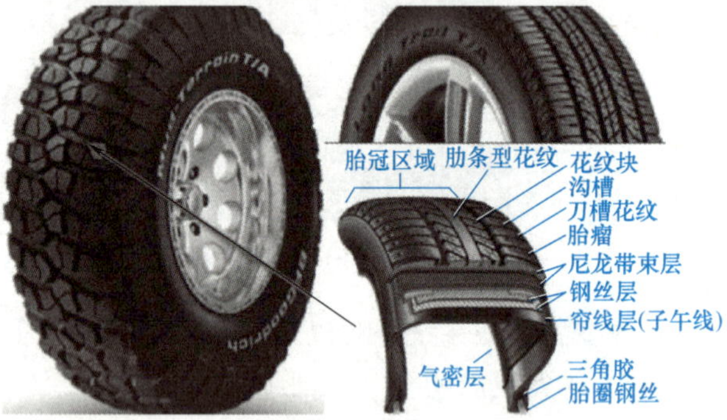

图 10-14　汽车轮胎

发明原理 5：合并（Merging）

1）依据规则，在空间上连接或合并相同的或相关联的物体、操作或功能。例如：

狙击步枪（见图 10-15a）；

彩色墨盒；

多功能剃须刀；

富兰克林（氏）眼镜（双焦距护眼镜）（见图 10-15b）；

双体船/三体船。

a) 狙击步枪　　b) 双焦距护眼镜

图 10-15　合并（一）

2）依据规则，在时间上连接或合并相同的或相关联的物体、操作或功能。例如：

联合收割机（见图 10-16a）；

单元式制造；

收集式割草机（见图 10-16b）；

冷热水混合水龙头。

a) 联合收割机

b) 收集式割草机

图 10-16 合并（二）

多核处理器计算机中的微处理器（见图 10-17），每一个都由数百个晶体管组成，可以同时进行大量数字信息处理，使计算机的处理速度不断地加快，迎合飞速发展的科技速度。

图 10-17 微处理器

发明原理 6：多用性（Universality）

1）使某种物体或系统能够执行多种功能，减少系统中其他子系统的数量。例如：

车载儿童安全座椅可以转化为儿童手推车（见图 10-18a）；

家庭娱乐中心；

微波炉的烧烤功能；

瑞士军刀（刀柄）；

盒式磁带自带清洗胶圈的清洁磁头；

带吸管的汤匙（见图 10-18b）。

2）利用标准的特性。例如：

数据交换的标准模式；

各种标准在不同产品中的应用，如图 10-19 所示为各种标准；

通用螺丝刀等工具；

标准平台下生产的汽车通用配件。

中国军铲（见图 10-20）又称为中国万用军锹。中国军铲是以军锹为基本特征的多功能战术组合工具，是由军人发明设计的。

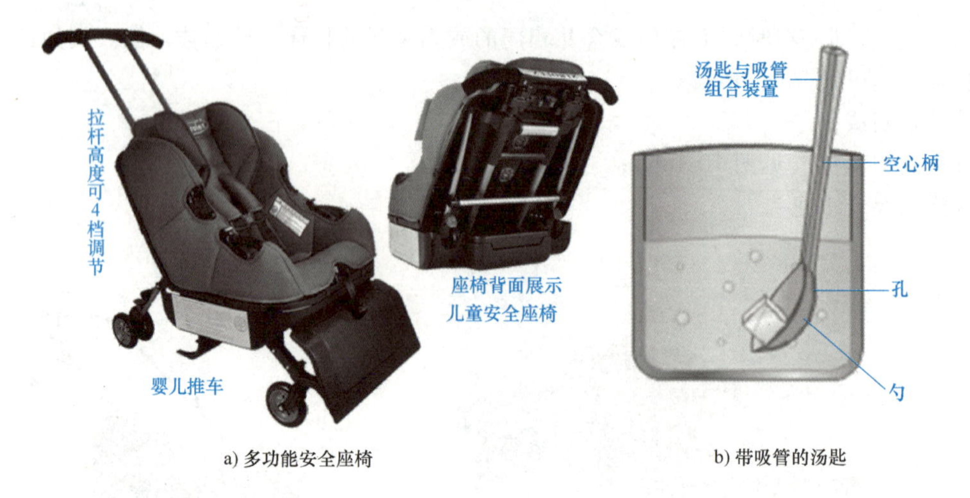

a) 多功能安全座椅　　b) 带吸管的汤匙

图 10-18　多用性

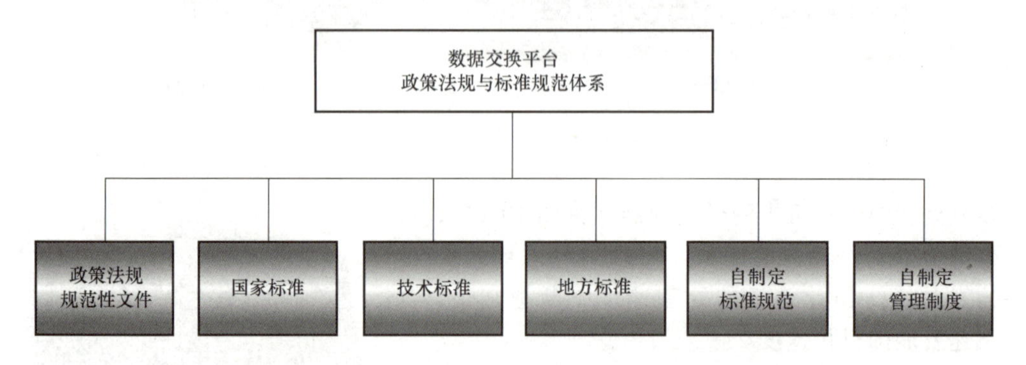

图 10-19　不同层次的标准

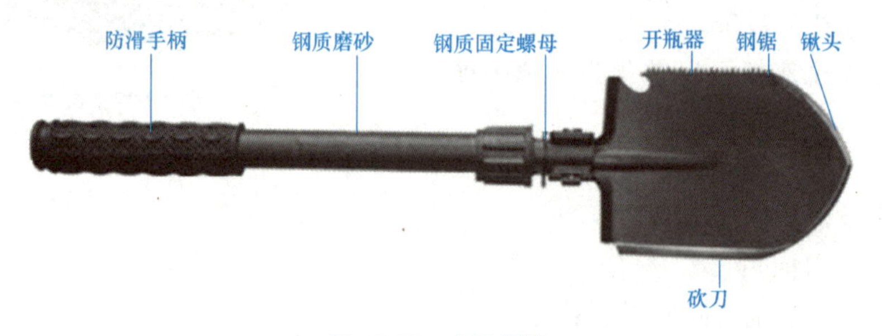

图 10-20　中国军铲

发明原理 7：套装（“Nested doll”）

1）将某种物体或系统置于另一种物体或系统中。例如：

将保险箱放置于墙体内；

可伸缩的飞机起落架；

在三维结构中引入空腔（见图 10-21a 保温砖）；

设置空心墙用来放置绝缘体（见图 10-21b）；

在指甲油内部放置刷子。

a) 保温砖

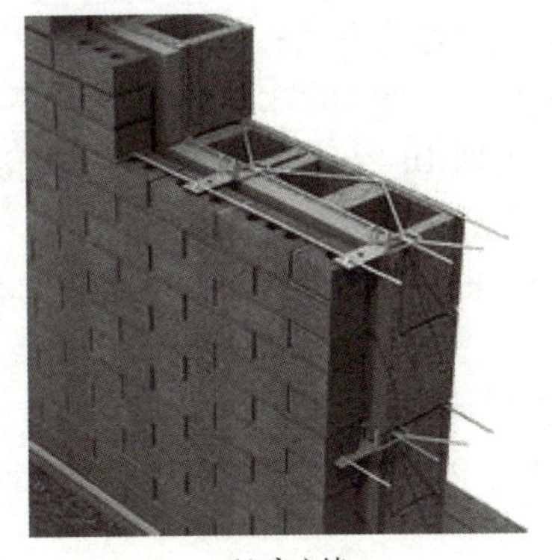

b) 空心墙

图 10-21　套装（一）

2）将多种物体或系统置于另外的多种物体或系统中（或互相嵌套）。例如：
嵌套表格；
俄罗斯套娃量杯（见图 10-22a）；
伸缩式单筒望远镜（见图 10-22b）；
多层防腐蚀涂料。

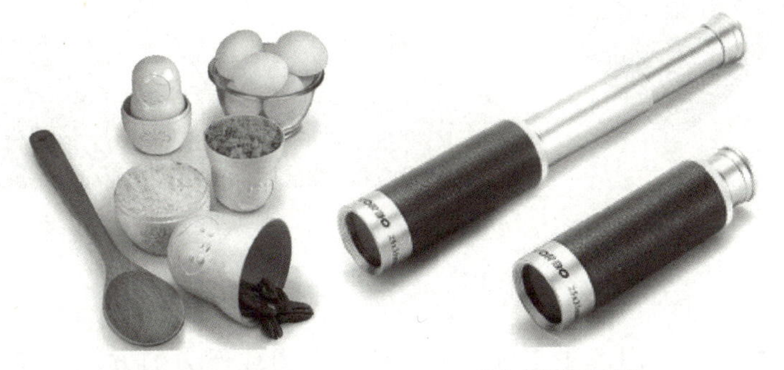

a) 俄罗斯套娃量杯　　b) 伸缩式单筒望远镜

图 10-22　套装（二）

3）使一种物体或系统穿过另一个物体或系统内部空腔。例如：
伸缩式网线；
真空吸尘器内部的隐藏式电源线（见图 10-23a）；

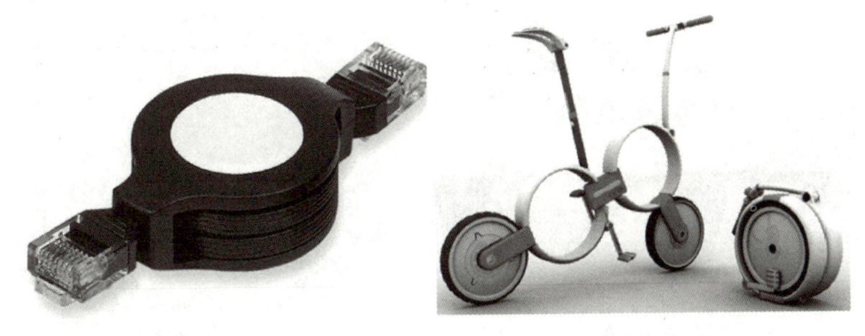

a) 真空吸尘器内部的隐藏式电源线　　b) 新型折叠车

图 10-23　套装（三）

车内安全带的隐藏方式；

新型折叠车（见图 10-23b）。

推拉门（见图 10-24）在我们的日常生活中随处可见。之所以得到了广泛应用，除了精致美观外，还因为其应用了嵌套的原理，既增加了门的密封性，又很好地节省了空间。

图 10-24　推拉门

发明原理 8：重量补偿（Anti-weight）

1）用另一个能产生提升力的物体补偿第一个物体的重量。例如：

在木筏中间注入发泡剂来进一步增加浮力；

在航天飞机的气体槽腔内充入比空气轻的气体；

热气球（见图 10-25a）；

潜艇（见图 10-25b）。

a) 热气球

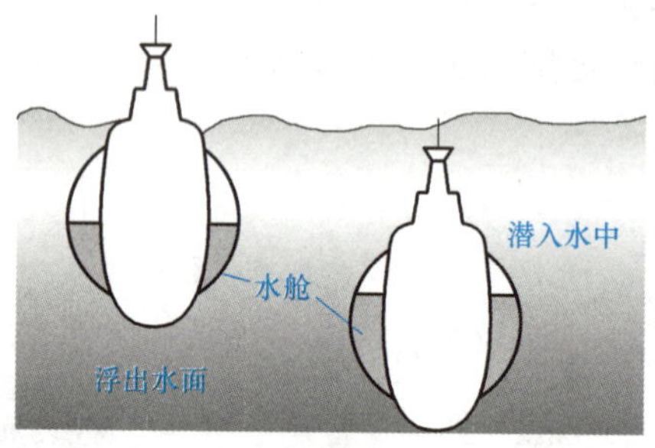

b) 潜艇

图 10-25　重量补偿（一）

2）通过与环境相互作用产生空气动力、液体动力或浮力的方法补偿第一个物体的重量。例如：

飞机上的涡流发生器可以提升机翼的升力；

气垫船；

水翼船利用水翼提升船体来减小阻力（见图 10-26a）；

利用旋转产生的离心力，如瓦特调速器（见图 10-26b）。

a) 水翼船

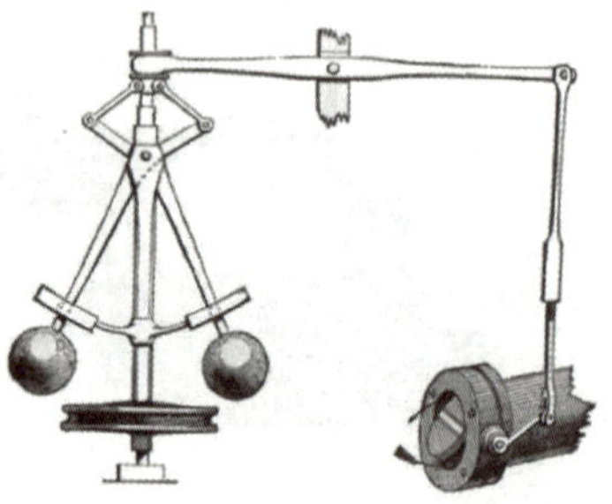

b) 瓦特调速器

图 10-26　重量补偿（二）

地效飞行器（Ground effect in aircraft）（见图 10-27）是介于飞机、舰船和气垫船之间的一种新型高速飞行器，利用飞行器接近地面或水面时产生的地效效应飞行。

图 10-27 地效飞行器

发明原理 9：预加反作用（Preliminary anti-action）

1）当一种作用包含正反两种效果，预先施加反作用来减少或消除反作用的效果。例如：

稀释溶液浓度来防止酸碱度的极端情况；

用弹簧吸收冲击力（见图 10-28a）；

汽车喷漆时用纸盖住不需喷漆的部位；

在伤害发生前遮蔽物体：当拍摄 X 射线时，用铅板遮蔽住部分身体（见图 10-28b）；

电路板蚀刻工艺。

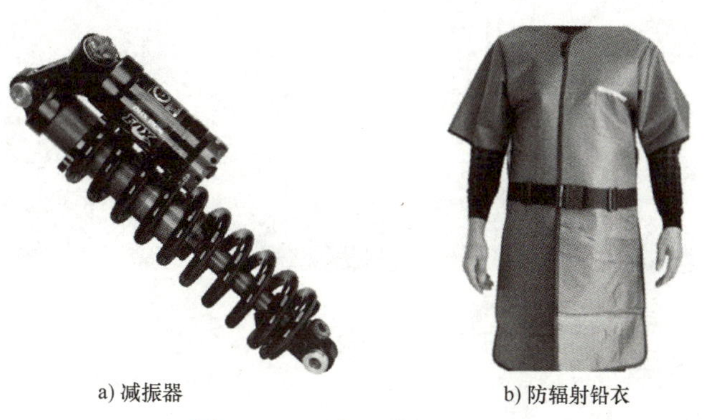

a) 减振器　b) 防辐射铅衣

图 10-28 预加反作用（一）

2）事先施加机械应力，以抵消工作状态下不期望的过大应力。例如：

混凝土浇筑前对钢筋施加预应力（见图 10-29a）；

预应力锚杆（见图 10-29b）。

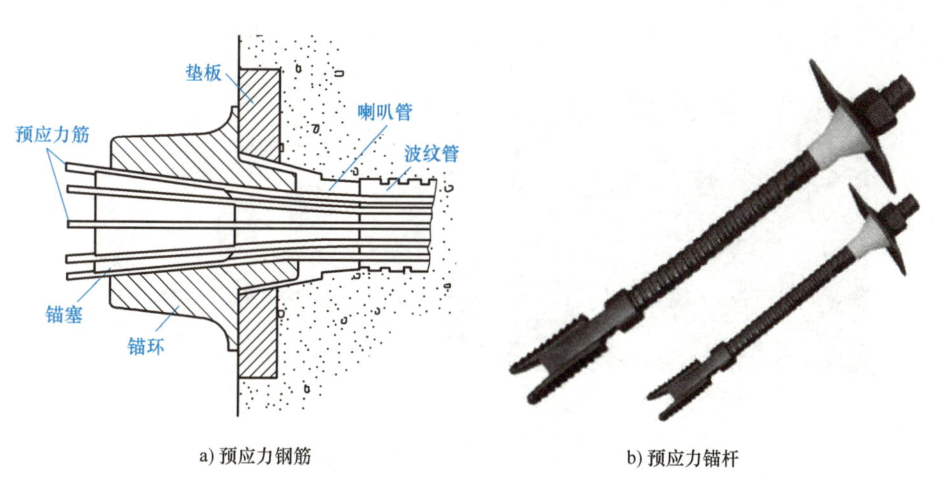

a) 预应力钢筋　b) 预应力锚杆

图 10-29 预加反作用（二）

为了治疗失眠患者，科学家发明了安眠药（见图 10-30），有效地缓解了失眠患者的痛苦。但是过量地服用安眠药会导致药物依赖。所以，安眠药的制造者在安眠药的成分中添加了少量的催吐剂。这种催吐剂使得在少量服用安眠药的情况下不会产生呕吐现象，但当患者服用过量时，就会产生眩晕、恶心的反应，使患者呕吐，防止药物过量。这也有效地阻止了药物依赖。

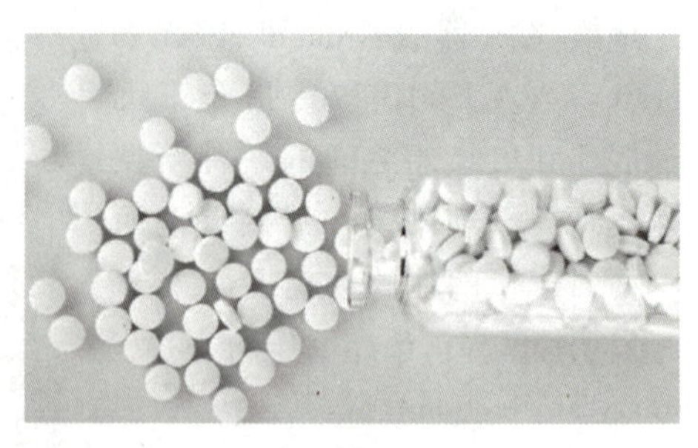

图 10-30　添加催吐成分的安眠药

发明原理 10：预操作（Preliminary action）

1）在操作开始前，使物体局部或全部产生所需的变化。例如：

在墙壁变脏前贴墙纸，防止墙壁变脏；

外科手术前对仪器进行消毒处理（见图 10-31a）；

自粘邮票；

预制梁（见图 10-31b）。

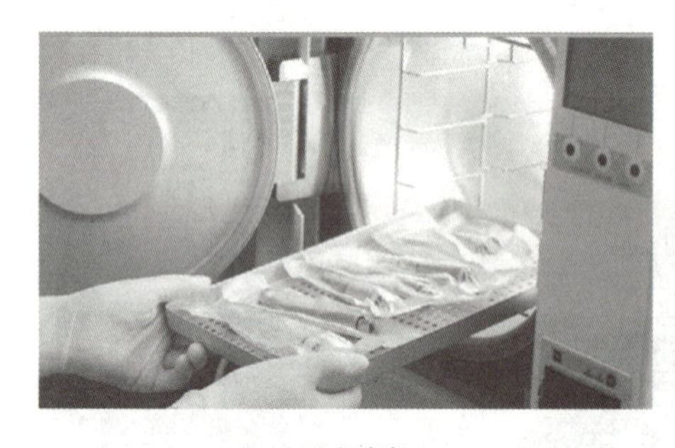

a) 手术消毒

b) 预制梁

图 10-31　预操作（一）

2）提前对物体或系统进行安排，使其提早进行准备，或处于方便使用的状态。例如：

生产流水线（见图 10-32a）；

提前进行组装或加工成半成品；

对外科手术刀进行预先电沉积，使其不起静电（见图 10-32b）。

a) 车间生产线

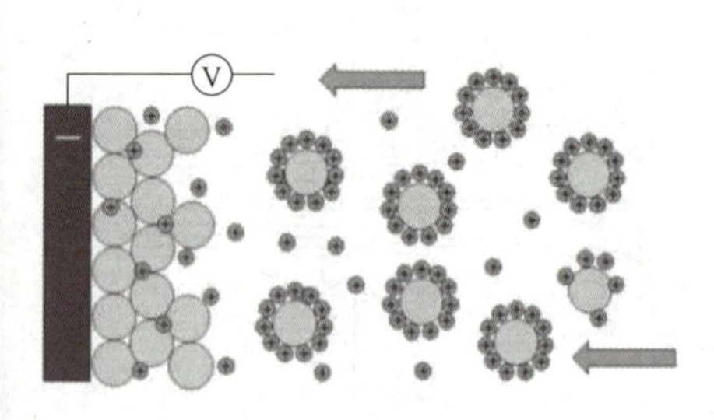

b) 电沉积原理

图 10-32　预操作（二）

地下停车场的预付款机（见图 10-33），既方便了用户的使用，又方便了管理人员的管理，节省了时间和人力。

发明原理 11：预补偿（Beforehand cushioning）

采用预先准备好的应急措施补偿物体相对较低的可靠性。例如：

胶卷上的磁条可以指引显影剂对低曝光部位进行补偿；

备用降落伞；

双通道控制系统；

汽车的安全气囊；

安全阀（见图 10-34a）；

备用电池；

计算机程序的自动保存操作；

高速公路上的防撞护栏（见图 10-34b）。

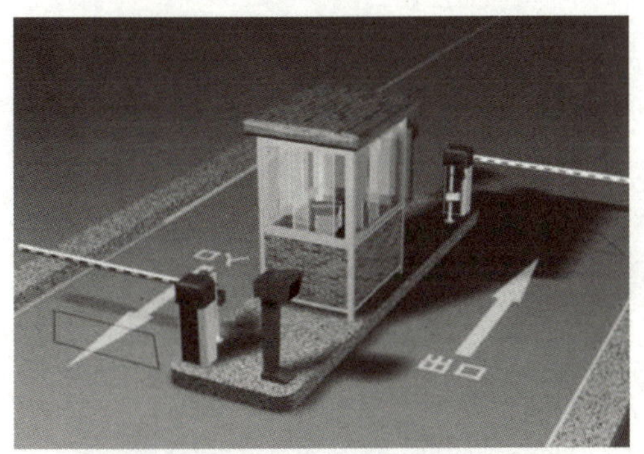

图 10-33 停车场预付款机

a) 安全阀

b) 防撞护栏

图 10-34 预补偿

应急灯（见图 10-35）是应急照明用的灯具的总称。消防应急照明系统主要包括事故应急照明、应急出口标志及指示灯，是在发生火灾时正常照明电源切断后，引导被困人员疏散或展开灭火救援行动而设置的。

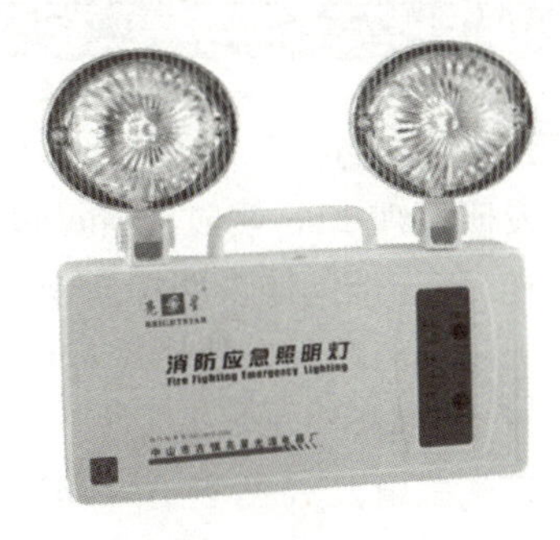

图 10-35 应急灯

发明原理 12：等势性（Equipotentiality）

1）改变工作条件，使物体不需要被升高或降低。例如：

汽车修理厂的地沟，使汽车在修理时不必升起；

双面饼铛（见图 10-36a）；

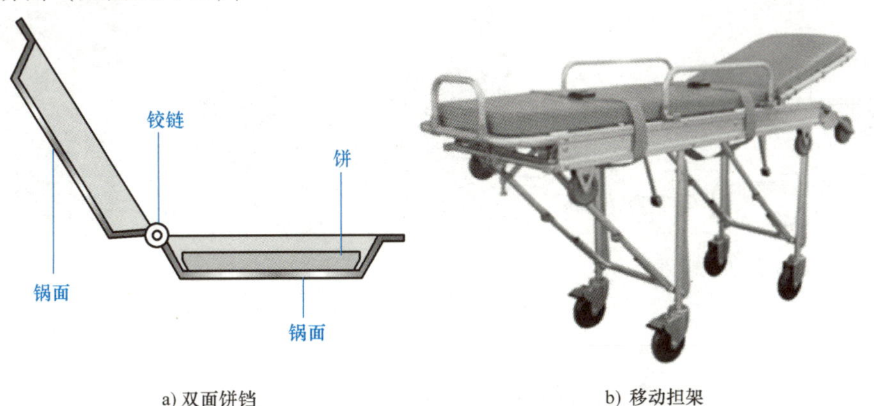

a) 双面饼铛

b) 移动担架

图 10-36 等势性

移动担架设计为与救护车车厢等高（见图 10-36b）。

2）如果一个对象或系统需要或受到压力或拉力作用，重新设计对象环境，用周围环境消除或平衡这些力。例如：

工厂对弹簧进行加压处理，方便运输；

船的舷梯。

船闸就充分地利用了等势性原理，利用向两端有闸门控制的航道内灌、泄水，以升降水位，使船舶能克服航道上的集中水位落差的厢形通航建筑物，如图 10-37 所示。

船只上行时，先将闸室泄水，待室内水位与下游水位平齐，开启下游闸门，让船只进入闸室，随即关闭下游闸门，向闸室灌水，待闸室水面与上游水位相平齐时，打开上游闸门，船只驶出闸室，进入上游航道。下行时则相反。

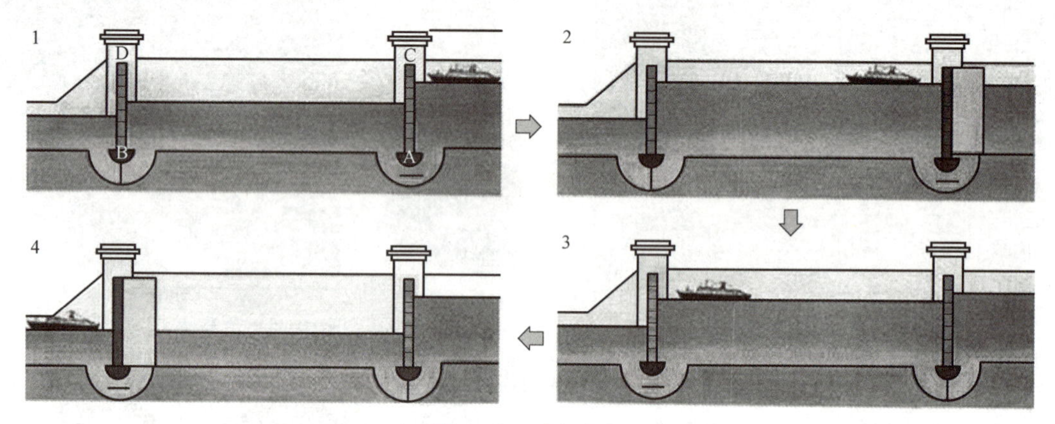

图 10-37　多级船闸

发明原理 13：反向（The other way round）

1）将一个问题说明中所规定的操作改为相反的操作。例如：

为了分离零件，使用冷却内部零件的方法代替加热外部零件（见图 10-38a）；

真空铸造；

反转式窗户（见图 10-38b）。

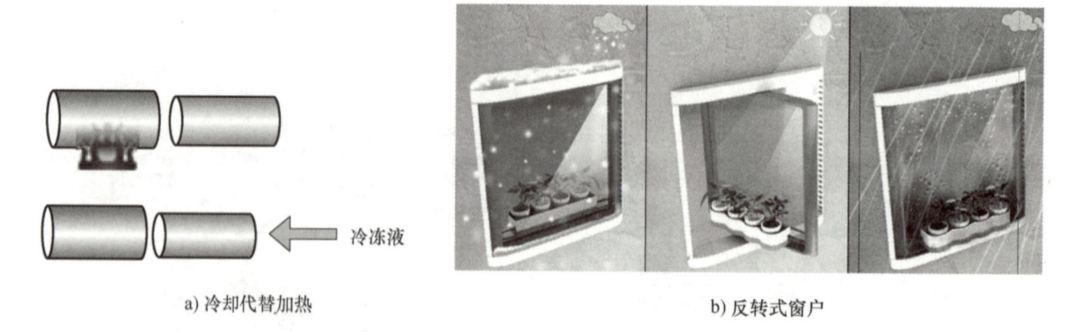

a) 冷却代替加热　　b) 反转式窗户

图 10-38　反向（一）

2）使物体中运动部分静止，静止部分运动。例如：

跑步机；

旋缸式发动机（见图 10-39a）；
风洞（见图 10-39b）；
自动人行道；
汽车餐厅。

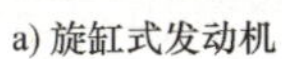

a) 旋缸式发动机

b) 风洞试验

图 10-39　反向（二）

3）使物体、系统或过程倒置。例如：

在一些空间不足的地方，将外六角螺钉换成内六角螺钉（见图 10-40a）；

代替挤进水果汁，将水果放于瓶底的柠檬杯（见图 10-40b）。

电磁起重机用于起吊重物，极大地节省了人力和时间。但是使用电磁铁既不安全，又浪费电能。电磁铁的原理是通电吸附，断电释放，这也是它需要常备应急电源的缘故。所以工程师开发了电控永磁起重机（见图 10-41），虽然都是利用磁力，但是只在释放重物时使用电能。这既节省了电能，又保证了安全。

a) 内六角螺钉

b) 柠檬杯

图 10-40　反向（三）

图 10-41　电控永磁起重机

发明原理 14：曲面化（Spheroidal Curvature）

1）将直线或平面转化成曲线或曲面。例如：

使用拱门和穹顶结构来增加建筑物强度（见图 10-42a）；

在物体的棱角处使用圆角；

在部件上开应力释放孔（见图 10-42b）；

曲形毛刷。

2）使用辊、球、螺旋等结构。例如：

螺旋齿轮能够提供持续的承载能力（见图 10-43a）；

使用球或滚珠来增加笔的墨水的书写均匀程度；

a) 拱门

b) 应力释放孔

图 10-42 曲面化（一）

使用球形脚轮代替圆柱形脚轮来移动家具；

旋转楼梯（见图 10-43b）。

a) 弧齿锥齿轮

b) 旋转楼梯

图 10-43 曲面化（二）

3）用旋转运动替换线性运动。例如：

液压系统中的回转液压缸（见图 10-44a）；

老式留声机的工作方式（见图 10-44b）；

用螺旋盖代替推入式瓶塞；

螺钉代替钉子。

a) 摆动液压缸

b) 老式留声机

图 10-44 曲面化（三）

4）采用离心力。例如：

喷涂后旋转组件去除多余油墨；

洗衣机的离心式甩干机；

旋流分离机（见图 10-45a）；

利用离心机对不同密度的物质进行分离处理（见图 10-45b）；

瓦特调速器。

离心铸造（见图 10-46）是将液体金属注入高速旋转的铸型内，使金属液在离心力的作用下充满铸型和形成铸件的技术和方法。离心力使液体金属在径向能很好地充满铸型并形成铸件的自由表面；不用型芯能获得圆柱形的内孔；有助于液体金属中气体和夹杂物的排除；

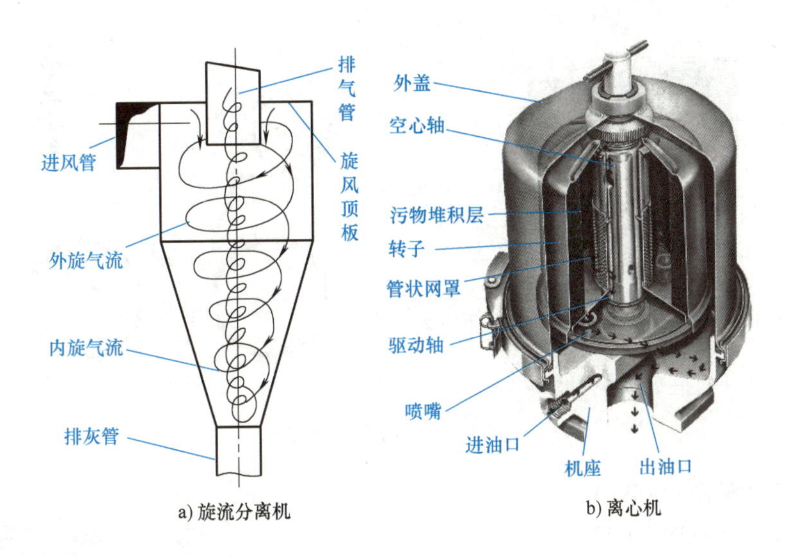

图 10-45 曲面化（四）

影响金属的结晶过程，从而改善铸件的机械性能和物理性能。

发明原理 15：动态化（Dynamics）

1）使一个物体或其环境在操作的每一个阶段自动调整，以达到优化的性能。例如：

可调整方向盘、可调节座椅（见图 10-47a）或可调节后视镜等；

轮胎内的松动微粒给予轮胎自平衡的特性；

座椅内的凝胶可以根据不同用户而改变形状；

形态记忆合金（见图 10-47b）、高分子材料。

图 10-46 离心铸造

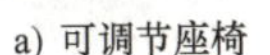

a）可调节座椅

b）形态记忆合金

图 10-47 动态化（一）

2）将一个物体划分成具有相互关系的元件，元件之间可以改变相对位置。例如：

分离的自行车鞍座；

铰接式货车；

新型折叠便携式计算机（见图 10-48a）；

折叠自行车（见图 10-48b）。

3）如果一个物体或系统是刚性的，使其变为可动或可调的。例如：

弯曲式吸管；

活动水龙头；

a) 便携式计算机　　b) 折叠自行车

图 10-48　动态化（二）

活口扳子（见图 10-49a）；

可调吧台凳（见图 10-49b）；

F18 飞机半刚性半柔性蒙皮。

4）如果物体是静止的，使之变为运动的或可改变的；增加运动的自由度。例如：

跑步机；

室内攀岩机（见图 10-50a）；

浮动房顶；

带太阳能跟踪装置的太阳能电池板（见图 10-50b）。

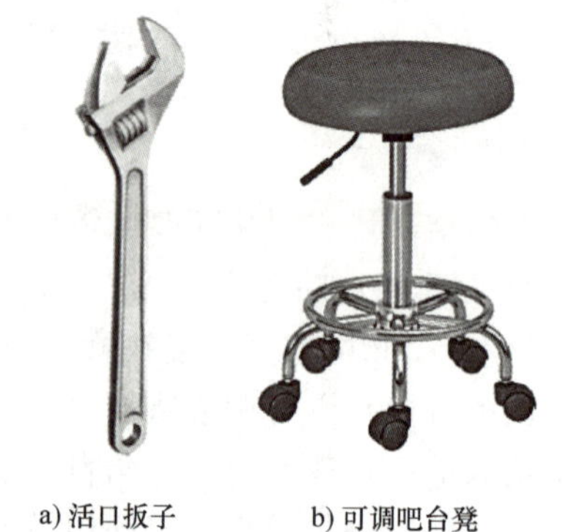
a) 活口扳子　　b) 可调吧台凳

图 10-49　动态化（三）

陀螺仪（见图 10-51）的常平架可以保持陀螺仪在运转的过程中一直保持平衡状态。常平架的衍生产品在现代军事领域中也得到了广泛应用。导弹中就应用了激光陀螺仪惯导系统，可以在导弹的运行过程中动态地校正导弹，使其保持动态平衡，增加导弹的精准程度。

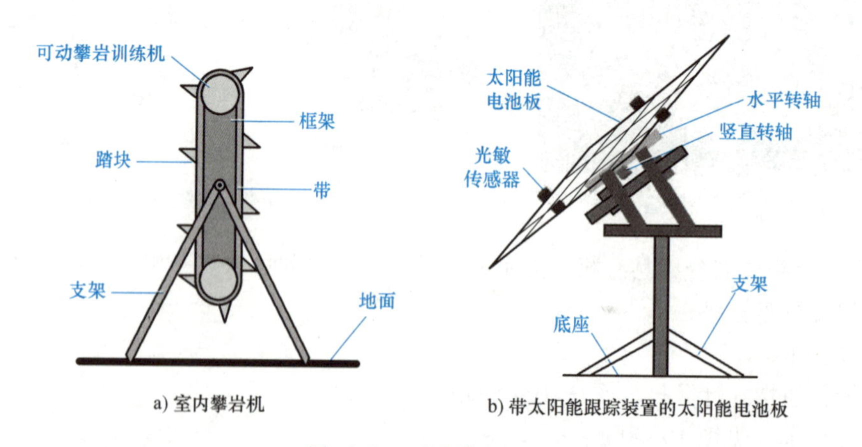

a) 室内攀岩机　　b) 带太阳能跟踪装置的太阳能电池板

图 10-50　动态化（四）

发明原理 16：未达到或超过的作用（Partial or excessive actions）

100%达到所希望的效果是困难的，稍微未达到或稍微超过预期的效果将大大简化问题。

例如：

用灰泥填墙上的小洞时首先多填一些，之后再将多余的部分去掉；

热收缩塑料过程（啤酒塑料包装）（见图10-52a）；

先“粗加工”再“精加工”的加工过程（见图10-52b）；

肿瘤手术时，一般都要把肿瘤周围健康组织一起切除，以保证切除彻底。

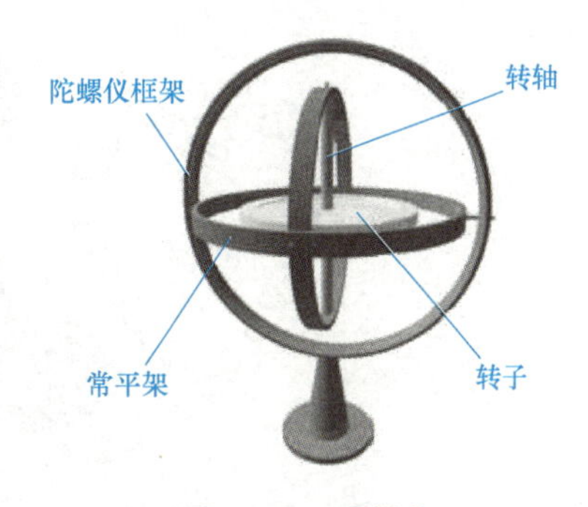

图 10-51 陀螺仪

a) 热塑包装

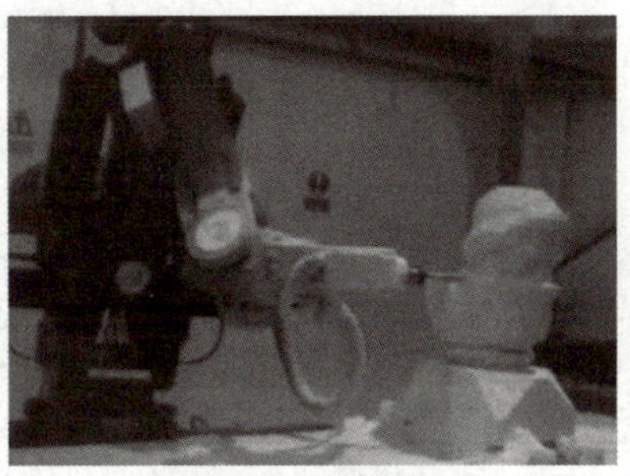

b) 粗加工雕像

图 10-52 未达到或超过的作用

机械加工中测量用的圆孔塞规（见图10-53），一端直径为待测孔的下极限尺寸，另一端为待加工孔的上极限尺寸，小端能够进入孔，大端不能通过，孔加工即为合格，这样简化了测量过程。

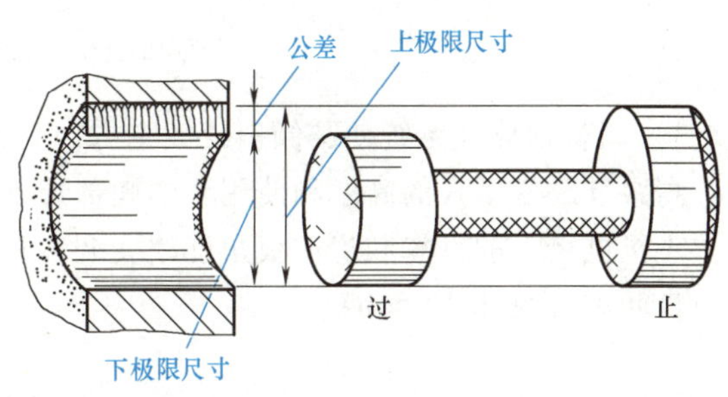

图 10-53 塞规

发明原理 17：维数变化（Another dimension）

1）将一维空间中运动或静止物体变成在二维空间中运动或静止的物体，在二维空间中的物体变成三维空间中的物体。例如：

锯齿状的刀片或打工机；

书籍的封皮边缘制作的大于内部，有利于摆放和保护内部纸张；

螺旋状的电话线可以拉得很长（见图10-54a）；

火车站台间设置坡度可以减少火车加速或减速的能量损耗；

钢琴上的黑键高于白键可以使弹奏更加容易（见图10-54b）；

偏转的飞机在空中做回旋作业，再继续前进。

2）用多层结构代替单层结构。例如：

可存放6CD的播放机暗盒，以增加单次所听音乐的种类和时间；

多层电路板（见图10-55a）；

多层办公楼或立体停车场（见图10-55b）。

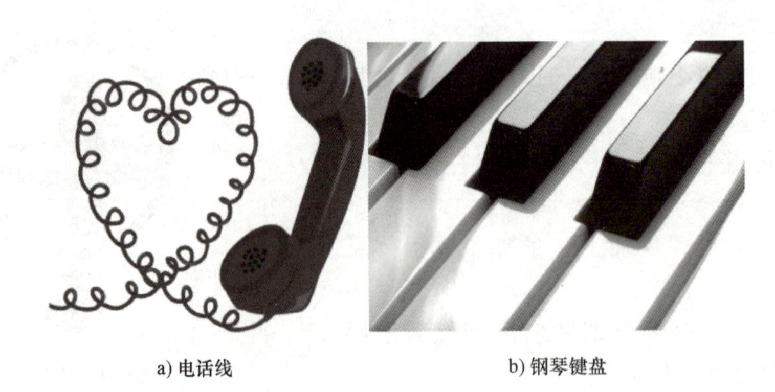

a) 电话线　　b) 钢琴键盘

图 10-54　维数变化（一）

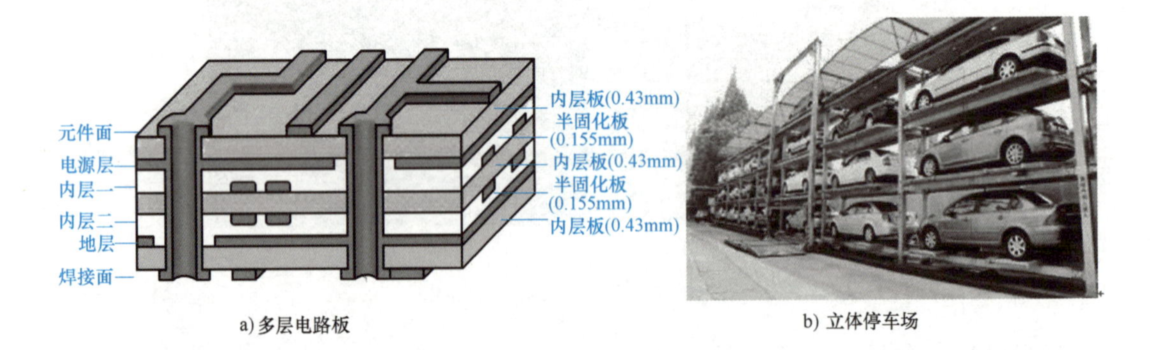

a) 多层电路板　　b) 立体停车场

图 10-55　维数变化（二）

3）调整物体或系统使其倾斜或改变方向。例如：

高跟鞋改变了人的高度和使用者的腿部形状；

飞机机翼上的襟翼和扰流板角度改变调节升力（见图 10-56a）；

自卸车（见图 10-56b）。

a) 飞机的机翼　　b) 侧翻自卸车

图 10-56　维数变化（三）

4）利用物体或系统的反面。例如：

双面胶（见图 10-57a）；

正反面两用型的录音带（见图 10-57b）；

修复汽车散热器或管道裂缝，常利用在内部添加密封胶的方法来代替外部密封。

a) 双面胶

b) 卡式录音带

图 10-57　维数变化（四）

二维码（见图 10-58）是一种比一维码更高级的条码格式。一维码只能在一个方向（一般是水平方向）上表达信息，而二维码在水平和垂直方向都可以存储信息。一维码只能由数字和字母组成，而二维码能存储汉字、数字和图片等信息，因此二维码的应用领域要广得多。

图 10-58　二维码

发明原理 18：振动（Mechanical vibration）

1）促使物体振荡或振动。例如：

电动雕刻刀使刀片振动（见图 10-59a）；

搅动/振动混合防止油漆凝固；

冲击钻（见图 10-59b）；

在混凝土浇筑前，使用振动发生器去除空隙；

利用脉冲清洗，可以高效清洗缝隙。

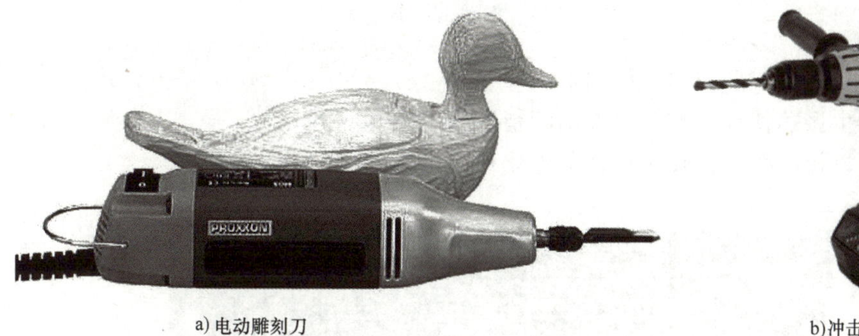

a) 电动雕刻刀

b)冲击钻

图 10-59　振动（一）

2）提高振动的频率。

狗哨（产生超过人类听觉频率的声音）（见图 10-60a）；

超声波清洗；

超声加工（见图 10-60b）。

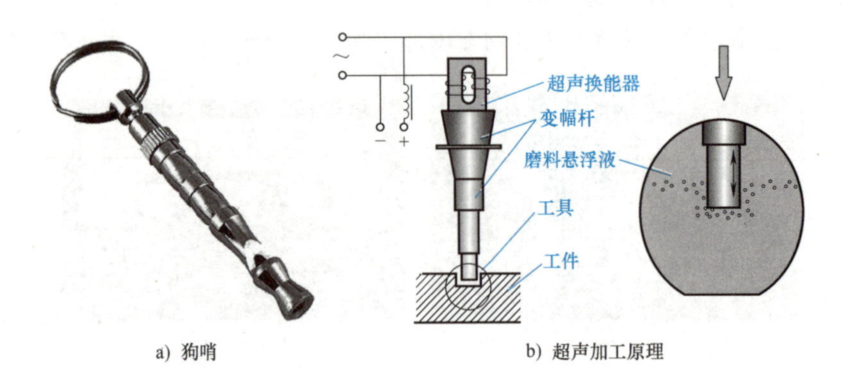

a) 狗哨　　b) 超声加工原理

图 10-60　振动（二）

3）充分利用物体或系统的共振频率。例如：

微波炉（见图 10-61a）；

音叉（共鸣）（见图 10-61b）；

通过改变共振频率来增大催化剂的作用。例如：

音箱、乐器共鸣腔。

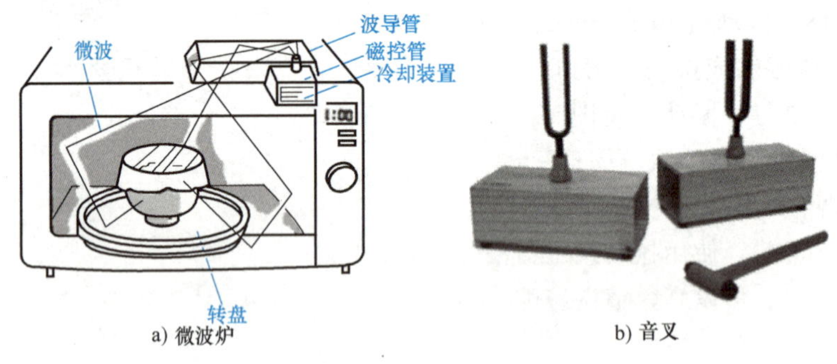

a) 微波炉　　b) 音叉

图 10-61　振动（三）

4）使用压电振动代替机械振动。例如：

石英晶体产生振荡使钟表拥有更准确的精度（见图 10-62a）；

压电振动可以提高喷雾器喷出液体的雾化程度（见图 10-62b）。

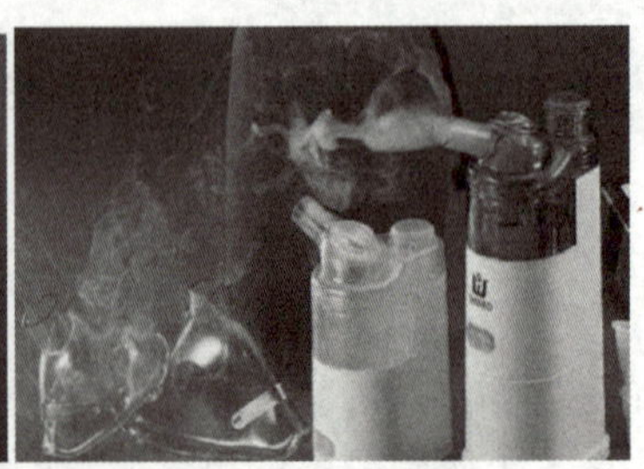

a) 石英晶体振荡器　　b) 压电驱动微型喷雾

图 10-62　振动（四）

5）使组合场振动，如使超声振动与电磁场耦合。例如：

在感应炉中混合合金（见图10-63a）；

超声化学仪器（见图10-63b）；

在干燥操作时，结合超声波和普通干燥技术。

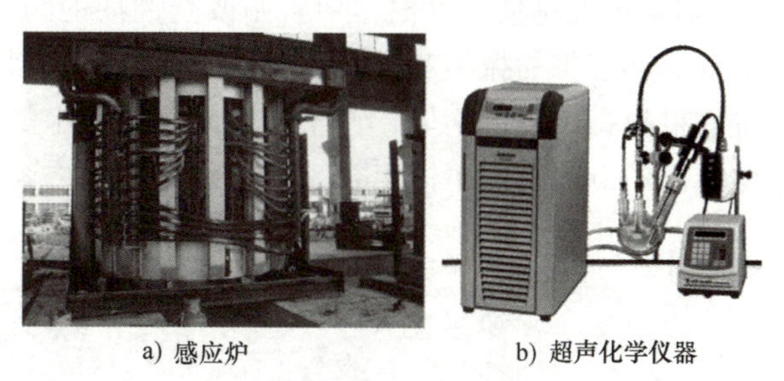

a) 感应炉　　b) 超声化学仪器

图 10-63　振动（五）

超声探伤（见图10-64）也称为无损检测（NDT），是在不损坏工件或原材料工作状态的前提下，对被检验部件的表面和内部质量进行检查的一种检测手段。超声波探伤的优点是：检测厚度大、灵敏度高、速度快、成本低、对人体无害，能对缺陷进行定位和定量。

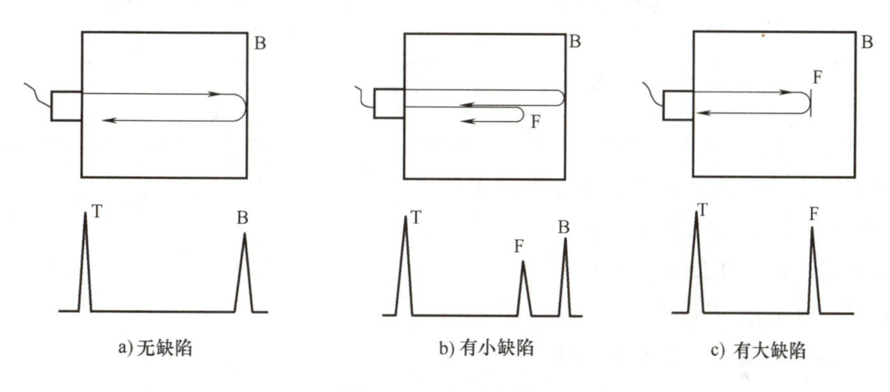

a) 无缺陷　　b) 有小缺陷　　c) 有大缺陷

图 10-64　超声探伤原理

发明原理 19：周期性动作（Periodic action）

1）将连续的作用替换为周期性的或脉冲的作用。例如：

钉钉子时，使用锤子反复敲打；

闪烁的警告灯、断续的警报声；

脉冲型真空吸尘器能够提供更强的吸收能力（见图10-65a）；

电子针灸（见图10-65b）。

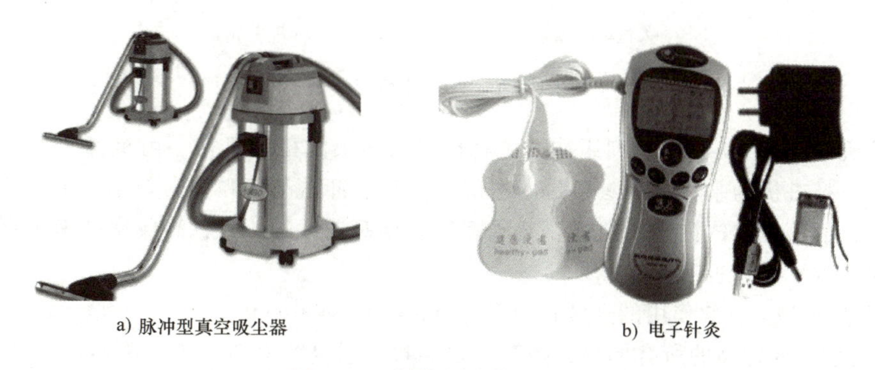

a) 脉冲型真空吸尘器　　b) 电子针灸

图 10-65　周期性动作（一）

2）如果已经是周期性的作用，则改变周期的频率以适应外界的需求。例如：
改变脉冲警笛的振幅和频率，产生不同警示作用（见图 10-66a）；
洗衣机根据负载的不同，调整注水的次数和水量；
摩斯码的点和空的不同组合，可以代表不同内容（见图 10-66b）。

a) 警笛控制装置　　b) 摩斯码机

图 10-66　周期性动作（二）

3）在作用的间隙加入其他有用作用；在两个无脉动的运动之间增加脉动。例如：
利用真空吸尘器的脉冲间隙，进行刷洗工作；
当过滤器不用时用反向水流清洗；
同一条电话线可以传输多组对话；
汽车上配备蓄电池（见图 10-67a）；
飞轮（超越离合器）（见图 10-67b）。

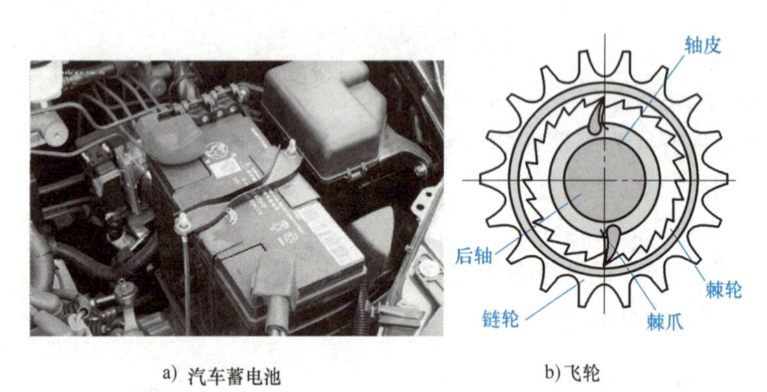

a) 汽车蓄电池　　b) 飞轮

图 10-67　周期性动作（三）

打桩机（见图 10-68）是利用冲击力将桩贯入地层的桩工机械。由桩锤、桩架及附属设备等组成。打桩机的基本技术参数是冲击部分重量、冲击动能和冲击频率。桩锤按运动的动力来源可分为落锤、汽锤、柴油锤、液压锤等。相对连续的压入，高频率的撞击更容易把桩贯入地面，效率高，也节省能源。

发明原理 20：有效作用的连续性（Continuity of useful action）

1）使系统或物体的所有部分，随时可以满负荷或高效率地工作。例如：
当车辆停止时，飞轮会储存能量，使车辆可以保持最佳状态；

自调发动机——不断调节自身以保持效率；

心脏起搏器；

自动生产线（如连续铸轧生产线，见图 10-69）。

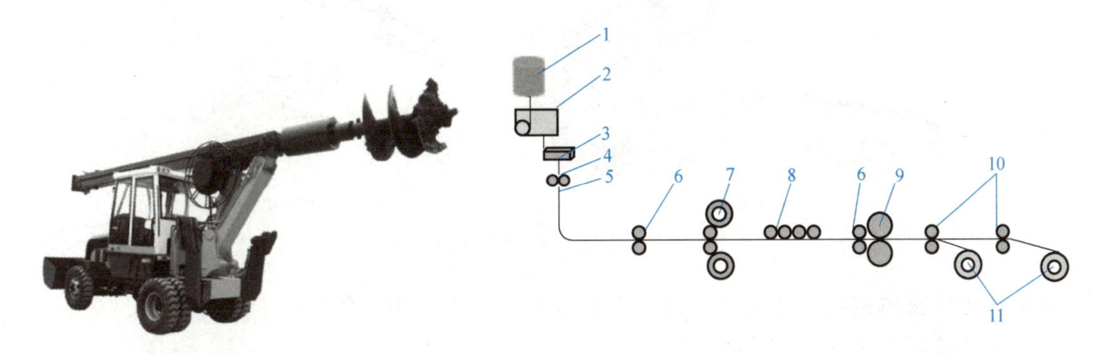

图 10-68 打桩机

图 10-69 连续铸轧生产线

1—大包回转台 2—中包 3—过渡部件 4—出水口
5—铸造辊 6—夹送辊 7—热轧机 8—冷却辊道
9—剪刀 10—转向辊 11—卷取机

2）消除运动过程中的中间间歇。例如：

空歇时间自清洗的过滤器；

在打印机回程也进行打印的打印机——针式打印机、菊轮式打印机、喷墨打印机（见图 10-70a）；

数字存储媒介允许“即时”信息访问（与之相反，卡带式存储介质无法实现即时信息存储）；

多工位工作台（见图 10-70b）。

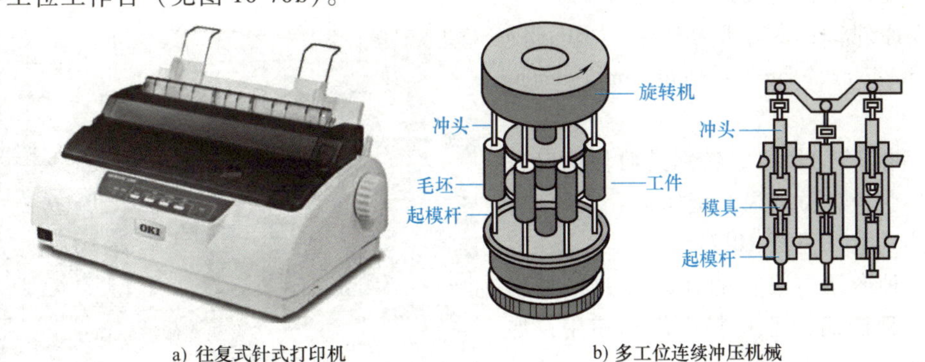

a) 往复式针式打印机　　b) 多工位连续冲压机械

图 10-70 有效作用的连续性（一）

3）用旋转运动代替往复运动。例如；

电锯（见图 10-71a）；

电刨；

螺旋桨（见图 10-71b）；

电扇。

发明原理 21：紧急行动（Skipping）

a) 电锯　　　　b) 螺旋桨

图 10-71　有效作用的连续性（二）

对系统或物体进行快速处理，以消除其带来的有害影响。例如：

高速牙钻可以避免局部组织过热（见图 10-72a）；

在热量传递到塑料其他部分前，快速切断塑料，防止变形；

闪光摄影技术（见图 10-72b）；

快速成型技术。

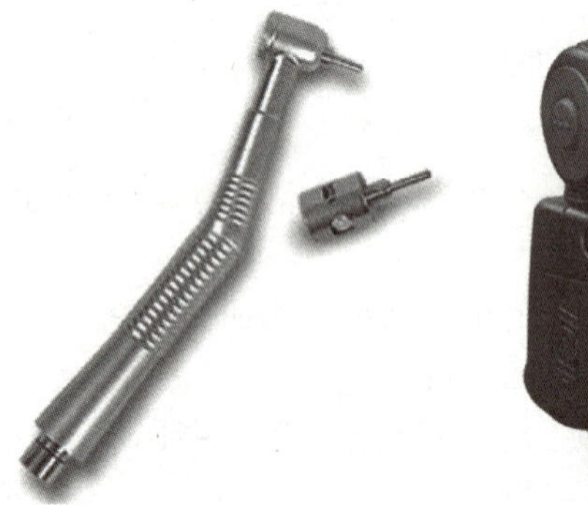

a) 高速牙钻　　　　b) 闪光摄影技术

图 10-72　紧急行动

超高温瞬时灭菌设备（见图 10-73）是利用直接蒸汽或热交换器，使食品在 130~150℃，保持几秒或者几十秒加热杀菌后，迅速冷却，使细菌无法存活、生长。由于加热时间短，不会使食物产生变质等影响，所以被广泛使用。

发明原理 22：变有害为有益（"Blessing in Disguise" or "Turn Lemons into Lemonade"）

1）利用有害因素，特别是对环境有害的因素，获得有益结果。例如：

余热发电（见图 10-74）；

使一种产品中浪费的（废弃的）材料作为另一种产品的原材料来循环使用，如绿色肥料；

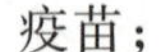

疫苗；

图 10-73　超高温瞬时灭菌设备

药物使体温降低，减缓了新陈代谢的速率，更有利于治疗。

2）通过与另一种有害因素结合消除一种有害因素。例如：

利用废水处理废气（见图 10-75）；

使用氮氧混合气体作为潜水用气，可以消除氮麻醉、氧中毒和氮化物的产生；

利用 γ 射线排除正电子，达到排爆的目的。

3）加大一种有害因素的程度使其不再有害。例如：

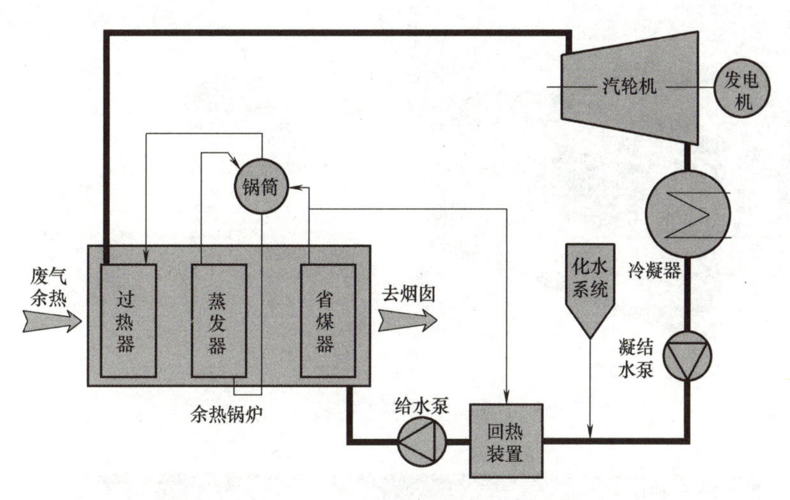

图 10-74 余热发电系统流程

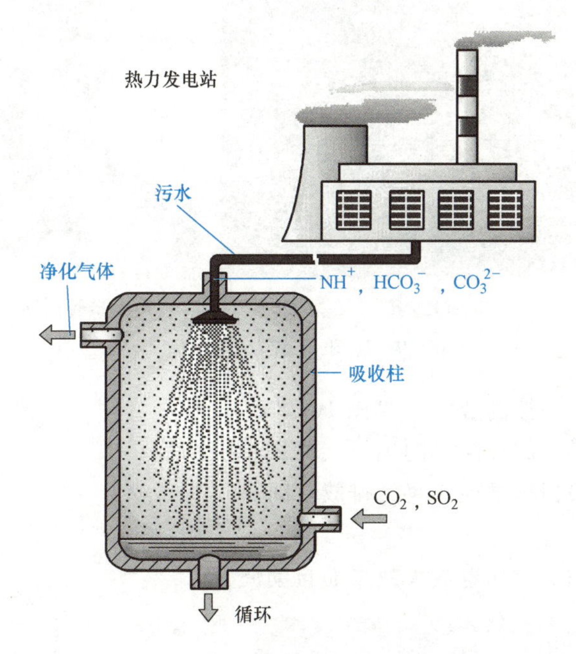

图 10-75 利用废水处理废气

逆火法灭林火和草原大火；

利用炸药使油井大火熄灭；

用激光刀进行外科手术（见图 10-76a）；

利用液氮治疗疾病（见图 10-76b）。

4）有益功能由元件的磨损或降解产生。例如：

人工做旧的产品能够使人产生怀旧情怀（见图 10-77a）；

人工磨损的牛仔裤符合年轻人的审美（见图 10-77b）。

发明原理 23：反馈（Feedback）

1）引入反馈来改善过程或作用。例如：

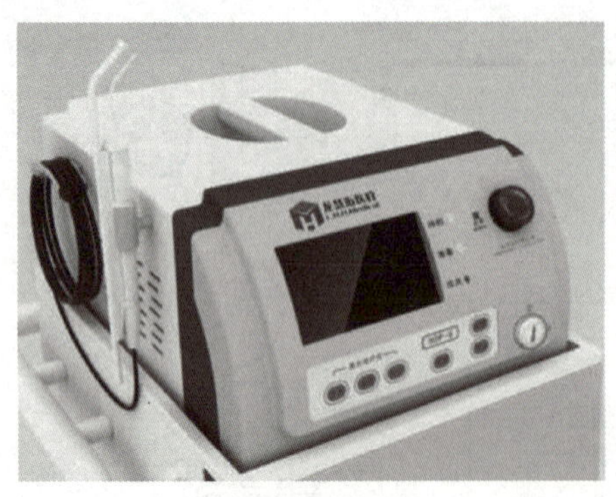

a) 激光手术仪

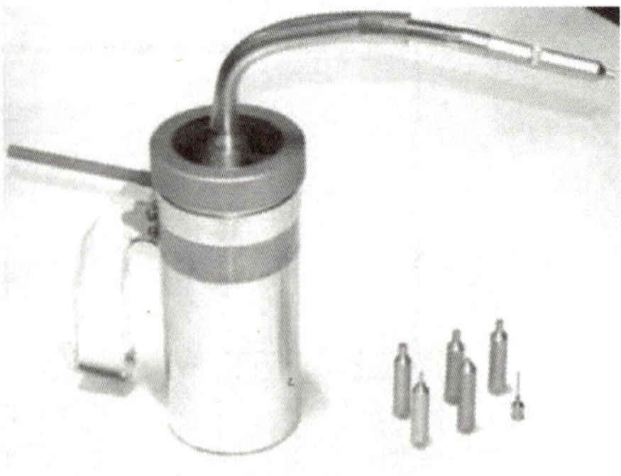

b) 液氮治疗瓶

图 10-76　变有害为有益（一）

a) 古典家具

b) 破洞牛仔裤

图 10-77　变有害为有益（二）

用声频控制电路自动控制音量（见图 10-78a）；
应用陀螺仪的信号控制最简单的飞机（见图 10-78b）；
发动机管理系统根据排量控制尾气排放时间；
统计质量控制；
舞台的声音放送喇叭会随着放大效果而自动调整。

a) 自动调音的电视

b) 配置陀螺稳定器的遥控飞机

图 10-78　反馈（一）

2）如果反馈已经存在，则通过调整反馈信号大小、灵敏度等使其能够适应不同需求。例如：

当飞机处于机场范围内5km时，调整自动驾驶仪的灵敏度（见图10-79a）；

通过对比冷热条件下对恒温器灵敏度的调整，发现在寒冷条件下调整恒温器更节能（见图10-79b）；

使用比例、积分或微分等不同算法整合来调整反馈灵敏度。

a) 无人驾驶仪

b) 智能恒温控制器

图10-79 反馈（二）

火灾报警器（见图10-80）也称烟雾报警器，是防止火灾最重要的手段之一，它的作用是用于探测由大量火灾引发的烟雾。在发生火灾时，烟雾会触发报警器，提醒火灾现场的人们，并释放大量火灾用水喷灭火焰。烟雾报警器的灵敏度是根据地理位置与应用的环境来考虑的，这样才可能达到其应该有的效果。

发明原理24：中介物（Intermediary）

1）在两个物体、系统或作用中增加中介物。例如：

弹吉他用的拨片（见图10-81a）；

绝缘材料、保温材料；

杯垫（见图10-81b）；

钠在煤油中保存。

图10-80 火灾报警器

a) 吉他拨片

b) 木制杯垫

图10-81 中介物（一）

2）引入可以消失的或是可以在功能完成后容易去除的临时中介物。例如：

从烤箱中取出热盘子的手套；

夹持纸张的回形针（见图10-82a）；

在化学反应中引入的催化剂（见图10-82b）；

增强水流切割效果的磨料磨粒；

把铝薄片加水冻结后进行切削；

在化学反应中，不稳定的成分先与某种物质反应生成稳定分子结构后再参与后续化学反应。

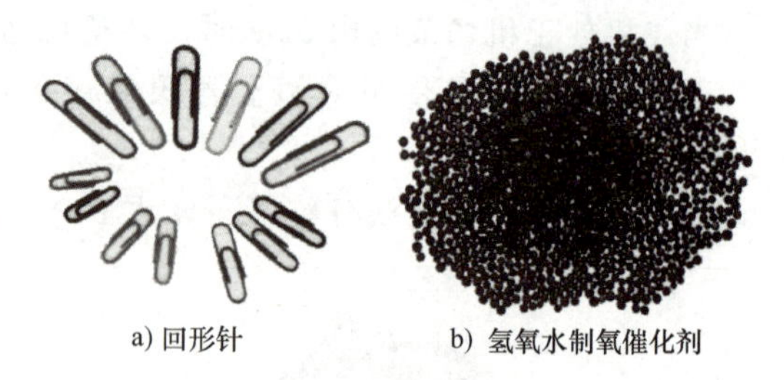

图 10-82　中介物（二）

惰轮（见图 10-83）是两个不互相接触的传动齿轮中间起传递作用的齿轮，同时跟这两个齿轮啮合，用来改变被动齿轮的转动方向，使之与主动齿轮相同。它的作用只是改变转向并不能改变传动比，故称为惰轮。

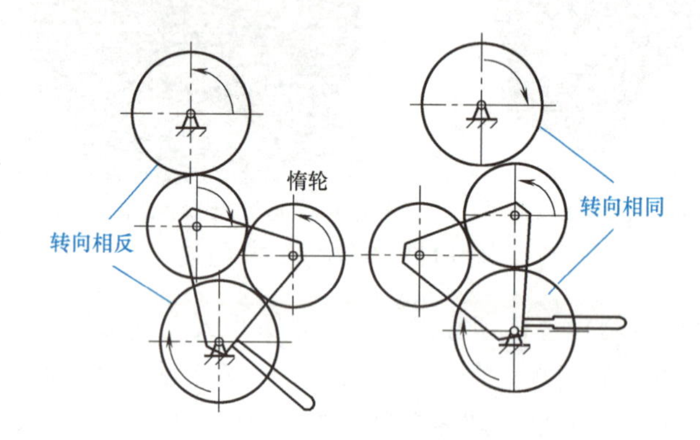

图 10-83　换档用惰轮

发明原理 25：自服务（Self-service）

1）物体通过自身的某种特性产生服务于自身的功能。例如：

卤素灯可将蒸发的钨重新附着在钨丝上，延长寿命；

自锁螺母；

自清洗过滤器（见图 10-84a）；

自平衡独轮车（见图 10-84b）；

自清洁玻璃。

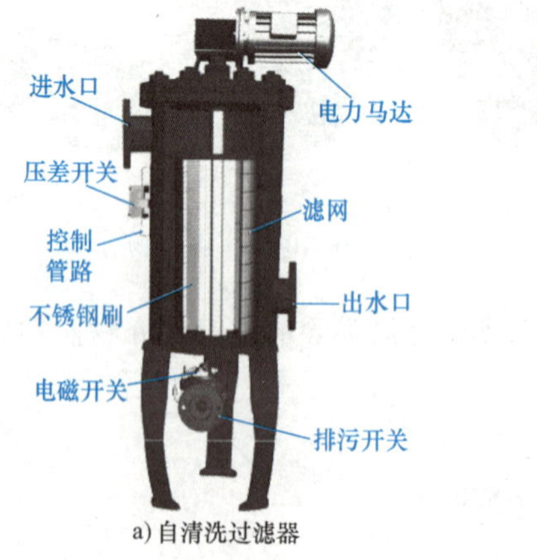

a) 自清洗过滤器

b) 自平衡独轮车

图 10-84　自服务（一）

2）利用废弃的材料、能量和物质。例如：

利用植物秸秆的草料堆肥（见图 10-85a）；

使用动物粪便作为肥料（见图 10-85b）。

a) 现代堆肥工具　　b) 有机化肥处理

图 10-85　自服务（二）

热电联产（见图 10-86）是指发电厂既生产电能，又利用汽轮发电机做过功的蒸汽对用户供热的生产方式，即同时生产电、热能的工艺过程，较之分别生产电、热能的方式节约燃料。

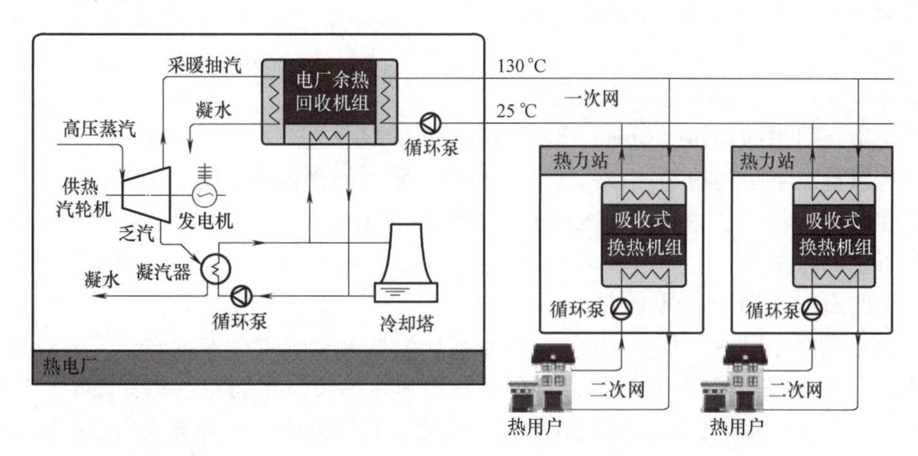

图 10-86　热电联产系统

发明原理 26：复制（Copying）

1）用简单、低廉的复制品替代昂贵、易碎、复杂的物体或系统。例如：

虚拟现实（见图 10-87）；

用实验模型进行环境模拟实验；

仿制珠宝；

博物馆仿制文物。

图 10-87　虚拟现实游戏

2）利用光学复制或图像代替物体。例如：

地理上，利用勘测照片代替实际陆地（见图 10-88a）；

通过测量照片测量实际距离；

利用投影仪进行讲课（见图10-88b）。

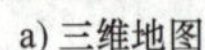

a) 三维地图

b) 投影仪

图10-88　复制（一）

3）如果已经使用了可见光复制，则尝试使用红外线或紫外线。例如：

使用红外线进行热源探测，如利用红外热成像仪进行夜间探测（见10-89a）；

使用紫外线进行不可见裂纹探测；

利用紫外线吸引昆虫进入陷阱（见图10-89b）。

a) 热成像仪

b) 紫外线灭蚊灯

图10-89　复制（二）

发明原理27：用低成本、不耐用的物体代替昂贵、耐用的物体（Cheap short-living objects）

用一些廉价、不耐用的物体或系统代替昂贵、耐用的物体或系统。例如：

一次性产品（纸杯、尿布、雨衣等）（见图10-90a）；

用后可扔的打火机；

人造金刚石（见图10-90b）。

尾翼稳定脱壳穿甲弹（见图10-91）是目前反坦克火炮的主要弹种之一，一般由大口径滑膛炮发射（英国采用线膛炮发射）。穿甲弹需要弹体细长，才能穿透坦克装甲。但由于发射装置炮口口径往往很大，所以需要在弹体外壳套上轻质外壳。在导弹发射后，因为空气阻力，轻质外壳自然脱落，所以称为脱壳穿甲弹。

a) 一次性雨衣

b) 大颗粒人造金刚石

图10-90　用低成本、不耐用的物体代替昂贵、耐用的物体

图10-91　尾翼稳定脱壳穿甲弹

发明原理28：机械系统的替代（Mechanics substitution/Another sense）

1）利用视觉、听觉、嗅觉、触觉或味觉的方式代替部分机械系统。例如：

用能够驱赶猫、狗的声音代替围墙（超声波驱狗器）（见图10-92a）；

将难闻气体掺入无色无味的危险气体中，代替机械的或电子的传感器发现泄漏；

基于图像识别的技术；

用指纹或视网膜验证代替钥匙（见图10-92b）。

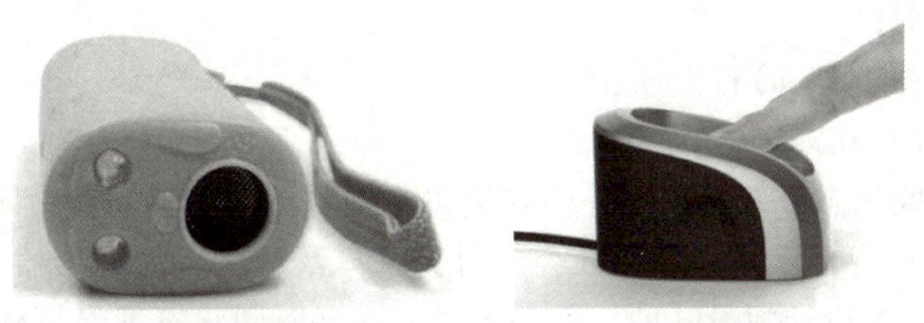

a) 超声波驱狗器　　b) 指纹验证

图10-92　机械系统的替代（一）

2）运用电场、磁场或电磁场完成物体或系统间的相互作用。例如：

为了混合两种粉末，将这两种粉末分别附以正反两种电荷；

磁悬浮轴承（见图10-93a）；

磁悬浮列车（见图10-93b）；

（磁、电场）辅助开关。

a) 磁悬浮轴承　　b) 磁悬浮列车

图10-93　机械系统的替代（二）

3）将静态场变为动态场、固定场变为移动场或随机场变为确定变化场，以提高适应性。例如：

固定电话时代，靠固定线路交流；移动通信时代，采用全方位辐射模式来进行信号传输；

核磁共振扫描仪（见图10-94a）；

磁性/光感传感器（见图10-94b）；

声化学；

变频电动机、伺服电动机、步进电动机。

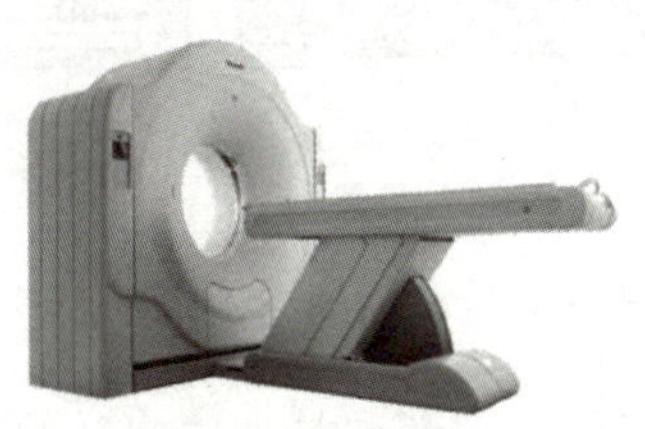

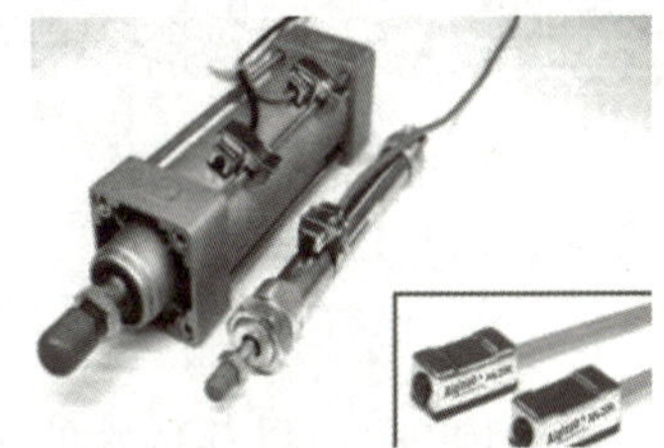

a) 核磁共振扫描仪　　b) 磁性传感器

图10-94　机械系统的替代（三）

4）应用铁磁物质。例如：

用变磁场加热含有铁磁粒子的物体，当温度达到居里点时，铁磁材料变成顺磁材料，停止加热；

磁性纳米催化剂；

铁磁流体（见图 10-95a）；

变色玻璃（见图 10-95b）。

电流变体在一般状态下保持液态，但在通以一定电流后，就会变为固态，这种效应称为“温斯洛现象”。这种现象已经在现代社会中得到了广泛应用，如刹车器、机翼和仿生科学。如图 10-96 所示，日本设计师设计的一款遥控器，在平时的状态下保持软化，可以任意折叠存放。当需要使用时，只需要按下起动键，就可以变成正常的遥控器。

a) 铁磁流体　　b) 变色玻璃

图 10-95　机械系统的替代（四）

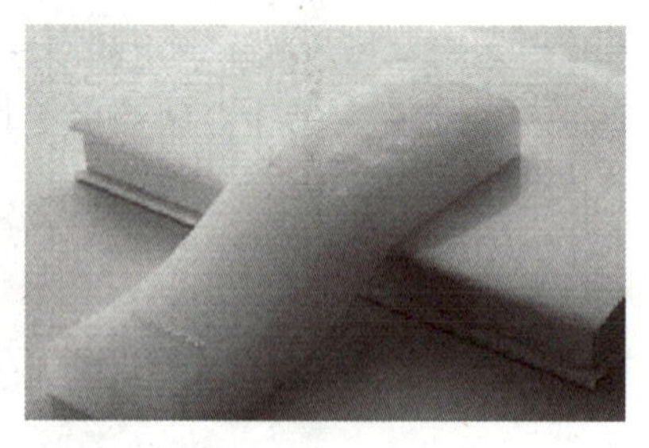

图 10-96　变形遥控器

发明原理 29：气动与液压结构（Pneumatics and hydraulics）

物体的固体零部件可用气动或液压零部件代替，将气体或液体用于膨胀或减振。例如：

替换机械系统为气压或液压系统；

充气家具、床垫；

凝胶鞋垫；

气体轴承；

充气夹具（见图 10-97）。

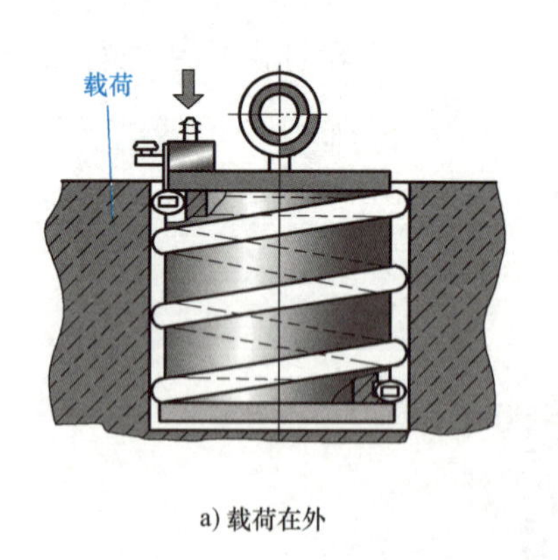

a) 载荷在外

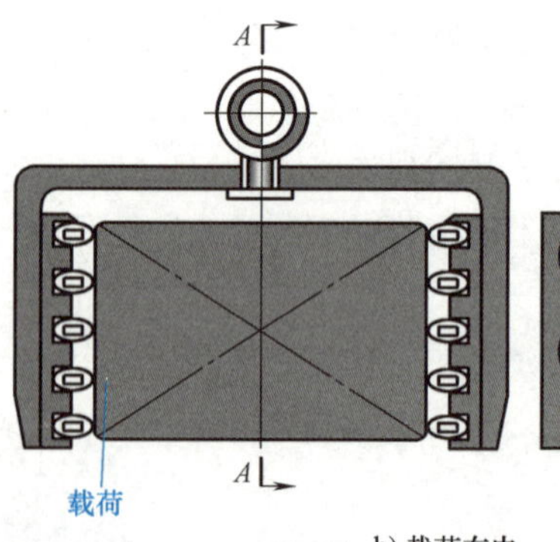

A—A

空气

膨胀壳

b) 载荷在内

图 10-97　充气夹具

液压动力手表（见图 10-98），以其特殊的工作原理而被誉为“疯狂的手表”设计——用活塞，风箱，液体来表示时间。它与普通腕表的最大区别是运用液压动力系统，结合活塞运

动原理，配以裸露的表盘，让腕表机械感十足。

发明原理 30：柔性壳体或薄膜（Flexible shells and thin films）

1）利用柔性壳体或薄膜替代刚性结构。例如：

使用充气（薄膜）结构，如充气夹具的充气带；

F18 飞机半刚性半柔性蒙皮；

薄膜开关（见图 10-99a）；

布袋除尘（见图 10-99b）；

真空包装；

在柔性袋子中储存能量，如液压系统的蓄能器。

图 10-98 液压动力机械腕表

a) 薄膜开关结构

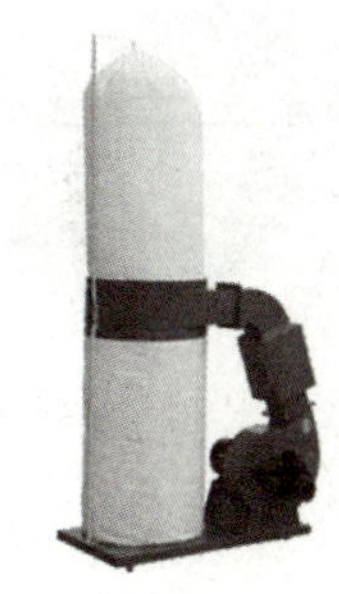

b) 布袋除尘

图 10-99 柔性壳体或薄膜（一）

2）利用柔性壳体或薄膜隔离物体或系统。例如：

（气、固）泡沫包装（见图 10-100a）；

鸡蛋盒；

茶包（见图 10-100b）。

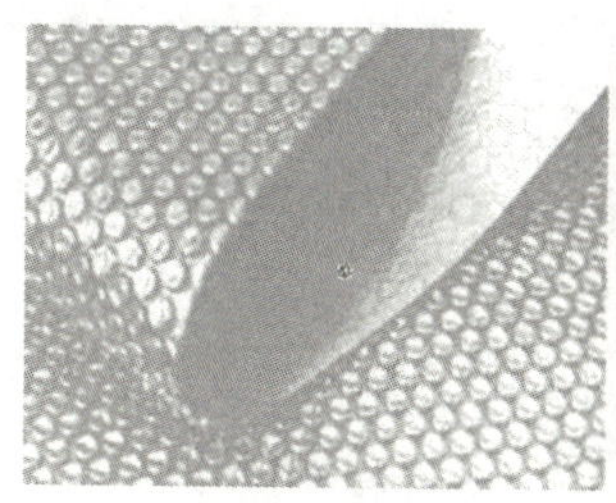

a) 气泡膜外包装材料

b) 茶包

图 10-100 柔性壳体或薄膜（二）

发明原理 31：多孔材料（Porous materials）

1）使物体变成多孔结构或通过插入、涂层等方式增加多孔元素；如果物体已经是多孔结构，则进一步增加孔的数量和比表面积。例如：

在结构上增加孔的数量，来减轻重量；

空心砖（见图 10-101a）、渗水砖；

化学反应催化剂做成多孔结构，增加比表面积（见图 10-101b）；

用空心轴代替实心轴，以在减轻重量的前提下，提高承载能力；

棕垫。

2）如果物体已是多孔的，用这些孔完成一定功能或引入能完成一定的功能的物质。例如：

利用多孔金属材料的毛细作用，去除焊头部分多余的废料；

利用钯海绵的细孔储存氢气（对于氢动力车来说，利用钯海绵储存氢气更安全）；

聚苯乙烯包装材料中的干燥剂；

药用棉签或敷料；

含油轴承（见图 10-102a）；

埋入式传感器（见图 10-102b）。

a) 空心砖　b) 陶瓷催化剂

图 10-101　多孔材料（一）

a) 含油轴承(套)　b) 埋入式传感器

图 10-102　多孔材料（二）

泡沫金属（见图 10-103）是孔隙度（多孔体中所有孔隙的体积与多孔体总体积之比）达到 90% 以上，具有一定强度和刚度的多孔金属。这类金属孔隙度高，孔隙直径可达至毫米级。

图 10-103　泡沫金属和泡沫金属型阻燃器

它的透气性很高，几乎都是连通孔，孔隙比表面积大，材料容重很小。粉末冶金法制造泡沫金属，是在粉末中加入发泡剂（如 NH_4Cl），烧结时发泡剂挥发，留下孔隙。当泡沫金属承受压力时，由于气孔塌陷导致的受力面积增加和材料应变硬化效应，使得泡沫金属具有优异的冲击能量吸收特性。

发明原理 32：改变颜色（Colour changes）

1）改变物体或环境的颜色。例如：

在摄影暗房使用安全灯光；

利用能够随温度改变的测温漆检测温度（见图 10-104a）；

热变色塑料勺；

在食品标签上应用热敏染料，当食物所需温度到达后，标签会改变色彩；

电致变色玻璃；

迷彩（见图 10-104b）；

利用干涉条纹改变表面结构进而改变色彩（如蝴蝶翅膀）；

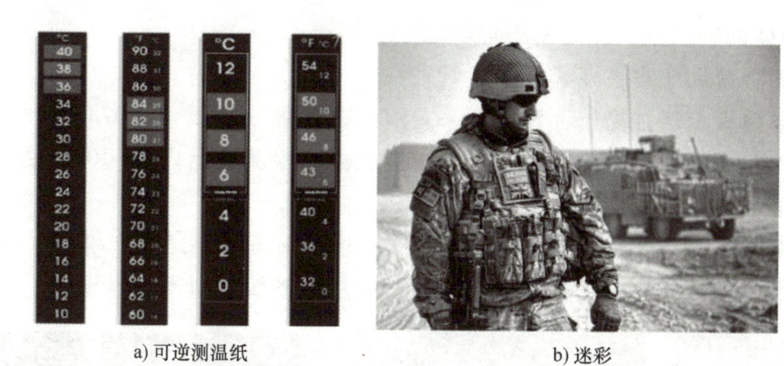

a) 可逆测温纸　　b) 迷彩

图 10-104　改变颜色（一）

石蕊试剂。

2）改变一个物体或其周围环境的透明度或改变某一过程的可视性。例如：

医用透明敷料（见图 10-105a）；

光敏玻璃；

烟幕弹（见图 10-105b）。

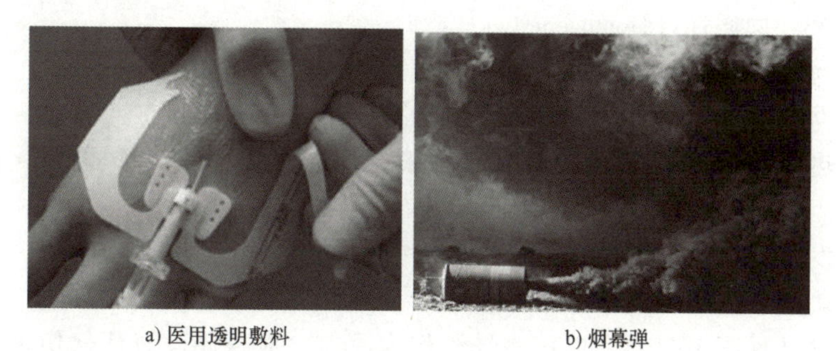

a) 医用透明敷料　　b) 烟幕弹

图 10-105　改变颜色（二）

3）为了提高物体的可视度，添加有色添加物或发光元素。例如：

在紫外光谱中添加荧光添加剂；

紫外线标记笔用来识别脏污（见图 10-106a）；

使用相反的颜色来增加可视性；

为使试验流体更易识别，添加无害有色液体；

红色警告灯（见图 10-106b）。

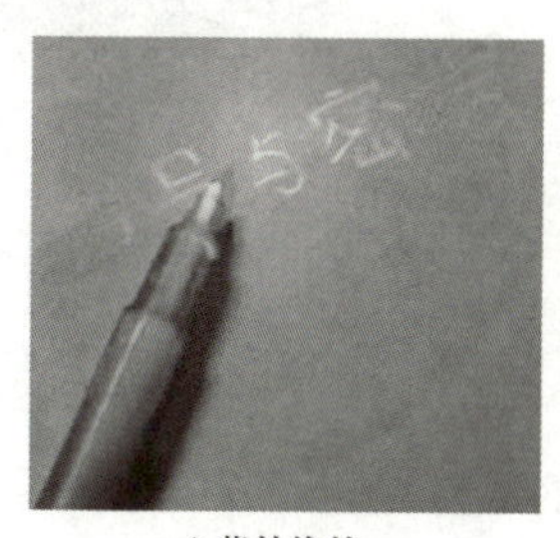

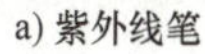

a) 紫外线笔　　b) 红色警告灯

图 10-106　改变颜色（三）

4）改变物体的辐射率，使之易于辐射加热。例如：

采用黑白面板帮助宇宙飞船进行温度管理；

在太阳能电池板上增加抛物面反射器来获取更多能量（见图 10-107a）；

使用辐射率较高的涂料喷涂物体，有助于热成像仪检测（见图 10-107b）；

低辐射率玻璃。

犯罪现场常常需要寻找指纹（见图 10-108），通常会使用 8-羟基喹啉法，这种白色粉末会与汗液中的钾、钠离子结合，添加荧光材料，或用紫外线照射即可显现。

a) 太阳能采集

b) 高辐射率涂料隧道

图 10-107 改变颜色（四）

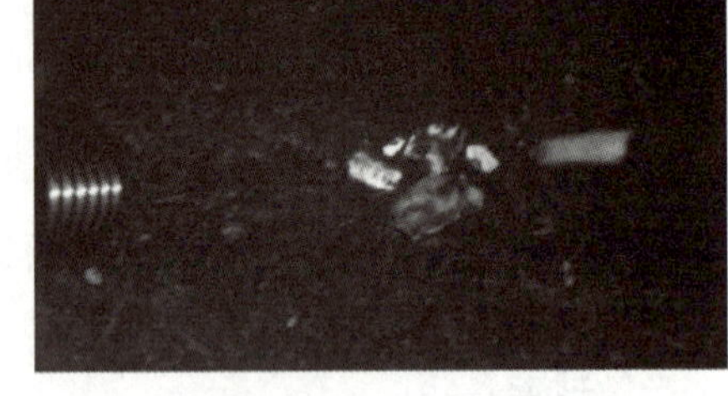

图 10-108 犯罪现场指纹

发明原理 33：同质性（Homogeneity）

相连接的物体使用相同材料（或有相似特性的材料）。例如：

用与盛放物体相同材质的容器可以减少化学反应；

为了避免热膨胀后改变配合性质或出现胀裂，过盈配合的两个零件热胀冷缩率应该接近；

为了防止发生电化学腐蚀，两个相连物体的材料应该是相似的；

水做的冰块溶解后不会影响饮料质量。

可降解花盆（见图 10-109）以植物纤维作为原料，对身体没有任何伤害。并且花盆破碎后可以降解，不会对环境造成污染。而且植物纤维本身就有花卉生长所需的部分养分，在植物生长的过程中，所含的营养元素可以缓慢地释放到泥土里，供给植物生长。

发明原理 34：抛弃与修复（Discarding and recovering）

1）抛弃或者修复物体或系统中已经完成功能的元素。例如：

包裹药粉的胶囊；

利用冰临时代替夯土结构，如临时大坝，待夯土工程完工后，不用人工处理；

包裹糖的糯米纸；

子弹壳、炮弹壳激发后被抛弃；

火箭助推器（见图 10-110a）；

消失模铸造（见图 10-110b）。

图 10-109 可降解花盆

2）在功能执行过程中修复物体或系统中消耗的或降解的部分。例如：

自动研磨刀片——剃须刀等；

自动修整砂轮装置（见图 10-111）；

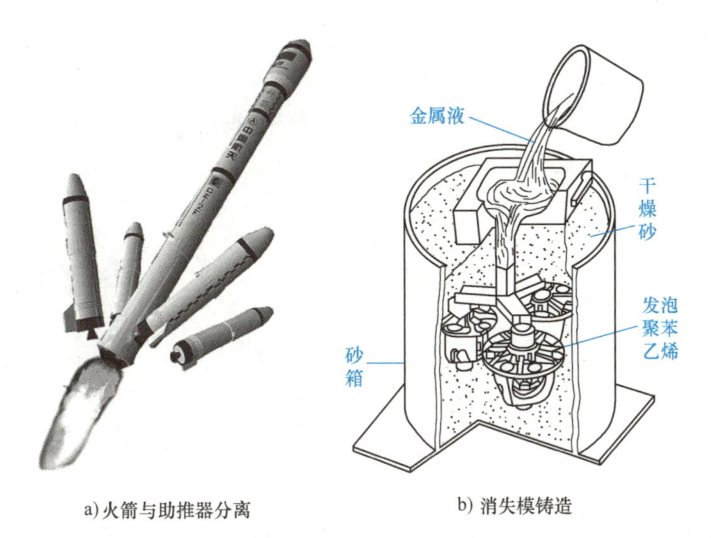

a) 火箭与助推器分离　　b) 消失模铸造

图 10-110 抛弃与修复

飞船废水处理系统；

自动步枪。

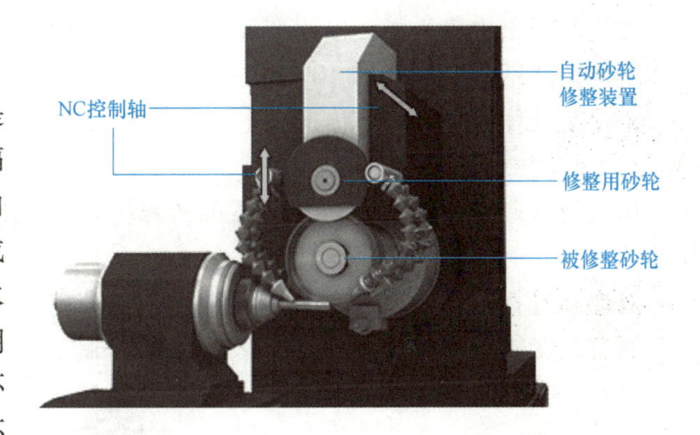

图 10-111 砂轮自动修整

地球上的水圈（见图 10-112）是一个永不停息的动态系统。在太阳辐射和地球引力的推动下，水在水圈内各组成部分之间不停地运动着，构成全球范围的海陆间循环，并把各种水体连接起来，使得各种水体能够长期存在。海陆之间的水交换是这个循环的主线，意义重大。淡水的动态循环容易被人类社会所利用，具有经济价值，正是我们所说的水资源。

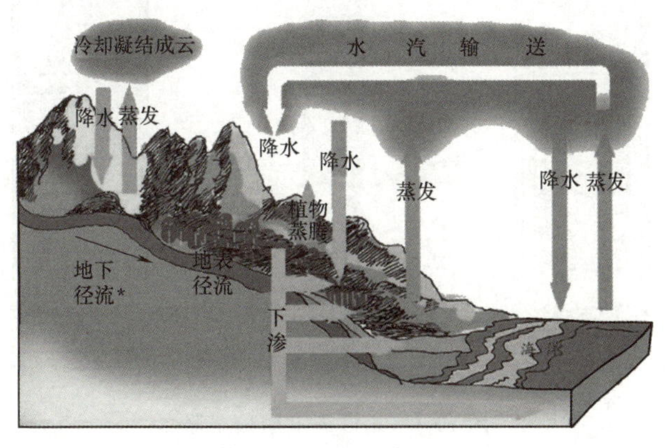

图 10-112 地球上的水圈

发明原理 35：参数变化（Parameter changes）

1）改变物体的物理状态（如气态、液态或固态）。例如：

各种液态胶水、油漆；

冻结夹心糖的液体部分，再进行巧克力包裹；

将氧气、氢气、天然气等进行液化处理，既方便储存又可以减小体积；

整容注射液体硅胶；

果冻；

电离空气使空气阻力降低（见图 10-113）。

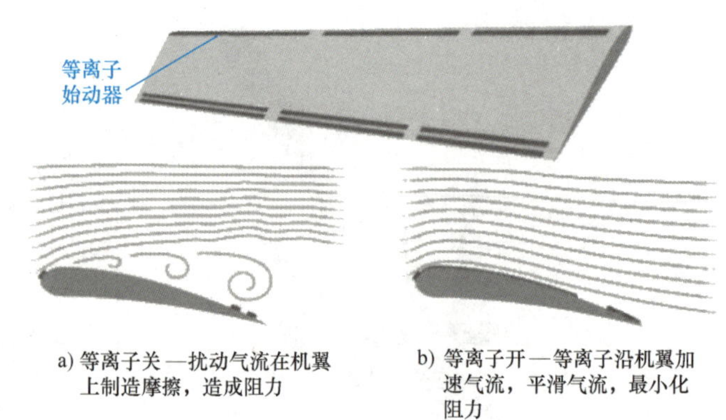

a) 等离子关—扰动气流在机翼上制造摩擦，造成阻力　b) 等离子开—等离子沿机翼加速气流，平滑气流，最小化阻力

图 10-113　电离空气降低飞机机翼上由湍流引起的阻力

注：等离子始动器可以消除如襟翼和翼片上必须的控制面

2）改变物体浓度或黏度。例如：

液态洗涤剂较固态洗涤剂的浓度更高，洗涤效果更好（见图 10-114a）；

浓缩或脱水橙汁更方便运输；

改变混凝土中集料配比以改变混凝土的性质；

不同密度纤维板（见图 10-114b）；

电流变液体、磁流变液体通过电场或磁场改变黏度。

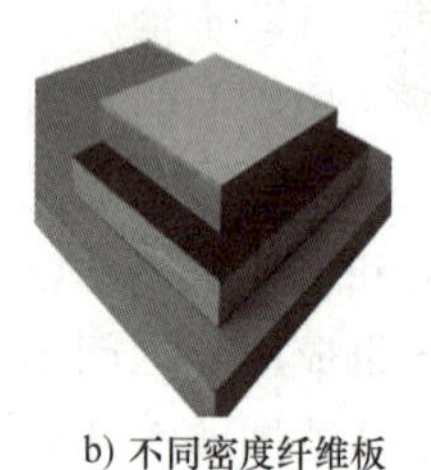

a) 洗涤剂　b) 不同密度纤维板

图 10-114　参数变化

3）改变物体的柔性。例如：

用三级可调减振器代替轿车中不可调减振器（见图 10-115）；

对橡胶进行硫化处理，增加其柔性和耐久性；

通过改变轮胎的充气压力改变轮胎的减振性能。

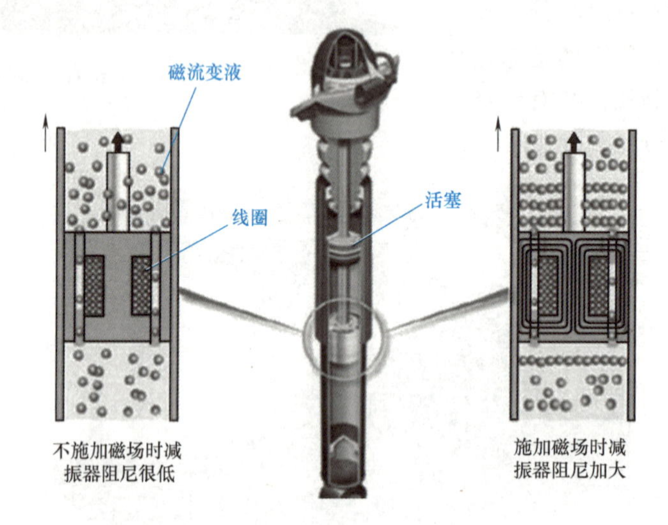

图 10-115　可调阻尼减振器

4）改变温度。例如：

提升物体温度，在超过居里点后，铁磁体变成顺磁体，如电饭煲通过热敏铁氧体控温（见图 10-116）；

全球变暖的影响；

利用高大建筑中自然形成的温度梯度引起的对流进行温度控制；

降低医用标本的温度，延长储存时间。

5）改变压力。例如：

高压锅进行蒸煮肉更容易熟；

利用压力突然降低的原理分割有间隙的物体，如分离果仁和果壳，老式爆米花机原理；

真空干燥（见图 10-117）。

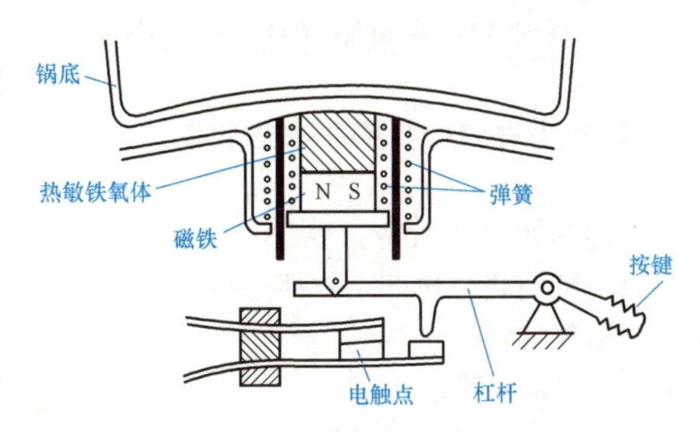

图 10-116 电饭煲利用居里点控温原理

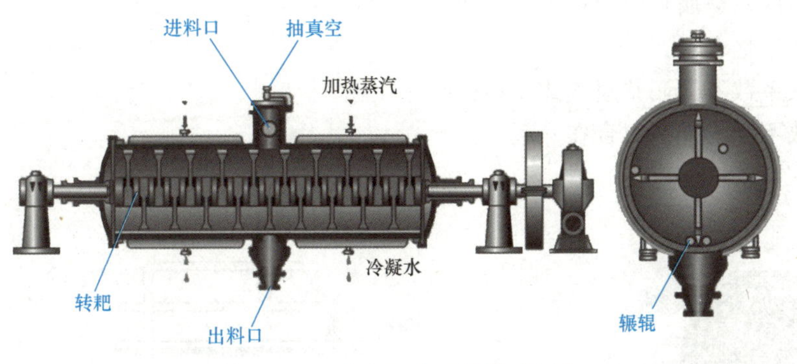

图 10-117 真空耙式干燥器示意图

6）改变其他参数。例如：

形状记忆合金；

利用居里点改变材料特性；

干冰（见图 10-118）是固态的二氧化碳，在6250.5498kPa压力下，把二氧化碳冷凝成无色的液体，再在低压下迅速蒸发而得到。广泛用于清洁、食品保存和印刷等行业。

图 10-118 干冰

发明原理 36：状态变化（Phase transitions）

在状态变化过程中实现某种效应（如体积变化、融化吸热等）。例如：

融化、沸腾中的潜伏热效应；

蒸汽压缩式制冷原理；

水结冰体积膨胀；

蒸汽机；

热泵技术（见图 10-119）是近年来在全世界备受关注的新能源技术。人们所熟悉的“泵”是一种可以提高位能的机械设备，比如水泵主要是将水从低位抽到高位。而“热泵”是一种能从自然界的空气、水或土壤中获取低品位热能，经过电力做功，提供可被人们所用的高品位热能的装置。

发明原理 37：热膨胀（Thermal expansion）

1）利用材料的热膨胀和热收缩效应。例如：

利用热胀冷缩效应，在进行过盈装配时，将内部连接件冷却，外部连接件加热，装配后恢复室温；

热塑收缩包装；

膨胀接头（见图 10-120）。

2）组合使用不同膨胀系数的材料。例如：

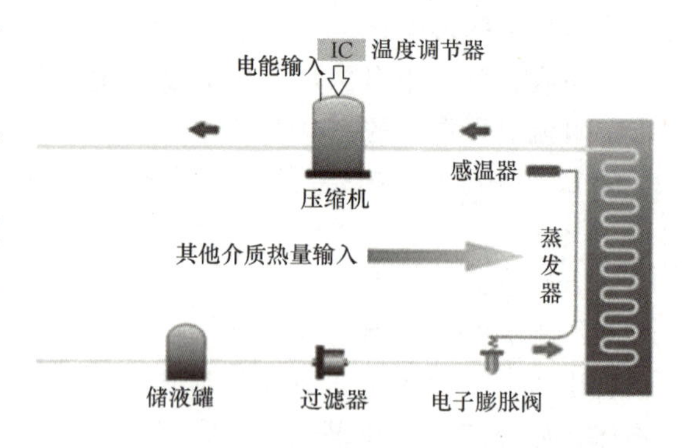

图 10-119　热泵工作原理图

电熨斗中的双金属片温度传感器（见图 10-121）；

双向形状记忆合金；

利用膨胀系数不同调整喷气式发动机叶片顶隙；

膨胀系数不同的弹簧组合在一起。

图 10-120　膨胀接头

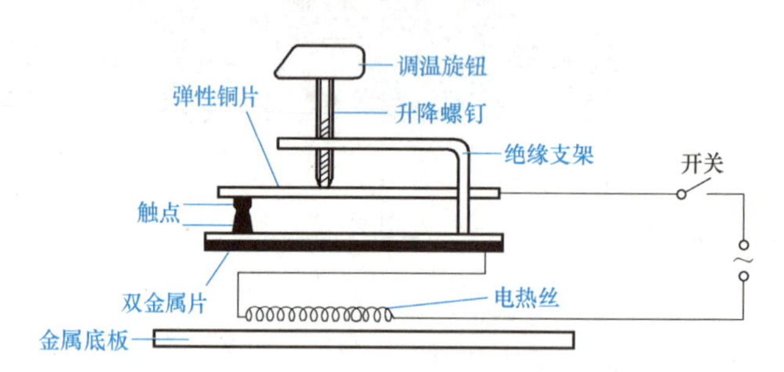

图 10-121　电熨斗中的双金属片温度传感器

发明原理 38：富集气氛（Enriched atmosphere），又称为加速强氧化（Strong oxidants）

1）利用富氧环境代替正常大气环境。例如：

在生活区种植植物；

高压氧舱；

潜水员的氧气瓶；

利用氧化亚氮改善发动机性能（见图 10-122）。

2）使用纯氧。例如：

氧乙炔火焰可以提供高温；

炼钢过程中用高纯度氧气代替空气，可以提高冶炼效率和钢的品质；

利用纯氧杀死伤口的厌氧细菌，来治疗伤口；

使用液氧作为推进剂的火箭（见图 10-123）。

图 10-122　氧化亚氮

3）对空气或氧气进行电离辐射，利用产生

的离子态氧。例如：

电离空气产生臭氧进行食品消毒；

在进行化学反应前电离氧气，加速化学反应。

4）利用臭氧。例如：

利用臭氧为游泳池消毒，杀死微生物；

利用溶解了臭氧的水进行船体清理，清除有机污染物；

臭氧是广泛、高效、快速杀菌剂，在一定浓度下，臭氧可迅速杀灭水和空气中使任何生物致病的各种病菌和微生物，其灭菌速度是氯的两倍以上。更重要的是，臭氧杀菌（见图10-124）后还原成氧，无任何残留和二次污染，其他化学制剂都无法做到这一点。

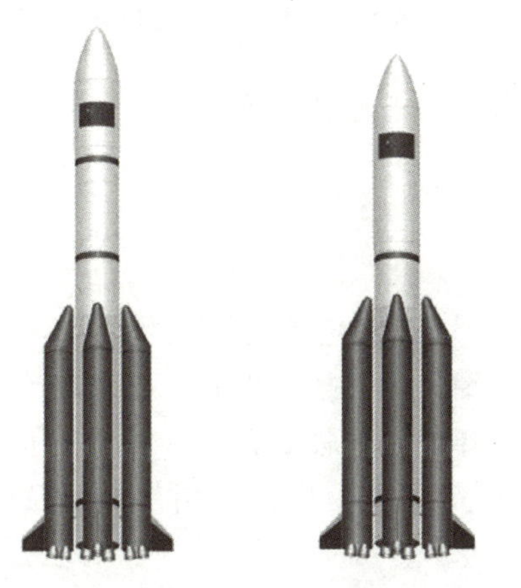

图 10-123　液氧作为推进剂的长征 5 号火箭

图 10-124　车内臭氧杀菌

发明原理 39：惰性环境（Inert atmosphere）

1）用惰性环境代替常规环境。例如：

为防止灯泡内的炙热灯丝失效，在灯泡内填充氩气（见图 10-125）；

惰性气体保护电弧焊；

真空环境下进行电子束焊接；

失重环境下，进行生产制造；

真空包装。

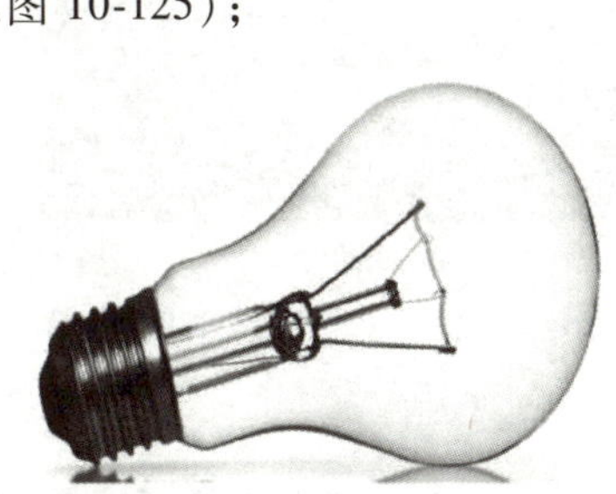

图 10-125　氩气环境的灯丝

2）在物体或系统中添加中性零件或惰性元素。例如：

海军航空燃料中添加改变燃点的添加剂；

阻尼器；

吸音板/结构（见图 10-126）；

在钛中添加阻燃剂，防止其在激发状态燃烧。

阻燃剂（见图 10-127）是赋予易燃聚合物难燃性的功能性助剂，主要是针对高分子材料的阻燃设计的。阻燃剂有多种类型，按使用方法分为添加型阻燃剂和反应型阻燃剂。

发明原理 40：复合材料（Composite materials）

根据不同的功能需求，将材质单一的材料替换为复合材料。例如：

航空材料的要求是重量轻、强度高，一般材料很难达到要求，尤其是在内部纤维的排列方式上，所以需要特殊的复合材料（钛铝合金叶片）（见图 10-128a）；

图 10-126　卧室内的吸音板

图 10-127　添加阻燃剂的木料

复合型高尔夫球杆的杆身重量轻、韧性高，又具有很高的扭转刚度；

混凝土骨料；

玻璃钢（见图 10-128b）；

特种陶瓷。

轻混凝土骨料（见图 10-129）是指在混凝土中起骨架或填充作用的粒状松散材料，分为粗骨料和细骨料。粗骨料包括卵石、碎石、废渣等，细骨料包括中细砂、粉煤灰等。具有轻质、高强、保温和耐火等特点，并且变形性能良好，弹性模量较低，在一般情况下收缩和变化也较大。又因为具有密度小、保温性好、抗振性好等优点，广泛应用于高层及大跨度建筑。

a) 钛铝合金叶片

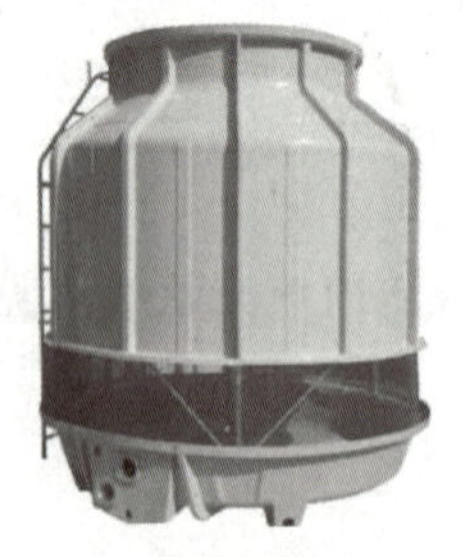

b) 玻璃钢冷却塔

图 10-128　复合材料

图 10-129　轻混凝土骨料地面

10.4　冲突矩阵和技术冲突解决过程

10.4.1　冲突矩阵

冲突矩阵是基于对 40000 多份发明专利的研究，结合改进参数和恶化参数，通过其选择合适的发明原理来解决冲突的有效方法。表 10-5 所列为冲突矩阵的一部分，完整的冲突矩阵见附录 D。冲突矩阵的第一列为 39 个通用改进参数序号及其描述，第一行为 39 个通用恶化参数序号及其描述。矩阵元素为 1~4 个数字，这些数字代表解决对应改进参数和恶化参数组成的技术冲突的发明原理的序号。这些序号的顺序代表其从高到低的应用频率。

例如：改进参数为“静止物体的长度”，恶化参数为“静止物体的面积”，通过表 10-5 可以查得发明原理代号 17，7，10，40 对应的发明原理分别为：

17——维数变化；

7——套装；

10——预操作；

40——复合材料。

在冲突矩阵中也存在着改进参数和恶化参数交集处没有建议的发明原理的空白处。这表示该处并没有特定相关参数涉及的发明专利，或是研究还未确定。使用冲突矩阵查到的所有发明原理都应该被考虑，矩阵元素中发明原理的顺序决定其帮助解决冲突的能力。如果建议的发明原理没有帮助解决问题，就应该在剩余的发明原理中继续寻找。

表 10-5 冲突矩阵表（局部）

恶化特性→ 改进特性↓		1	2	3	4	5	6	7	8
		运动物体的重量	静止物体的重量	运动物体的长度	静止物体的长度	运动物体的面积	静止物体的面积	运动物体的体积	静止物体的体积
1	运动物体的重量		—	15,8, 29,34	—	29,17, 38,34	—	29,2, 40,28	—
2	静止物体的重量	—		—	10,1, 29,35	—	35,30, 13,2	—	5,35, 14,2
3	运动物体的长度	8,15, 29,34	—		—	15,17, 4	—	7,17, 4,35	—
4	静止物体的长度	—	35,28, 40,29	—		—	17,7, 10,40	—	35,8, 2,14
5	运动物体的面积	2,17, 29,4	—	14,15, 18,4	—		—	7,14, 17,4	—
6	静止物体的面积	—	30,2, 14,18	—	26,7,9,39	—		—	—
7	运动物体的体积	2,26, 29,40	—	1,7, 4,35	—	1,7, 4,17	—		—
8	静止物体的体积	—	35,10, 19,14	19,14	35,8, 2,14	—	—	—	

10.4.2 技术冲突解决过程

运用技术冲突和冲突矩阵解决问题的一般过程如图 10-130 所示。

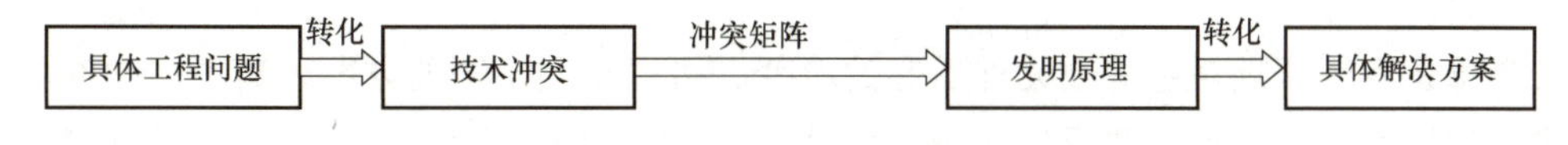

图 10-130 技术冲突解决问题的过程

具体解决步骤如下：

1）问题分析。首先针对具体工程问题，进行问题分析（第 2 篇），确定问题的根本原因。

2）把问题转化为冲突问题。用标准工程参数描述冲突，具体过程见 10.2 节。

3）查冲突矩阵确定可用发明原理。

4）由查到的发明原理的描述提出针对具体工程问题的具体解决方案。

10.5 案例分析

案例1：定位销校准

1. 问题背景

将两种设备（如图10-131所示的设备#1和设备#2）进行定位或连接，需要使用定位销。由于设备较沉重，组装操作需要动力工具。

然而，定位销相对较短会导致生产人员目测校准时产生困难，设备间过小的缝隙导致目测校准较难完成。不过，定位销也不能过长，过长的定位销无法放入有深度限制的孔中，也会产生对接困难的情况。

图10-131 设备#1和#2对接

2. 定义技术冲突

该问题描述为：如果采用短定位销，那么设备#1和设备#2间就不会产生间隙，但是设备#1和设备#2的校正会非常困难，会在控制间隙上浪费大量时间。

3. 通用工程参数描述

改进参数——间隙：静止物体的长度（参数No.4）；

恶化参数——校正困难、操作时间长：可操作性（参数No.33）、生产率（参数No.39）

4. 查发明原理求解

查附录D冲突矩阵，结果见表10-6。

表10-6 冲突矩阵查询结果

恶化特性→ 改进特性↓	No.33 可操作性	No.39 生产率
No.4 静止物体的长度	2、25	30、14、7、26

得到的发明原理如下：

2——分离；25——自服务；30——柔性壳体或薄膜；14——曲面化；7——套装；26——复制。

按照每条发明原理对系统或元件引起的改变，可以得到不同的方案，其中一个有效的解决办法是使用套装（发明原理7）原理，结果得到如图10-132所示的伸缩式定位销。伸缩销可以有足够的长度，便于目测校准，达到长度需求；可以伸缩至足够短，使设备对接后没有缝隙，技术冲突得到解决。

案例2：设备运输器

1. 问题背景

如图10-133所示的设备运输器是用于将设备从装货间（设备储存地）运输到检测位置的。本例中的运输器用于集成电路组件。这种设备设置了便于运载的凹槽，但是由于宽度和深度一定，所以运输的集成电路组件尺寸一定，使得运输器只能为特定的集成电路定制。

图 10-132 伸缩销解决冲突

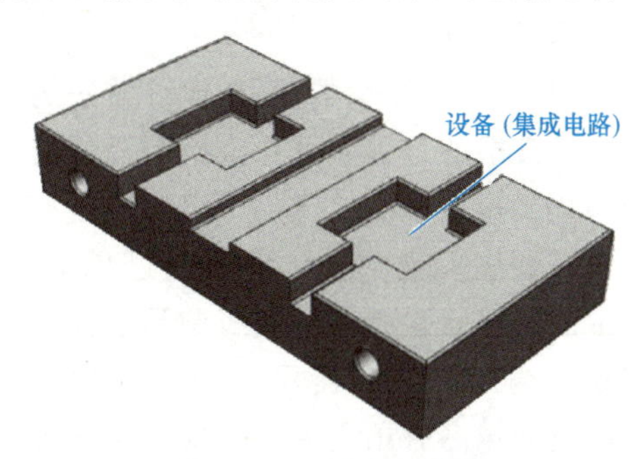

图 10-133 设备运输器

当设备尺寸需要定期改变时，使用固定的设备运输器就无法达到目的，更换合适的设备既浪费时间又浪费成本，影响设备的生产率。那么如何减少更换设备运输器的时间和成本呢？

2. 定义技术冲突

该问题描述为：如果采用形状和尺寸不同的运输器，那么就可以运输不同形状的设备，每个运输器形状适配性好，但是运输器的数量多和频繁更换运输器导致生产率降低。

3. 通用工程参数描述

改进参数——运输不同形状的设备、形状：适应性及多用性（参数 No. 35）、形状（参数 No. 12）；

恶化参数——运输器数量，生产率：复杂性（参数 No. 36）、生产率（参数 No. 39）。

4. 查发明原理求解

查附录 D 冲突矩阵，结果见表 10-7。

表 10-7 设备运输器的部分冲突矩阵

恶化特性→ 改进特性↓	No. 36 复杂性	No. 39 生产率
No. 35 适应性及多用性	15、29、37、28	35、28、6、37
No. 12 形状	16、29、1、28	17、26、34、10

得到的发明原理如下：

15——动态化；29——气动与液压结构；37——热膨胀；28——机械系统的替代；35——参数改变；6——多用性；16——未达到或超过的作用；1——分割；17——维数变化；26——复制；34——抛弃与修复；10——预操作。

按照每条发明原理对系统或元件引起的改变，可以得到不同的方案。其中一个有效的解决办法是使用维数变化（发明原理 17）原理，采用三维上的空间，设计结果如图 10-134 所示：在不同深度层次设置不同二维尺寸的凹槽。这样就可减少设备运输器更换的次数，提高生产率。

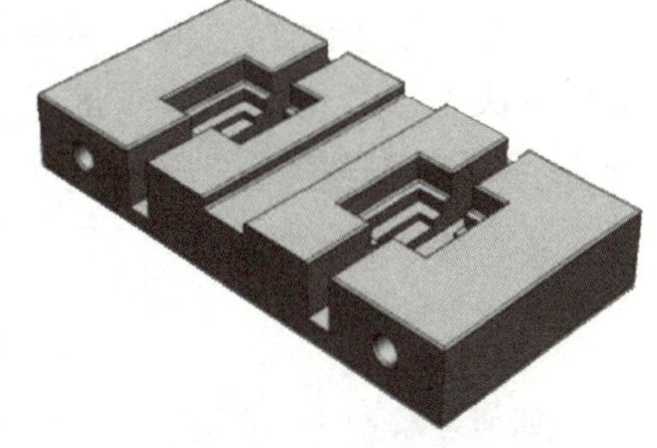

图 10-134 设备运输器冲突解决方案

案例 3：化学镀效率问题

1. 问题背景

如图 10-135 所示的用化学的方法为金属表面镀层的过程如下：金属制品放置于充满金属盐溶液的池子中，溶液中含有镍、钴等金属元素，在化学反应过程中，溶液中的金属元素凝结到金属制品表面形成镀层。温度越高，镀层形成的速度越快，但温度越高有用元素沉淀到池子底部与池壁反应的速度也越快。温度低又大大降低生产率。

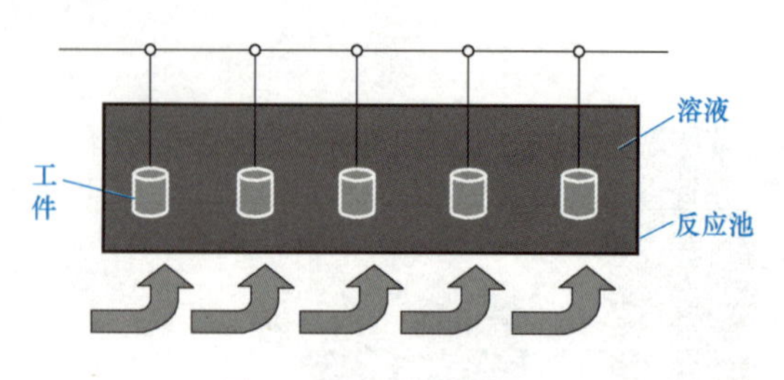

图 10-135 化学镀原理图

如何在提高生产率的同时，降低溶液中金属元素损失呢？

2. 定义技术冲突

该问题描述为：如果采用提高溶液的温度，那么就可以缩短反应时间，提高化学镀生产率，但是导致溶液中金属元素在池壁反应加快，导致有用元素的损失。

3. 通用工程参数描述

改进参数——生产率：生产率（参数 No. 39）、运动物体作用时间（参数 No. 15）；

恶化参数——有用元素损失：物质损失（参数 No. 23）。

4. 查发明原理求解

查附录 D 冲突矩阵，结果见表 10-8。

表 10-8 化学镀的部分冲突矩阵

恶化特性→ 改进特性↓	No. 23 物质损失
No. 39 生产率	28、10、35、23
No. 15 运动物体作用时间	28、27、3、18

得到的发明原理如下：

28——机械系统的替代；10——预操作；35——参数变化；23——反馈；27——用低成本、不耐用的物体代替昂贵、耐用的物体；3——局部质量；18——振动。

按照每条发明原理对系统或元件引起的改变，可以得到不同的方案。其中一个有效的解决办法是使用局部质量（发明原理 3）原理，只加热工件周围的溶液（加热工件），设计结果如图 10-136 所示。

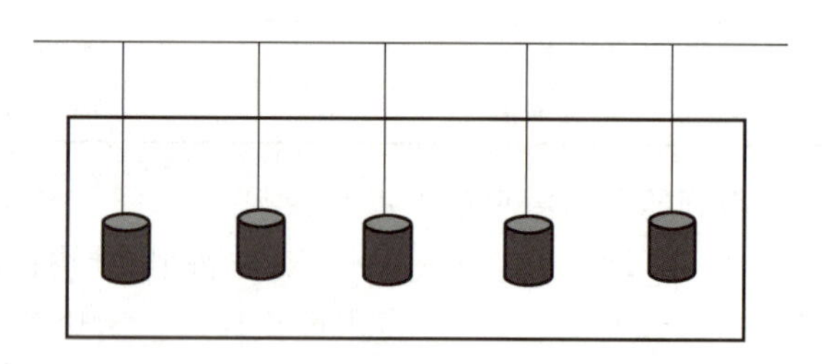
图 10-136 只加热工件，不加热溶液

思 考 题

1. 如何理解冲突的概念？
2. 列举两种生活中常见的冲突。

3. 发明原理与科学效应之间的关系是什么？

4. 什么是技术冲突？举例说明技术冲突出现的情况。

5. 分析10.5节所述案例，根据找到的发明原理，你还可以提出哪些解决方案？

6. 学生的书包应该需要很大的容量以便容纳更多的物品，但是书包大了放的物品多了书包又重了，增加了学生的负担，应用冲突解决理论解决问题。

7. 飞机油箱越大盛的油越多，飞机的续航能力越强，但是飞机的油箱越大也影响了飞机的机动性和耗油量，应用冲突解决理论解决问题。

8. 手机的功能自然是越强大越好，但是手机的功能越多，手机的耗电量和价格也就越高，应用冲突解决理论解决问题。

第11章 物理冲突解决理论

11.1 物理冲突

11.1.1 概述

物理冲突是 TRIZ 要研究解决的关键问题之一。与技术冲突相比，物理冲突是一种更尖锐的冲突。当系统的某一个参数需要变化时，针对该参数出现了相反的要求，这时就出现了物理冲突（如长度、面积、体积）。

物理冲突举例：

例 11-1 在飞机速度一定的情况下，机翼面积的增大有利于提高升力，但阻力会增加；相反，机翼面积的减小有利于减小阻力，但升力会减小（见图 11-1）。

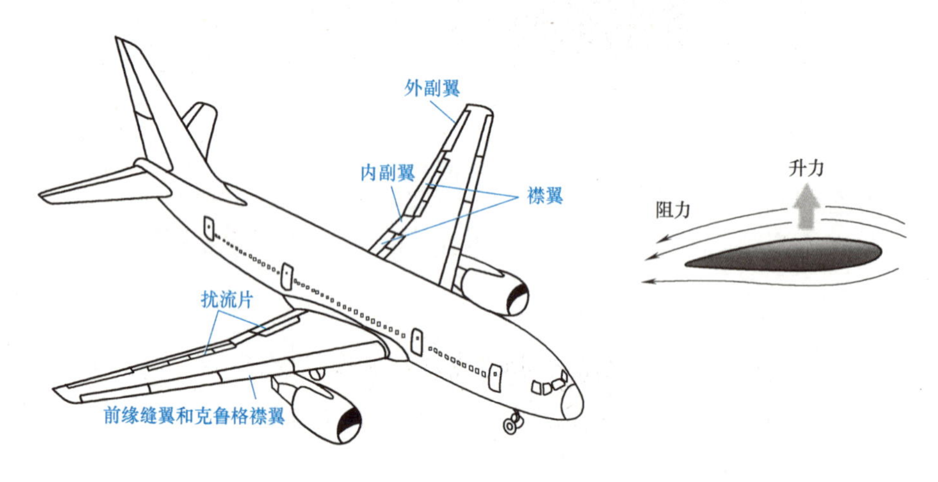

图 11-1 飞机的机翼

例 11-2 飞机在着陆时需要放下起落架（存在），飞行时则应收回起落架（不存在），以减小风阻（见图 11-2）。

图 11-2 起落架

11.1.2 物理冲突与技术冲突的关系

一般每个技术冲突背后都有相应的物理冲突。如上一章所述，技术冲突的发生是为了实现改进目标，采取某一措施或途径后，导致了不期望的结果产生，改进目标与不期望的结果就组成一对技术冲突。然后从 39 个通用工程参数中选择合适的参数描述改进目标和不期望的结果。这个过程可以用图 11-3 表示。

如图 11-3a 所示，参数 *C* 正向取值，会导致参数 *A* 改进，参数 *B* 恶化；反之，相反。参数 *A* 与参数 *B* 就构成一对技术冲突。而参数 *C* 既要正向取值，又要负向取值，则对参数 *C* 而言，就是物理冲突。图 11-3b 所示是这一关系的形象化描述。

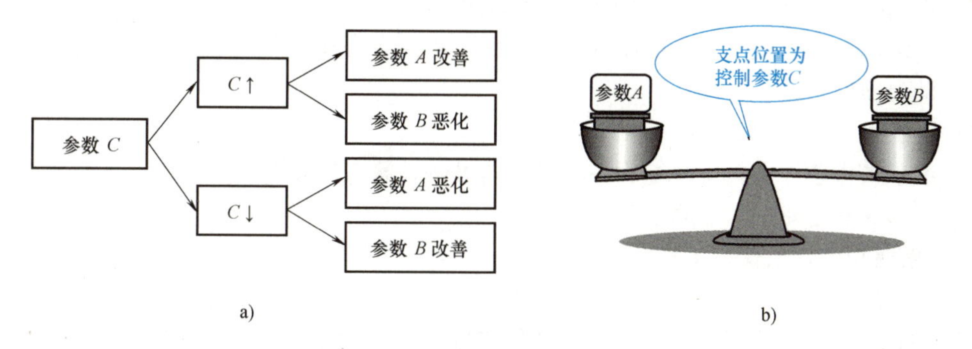

图 11-3　技术冲突与物理冲突之间的关系

在把技术冲突的两个参数进行通用化描述时，如果改进参数和恶化参数只能用同一通用工程参数描述，则此时只能应用物理冲突描述问题。

11.1.3　物理冲突的描述方法

物理冲突的一般描述方法为：

➢ 关键子系统（名称）应该具有或已有（“有用”参数），以能满足（“第一条要求”）；

➢ 该子系统（名称）不应该或不能有（“有害”参数），以能满足（“第二条要求”）。

常见的物理冲突见表 11-1。

表 11-1　常见的物理冲突

几何类	材料及能量类	功能类
长与短	多与少	喷射与卡住
对称与不对称	密度大与小	推与拉
平行与交叉	导热率高与低	冷与热
厚与薄	温度高与低	快与慢
圆与非圆	时间长与短	运动与静止
锋利与钝	黏度高与低	强与弱
窄与宽	功率大与小	软与硬
水平与垂直	摩擦系数大与小	成本高与低

11.2　分离原理

11.2.1　物理冲突解决方法

物理冲突的解决方法一直是 TRIZ 研究的重要内容，20 世纪 80 年代 Glazunov 提出了 30

种解决方法，20 世纪 90 年代 Savransky 提出了 14 种解决方法。阿奇舒勒在 20 世纪 70 年代提出了以下 11 种解决方法。

1）冲突特性的空间分离。

2）冲突特性的时间分离。

3）将不同系统或元件与一超系统相连。

4）将系统改为反系统，或将系统与反系统相结合。

5）系统作为一个整体具有特性 B，其子系统具有特性-B。

6）微观操作为核心的系统。

7）系统中一部分物质的状态交替变化。

8）由于工作条件变化使系统从一种状态向另一种状态过渡。

9）利用状态变化所伴随的现象。

10）用两相的物质代替单相的物质。

11）通过物理作用及化学反应使物质从一种状态过渡到另一种状态。

现代 TRIZ 在总结物理冲突解决的各种研究方法的基础上，提出了采用如下的分离原理解决物理冲突的方法：

——空间分离；

——时间分离；

——基于条件的分离；

——整体与部分的分离。

通过采用内部资源，物理冲突已用于解决不同工程领域中的很多技术问题。所谓的内部资源是指在特定的条件下，系统内部能发现可利用的资源，如材料及能量。假如关键子系统是物质，则几何或化学效应的应用是有效的，如关键子系统是场，则物理效应的应用是有效的。有时从物质到场，或从场到物质的传递是解决物理冲突问题的有效方案。

11.2.2 分离原理

按照 TRIZ 原理，物理冲突要彻底消除。其基本原理：在同一空间、同一时间 、同一条件、同一元件不可能具有相反的特性。因此要解决物理冲突，就可以在空间、时间、不同元件（层次）或不同条件下实现冲突要求的分离。

1. 空间分离原理

所谓空间分离原理是指将冲突双方在不同的空间分离，以降低解决问题的难度。当关键子系统冲突双方在某一空间只出现一方时，空间分离是可能的。空间分离原理可以描述为：系统或元件的某一部分有特性 P，另一部分具有特性-P，在空间上分离该两部分。

应用该原理时，首先应回答如下问题：是否冲突一方在整个空间中“正向”或“负向”变化？在空间中的某一处冲突的一方是否可不按一个方向变化？如果冲突的一方可不按一个方向变化，利用空间分离原理是可能的。

例 11-3 自行车采用链轮与链条传动是一个采用空间分离原理的例子。在链轮与链条发明前，自行车如图 11-4a 所示，该设计存在两个物理冲突：其一，在骑车人骑行频率一定的情况下，为了提高速度需要车轮直径大，为了乘坐舒适，需要车轮直径小，车轮直径既要大又要小形成了物理冲突；其二，在车轮直径一定的情况下，骑车人既要快蹬，以提高速度，又要慢蹬以骑行舒适。链传动的引入（见图 11-4b）解决了这两组物理冲突。链传动的引入把对速度要求在车轮直径上分离出来，通过小直径车轮改善舒适性，通过链传动的传动比实现高速度；同理，链传动的引入把实现速度要求从人的骑行频率分离出来，通过链传动的传动比放大后轮转速。

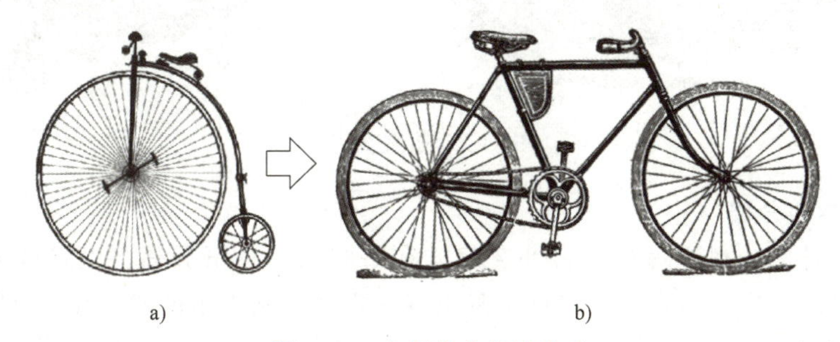

图 11-4　自行车中的链传动

例 11-4　军用船只利用电缆拖着千米之外的声呐探测器，以在黑暗的海洋中感知外部世界的信息。被拖的声呐探测器与产生噪声的船只在空间处于分离状态，如图 11-5 所示。

图 11-5　声呐探测器

2. 时间分离原理

所谓时间分离原理是指将冲突双方在不同的时间段分离，以降低解决问题的难度。当关键子系统冲突双方在某一时间段只出现一方时，时间分离是可能的。时间分离原理可以描述为：在某一时间，元件具有特性 P，在另一时间，该元件具有特性-P，按时间先后次序分离 P 与-P。

应用该原理时，首先应回答如下问题：是否冲突一方在整个时间段中“正向”或“负向”变化？在时间段中冲突的一方是否可不按一个方向变化？如果冲突的一方可不按一个方向变化，利用时间分离原理是可能的。

例 11-5　折叠式自行车在行走时体积较大，在储存时因已折叠体积较小，如图 11-6 所示。行走与储存发生在不同的时间段，因此采用了时间分离原理。

图 11-6　折叠式自行车

例 11-6　航空母舰上的飞机机翼在飞行和停放时形状发生变化，这种变化采用了时间分离原理，如图 11-7 所示。

图 11-7 折叠机翼

3. 基于条件的分离

所谓基于条件的分离原理是指将冲突双方在不同的条件下分离，以降低解决问题的难度。当关键子系统冲突双方在某一条件下只出现一方时，基于条件的分离是可能的。基于条件的分离原理可以描述为：在某一条件，元件具有特性 P，在另一条件，该元件具有特性 -P，按时间先后次序分离 P 与 -P。

应用该原理时，首先应回答如下问题：是否冲突一方在所有的条件下都要求“正向”或“负向”变化？在某些条件下，冲突的一方是否可不按一个方向变化？如果冲突的一方可不按一个方向变化，利用基于条件的分离原理是可能的。

例 11-7 应用双向记忆合金，可以通过温度改变实现零件不同的形状，如图 11-8 所示为装有形状记忆合金弹簧的恒温阀，可以实现阀随温度的启闭。

4. 整体与部分的分离

所谓整体与部分的分离原理是指将冲突双方在不同的层次分离，以降低解决问题的难度。当冲突双方在关键子系统层次只出现一方，而该方在子系统、系统或超系统层次内不出现时，总体与部分的分离是可能的。整体与部分分离可以描述为：系统整体具有特性 P，而其部分具有特性 -P，分离整体与部分。

例 11-8 自行车链条微观层面上是刚性的，宏观层面上是柔性的，如图 11-9 所示。

图 11-8 装有记忆合金弹簧的恒温阀

图 11-9 自行车链条

例 11-9 自动装配生产线与零部件供应的批量化之间存在冲突。自动生产线要求零部件连续供应，但零部件从自身的加工车间或供应商运到装配车间时要求批量运输。专用转换装置接受批量零部件，但连续地将零部件输送给自动装配生产线。

11.2.3 分离原理与发明原理的关系

Darrell Mann 通过研究提出，解决物理冲突的分离原理与解决技术冲突的发明原理之间存在关系，对于每一条分离原理，可以有多条发明原理与之对应。表 11-2 所列是其研究结果。

表 11-2　分离原理与发明原理的对应关系

分离原理	发明原理
空间分离	1、2、3、4、7、13、17、24、26、30
时间分离	9、10、11、15、16、18、19、34、37
整体与部分分离	12、28、31、32、35、36、38、39、40
条件分离	1、5、6、7、8、13、14、22、23、25、27、33、35

只要能确定物理冲突及分离原理的类型，40 条发明原理及发明原理的工程实例可帮助设计者尽快确定新的设计概念。

11.3　案例分析

案例 1：喷砂后处理问题

1. 问题背景

喷砂处理是利用高速砂流的冲击作用清理和粗化基体表面的过程。采用压缩空气为动力，以形成高速喷射束将喷料（铜矿砂、石英砂、金刚砂、铁砂、海南砂）高速喷射到需要处理的工件表面，由于磨料对工件表面的冲击和切削作用，使工件的表面获得一定的清洁度和不同的表面粗糙度，如图 11-10 所示。

喷砂后，需要把砂子从工件表面和内部清除。但对于内腔或外部复杂的零件，尤其是有孔的零件，清理砂子有时非常困难。

2. 物理冲突描述

砂子需要存在以对工件表面产生预定的作用，砂子又不能存在，以避免砂子留在工件内部，影响后面的工艺质量和最后的使用。即砂子既要有，又要无，但发生在不同时间内，可采用时间分离。问题转变为如何清除结构复杂件内部砂子的问题。

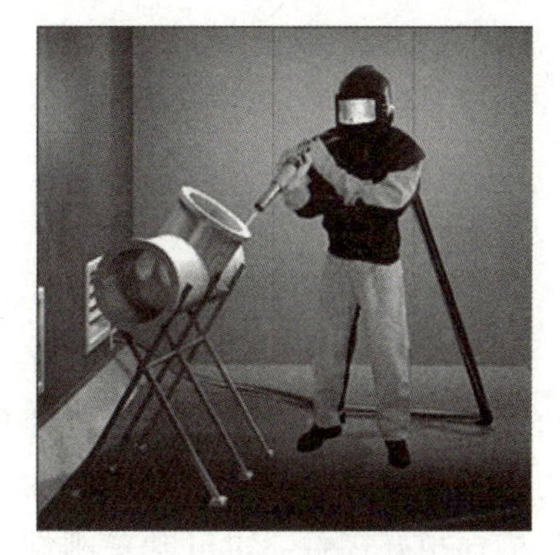

图 11-10　喷砂工艺

进一步分析可知，需要的并不是砂子自身，而是能够与表面发生碰撞作用的固体颗粒，因此该问题又可以归结为：固体颗粒既要有，又要无，除了时间分离外，还可以考虑在一定条件下实现分离。

3. 应用分离原理求解

方法 1：固体颗粒在喷砂时有，在不喷砂时无。按照基于条件分离原理，需要找一种物质，在工作条件下为固体颗粒，在工作完成后，条件改变自动消失。可考虑使用易升华且对工件表面不产生有害作用的物质，可考虑使用干冰。

方法 2：查表 11-2 与条件分离原理对应的发明原理有：

1——分割；5——合并；6——多用性、7——套装、8——重量补偿、13——反向、14——曲面化、22——变有害为有益、23——反馈、25——自服务、27——用低成本、不耐用的物体代替昂贵、耐用的物体；33——同质性、35——参数变化。

由发明原理自服务（#25）可得到固体颗粒应该在工作后自己消失，根据参数变化

(#35) 原理可知可以通过物体状态改变实现，同样可以利用干冰进行喷砂处理，如图 11-11 所示。

案例 2：台虎钳夹持复杂工件问题

1. 问题背景

机械加工中常用的台虎钳如图 11-12a 所示，台虎钳夹持部位一般做成两个平行的平面。但是对于复杂形状的零件夹持，一般需要设计专用钳口（见图 11-12b）或者专用台虎钳（见图 11-12c）。但是专用钳口或者专用夹钳需要专门设计与制造，专用性强，成本高。能否利用一种台虎钳固定大部分外形复杂零件呢？

图 11-11　干冰清洗

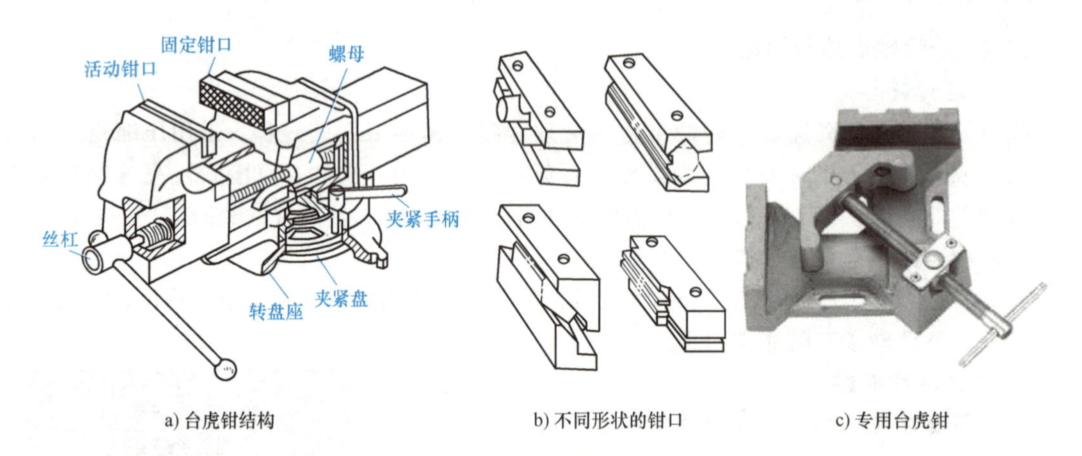

a) 台虎钳结构　b) 不同形状的钳口　c) 专用台虎钳

图 11-12　台虎钳

2. 物理冲突描述

从问题描述看，问题集中在台虎钳钳口上，台虎钳钳口必须是刚性的，以便提供足够的夹持力，台虎钳钳口又必须是柔性的，以便能够与异形的面很好接触。钳口既要刚性，又要柔性，并且是同时在同一区域出现的，空间分离与时间分离以及基于条件的分离不可用，可用整体与部分分离原理进行尝试。

3. 应用分离原理求解

方法：钳口按照整体与部分分离原理描述可有两种情况：要么台虎钳整体刚性、局部柔性；要么整体柔性、局部刚性。前一种情况可以考虑使用类似于绳或网的结构作为钳口与工件的接触部分；考虑后一种情况，可以得到如图 11-13 的设计，用规格相同的刚性圆柱把形状复杂的工件压紧。

图 11-13　适用于形状复杂零件的台虎钳

思　考　题

1. 解决物理冲突有哪些方法？

2. 技术冲突与物理冲突的区别是什么？

3. 发明原理和分离原理之间的关系是什么？

4. 如何确定选用哪条分离原理？

5. 现代手机希望体积变小而电池的容量变大，应用分离原理解决该问题。

6. 现在一般希望公交车的体积变小减小交通拥挤，但同时又希望能够多载客，应用分离原理解决该问题。

7. 人们总是希望自行车在行走的时候体积变大但在停放时体积变小，应用分离原理解决该问题。

8. 在飞机飞行过程中需要大量燃料，但过多燃料影响其灵活性，应用分离原理解决该问题。

9. 如图 11-14 所示，车流量大的十字路口，经常出现车辆拥堵和事故，如何合理地设计十字路口？

10. 如图 11-15 所示，在打桩过程中，希望桩头锋利，以便打桩容易被打入土中；同时在结束打桩后，又不希望桩头继续保持锋利，从而不利于桩承受较重的负荷，应用所学分离原理最少给出三种解决方案。

图 11-14　思考题 9 图

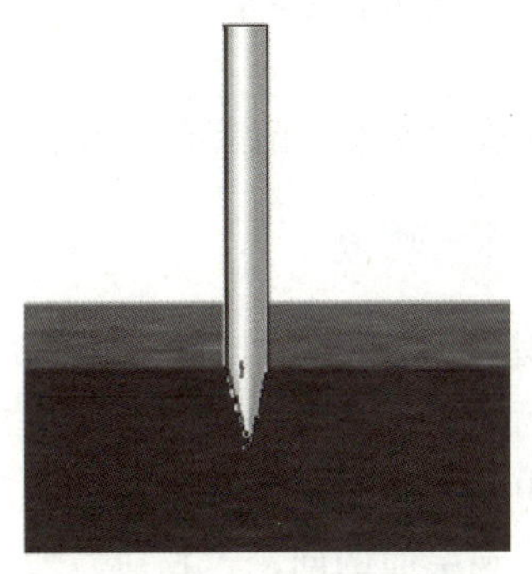

图 11-15　思考题 10 图

11. 某公司拟生产一种 500 目（孔径 25μm）的不锈钢过滤器滤芯，滤芯厚度 100mm，但是目前利用激光打孔工作能力只能打透 10mm 厚的不锈钢板，如何解决该问题？

第12章 物质-场模型及其变换规则

物质-场分析方法是阿奇舒勒于1979年在他的专著《Creative as an Exact Science》中提出的一种分析问题、解决问题的方法。当问题是在两个元件相互作用过程中产生时，需要分析技术系统的“结构属性”，这类问题适合使用物质-场分析方法解决。物质-场分析方法通过建立系统内部结构化的问题模型描述系统存在的问题，用符号语言清晰地表达系统及子系统的功能，准确地描述系统构成要素以及要素之间的联系。

以物质-场的观点对高水平的专利研究表明，解决问题存在标准条件和标准方法。阿奇舒勒引入了“标准解”，对具有相同模型描述的不同问题提供了通用的解决方法，这就是76个标准解。使用标准解解决技术问题要求区分系统中物质-场的组成要素，构建物质-场模型，因此标准解的使用往往与物质-场分析紧密联系在一起。

12.1 物质与场

物质-场分析中两个最重要的概念是物质和场。正确认识物质和场是建立物质-场模型的前提。

12.1.1 物质

物质-场分析中物质概念远比物理学定义的更为宽泛，这里的物质可以是任何的实体或者实物，无论高大的楼房和巨大的机器，还是简单的物品或零件，甚至基本粒子。物质-场分析中使用物质来定义作用主体和作用对象，涉及从宏观到微观不同的客观层面，如果分析的是宏观层面的问题，物质一般是宏观的，但是如果问题的原因涉及微观层次，也可以在微观层次建立物质-场模型。如果问题就是微观层次上发生的，如化学反应，那么为了在深层次解决问题，应该以微观粒子为物质建立物质-场模型。甚至在某些问题中，“虚无”也可以直接作为物质出现，如房屋的裂缝导致水能通过。

物质的代号是S（Substance的首字母），对一个系统中的多种物质，可以利用下角标加以区分，如S_1、S_2、S_3等。

12.1.2 场

物质-场分析中“场”同样也和物理学中的描述略有不同，物理中的场描述了物质之间的相互作用。在物理学中场被归为四种基本力：引力场、电磁力场、强作用力和弱作用力，而四种力的实质是由粒子的相互作用而产生的，所以场是源于物理物质的。物质-场分析中的场是从观察者的角度出发去描述周围事物之间关系的，这个场是和观察者的认识息息相关的。当我们把手放在火炉旁边时，实质上我们接受了一定频率的热辐射，这就是场的作用。只要物质之间存在相互作用，都可以称其为一种“场”。我们所用的物质-场分析中“场”有两个目的：帮助构建完整的模型；更重要的是激发我们的灵感。

场的代号是 F（Field 的首字母），对一个系统中的多种场，可以利用下角标加以区分，如 F_1、F_2、F_3 等。

经典 TRIZ 中常用到的有六类场：机械场、声场、热场、化学场、电场、磁场，随着科学的发展，陆续有人提出增加生物场、作用于微观的分子力场。现在已形成了八个可用基本场：机械场、声场、热场、化学场、电场、磁场、分子力场、生物场，见表 12-1。

表 12-1 八个可用基本场

领域	包括的作用	领域	包括的作用
机械 Mechanical	重力,碰撞,摩擦,直接接触	电学 Electric	静电荷,导体,绝缘
	共鸣,共振,振动,波动		电场,电流
	流体力学,气流,压缩,真空,渗透压		超导性,电解,压电
	机械处理和加工		电离,放电,电火花
	变形,混合,添加,扩张	磁学 Magnetic	磁场,磁力和粒子,电磁感应
声学 Acoustic	声音,超声波,次声波,气穴现象		电磁波(X 射线,微波等)
热学 Thermal	高温,低温,隔热,热膨胀		光学,视觉,透明度改变,影像
	物态转换,吸热反应	微观粒子 Intermolecular	亚原子粒子,微管,微孔
	火,燃烧,热辐射,对流		核反应,辐射,核聚变,核排放,激光
化学 Chemical	化学反应,反应物,元素,聚合物		分子间作用,表面效应,蒸发
	催化剂,抑制剂,pH 指示剂	生物 Biological	微生物,细菌,生命组织
	溶解,结晶,聚合		植物,真菌,细胞,酶
	气味,味道,改变颜色,pH 等		生命圈

1）机械场：机械场包括所有有关机械与工程的作用，机械场在我们生活中随处可见。

引力和重力是物体之间自发产生的，重力是一种典型的机械场。

经常利用静态和动态的摩擦，当然摩擦的结果也是有好有坏。

振动、共振、冲击、波（不包括声波），这些形式振动都有自己的固有频率，我们应该合理地利用振动。

气体和流体力学，气流、压强、压缩、真空，这些都是广泛存在的。

各种机械加工方法都是利用了机械场。

变形、混合、添加物（不包括化学添加剂）、嵌入、移动、附着等有关的作用，如广泛使用的复合材料，复合材料使飞机变得更轻，而混凝土却使建筑更加坚固。

爆炸是一种能量突然释放的现象，同样也是可以利用的机械场。

2）声场：声场是一种小范围内的机械场振动的特殊表现。

各种声音，包括可听到的声波和听不到的超声波、次声波。人耳可以听见的频率是 20~15000Hz，在不同介质中传播的声波可以为人们所用，如在医院中利用超声波对人体进行检查，在工业上超声波常用于无损探伤。

声波作为一种机械波，把其从机械场中分离出来，目的是突出声波的“动态、谐波、振动”的特性，强调有关声音的特性。

3）热场：热的传递过程描述为热场。

普通的热和冷，吸热和放热反应，这些都每天发生在我们家中的厨房里。

热辐射、对流、热传导、绝热，如靠近火炉取暖，穿衣服保温等。

状态的改变（包括固体、气体、液体状态的变化）：在状态变化的同时都伴随着热量的变化。

火、燃烧的利用：火的利用伴随着人类文明的发展。

4）化学场：化学场包括各种化学反应和化学变化，利用两种及两种以上的物质发生反应产生新的物质并伴随能量变化的过程。

常见的化学反应、反应物、元素和化合物、溶解、结晶、聚合等反应。

使用催化剂、抑制剂、指示剂等：可以改变气味、味道，改变颜色、pH 酸碱度等。

化学领域其实是非常广泛的，如化学反应发光，化学吸收作用，化学平衡等作用都可以被使用。

5）电场：在物质-场分析中所有与电有关的现象都有电场参与。

放电、导电、绝缘、电离、电火花、压电效应等。电几乎应用于全部领域。电火花加工广泛应用于工业领域，压电效应也是一类重要的工业产品特性。

6）磁场：在物质-场分析中所有与磁有关的现象都可以引入磁场。磁场和电场是密切相关的，电子的移动导致了磁场的产生，而变化的磁场又可以产生电场。

磁场、磁力、磁粒子、磁传导、磁性材料、电磁波（无线电波、微波、红外线、紫外线、X 射线、γ 射线），可见光也是一种电磁波，包括影像和颜色等。磁带、电视、CD/VCD 等都是对磁场的应用。

日常生活中也是随处可见磁场的应用。比如电动机的线圈、手机信号、微波等。

7）分子力场：分子力场是亚原子状态层面的作用力，主要考虑强核力和弱核力两种基本力和亚原子微粒。其中包括：原子反应、放射、融合、激光、原子级别的表层效应、逸散、毛细作用等。尽管分子力不太为人们所熟知，但实际上也是被广泛应用的，比如在医疗方面和考古方面。

8）生物场：生物学是研究自然的科学，生物场包括生态系统内的作用。生物场可以联系到地球上现有的各种动物、植物和微生物活动。生物作用包括生物合成、转基因生物、细胞分裂等。

需要明确的是一个技术系统可能要依靠多个场的综合作用才能建立。多种场的共存是很自然的，在很多情况下是无法非常清晰地独立表述的，所以场很可能是相互影响、相互作用的。

12.2　物质-场模型的类型

物质-场分析就是要针对问题建立物质-场模型，该模型已在 4.2 节进行了概述。实际上，通过根原因分析在功能模型上确定冲突区域之后，冲突区域就可以直接用物质-场模型进行表达了。

12.2.1　物质-场模型的类型及其表达的功能

如 4.2 节所述，描述一个功能需要用两个物质、一种场共三个元件，物质-场作用效果并不是相同的，针对具体问题，需要按照作用类型建立相应的物质-场模型。建立物质-场模型时，需应用不同的作用符号表达不同效果的作用，如图 12-1 所示。其中标准作用、不足作用和过剩作用在 4.2 节已经叙述过；不理想的作用是指 S_2 对 S_1 的作用有多个，既有标准作用，又有不足、有害或过剩作用，实际使用时，也可用多个作用来分别详细描述；未评估的作用是在物质-场模型建立过程中，没有明确作用效果时应用的符号，最终模型中不应存在未评估的作用。

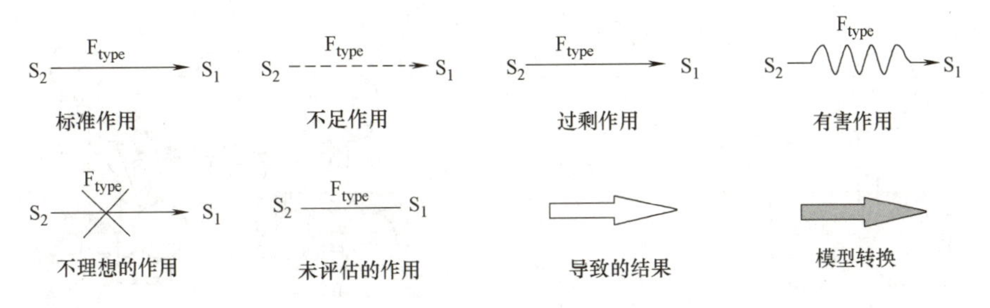

图 12-1 物质-场作用的类型和符号

对于各种的系统模型表达的功能有一个基本的评价标准：满意或者不满意。满意代表我们所追求的目标已经实现。不满意说明存在问题而没有实现预期的目的。

TRIZ 中按照物质-场作用的类型，提出了四类功能。

1）有效完整功能：该功能的三个元件都存在，且都有效，是设计者追求的作用。其模型由图 12-2a 表示。

2）不完整功能：组成功能的三个元件中部分元件不存在，需要增加元件来实现有效完整功能，或用一种新功能代替。模型如图 12-2b 所示。

3）非有效完整功能：功能中的三个元件都存在，但设计者所追求的作用未能完全实现，如产生的力不够大、温度不够高等，需要改进以达到要求。模型如图 12-2c 所示。

4）有害功能：功能中的三个元件都存在，但产生了对系统或环境有害的结果。创新的过程要消除有害功能。有害功能的模型如图 12-2d 所示。

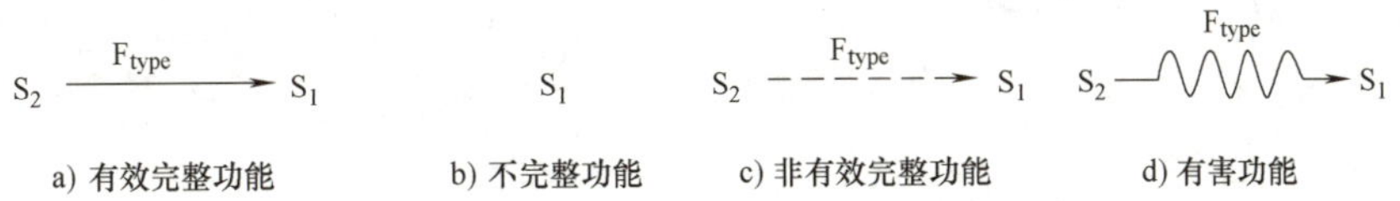

a) 有效完整功能　b) 不完整功能　c) 非有效完整功能　d) 有害功能

图 12-2 由物质-场模型表达的功能类型

对于物质-场类型中出现的过剩作用，在 TRIZ 中并没有专门的工具进行求解，而是要对过剩作用的结果进一步分析，如果产生有害作用则按照既有用又有害处理。如果没有有害作用，则尝试修改场参数，按照其结果进行冲突分析或裁剪分析。

12.2.2 例题分析

例 12-1 建立把钉子钉进木头的物质-场模型。

（1）分析钉子与木头间的作用　钉子 S_2 是主动元件，木头 S_1 是被动元件，而钉子是不会自动进入木头的，需要一个力的作用，这个力就是 F_1，显然此处 F_1 为机械场，如图 12-3

所示。

图 12-3 中的箭头表示了两个物质作用的功能：钉子 S_2 利用（借助/依靠）机械场 F_1 进入了木头 S_1。

（2）物质-场模型的扩充　钉子和木头之间只是一个局部的小系统，可以将物质-场进行扩充，这样就可以更清楚地描述 F_1 的来源。利用超系统资源扩充这个模型，钉子钉进木头完整物质-场模型如图 12-4 所示。

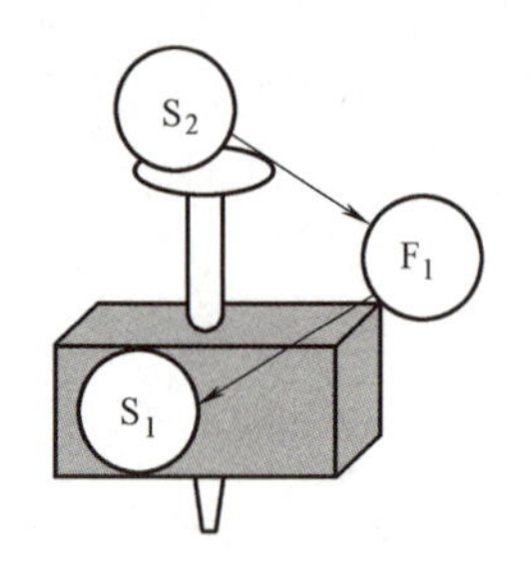

图 12-3　钉子钉进木头物质-场模型

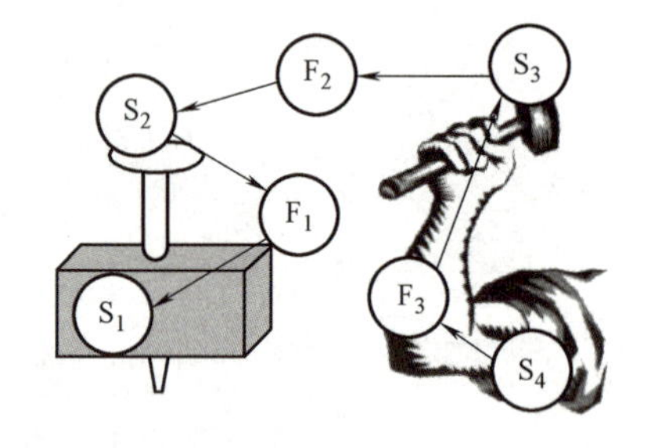

图 12-4　钉子钉进木头完整物质-场模型

F_1 作用于钉子，这是源于机械场 F_2，F_2 是由锤子作用在钉子上产生的。而机械场 F_3 是由 S_4 肌肉引发的。人体的肌肉源于电-化学场的驱动。这样通过扩充物质间通过场作用的路径，来表示钉子钉入木头的作用原理。

（3）不足和有害作用分析　通过以上模型的初步分析，可知锤子对钉子的作用是有效完整的。图 12-5 表示了两种对于钉钉子问题存在问题的作用分析：图 12-5a 表示的是锤子 S_3 对钉子 S_2 的不足作用，这可能是由于木头太硬或是锤子没能产生足够的力把钉子钉进去。图 12-5b 表示在锤子 S_3 和钉子 S_2 之间产生了有害的作用，比如锤子把钉子砸变形了。

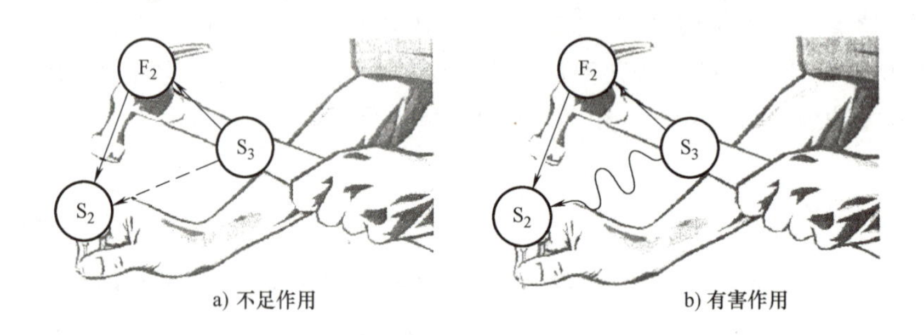

图 12-5　钉钉子的不足作用和有害作用

12.3　物质-场变换规则

物质-场模型建立之后，根据物质-场模型的类型，通过物质-场变换解决不理想的物质-场模型表达的工程问题。物质-场变换规则代表了解决物质-场模型表达的问题的一般途径。另外通过寻找系统中存在的场资源，也可以用于解决物质-场表达的问题。

为了便于理解物质-场变换规则，结合以下案例进行讨论。

例 12-2　玻璃安瓿瓶火焰密封问题。

药剂玻璃安瓿瓶（见图 12-6）要靠火焰密封，由于火焰热量不足，加热时间过长，导致热量通过安瓿瓶传到药液，对药液产生有害影响。因此，该问题有两个冲突区域：一是火焰与安瓿瓶间的不足作用；二是安瓿瓶过热对药剂的有害作用。

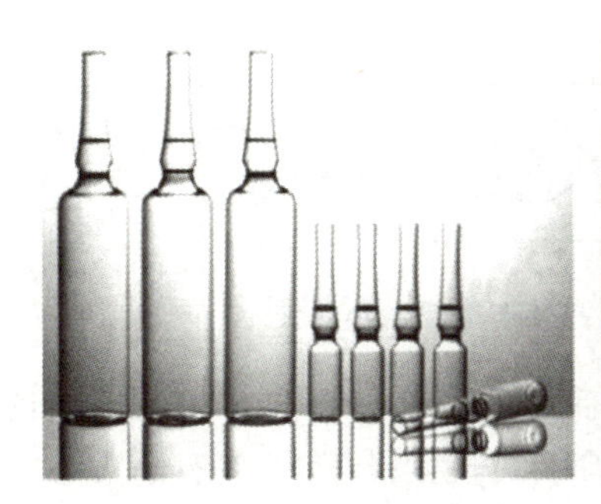

图 12-6　玻璃安瓿瓶与火焰密封

考虑火焰、安瓿瓶和药液三者之间的作用关系，建立物质-场模型如图 12-7 所示。

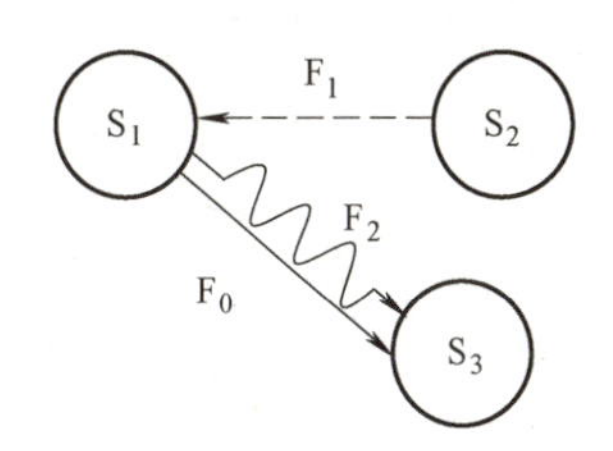

图 12-7　安瓿瓶火焰密封问题物质-场模型

S_1—安瓿瓶　S_2—火焰　S_3—药剂

F_0—机械场　F_1、F_2—热场

1. 物质-场模型变换规则

（1）变换规则 1：用新的工具元件代替　如果问题的物质-场模型已经存在，但是两种物质之间的作用是存在问题的，去除或破坏原有的工具元件并且用新的元件代替。

如图 12-8 所示，为了改善两个物质 S_1 和 S_2 之间的不足作用、消除有害作用和不理想的作用，使用新的物质 S_3 来代替原有的 S_2，并且形成新的场 F_2 对原有的 S_1 施加作用。

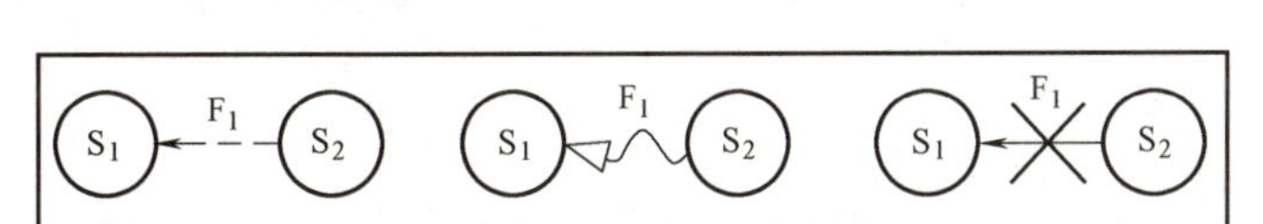

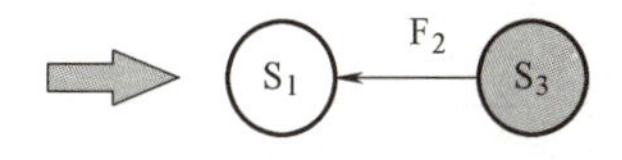

图 12-8　用新的工具元件代替

物质-场模型变换规则 1 是对原有模型的一种根本性改变，原有工具元件 S_2 对作用对象 S_1 的场 F_1 的作用被取代，需要用新的元件和场来满足原有的功能。

对于例 12-2 中第一个冲突区域，火焰对安瓿瓶作用不足问题，物质 S_1 对 S_3 的有害作用来自于火焰对安瓿瓶的加热。按照物质-场模型变换规则 1 得到的新模型如图 12-9 所示。寻找可以替代火焰和当前热场的物质来密封玻璃瓶。例如：利用激光加热，能量聚集性更好，局部加热更快。

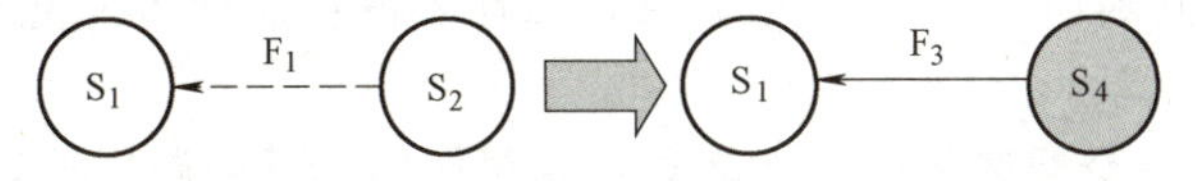

图 12-9　安瓿瓶火焰密封问题利用变换规则 1 求解

S_1—安瓿瓶　S_2—火焰　F_1—热场　S_4—新元件　F_3—某种新的场

（2）变换规则 2：引入新的物质和场作用于工具元件 如果问题的物质-场的模型已经存在，但是两种物质之间的作用是存在问题的，引入第三种物质和场作用于原工具元件。

如图 12-10 所示，为了改善两个物质 S_1 和 S_2 间存在的不足作用、有害作用或不理想的作用，引入第三种物质 S_3 通过新场 F_2 作用于原工具元件 S_2，被 F_2 改变后的 S_2 产生的场 F_1 变成 F_1' 作用于 S_1。

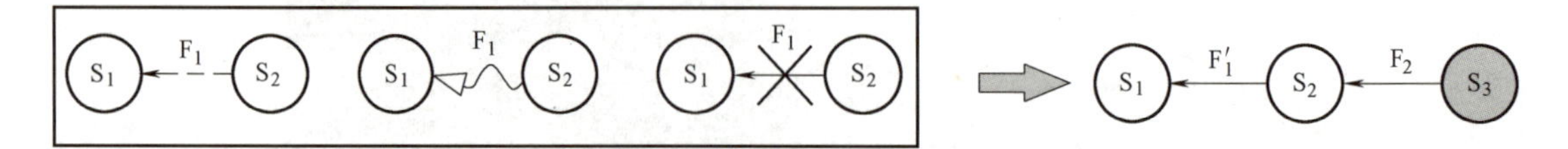

图 12-10 引入新的物质和场作用于工具元件

对于例 12-2 中第一个冲突区域，火焰对安瓿瓶作用不足问题，按照物质-场模型变换规则 2 得到的新模型如图 12-11 所示。使用新的物质和新的场作用于现有的火焰，目的是加强火焰与安瓿瓶的热作用，如通过控制气流方向（修改气嘴设计）使火焰更加集聚，可以加速加热过程。

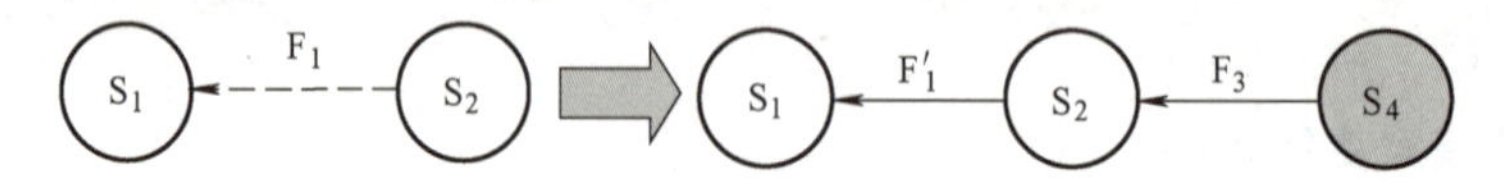

图 12-11 安瓿瓶火焰密封问题利用变换规则 2 求解

S_1—安瓿瓶 S_2—火焰 F_1—热场 S_4—新元件 F_3—某种新的场 F_1'—改变后热场

（3）变换规则 3：引入新的物质和场作用于被作用元件 如果问题的物质-场的模型已经存在，但是两种物质之间的作用是存在问题的，引入第三种物质和场作用于被作用元件。

如图 12-12 所示，为了改善两个物质 S_1 和 S_2 间存在的不足作用、有害作用或不理想的作用，引入第三种物质 S_3 通过新场 F_2 作用于被作用元件 S_1。在 F_1 和 F_2 共同作用下，达到期望的结果。

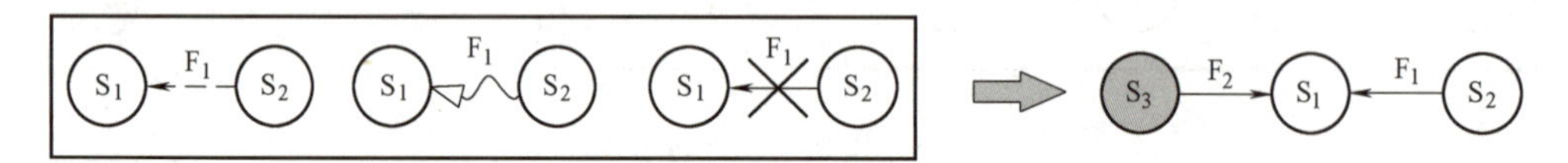

图 12-12 引入新的物质场作用于被作用元件

需要说明的是规则 3 与规则 2 在形式上是相似的，区别之处在于规则 2 引入的新的附加场 F_2 是作用于原有的工具元件 S_2 的，而规则 3 所引入的新的附加场 F_2 是作用于被作用对象 S_1 的。

虽然规则 2 和规则 3 是不同的，但由于两个模型存在一定的相似性，按照规则得到转换后模型在类比具体解时不一定是不同的。建议无论是使用规则 2 还是使用规则 3 时，都要去考虑另一个。要考虑附加场 F_2 对双方的影响，这样才能不遗漏可能的解，也更容易得到合理的解。

对于例 12-2 中第一个冲突区域，火焰对安瓿瓶作用不足问题，按照物质-场模型变换规则 3 得到的新模型如图 12-13 所示。使用新的物质和新的场作用于安瓿瓶，目的是加强火焰与安瓿瓶的热作用，或者消除安瓿瓶对药液的有害作用，如加入第二个火焰作用在安瓿瓶，或者先对安瓿瓶预热（见图 12-14），或者把安瓿瓶下部埋在水中，只将待封口部分漏在水面之上。

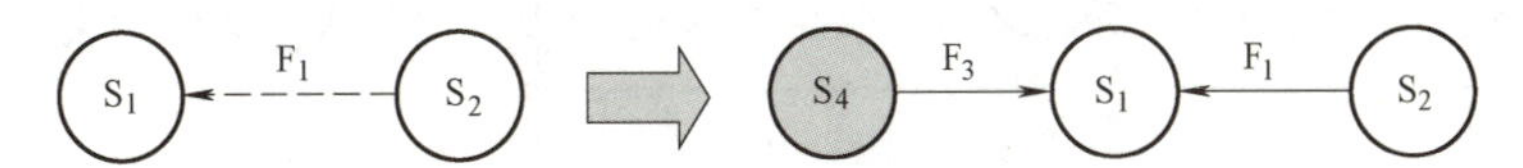

图 12-13 安瓿瓶火焰密封问题利用变换规则 3 求解

S_1—安瓿瓶 S_2—火焰 F_1—热场、S_4—新元件 F_3—某种新的场

（4）变换规则 4：引入中介物和场

如果问题的物质-场的模型已经存在，但是两种物质之间的作用是存在问题的，引入第三种物质作为中介物加入到工具元件与被作用对象之间，并且带入新的场作用于工具元件或被作用对象。

如图 12-15 所示，为了改善两个物质 S_1 和 S_2 间存在的不足作用、有害作用或不理想的作用，引入第三种物质 S_3 作为中介物。并通过场 F_2 作用于工具元件 S_2 或被作用元件 S_1。

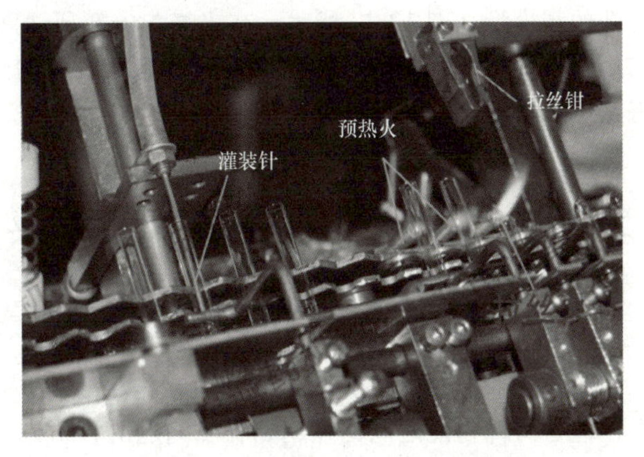

图 12-14 带预热火的安瓿瓶封口机

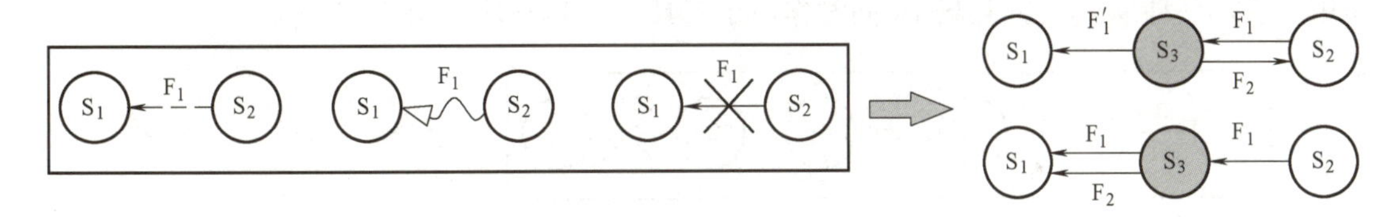

图 12-15 引入中介物和场

若引入的中介物 S_3 通过场 F_2 作用于工具元件 S_2，会使 S_2 产生变化或对 S_2 产生的 F_1 产生影响，最终 S_2 产生的场 F_1 经 S_3 被修正为 F_1'，最终作用于 S_1，产生预期效果。

若引入的中介物 S_3 通过场 F_2 作用于被作用元件 S_1，同时 F_1 通过 S_3 也传递到 S_1，在场 F_1 和 F_2 共同作用下，S_1 达到预期目标。

规则 4 描述的两种变换，引入物质 S_3 的作用可以归结为：

1）放大作用：当原有场 F_1 对 S_1 的作用不充足时，S_3 通过场 F_2 可以加强场 F_1 的作用。

2）缩小作用：当原有场 F_1 对 S_1 的作用过强时，S_3 通过场 F_2 减小场 F_1 对物质 S_1 的过度影响。

考虑到 S_3 的引入有可能对 S_1 和 S_2 都产生影响，因此图 12-15 描述的规则可以归结为图 12-16 所示模型转换规则。该模型概括了规则 4 模型的两种可能性，并且考虑了两种可能性同时发生的情况。

与上述规则 2 和规则 3 中将引入物质放在原有物质-场模型外部相比，规则 4 将引入物质 S_3 放在物质-场模型内部，打破原有物质-场作用，变化更加直接，因此更具使用价值。尤其是对于解决有害冲突的情况时，其双向选择性可以提供我们更多可能的解法。

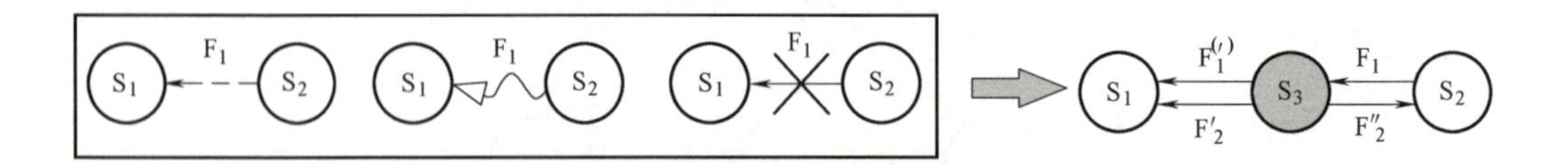

图 12-16　简化的引入中介物和场变换规则

对于例 12-2 中第一个冲突区域，火焰对安瓿瓶作用不足问题，按照物质-场变换规则 4 得到的新模型如图 12-17 所示。在火焰与安瓿瓶之间引入第三种物质 S_4，新的物质和新的场作用于安瓿瓶或火焰，目的是加强火焰与安瓿瓶的热作用，如用火焰先熔化另外小块玻璃，将其熔化后封住安瓿瓶。

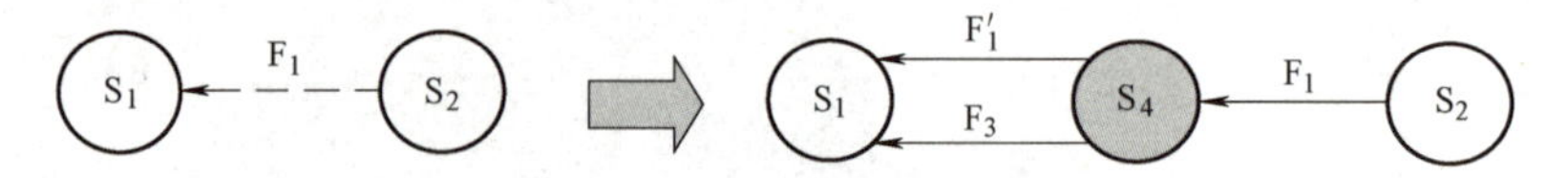

图 12-17　安瓿瓶火焰密封问题利用变换规则 4 求解

S_1—安瓿瓶　S_2—火焰　F_1—热场　S_4—新元件　F_3—某种新的场　F_1'—改变后热场

（5）变换规则 5：引入一种场同时作用于 S_1 和 S_2　如果问题的物质-场的模型已经存在，但是两种物质之间的作用是存在问题的，引入一种场同时作用于两种物质。

如图 12-18 所示，为了改善两个物质 S_1 和 S_2 间存在的不足作用、有害作用或不理想的作用，引入一种场 F_2，并且场 F_2 同时作用于工具元件 S_2 和被作用元件 S_1。

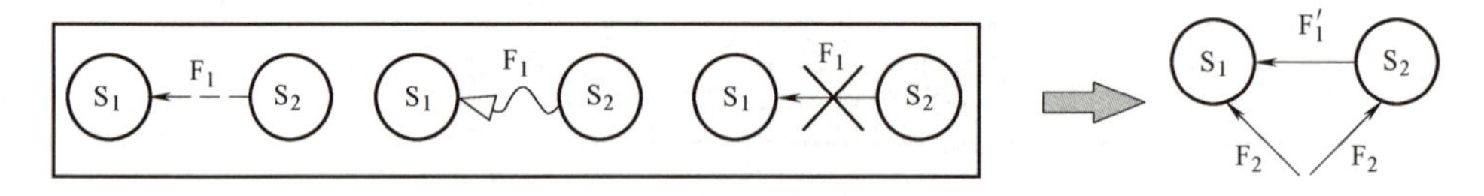

图 12-18　引入一种场同时作用于 S_1 和 S_2

规则 5 不同于其他规则，规则 1 到规则 4 都是通过引入一种物质及场作用于工具元件 S_2 或是被作用对象 S_1 的。而规则 5 是引入一种场同时作用于 S_2 和 S_1。

在规则 5 的表达模型中引入了附加场 F_2，却没有引入额外的物质，其实是对模型的一种简化方法。对于产生一种场而言，物质是一定存在的。一旦明确了所需要的场，接下来就是要寻找能够产生相应场的物质。

对于例 12-2 中第一个冲突区域，火焰对安瓿瓶作用不足问题，按照物质-场变换规则 5 得到的新模型如图 12-19 所示。引入一种新的场 F_3（由物质 S_4 产生），同时作用于火焰 S_2 与安瓿瓶 S_1，加强火焰对安瓿瓶的作用。比如在火焰周围引入高速气体，压迫火焰集聚，并且靠气体压力使熔化的瓶口变形封口。

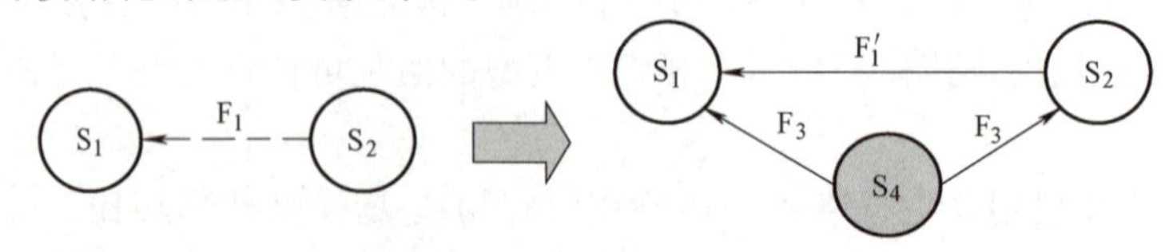

图 12-19　安瓿瓶火焰密封问题利用变换规则 5 求解

S_1—安瓿瓶　S_2—火焰　F_1—热场　S_4—新元件　F_3—某种新的场　F_1'—改变后热场

2. 应用场来解决问题

上述五个物质-场模型变换规则，都是通过引入物质或场实现问题的解决的，其中最根本的目的是引入场的作用。因此在物质-场变换实现过程中有必要对前述八种场资源进行逐一分析，从中找到可能的方案。

对于例 12-2 安瓿瓶火焰密封问题，按照物质-场变换五个规则分别得到新模型。以规则 1 引入新的物质替代原有工具元件物质-场模型变换为例，寻找可用的场。

（1）机械场

➢ 将直接接触场引入，对药瓶进行直接撞击密封，在较大的动能撞击下，能量会转化为热能。这种热量可以使柔软材料达到熔点熔化密封，很多塑料就使用这种碰撞密封。

➢ 利用气体和流体动能，利用压力或真空，用相似的方法密封瓶子，在真空下进行密封也是可行的。

➢ 利用添加物，使用木塞、盖子等其他物理形式密封瓶子。

➢ 爆炸，也是一种可选方法。

（2）声场

➢ 声音场，各种超声波和次声波，同样是利用能量传递的方式将药瓶进行热密封。

（3）热场

➢ 固、液、气三态的改变，利用状态的改变释放出能量，是未来可能的形式。

（4）化学场

➢ 一系列的化学变化。化学反应可能会产生热场，或者可以研究新的密封瓶材料，可以通过胶合来密封。

➢ 利用熔化结晶和聚合反应。

（5）电场

➢ 利用电流、电场。电场可以产生足够的热量密封药瓶，可以设计一个新的换能器使得电场可以快速加热药瓶。

（6）磁场

➢ 利用电磁场和电磁波，可以加热和熔化玻璃瓶。

（7）分子力场

➢ 利用原子核作用，X 射线等作用。激光可以替代火焰来加热，可以将能量聚集在很小的区域中，而不影响其他地方，目前已经有了能够加热玻璃的激光。

➢ 表面张力、蒸发、毛细作用、多孔作用，这需要进行更深入的研究。

（8）生物场

➢ 生物能量，细菌，真菌、孢子，基本不可能。

其他四个变换模型需要引入的场的作用和类型可能是不一样的，都可以按照场需要产生的作用逐一搜索八个场资源并找到可能的问题解法。

3. 物质-场模型分析的步骤

建立物质-场模型，并用物质-场变换规则或应用场解决物质-场表达的问题，可以按照以下步骤完成：

第一步：定义现有系统中的所有元件，初步分析各元件间相互作用，建立系统的功能模型。

第二步：根据系统问题的表象进行根原因分析，确定冲突区域，如果存在多个冲突区域，需要各自明确。

第三步：选择一个冲突区域，用物质-场模型进行表达，并应用物质-场变换规则进行求解，得出变换后的物质-场模型。

第四步：应用八种场资源寻找对应模型的可能解法，并列表记录。

第五步：如果还有其他冲突区域没有分析，逐一选择，重复第三步和第四步，如果全部冲突区域分析完毕，进入下一步。

第六步：分析找到的所有可能解，综合其中部分解，依据预期效果、成本等因素进行评价，选择一到两种进入后续的设计过程。

思　考　题

1. 物质-场分析的目的是什么？什么类型的问题适于用物质-场模型建模？

2. 建立人在冰面行走时，人与冰面之间作用的物质-场模型，并比较与在普通路面上行走的不同。

3. 据统计，近几年城市交通事故很多是由司机在开车时看手机导致的，试用物质-场分析方法，结合第 7 章资源分析，解决该问题。

4. 某污水处理管路上，由于污水中有固体颗粒，高压污水泄压后经过弯管（见图 12-20）时变向，导致弯管剧烈磨损，更换周期很短。根据该问题，建立物质-场模型，并根据物质-场模型变换规则，分析可能的解。

5. 用菜刀切菜时（见图 12-21），左手压住菜，同时用指背抵住刀的侧面导向，右手持刀，完成切菜过程。在此过程中，存在两个问题：(1) 刀切菜的同时切在砧板上，导致刀变钝，砧板也同时逐渐变得不平；(2) 如果不专心，刀会伤到手。试建立切菜过程的物质-场模型，并应用物质-场模型变换规则分析这两个问题。

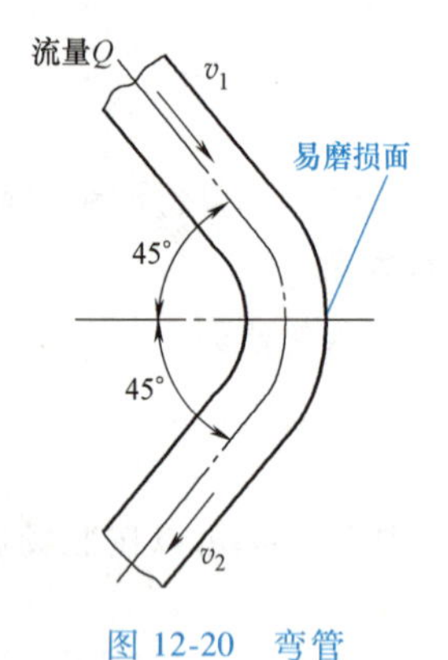

图 12-20　弯管

图 12-21　切菜示意图

第13章 标准解

13.1 概述

物质-场分析法已应用多年，特别是应用于不同领域的专利分析。阿奇舒勒利用它揭示了问题解决的标准条件及解决问题的标准方法。在 TRIZ 中，“标准”这一术语表示解决不同领域问题的通用解决“诀窍”。标准条件及基本相同的解称为标准解，通过标准解给出了解决问题的有效方法。上一章所介绍的 5 个物质-场模型变换规则，是解决问题物质-场模型的一般方法，标准解可以认为是更加具体、更加深层次的物质-场模型变换规则。

标准解是阿奇舒勒等人，在 1975~1985 年之间完成的。共有 76 个解被分为 5 类，其分类如下：

第 1 类：不改变或仅少量改变以改进系统，包含 13 个标准解。

第 2 类：改变系统，包含 23 个标准解。

第 3 类：系统传递，包含 6 个标准解。

第 4 类：检测与测量，包含 17 个标准解。

第 5 类：简化与改进策略，包含 17 个标准解。

76 个标准解对获得高级别的原理解是有效的，一般通过根原因分析，确定冲突区域之后，冲突区域可以直接转化为问题物质-场模型，然后按照一定的规则选择标准解求解。标准解也是应用 ARIZ 求解问题过程中的一个工具，一般是在完成物质-场分析，并确定了约束之后应用。

13.2 76 个标准解

1. 第 1 类标准解

改进一个系统使其具有所需要的输出或消除不理想的输出。对系统只进行少量的改变或不改变。

该类解包含完善一个不完整的系统或非有效完整系统所需要的解。在物质-场模型中，不完整系统是指一个系统中不包含 S_2 或/和 F，非有效完整系统是指 F 不足够强。

标准解 1.1：改进具有非完整功能的系统

No.1（1.1.1）完善具有不完整功能的系统：假如只有 S_1，增加 S_2 及场 F。

例 13-1 假定系统仅有锤子，什么也不能发生。假如系统仅有锤子和钉子，仍什么也不能发生。完整系统必须包括锤子、钉子及使锤子作用于钉子上的机械能。

No.2（1.1.2）假如系统不能改变，但可接受永久的或临时的添加物。可以通过在 S_1

或 S_2 内部引入添加物来实现。

例 13-2 在混凝土中添加疏松的炉渣可降低其密度，如图 13-1 所示。

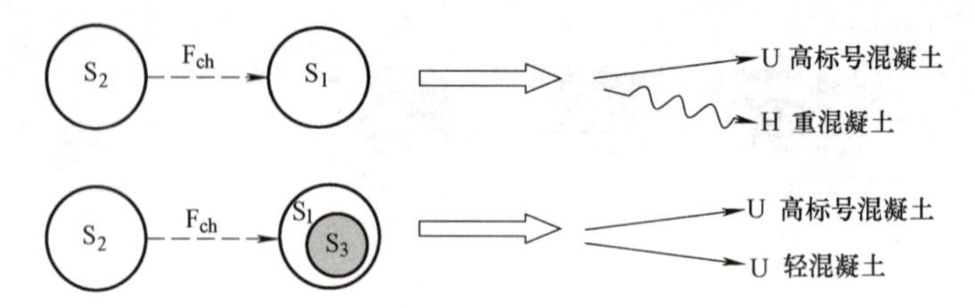

图 13-1 混凝土掺杂模型

S_1—水泥 S_2—沙石 S_3—炉渣 F_{ch}—化学混合

No. 3（1.1.3）假如系统不能改变，但永久的或临时的外部添加剂改变 S_1 或 S_2 是可接受的。

例 13-3 系统由雪（S_1）、滑雪板（S_2）及重力和摩擦力组成，加蜡（S_3）到滑雪板（S_2）底部可增加滑雪速度，如图 13-2 所示。

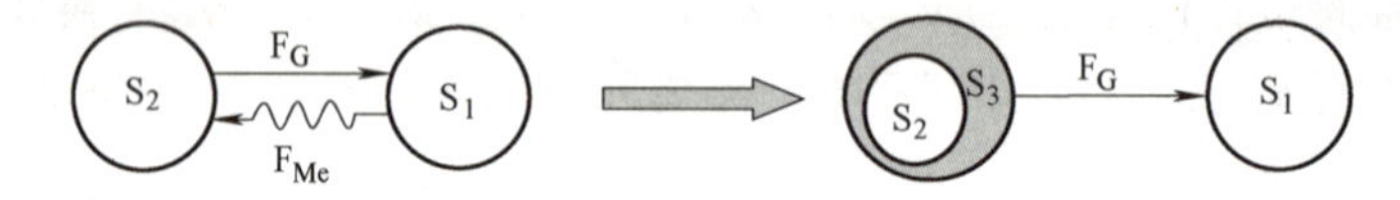

图 13-2 滑雪板模型

S_1—雪 S_2—滑雪板 S_3—蜡 F_G—重力 F_{Me}—机械力

No. 4（1.1.4）假定系统不能改变，但可用环境资源作为内部或外部添加剂。

例 13-4 航道标记浮标（由标记和浮筒组成）在大海中摇摆太厉害，充入海水使其较稳定，如图 13-3 所示。

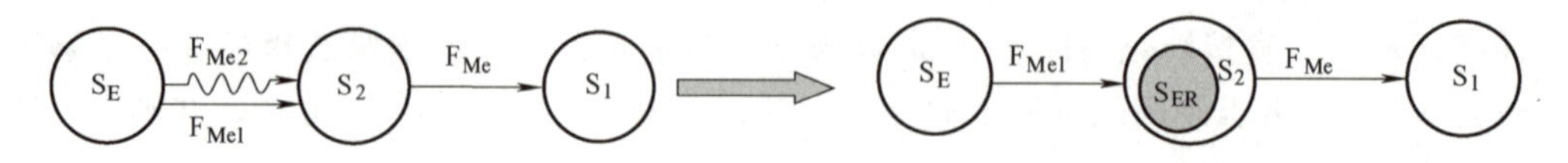

图 13-3 浮标改进模型

S_1—标记 S_2—浮筒 S_E—环境中的海水 S_{ER}—从环境中抽取的海水

F_{Me}—支撑力 F_{Me1}—浮力 F_{Me2}—机械力

No. 5（1.1.5）假定系统不能改变，但可以改变系统所处的环境。

例 13-5 机房里的计算机工作使室温增加，可能使其不能正常工作，空调可改变环境温度使其正常工作。

No. 6（1.1.6）微小量的精确控制是困难的，但可以通过增加一个添加物并在之后除去来控制微小量。

例 13-6 注塑时使流动的塑料精确地充满一个空腔是困难的，可以采用在合适的位置留一个冒口，使空腔内的空气流出，同时也使一部分塑料流出，之后再将其去掉的方法来解决。

No. 7（1.1.7）一个系统中场强度不够，增加场强度又会损坏系统，将强度足够大的一个场施加到另一个元件上，再将该元件连接到原系统上。同理，一种物质不能很好地发挥作用，但连接到另外一种可用物质上则能发挥作用。

例 13-7 在制作预应力混凝土构件时，方法之一是将钢筋加热，伸长之后固定并冷却，使之产生拉应力，浇注混凝土后，松开固定处，混凝土便产生了压应力。

No. 8（1.1.8）同时需要大的、强的和小的、弱的效应时，小的、弱的效应的位置可由物质 S_3 保护。

例 13-8 盛注射液的玻璃瓶是用火焰密封的，但火焰的高温将降低药液的质量，密封时将玻璃瓶放在水中，可保持药液在一个合适的温度。

标准解 1.2：消除或抵消有害效应

No. 9（1.2.1）在一个系统中有用及有害效应同时存在。S_1 与 S_2 不必直接接触，引入 S_3 消除有害效应。

例 13-9 房子用支撑柱（S_2）支撑承重梁（S_1），因接触面积小会损害承重梁（S_1），在两者之间引入一块钢板（S_3）将分散负载，保护承重梁，如图 13-4 所示。

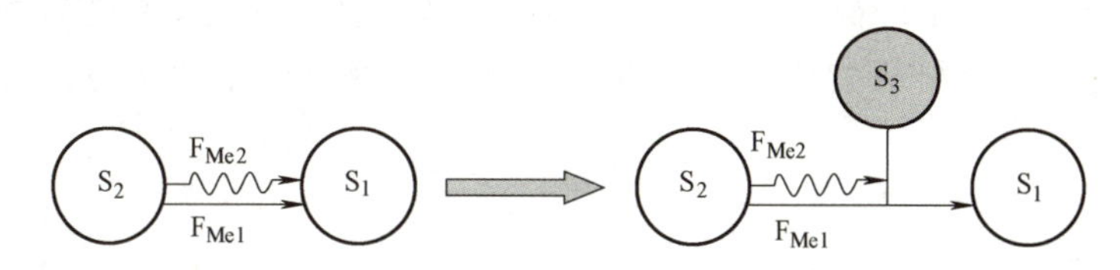

图 13-4 立柱支撑梁问题改进模型

S_1—承重梁 S_2—立柱 S_3—承重钢板 F_{Me1}—支撑力 F_{Me2}—表面压力

No. 10（1.2.2）与 No. 9 类似，但不允许增加新物质，通过改变 S_1 或 S_2 消除有害效应。该类解包括增加“虚无物质”，如空位、真空、空气、气泡、泡沫等，或增加一种场，场的作用相当于增加一种物质。

例 13-10 为了将两个工件装配到一起，将内部工件冷却使其收缩，之后将两个工件装配，然后在自然条件下让其膨胀，用热伸缩性代替润滑剂，使装配容易。

No. 11（1.2.3）有害效应是由一种场引起的，引入物质 S_3 吸收有害效应。

例 13-11 电子部件所发出的热量将使安装该部件的电路板变形，在该部件下放一个散热器吸收热量并将热量传递到空气中。

No. 12（1.2.4）在一个系统中有用及有害效应同时存在，但 S_1 与 S_2 必须处于接触状态。增加场 F_2，使之抵消 F_1 的影响，或得到一附加的有用效应。

例 13-12 水泵工作时产生噪声，水是 S_1，泵是 S_2，场是机械场 F_{Me}，引入一个与所产生的噪声相位相差 180°的声学场抵消噪声。

No. 13（1.2.5）在一个系统中，由于一个元件存在磁性而产生有害效应，将该元件加热到居里点以上磁性将不存在，或引入一相反的磁场消除原磁场。

例 13-13 汽车上经常放一指南针指引方向，但汽车本身的磁场将改变指南针的精确读数，在指南针内部装一个小的永久磁体消除汽车本身的磁场影响是该类指南针设计的特点。

2. 第 2 类标准解

第 2 类标准解的特点是通过对描述系统物质-场模型的较大改变来改善系统。

标准解 2.1：传递到复杂物质-场模型

No. 14（2.1.1）串联物质-场模型：将第一个模型的 S_2 及 F_1 施加到 S_3，S_3 及 F_2 施加

到 S_1。串联的两个模型是独立可控的。

例 13-14　用锤子直接破碎岩石效率很低，可通过串联另一物质-场得到改善。在锤子与岩石之间加一錾子，锤子的机械能直接加到錾子上，錾子将机械能传递给岩石，如图 13-5 所示。

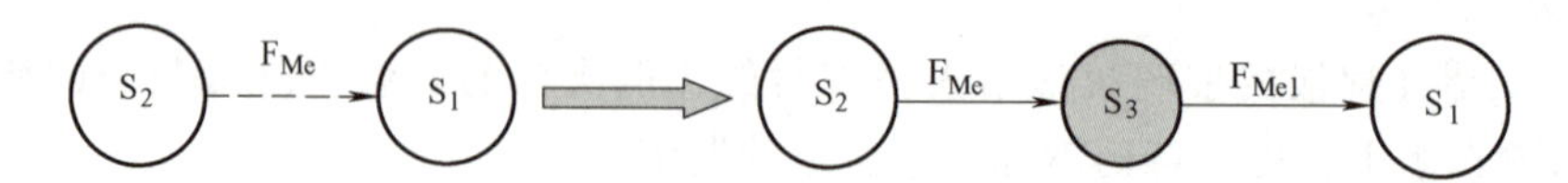

图 13-5　破碎岩石改进模型

S_1—岩石　S_2—锤子　S_3—錾子　F_{Me}—惯性力　F_{Me1}—放大了的机械力

No. 15（2. 1. 2）并联物质-场模型：一个可控性很差的系统需要改进，但已存在的部分不能改变，则并联第二个场，并作用到 S_1 上。

例 13-15　用电解法生产铜板（S_1）的过程中，少量的电解液会留在铜板表面，仅用水（S_2）洗效果不佳，增加机械能使铜板及其上的电解液处于微振动状态，则更有效，如图 13-6 所示。

标准解 2. 2：加强物质-场

No. 16（2. 2. 1）对于可控性差的场，用一个易控场代替，或增加一个易控场。例如：由重力场变为机械场，由机械场变为电场或电磁场。其核心是由物体的物理接触转到场的作用。

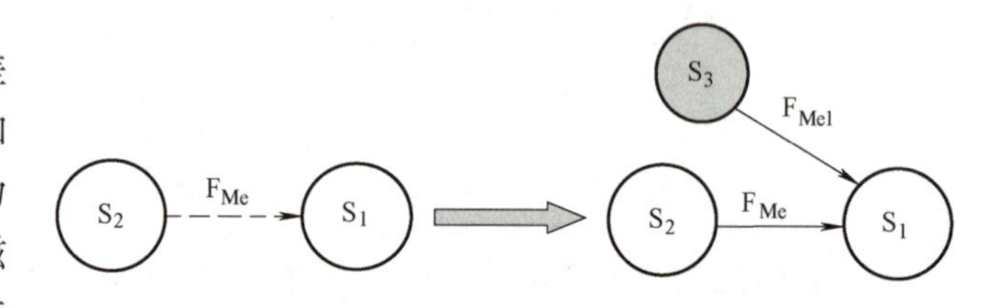

图 13-6　破碎岩石改进模型

S_1—铜板及其上的电解液　S_2—水　S_3—激振器

F_{Me}—水流的冲力　F_{Me1}—振动

例 13-16　用液压转向系统代替机械转向系统。

No. 17（2. 2. 2）将 S_2 由宏观变为微观，本质上代表了技术系统从宏观向微观进化的进化定律。

例 13-17　设计一个刚性支撑系统将重量均匀分布在不平的表面上是很困难的，而充液胶囊能将重量均匀分布。

No. 18（2. 2. 3）改变 S_2 成为多孔物质或具有毛细孔的材料，允许气体或液体通过。

例 13-18　采用油管喷油润滑齿轮，油液分布不均匀，可采用多孔分配器。另外，用多孔材料制造的含油轴承也是该标准解的典型案例。

No. 19（2. 2. 4）使系统更具有柔性或适应性。通常的方式是由刚性变为一个铰接，直到全柔性系统。

例 13-19　汽车齿轮变速器无论是手动的，还是自动的，其速比是有限的几个固定值，而液压变速系统的速比在一定范围内是连续的。

No. 20（2. 2. 5）使一个均匀的场变为不均匀的场，或使具有无序结构的场具有确定时空结构（永久或临时）以提高系统的效率。

例 13-20　驻波被用于液体或粒子定位。超声焊接利用调谐元件将振动集中到一个小的面积上。

No. 21（2. 2. 6）将一个均衡物质或不可控物质变为永久的或临时的具有预定空间结构的不均衡物质。

例 13-21 预应力钢筋改变了混凝土构件的性质。

标准解 2. 3：控制频率使其与一个或两个元件的自然频率匹配或不匹配，以改善性能

No. 22（2. 3. 1）使 F 的作用频率与 S_1 或 S_2 的自然频率匹配或不匹配。

例 13-22 将肾结石暴露在与其自然频率相同的超声波之中，可在体内破碎结石。

No. 23（2. 3. 2）使 F_2 与 F_1 的节奏匹配。

例 13-23 加一个与已有振动振幅相同、幅角相差180°的振动信号，振动将被消除。

No. 24（2. 3. 3）两个不相容或互相独立的动作，其中一个动作可以在另一个动作的间歇时间内完成。

例 13-24 加工工件时，在两次切削中间测量。

标准解 2. 4：铁磁材料与磁场结合

No. 25（2. 4. 1）在一个系统中增加铁磁材料和/或磁场。

例 13-25 磁悬浮列车，利用移动磁场推动轨道车辆。

No. 26（2. 4. 2）结合标准解 2. 2. 1 与 2. 4. 1，利用铁磁材料与磁场增加场的可控性。

例 13-26 增加铁磁材料及磁场，可控制橡胶模具的刚度。

No. 27（2. 4. 3）使用磁流体。磁流体是标准解 2. 4. 2 的一个特例。磁流体是指胶状铁磁粒子悬浮在煤油、硅树脂或水中。

例 13-27 磁流体密封。

No. 28（2. 4. 4）使用含有铁磁粒子或流体的毛细结构。

例 13-28 在磁场间建立由铁磁材料构成的过滤器，其精度可由磁场控制。

No. 29（2. 4. 5）利用添加物（如涂层）使非磁性物体永久或临时具有磁性。

例 13-29 在理疗过程中，在药物粒子中增加一磁性粒子，体内的磁性粒子将被吸引到外部磁力线周围，达到磁力线精确定位的目的。

No. 30（2. 4. 6）如果不能使物体具有磁性，把铁磁物质引入环境中。

例 13-30 将一个涂有磁性材料的橡胶垫子放在汽车内，工具被吸引到该垫子上，使用方便，如图 13-7 所示。同样的装置可用于医疗器械的放置。

No. 31（2. 4. 7）利用自然现象，如物体按场排列，或加热物体到居里点以上使其失去磁性。

例 13-31 核磁共振成像是利用调频振动磁场探测待定细胞核的振动，所产生影像的颜色将说明某些细胞集中的程度。例如：由于肿块的含水密度不同于正常组织，所以其颜色也不同，因此就可探测出来。

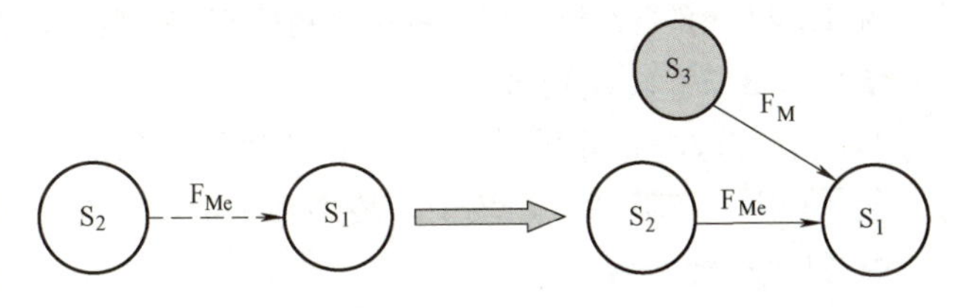

图 13-7 胶垫改进模型

S_1—修车工具 S_2—橡胶垫子 S_3—磁物质

F_{Me}—摩擦力 F_M—磁场力

No. 32（2. 4. 8）利用动态、可变或自动调整的磁场。

例 13-32 非规则空腔壁厚的测试可采用空腔内部放一铁磁体，外部分布感应式传感器的方法。为了增加精度，铁磁体也可以替换为表面上涂有铁磁粒子的气球，气球放在空腔内，具有空腔内部形状。

No. 33（2.4.9）添加铁磁粒子改变材料的结构，施加磁场移动粒子。通过这种途径，使非结构化系统变为结构化系统，或反之。

例 13-33 为了在塑料垫子表面形成某种图案，在塑料液体内加入铁磁粒子，用结构化的磁场拖动铁磁粒子形成所需要的形状，直到液体凝固。

No. 34（2.4.10）与场 F 的自然频率相匹配。对于宏观系统，采用机械振动增强铁磁粒子的运动。在分子及原子水平上，可通过改变磁场频率的方法。

例 13-34 微波炉加热食品的原理为微波（激振源）与水分子的固有频率接近。

No. 35（2.4.11）用电流产生磁场并可以代替磁粒子。

例 13-35 电磁场在不使用时可以关闭，改变电流可获得所需要的磁场。

No. 36（2.4.12）电流变流体的黏度可以通过改变电场强度来控制，它们可以和其他方法一起使用。也可以模仿液态、固态物相转换。

例 13-36 电流变流体轴承。

3. 第 3 类标准解

当第 1、第 2 和第 4 类标准解解决问题不是非常充分时，可以采用第 3 类标准解。该类标准解的特点是系统向双系统、多系统转换或转换到微观水平。

标准解 3.1：转换到双系统或多系统

No. 37（3.1.1）系统转变（a）：把系统转换到双系统或多系统。

例 13-37 为了处理方便，多层布叠在一起同时被切成所需要的形状。

No. 38（3.1.2）改进双系统或多系统中的连接，提高系统动态性。

例 13-38 对于四轮驱动的汽车，前后轮的差速器具有动态的连接关系。

No. 39（3.1.3）系统转换（b）：增加双系统或多系统的元件之间的差异性。

例 13-39 现代复印机不仅能复印不同尺寸、不同介质的复印件，还能实现自动分类、排序、装订等功能。

No. 40（3.1.4）简化双系统及多系统。

例 13-40 现代豪华客车集运输、各种控制、娱乐于一体。

No. 41（3.1.5）系统转换（c）：利用整体与部分之间的相反特性。

例 13-41 自行车链条每个链接是刚性的，但整体是柔性的，使整体产生柔性体的运动。

标准解 3.2：转换到微观水平

No. 42（3.2.1）系统转换（d）：转换到微观水平。

例 13-42 在玻璃生产线中，传递玻璃的辊子用锡液来代替，使玻璃表面平整光滑。

4. 第 4 类标准解

第 4 类标准解是检测与测量。检测与测量是典型的控制环节。检测是指检查某种状态发生或不发生。测量具有定量化及一定精度的特点。一些创新解是采用物理、化学、几何的效应完成自动控制，而不采用检测与测量。

标准解 4.1：间接测量方法

No. 43（4.1.1）修改系统，使得不再需要检测与测量。

例 13-43 采用热耦合或双金属片制造的开关可能实现热系统的自调节。

No. 44（4.1.2）如果标准解 4.1.1 无法实现，测量一复制品或肖像。

例 13-44　比较仪用于放大并精确测量一物体的肖像（影像），该类物体通常难以测量，如软物体或具有不规则表面的物体。

No. 45（4. 1. 3）如果标准解 4. 1. 1 及 4. 1. 2 无法实现，利用两次测量代替连续测量。

例 13-45　机械加工中的量规。

标准解 4. 2：创造或合成一个测量系统

No. 46（4. 2. 1）如果一个不完整的物质-场系统不能被检测或测量，增加单一或双物质-场，且一个场作为输出。假如已存在的场是不足的，在不影响原系统的条件下，改变或加强该场。加强了的场应具有容易检测的参数，这些参数与设计者所关心的参数有关。

例 13-46　塑料制品上的小孔很难被检测到。将塑料制品内充满气体并密封，之后置于压力降低了的水中，如果水中有气泡出现，则存在小孔。

No. 47（4. 2. 2）测量引入的添加物。添加一个添加物，添加物在与原系统的相互作用中发生变化，测量添加物的这种变化。

例 13-47　生物标本可在显微镜下测量，但其细微结构很难区分与测量，增加化学试剂使其能够区分与测量。

No. 48（4. 2. 3）如果系统不能添加任何添加物，在环境中添加添加物，使其通过场与系统作用，检测或测量场对系统的影响。

例 13-48　卫星相对于地球是环境中的添加物，它产生全球定位系统的连续信号（场），地球上的人使用一个 GPS 接收器，通过测量卫星的相对位置，就可以确定人在地球上的绝对位置。

No. 49（4. 2. 4）如果系统环境不能添加添加物（标准解 4. 2. 3 无法实现），通过环境中已有物质分解或状态变化创造添加物，然后测量系统对创造的环境添加物的作用。

例 13-49　在气泡室内，存在恰恰低于沸点温度及压力的液态氢，当能量粒子穿过时，使局部沸腾，形成气泡路径，该路径可以被拍照，用于研究粒子的动特性。

标准解 4. 3：加强测量系统

No. 50（4. 3. 1）利用自然现象。应用系统中存在的已知科学效应，通过观察效应中相关量的变化，确定系统的状态。

例 13-50　导电体的温度可由电导率的变化来确定。

No. 51（4. 3. 2）如果系统变化不能直接或通过场测量，测量系统或元件激励下的谐振频率来确定系统的变化。

例 13-51　有限元分析。在一定频率范围内变化的力加到物体的不同位置上，计算不同位置所产生的应力，以评价设计是否合理。

No. 52（4. 3. 3）如果 4. 3. 2 无法实现，加入特性已知的元件后测量组合体的谐振频率。

例 13-52　不直接测量电容。把一未知电容的物体插入一已知电感的电路中，改变施加到电路上的电压频率，找到电路的固有频率，再计算插入物体的电容。

标准解 4. 4：测量铁-磁场

在遥感、微装置、光纤、微处理器应用之前，为了测量引入铁磁材料是流行的办法。

No. 53（4. 4. 1）添加或利用铁磁物质和系统中的磁场以便于测量。

例 13-53　交通通常是通过红绿灯控制的，如果要知道何时有车辆等待及等待的车队有多长，在车道内合适位置安装传感器（含有铁磁部件）将使测量变得很容易。

No. 54（4.4.2）向系统中添加磁性粒子或把其中一种物质用铁磁材料代替以便于测量（只需测量新系统的磁场）。

例 13-54 铁磁粒子加到某种墨水中，用于纸币的印刷，可防伪。

No. 55（4.4.3）如果 4.4.2 无法实现，通过在物质中添加铁磁添加物，构建一个复杂系统。

例 13-55 处于压力下的液体导致岩层的液体爆炸，为了控制液体，加上铁磁粉末。

No. 56（4.4.4）如果系统中不允许添加铁磁颗粒，将其添加到环境中。

例 13-56 船模在水中的运动将产生波，为了研究形成波的特性，将铁磁粒子添加到水中。

No. 57（4.4.5）测量与磁有关的自然现象的结果。例如：测量居里点、磁滞、超导失超、霍尔效应等。

例 13-57 如核磁共振成像

标准解 4.5：测量系统的进化方向

No. 58（4.5.1）转换到双系统或多系统。假如一个测量系统不能得到足够的精度，可应用两个或更多个测量系统，或者采用多种测量方式。

例 13-58 为了测量视力，验光师使用一系列的仪器测量远处聚焦、近处聚焦、视网膜整体的一致性，而不仅仅是其中心。

No. 59（4.5.2）用测量对象对时间或空间的一阶或二阶导数代替对现象的直接测量。

例 13-59 测量速度或加速度，代替测量位移。

5. 第 5 类标准解

第 5 类标准解是简化或改进前述的标准解，以得到简化的方案。

标准解 5.1：引入物质

No. 60（5.1.1）间接方法。

No. 60-1（5.1.1.1）使用无成本资源，如空气、真空、气泡、泡沫、空洞、缝隙等。

例 13-60 要制造潜水用的潜水服。为了保持温度，传统的想法是增加橡胶的厚度，其结果会增加其重量，这种设计是不合理的。使橡胶产生泡沫，不仅减轻了重量，还提高了保暖性，这是合理的设计。

No. 60-2（5.1.1.2）利用场代替物质。

例 13-61 如何不钻孔发现墙内的钢筋？可有三种场探测方法：第一种方法是敲墙，有钢筋的位置所发出的声音与其他位置不同；第二种方法是用磁铁探测钢筋；第三种方法是利用超声波发生器及接收器，钢筋处会返回较强的回音。

No. 60-3（5.1.1.3）用外部添加物代替内部添加物，如例 13-9 在支撑柱与承重梁间加一块钢板。

No. 60-4（5.1.1.4）利用少量活性很强的添加物。

例 13-62 利用铝热剂爆炸将铝焊接到某物体上。

No. 60-5（5.1.1.5）将添加物集中到某一特定的位置上。

例 13-63 将化学去污剂准确放在有污点的位置就可去掉污点。

No. 60-6（5.1.1.6）引入临时添加物。

例 13-64 为了治疗骨伤，要在骨头上固定一个金属钉，等骨头治愈后，将金属钉去掉。

No. 60-7（5. 1. 1. 7）假如原系统中不允许添加添加物，可在其复制品或对象模型中添加添加物。在现代应用中，包括仿真的应用和添加物的复制。

例 13-65 网络会议允许与会者不在同一会场。

No. 60-8（5. 1. 1. 8）引入一种化合物，反应后产生所需要的元素或化合物，而直接引入期望的化合物是有害的。

例 13-66 人体需要钠，但金属钠对人体有害。食盐中的钠则可被人体吸收。

No. 60-9（5. 1. 1. 9）通过分解环境或对象本身获得所需的添加物。

例 13-67 在花园中掩埋垃圾代替使用化肥。

No. 61（5. 1. 2）将元件分为更小的单元。

例 13-68 为了提高飞机的速度，需要增加螺旋桨的长度，但长螺旋桨尖端的转动速度超过了声速，这将导致振动。两个小螺旋桨优于一个大螺旋桨。

No. 62（5. 1. 3）添加物被使用后自动消除。

例 13-69 使用干冰人工降雨，不会留下任何痕迹。

No. 63（5. 1. 4）如果环境不允许大量使用某种材料，使用对环境无影响的东西。

例 13-70 为了升起陷入沼泽地中的飞机，采用一种膨胀式升起装置。机械式千斤顶不能采用，因其自身会陷入沼泽地。

标准解 5. 2：使用场

No. 64（5. 2. 1）使用一种场来产生另一种场。

例 13-71 在回旋加速器中，加速度产生切伦科夫辐射，这是一种光，变化的磁场可以控制光的波长。

No. 65（5. 2. 2）利用环境中已存在的场。

例 13-72 电子装置利用每个元件所产生的热量引起空气流动来进行冷却，而不用附加风扇。这种方法可改善整体设计的性能。

No. 66（5. 2. 3）使用能够作为场源的物质。

例 13-73 在汽车内，将热机冷却剂作为一种热能（场）资源给乘客取暖，而不是直接应用燃料。

标准解 5. 3：相变

No. 67（5. 3. 1）相变 1：替代相。

例 13-74 利用物质的气、液、固三相。为了运输某种气体，使其变为液相状态，使用时再变成气相状态。

例 13-75 用 α 黄铜代替 β 黄铜以提高塑形。

No. 68（5. 3. 2）相变 2：双相状态（复相状态），应用的是物质在两相混合状态下具有的特性。

例 13-76 在滑冰中，摩擦力使冰刀下的冰（固相）变为冰水混合物（固液两相）减小摩擦力。

No. 69（5. 3. 3）相变 3：利用相变过程中的伴随现象。

例 13-77 当金属超导体达到零电阻时，它变成一种非常好的热绝缘体，可以用作热绝缘开关，隔开低温装置。

No. 70（5. 3. 4）相变 4：转换到两相状态。应用的是物质在不同相状态下所具有的不同的特性。

例 13-78　用“介质-金属”相材料制作可变电容，加热时，某些层变成导体，冷却时又变为绝缘体，电容的变化是靠温度控制的。

No. 71（5. 3. 5）相之间的相互作用。在系统中引入元件或元件之间的相互作用使系统更有效。

例 13-79　利用能发生化学反应的材料作为热循环发动机的工作元件。材料受热后分解，冷却时重新结合，以此改善发动机的功能（分解后物质具有更小的分子质量，传热更快）。

标准解 5. 4：应用自然现象

No. 72（5. 4. 1）转换过程自控制。假如某物体必须具有不同的状态，从一个状态转换到另一个状态由自身来实现。

例 13-80　摄影玻璃在有光线的环境中变黑，在黑暗的环境中变透明。

例 13-81　用于保护无线望远镜的避雷针是充满低压气体的管子，在雷电之前，区域内的静电势处于高水平，管中气体被电离，形成将雷电引入地下的通道。当雷电结束后，气体还原，装置的环境处于中性状态。

No. 73（5. 4. 2）当输入场较弱时，加强输出场。这通常可在接近相变点工作时实现。

例 13-82　真空管与晶体管都可以用小电流控制大电流。

标准解 5. 5：生成更高形态或更低形态的物质

No. 74（5. 5. 1）通过分解获得物质粒子（离子、原子、分子等）。

例 13-83　如果系统中需要的氢不存在，而水存在，则用电离法将水转变成氢与氧。

No. 75（5. 5. 2）通过结合获得物质。

例 13-84　植物通过水与二氧化碳进行光合作用，产生木材、树叶及果实。

例 13-85　嗜铁硫杆细菌用于把金矿矿渣中的金属铁变成氧化铁，氧化铁更易用水除去。

No. 76（5. 5. 3）应用 5. 5. 2 及 5. 5. 3 时，如果高等结构水平的物质需要分解，但又不能分解，由次高结构水平的物质代替进行分解。反之，如果物质必须通过低等结构层次物质组合而成，而所选低等物质不能实现，则采用高一级的物质代替。

例 13-86　在例 13-81 中，通过电离低压气体管子中的气体分子形成放电通道，而不是电离整个天线区域的气体。

13. 3　标准解应用过程

76 个标准解最有代表性的应用是在建立了物质-场模型，并确定了所有约束条件之后，作为 TRIZ 中 ARIZ 算法的一个重要步骤。模型和约束条件用于确定解的类别直至特定的解。76 个标准解在 ARIZ 之外也有广泛的应用，特别是在系统的基本模型能够建立的情况下。建立的模型可以是物质-场模型的形式，也可以是功能结构。功能结构在没有明显的技术或物理冲突时也很有用。

第 1 类到第 4 类标准解常常使系统更复杂，这是由于这些解都需要引入新的物质或场。

第 5 类标准解是简化系统的方法，使系统更加理想化。当从解决功能问题的第 1 类到第 3 类标准解或解决检测、测量问题的第 4 类标准解中确定了一个解之后，第 5 类标准解可用来简化这个解。图 13-8 详细表达了 76 个标准解的每个类别在问题求解和技术预测两个方面的应用。

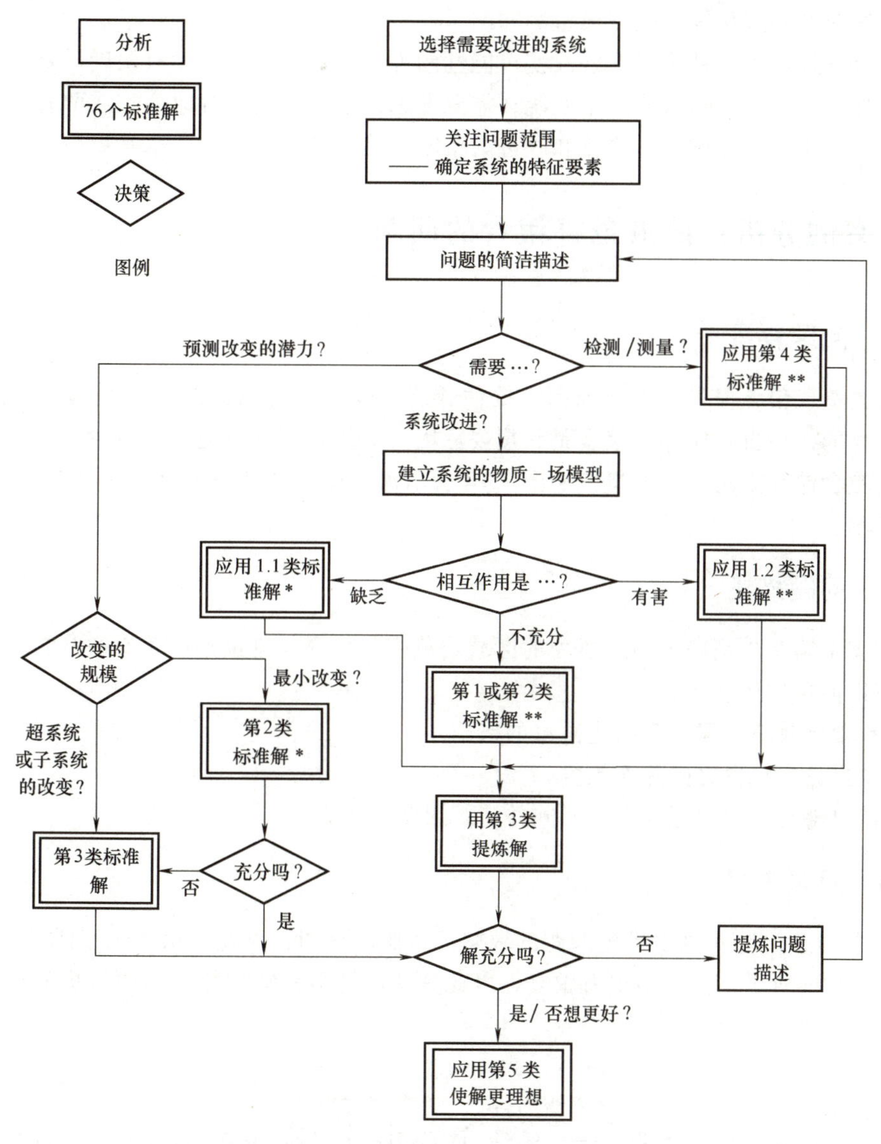

图 13-8　76 个标准解应用流程

* 第 1 类和第 2 类标准解　* * 第 4 类标准解

◇ 物质-场模型与标准解匹配　◇ 检测或测量是否可以避免　◇ 完善或改变物质-场模型

◇ 关注被测量要素的性质　◇ 确定要引入的物质或场　◇ 建立与标准形式匹配的模型

◇ 考虑提高相互作用的措施

该流程图把 76 个标准解的运用划分为以下三条主要路径：

1）系统改进。

2）检测和测量解。

3）使用标准解预测改变的时机。

系统改进这条路径最具代表性，从产生待解问题系统的物质-场模型开始，接下来路径的走向就由系统相互作用是缺乏、不充分还是有害三种情况决定，再分别向下进行。

检测与测量问题只由一类标准解处理，通过间接测量、创造和加强测量系统，引入铁磁粒子，系统转换和进化等途径完成检测和测量。

预测分支提供了一种描述系统改变可能性的方法。即使在系统没有明确需要改进时，这种方法依然可行。对于超系统或子系统，需要考虑最小改变或系统改变，或两者都要考虑。

最终运用第5类标准解：简化和改进的策略，使得到的解理想化水平更高。

13.4 案例分析：昆虫危害粮食的问题

13.4.1 问题背景

昆虫是造成粮食损失的主要原因。据估计，已收获粮食总量的25%是因各种昆虫的危害而损失掉的，昆虫吃储存的粮食是其重要原因。需要找到一种避免或减少由昆虫引起的粮食损失的粮食储存方法。以下将按照图13-8所示流程图（以下简称流程图）对该问题进行分析和求解。

13.4.2 问题描述

流程图中第2步是确定问题所处的区域或范围。粮食与昆虫是所关心的范围。其中的三个问题可以简单描述如下：

1）粮食已收获，但没有防止昆虫的措施。

2）昆虫已在粮食之中并吃粮食。

3）昆虫已在粮食中存在很长时间并产了很多虫卵。

13.4.3 问题求解

（1）粮食没有防止昆虫措施问题的求解　按照流程图，先建立第1)个问题的物质-场模型，如图13-9a所示。该模型仅有粮食，因此其功能是不完整功能，问题解决的过程是完善该功能。

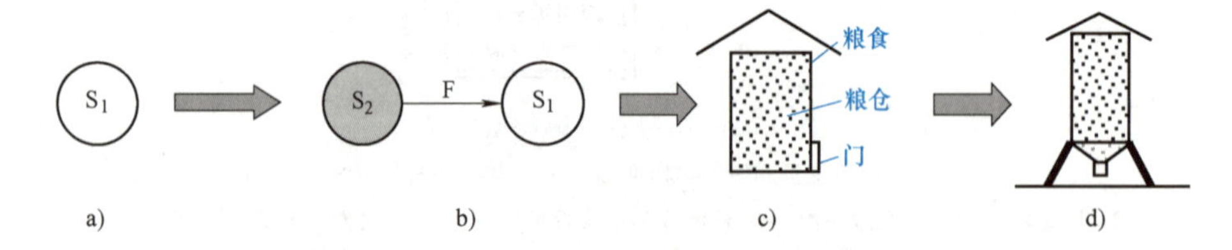

图13-9　粮食缺少保护的物质-场模型及求解过程

S_1—粮食　S_2—引入的保护粮食的物质　F—机械场

按照流程图，1.1类（No.1）标准解可以用于解决该问题。很明显，需要增加保护装置使粮食免受昆虫的侵害。其模型如图13-9b所示。可用粮仓存储粮食，如图13-9c所示。

按照流程图，下一步是应用第 3 类标准解进一步改进系统。该类标准解描述各种系统转换的形式，如可以转换到一个双系统，该系统既可以保护粮食免受昆虫的侵害，又可以方便地导出粮食以便使用。按照流程图，下一步是确定概念是否能接受，假如能接受，是否还可以更好一些。目前的粮仓能保护粮食不受昆虫的侵害，但导出粮食困难，应用第 5 类标准解做进一步的改进是必要的。

标准解 5.1 是引入物质，其中的标准解 5.1.1 是引入物质的间接方法，而 5.1.1.1 是使用无成本资源，该标准解提示：采用产生的空间使导出粮食更为方便，如图 13-9d 所示自导出粮仓。

（2）昆虫已在粮食中并吃粮食的问题　该问题的物质-场模型如图 13-10a 所示，该图表示存在一有害功能。

按流程图可选标准解 1.2.1，昆虫对粮食毫无用处，应通过引入新物质彻底去除，如图 13-10b 所示。如果某种杀虫剂只杀昆虫，而对粮食及人无害则是一种选择。甲基溴化物是一种可用的杀虫剂，但这种药剂对大气中的臭氧层有影响，这种药剂的替代产品开发一直在进行。磷化氢气体是一种具有上述功能的药剂，它能消灭部分粮食钻孔虫、大米象鼻虫、甲虫。

另一种标准解是 1.2.2，通过改变 S_1 或 S_2 消除有害效应。如果一些昆虫不喜欢吃某种粮食，在该种粮食入库前可能没有这些昆虫。这是一种理想的解决方法。

另一种方法是开发粮食的新品种，这些新品种通过干扰昆虫的新陈代谢杀死昆虫，如图 13-10c 所示。已开发的玉米新品种含有抗生素蛋白，这种蛋白凝固维生素 H，没有维生素 H，昆虫不能将吃进的食品转变成能量，最后导致昆虫死亡。这种方法对杀死象鼻虫、蛀虫等是有效的。

标准解 1.2.3 是指有害效应是由一种场引起的，引入物质 S_3 吸收有害效应。假如粮食的芳香气味吸引昆虫，引入某种物质吸收或淡化这种芳香气味是解决问题的一种方法。该标准解应用的另一种方法是引入某种物质，该物质干扰昆虫的味觉，正在开发中的气味中和剂可用于面粉甲虫的防治，如图 13-10d 所示。

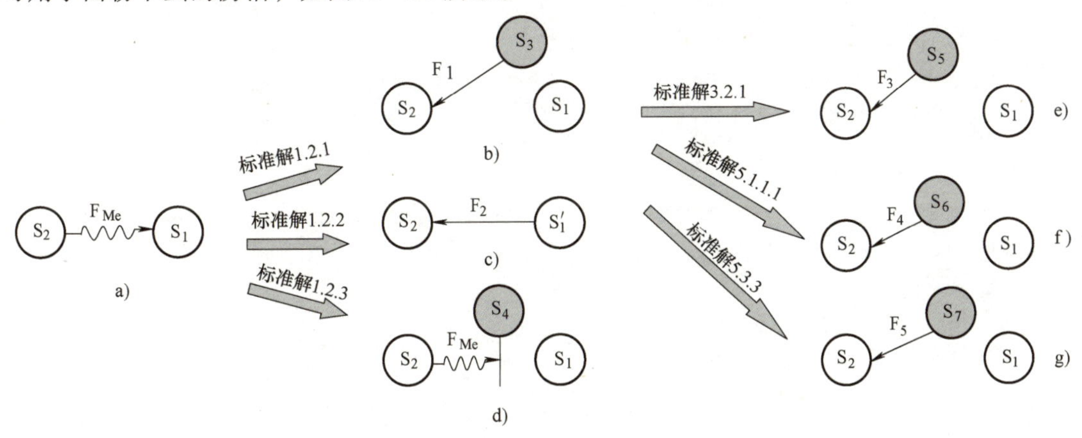

图 13-10　昆虫吃粮食问题的物质-场模型

S_1—粮食　S_2—虫子　S_3—杀虫剂　S_1'—改变了的粮食　S_3、S_4、S_5、S_6、S_7—引入能产生所需场 F_i 的物质

F_{Me}—机械场　F_1、F_2—化学场　F_3—紫外线、热场等　F_4—真空场、CO_2 化学场　F_5—温度场

流程图的下一步是第 3 类标准解的应用。如解 3.2.1 是指将系统转换到微观水平，包括场的利用。一些场可用于杀死某些昆虫，如强紫外线照射、热及超声的应用，如热场（55℃）可以代替甲基溴化物杀虫。变换后的物质-场模型如图 13-10e 所示。

按流程图，下一步是判断上述的解是否可以接受。如果不能接受需要重新定义问题，继续上述的过程。如果能接受，应用第 5 类标准解使问题的解更接近于理想状态。解 5.1.1.1 建议采用无成本资源改善解，例如采用真空就是一种方法。即通过真空泵将仓库中的空气抽出，以杀死昆虫。该方法用于各种船只杀死啮齿动物，但同时也能杀死昆虫。由于一些昆虫能长时期不呼吸及身体有一硬壳而能忍受低压，另一方法是在储粮库中压入 CO_2 气体用于驱赶氧气，以使一些昆虫窒息而死。变换后的模型如图 13-10f 所示。

第 5 类标准解中的 5.3.3 是另一种解，将粮食的温度降到零度以下可杀死几乎所有的昆虫。其原因是在温度降低的过程中，水的体积增加，将破坏昆虫的细胞。变换后的模型如图 13-10g 所示。

以上是应用 76 个标准解解决问题的多种方法，不同的方法实现还要考虑成本和具体场合。

思　考　题

1. 经典 TRIZ 中的 76 个标准解是如何分类的？
2. 应用标准解解决生产过程中测量线的直径问题。
3. 应用标准解将散乱火柴正确装入火柴盒。
4. 应用标准解解决输送废酸液的管路经常被腐蚀的问题。
5. 按照应用标准解求解问题的流程，分析 13.4 案例提到的昆虫危害粮食的问题中第三个问题的解。
6. 应用标准解对上一章思考题 4 所述问题进行求解。
7. 应用标准解对上一章思考题 5 所述问题进行求解。

第14章 裁剪

14.1 概述

14.1.1 裁剪及其目的

裁剪是 TRIZ 中改进系统，提高系统理想化程度的重要实现工具，也是 TRIZ 中通过去除元件、激化冲突，并结合 TRIZ 其他工具解决问题的方法。该方法是在功能分析的基础上，分析系统中每个功能及其实现元件存在的必要性，并去除不必要的功能及元件，在剩余元件上重新分配系统和超系统中的有用功能。

对系统执行裁剪的目的如下：

1）降低成本。裁剪可使系统在元件最少的情况下，实现预期的功能，相对原系统，可大幅减少元件数量以及由此引起的成本支出。

2）去除对系统有负面影响的功能，包括有害功能、不足功能和过剩功能。裁剪通过裁剪执行负面功能的元件，强化冲突，并利用系统或超系统资源解决冲突，达到消除不期望功能的目的。

3）降低复杂性。裁剪可减少零件数目，减小使用、操作、保养的复杂度，简化操作界面，降低操作失误，最终降低系统的复杂性。

4）裁剪能够从根本上规避对手专利。专利规避是研究如何避开已有专利保护范围的一种方法，本书第 20 章将进行介绍。裁剪通过去除规避对象的一部分特征或改变部分技术特征达到规避专利的目的。

5）裁剪能够产生新的产品，创造新市场。并且通过对产品的优化使得产品能够适应新市场。

裁剪工具可分为两类：面向产品的裁剪和面向工艺过程的裁剪。面向产品的裁剪是在系统裁剪规则或裁剪问句引导下，裁剪系统中的元件以实现系统改进的目标。面向工艺过程的裁剪是把过程看作系统，通过裁剪规则裁剪工艺过程中的辅助功能、子过程以改善系统过程。

14.1.2 功能载体与功能对象

裁剪是在建立系统功能模型之后，按照一定的规则或裁剪问句来选择裁剪对象，然后按照裁剪规则执行裁剪过程。功能模型建立过程在 4.2 节已经叙述过，本章在此基础上进行裁剪方法的介绍。

裁剪都是从系统中某个冲突区域开始的，裁剪规则和裁剪问句也是围绕冲突区域的。为了理解裁剪规则和裁剪问句，需要强调构成冲突区域的三个要素：功能载体、功能对象及其之间的作用，如图 14-1 所示。

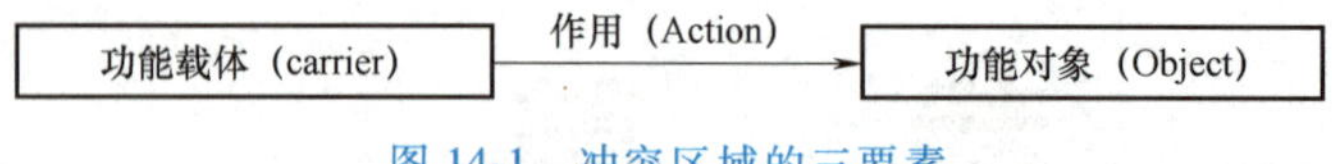

图 14-1　冲突区域的三要素

➢ 功能载体：功能载体是冲突区域功能的提供者或施加者。对于系统中的某个元件，当考虑其对其他元件的作用时，该元件就是功能载体。

➢ 功能对象：功能对象是被作用的对象，是功能的承受者。对于系统中的某个元件，当考虑其他元件对其的作用时，该元件就是功能对象。

➢ 作用：作用代表了功能载体对功能对象的功能，一般用表达作用目的或方式的动词或场描述。两个元件间作用一般都是相互的，但在研究过程中如果某一方向的作用与研究目标不相关，则可以只列出相关的单向作用。按照作用效果，作用分为有用作用、不足作用、过剩作用和有害作用。冲突区域的作用是存在问题的作用，即有可能是不足、过剩或有害作用。

14.2　裁剪规则和启发式裁剪问句

为了便于理解裁剪规则和裁剪问句，将结合如图 14-2 所示的用牙刷刷牙的功能模型进行分析。

例 14-1　牙刷刷牙的功能模型

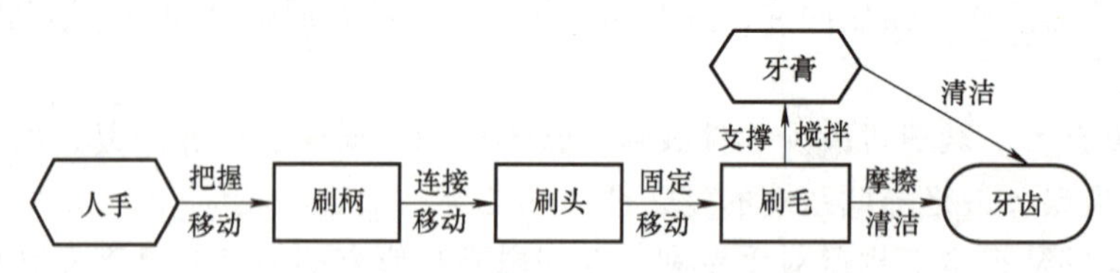

图 14-2　用牙刷刷牙的功能模型

14.2.1　裁剪规则

裁剪规则是裁去冲突区域中功能载体的指导原则。用于指导对冲突区域进行裁剪时，寻找新的功能载体或裁剪功能。

许栋梁教授认为不同的裁剪规则，其效力是不同的，效力由大到小依次为裁剪规则 A、裁剪规则 X、裁剪规则 B、裁剪规则 C、裁剪规则 D、裁剪规则 E，设计者应用裁剪规则尝试裁剪时，也是依效力从大到小的顺序依次尝试。

（1）裁剪规则 A（Trimming Rule A）　规则描述：如图 14-3 所示，如果功能对象可以被裁去，则功能载体提供的有用功能也就不需要了，功能载体可以被裁去。

如例 14-1 中，对老年人，如果牙齿已经全部脱落，则刷毛就没有存在的必要了，依次类推，刷头、刷柄也就没有必要存在，牙刷将整体失去功能。

（2）裁剪规则 X（Trimming Rule X）　规则描述：如图 14-4 所示，如果功能载体提供的有用功能可以被裁去，则功能载体可以被裁去。

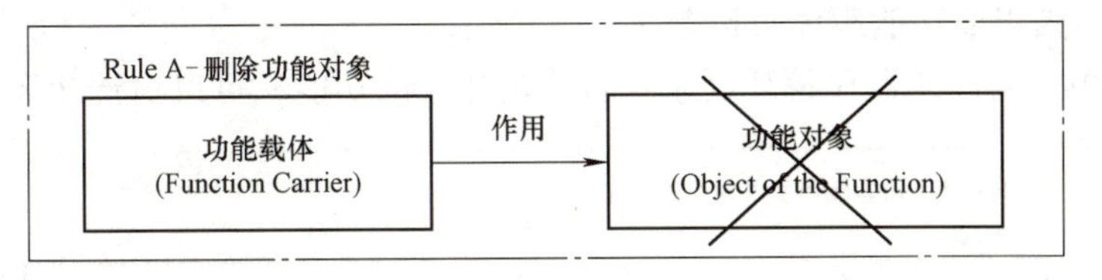

图 14-3 裁剪规则 A（Trimming Rule A）

如例 14-1 中，如果刷毛提供的清洁功能可以被裁去，同上，则牙刷整体可以被裁去。

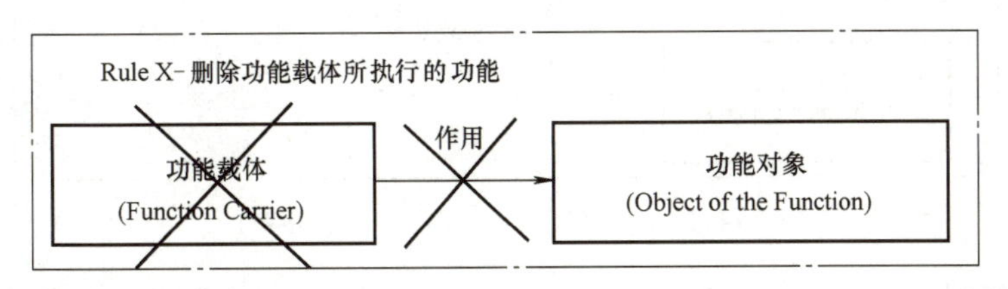

图 14-4 裁剪规则 X（Trimming Rule X）

（3）裁剪规则 B（Trimming Rule B） 规则描述：如图 14-5 所示，如果功能对象能够自身执行功能载体提供的有用功能，则功能载体可以裁去。

如例 14-1 中，牙齿如果能够自己保持清洁，则刷牙变得不必要，牙刷整体可以被裁去，如对牙齿封釉处理。

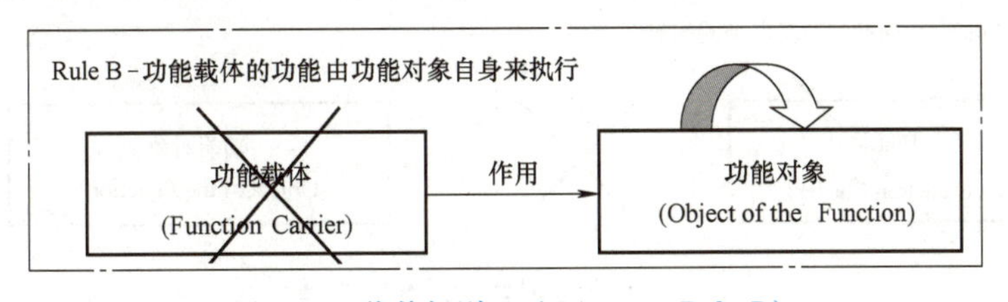

图 14-5 裁剪规则 B（Trimming Rule B）

（4）裁剪规则 C（Trimming Rule C） 规则描述：如图 14-6 所示，如果功能载体的功能能被系统或超系统中其他元件执行，则原来的功能载体可以裁去（被替代）。

如例 14-1 中，刷柄连接、移动刷头的功能可以由手指承担，则刷柄可以被裁去。

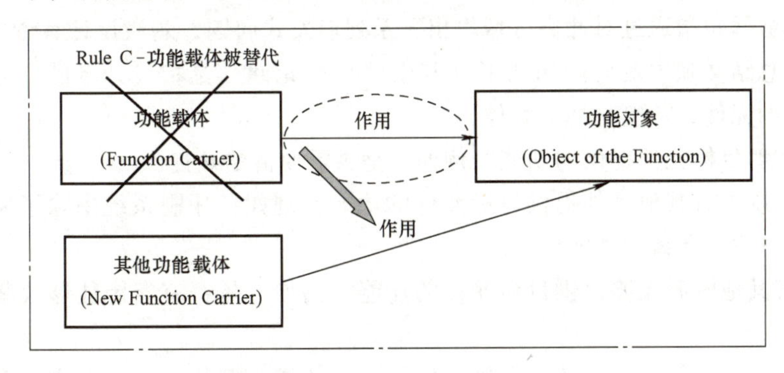

图 14-6 裁剪规则 C（Trimming Rule C）

（5）裁剪规则 D（Trimming Rule D） 规则描述：如图 14-7 所示，如果系统或超系统中存在某一元件能够取代当前功能载体执行相同或更好的功能，并且改善系统性能或效果

（如降低成本），则当前功能载体可以裁去。

如例 14-1 中，用冲牙器代替牙刷来执行清洁牙齿的功能，可以清洗牙齿更加彻底。

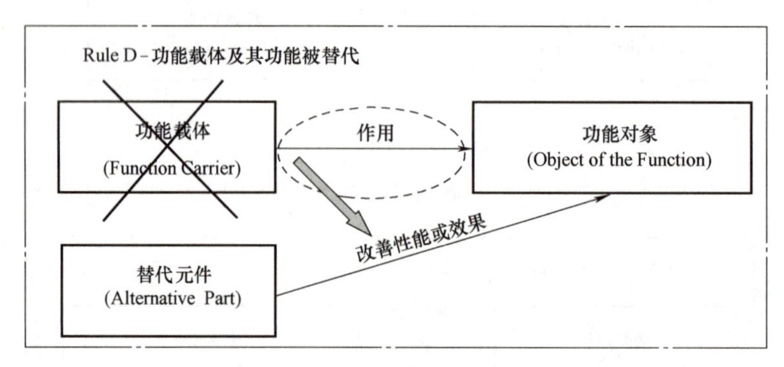

图 14-7　裁剪规则 D（Trimming Rule D）

（6）裁剪规则 E（Trimming Rule E）　规则描述：如图 14-8 所示，如果能找到新的利基市场（新市场或细分市场），使裁剪后系统获得巨大收益，则功能载体可以裁去。若利基市场需要原有功能，则裁剪后系统需包含原有功能，若利基市场不需要原有功能，则新系统不包含原有功能。

如例 14-1 中，用牙线加漱口可以代替刷牙，牙线形成新的利基市场。

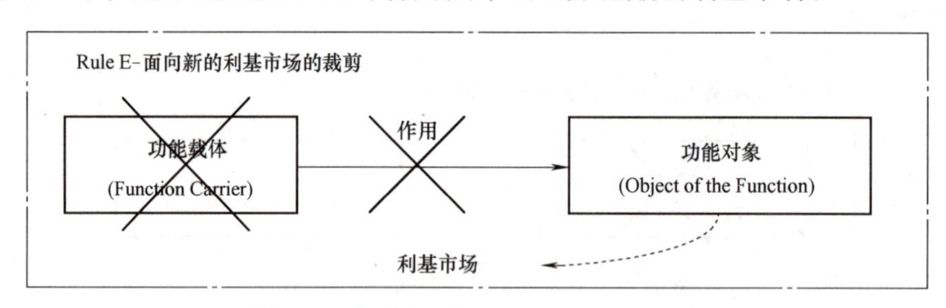

图 14-8　裁剪规则 E（Trimming Rule E）

14.2.2　启发式裁剪问句

启发式裁剪问句指通过对冲突区域提出一系列启发式问题，刺激设计者考虑应用裁剪方法进行求解。总结文献中裁剪问句如下（其中“目标元件”是指设计者的研究对象，是判断能否被裁去的元件，一般是功能载体）：

1）是否需要目标元件提供的功能？例如：是否需要清洁牙齿？

2）是否系统中有其他元件提供目标元件的功能？例如：牙刷系统中除了刷毛是否有其他元件能够提供清洁牙齿的功能？

3）是否有其他资源能够提供目标元件的功能？例如：是否有资源能够代替牙刷刷毛的功能？

4）能否找到一个低价值元件来提供目标元件的功能？例如：是否存在一个低价值元件能够代替刷毛、刷头、刷柄的功能？

5）对于其他元件，目标元件是否必须被移除？例如：对于其他元件，刷毛、刷头、刷柄是否必须被移除？

6）目标元件一定要使用与其他元件不同的材料或是目标元件对其他配对的元件而言，需要被独立出来吗？例如：刷柄与刷头一定要使用不同的材料，或者对刷头而言，刷柄需要被独立吗？

7）目标元件一定要与其他配对的元件分开、组装在一起或不组装在一起吗？例如：刷头一定要与刷柄分开、组装或不组装在一起吗？

8）是否能够裁去低价值元件（价值计算见下节）？例如：是否能够裁去低价值的刷柄？

9）目标元件是否能够加强子系统的独立性？例如：刷毛是否能够加强刷毛和刷头组成的子系统的独立性？

10）是否能够消除对程序、操作或者过程的分割？例如：是否能够消除刷牙过程的操作，如挤牙膏？

11）是否能够使用临时的元件？例如：是否能够使用临时的刷柄、刷头、刷毛？

12）是否能够使用相互协调的子系统？例如：刷毛、刷头与刷柄之间是否存在不协调？能否协调？

13）是否能够只在需要的时候使用昂贵的材料？例如：牙刷系统中是否有相对昂贵的材料？是否只在个别情况下使用？

14）是否能够裁去辅助功能？例如：刷头、刷柄的功能是否能够裁去？

15）目标元件的功能对象能否自服务？例如：牙齿是否能够自己保持清洁？

16）是否能够从专利分析中寻找到此功能的提供者？例如：是否存在保持牙齿清洁的专利？

14.3　裁剪对象选择

裁剪规则和裁剪问句是在冲突区域确定之后，针对冲突区域的功能载体进行的裁剪尝试。如果裁剪对象是一个系统，首先在建立系统功能模型基础上，选择裁剪的区域，确定裁剪顺序，即应该从哪个元件开始执行裁剪，然后剩余的元件应该按照怎样的顺序进行裁剪。优先被裁剪的元件应具有以下特征中的一个或几个。

1）关键负面因素。

2）最有害功能。

3）最昂贵元件。

4）最低功能价值。

在确定系统中的被裁剪的目标元件时，除了参考以上四个特征外，还可以根据具体设计目标，制定其他选择原则。

针对以上四个特征，需要不同方法进行确定。

1. 关键负面因素的确定

关键负面因素是对系统存在的问题起关键作用的因素，导致系统问题的根原因指向的因素就是关键负面因素，也就是根据根原因分析结果在功能模型上确定的最终冲突区域的元件应是首先被裁剪的元件。

关键负面因素通过进行根原因分析来确定。根原因分析方法在第5章已经介绍过，通过根原因推理链条，可以揭示问题的根原因，并在功能模型上确定冲突区域，冲突区域就是关键负面因素所在。对系统进行功能裁剪时，首先要对冲突区域的元件按照裁剪规则或裁剪问句进行判断，是否能够执行裁剪，然后再沿着根原因推理链条逐级向上分析。

2. 最有害功能的确定

对元件进行有害功能分析可以得到，应该把系统中执行有害功能最多的元件作为首要的裁剪对象。通过裁剪执行有害功能最多的元件，以提高系统的运作效率。

有害功能分析一般是将元件的有害功能数量的多少作为主要指标，但不同的有害功能对系统的影响程度和导致的后果是不同的，基于这方面考虑，可以根据有害功能的影响程度对所有有害功能赋予一定的权值，然后求各个执行有害功能的元件的权和，有害功能权和最大的元件应作为首要考虑裁去的对象。

3. 最昂贵的元件的确定

利用成本分析可裁去成本最昂贵又价值不高的元件，这样可以大幅降低系统的制造成本。成本分析是将系统元件的成本逐一比较，成本越高的被裁去的优先级别就越高。

4. 最低功能价值的确定

以上三个指标对系统都会产生较大影响，但是如果不是集中在一个元件上，又如何取舍呢？就得利用功能价值来综合考虑这三方面。

在创新设计软件 TechOptimizer 中评估元件功能价值的参数有三个：功能等级（Function Rank），问题严重性（Problem Significance）和成本（Cost）。若是针对产品设计初期的概念设计，在功能价值评估过程中可以不考虑成本的问题。

（1）功能等级　功能等级与功能模型中各元件通过作用建立起来的连接关系有关，由功能的位置与制品的接近程度来决定。功能等级定义规则如下：

规则1：如果元件是直接作用在制品上，则其作用的功能等级是基本功能（Basic Function），用B表示。

规则2：如果元件作用在产生基本功能（Basic Function）的元件上，则其作用功能等级是第1级辅助功能（Auxiliary Function 1），用 A_1 表示。

规则3：假定元件作用在产生第 $i-1$ 级的辅助功能（Auxiliary Function）的元件上，则其作用的功能等级是第 i 级辅助功能（Auxiliary Function i），用 A_i 表示。

规则4：假如元件作用在超系统，则其作用的等级是 A_1。

图14-9所示为根据上述功能定义规则1~4定出的某一系统的功能等级。

功能等级量化规则如下：

规则5：设系统中功能等级最低的功能，其值设为1。

规则6：$\text{Rank}(A_{i-1}) = \text{Rank}(A_i) + 1$。

规则7：$\text{Rank}(B) = \text{Rank}(A_1) + 2$。

规则8：对于作用多个功能元件的功能，其等级为所有作用之和。

根据功能等级量化规则5~7，图14-9中各作用的功能等级量化值如图14-10所示。

根据规则8，各功能元件的功能等级量化值见表14-1。

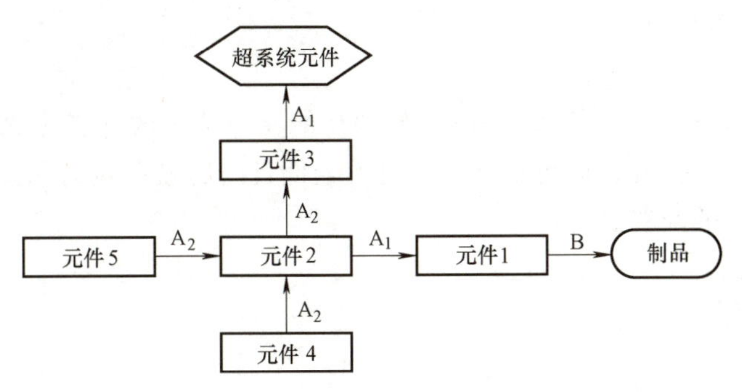

图 14-9 某系统的功能等级

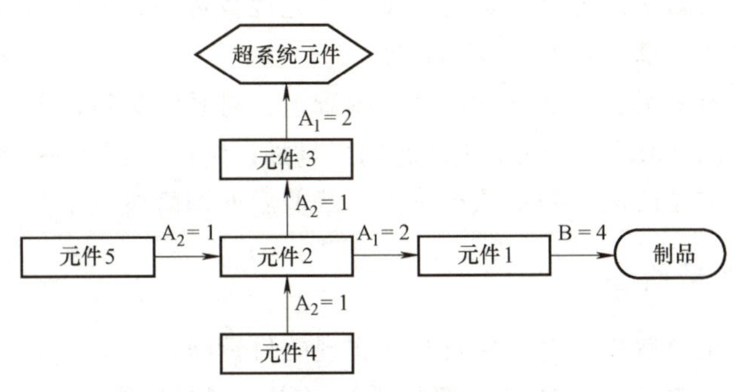

图 14-10 某系统功能等级量化值

表 14-1 各功能元件的功能等级量化值

元件	功能等级量化值	折算成十分制功能等级量化值
元件 1	4	10
元件 2	2+1=3	7.5
元件 3	2	5
元件 4	1	2.5
元件 5	1	2.5

（2）问题严重性 问题严重性由元件所受到的问题功能来决定。问题功能共有三种：有害功能、不足功能、过剩功能。而由这三种问题功能所导致的问题严重性则由有用功能和有害功能作用的等级来决定。其公式为

$$问题严重性=10\times 参数$$

式中 参数——取1~20，代表功能作用的程度，需由设计者给定数值，由设计者的主观判断来决定其作用的程度。某一元件的问题严重性为所受到的问题功能所造成的问题严重性量化值总和。依照与功能等级同样的规则，然后把各元件问题严重性量化值折算成十分制数值。

（3）功能价值 计算出功能等级和问题严重性后，功能元件的价值的大小由下列公式决定：

$$Value=F\times F/(P+C)$$

式中 F——功能等级；

P——问题严重性；

C——成本。

如果不考虑成本影响，则其值设为0。按照功能元件价值的计算公式将所有元件的价值计算出来，并由低向高排列，即可找到功能价值较低且问题较严重的元件，通过裁去该元件以消除由此元件带来的问题。

14.4 裁剪过程

裁剪的最终目的是使系统的理想化程度提高，裁剪的具体目的不同，裁剪的深度也就不同。裁剪的深度是指被裁去的元件的数量占系统总元件数量的百分率。百分率越高，裁剪深度越大。裁剪深度体现裁剪对系统改变的程度。

裁剪主要针对已有产品，在建立功能模型基础上，对系统进行裁剪，裁剪后系统如果出现新的问题，可以应用TRIZ中其他解决问题的工具加以解决。图14-11所示为裁剪的流程，大致可以分为裁剪前准备阶段、裁剪执行阶段、裁剪后处理阶段三个阶段。

14.4.1 裁剪前准备阶段

裁剪前准备阶段主要解决裁剪对象及裁剪实现的目标问题。

（1）选择将要裁剪的系统　将要裁剪的系统可以是具体产品，也可以是某个初步的设计方案，还可以是某个具体专利。裁剪可以对单个系统裁剪，也可以对多个系统进行组合后再裁剪。系统先组合为多系统，然后去除冗余资源，可以得到具有多系统功能的新的单系统，这是技术系统进化过程中的重要规律，详细内容见第16章。其中“去除冗余资源”就是执行裁剪的过程。

（2）明确期望实现的目标　裁剪的本质目标是实现系统理想化程度提高，如第14.1节所述裁剪可以实现技术系统成本降低，去除系统中有负面影响的功能，降低复杂性，规避专利和开发新产品等目的。对具体设计问题而言，总是有侧重。期望实现的目标不同，则裁剪的深度不同。另外明确了期望实现的目标，才能够根据主要目标对裁剪的结果进行评价。

（3）分析相关专利　分析专利在做专利规避设计时是必需的步骤，在实现其他设计目的的同时，避免专利侵权是现代工业社会的基本要求。另外不同专利还可以通过组合得到不同技术特征的系统，实现专利规避的目的。

14.4.2 裁剪执行阶段

裁剪执行阶段就是在建立功能模型基础上，确定元件的裁剪优先顺序，然后执行裁去元件的过程。

（1）功能分析　功能裁剪是在功能模型基础上进行的，因此功能裁剪首先要建立研究对象的功能模型。已有产品功能模型建立的过程详见第4章。如果裁剪对象是组合后的多系统，要在建立多个单系统功能模型基础上，按照资源共享关系，组合成多系统功能。如果研究对象是专利，则需要根据专利的描述把专利所涉及的技术系统的功能模型建立起来。

（2）确定元件裁剪优先顺序　裁剪元件优先顺序根据前面设定的目标而定，如果是为了提高系统的理想化水平，则可以计算所有元件的功能价值，然后选择价值最低的开始裁剪。

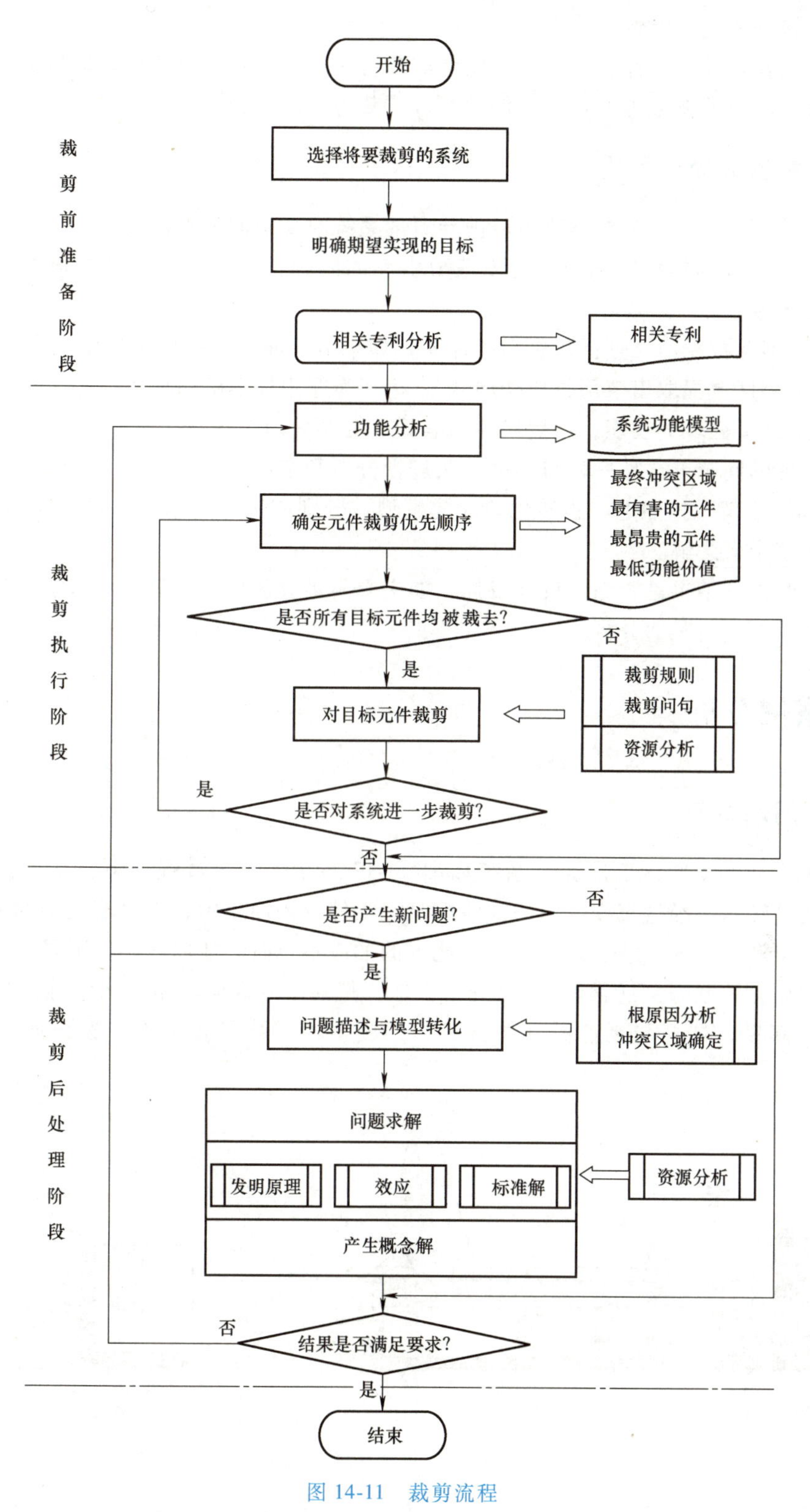

图 14-11 裁剪流程

（3）对目标元件裁剪 选定裁剪目标元件后，应用裁剪规则或启发式裁剪问句，探讨目标元件可被裁去的可能性。

根据不同裁剪设计目标，决定目标元件被裁剪完成后是否继续选择新的目标元件执行裁剪过程。直到所有希望处理的目标元件都经过了裁剪可能性分析。

14.4.3 裁剪后处理阶段

裁剪后处理阶段主要分析解决由裁剪导致的系统改变引起的新问题。

(1) 问题描述与模型转化　描述因裁剪引起的问题，然后分析问题的根原因，然后确定新的冲突区域。

1) 试着消除根原因，分析是否引起冲突，如果引起冲突，则转化为冲突求解。

2) 把冲突区域提取出来用物质-场模型表达，为应用标准解做准备。

3) 提取冲突区域的功能，用黑箱模型表达，为用效应求解做准备。

对于出现的问题可选择一种或几种方法进行分析和求解。

(2) 问题求解　按照上一步转化的问题模型，分别应用发明原理、效应和标准解求解。产生一个或多个概念解。

最后判断设计结果是否满足设计目标，如果不满足设计目标，需要重新定义分析裁剪后问题，或者重新进行裁剪分析。

14.5 案例分析

14.5.1 问题背景

某汽车厂油漆车间，工件涂装系统如图 14-12 所示，工艺过程如下：工件固定在吊具上，由输送链传送，经过充满油漆的油漆池时，工件没入油漆中，随着输送链的运动，工件逐渐离开油漆池，进入后续工艺。当油漆池内的油漆不足时，池面的浮球下降，带动杠杆摆动，杠杆脱离泵控制开关（常闭），泵开始工作，把油漆泵入漆池中，当浮球随同液面一起上升到一定高度，杠杆与泵控制开关接触，切断电源，泵停止工作，停止向漆池中注入油漆。

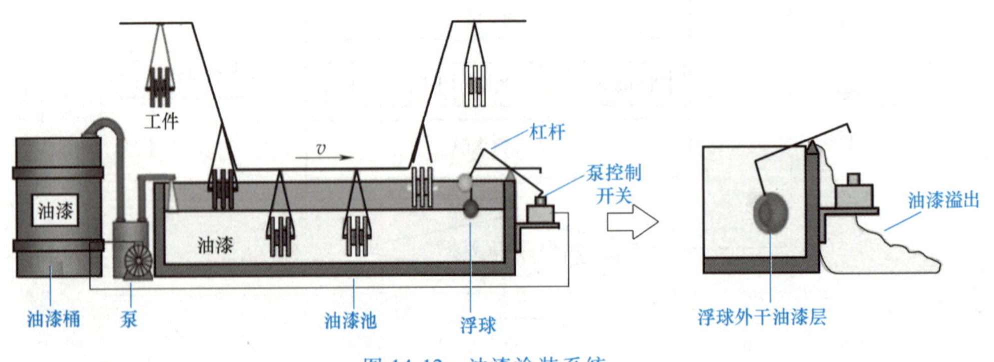

图 14-12　油漆涂装系统

该系统存在的问题是：由于浮球长期裸露在空气中，浮球表面沾上一层厚厚的油漆，油漆在空气中变干燥，当干油漆积累到一定程度，浮球由于太重浮力不足，甚至无法浮起，杠

杆无法及时关闭泵开关，导致泵持续工作，油漆溢出。

14.5.2　裁剪过程分析

（1）明确裁剪对象和实现的目标　以当前油漆涂装系统为待裁剪系统，裁剪的目的是为了解决当前系统中漆泵无法自动停止泵漆的问题。

（2）裁剪过程分析

1）建立功能模型。根据第 4 章建立功能模型的方法，确定油漆罐装系统各个作用元件，以及元件间相互作用、作用类型，并绘制系统功能模型，如图 14-13 所示。

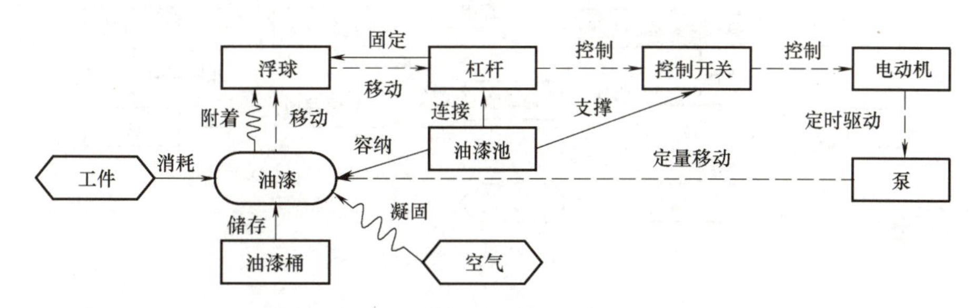

图 14-13　油漆涂装系统功能模型

2）根原因分析和裁剪优先级确定。裁剪的目的是为了解决系统当中的问题，因此通过根原因分析确定最终冲突区域，优先裁去冲突区域的元件。

在排除了油漆池、泵、电动机（含导线）、开关、杠杆、工件自身因素之后，池中油漆溢出的根原因分析过程如图 14-14 所示。从分析结果看，最终根原因是浮球表面材质的性质导致能够沾上油漆，并在空气作用下凝固。空气和油漆改造比较困难，最终冲突区域是浮球和油漆之间区域。应优先裁剪最终冲突区域中的浮球。

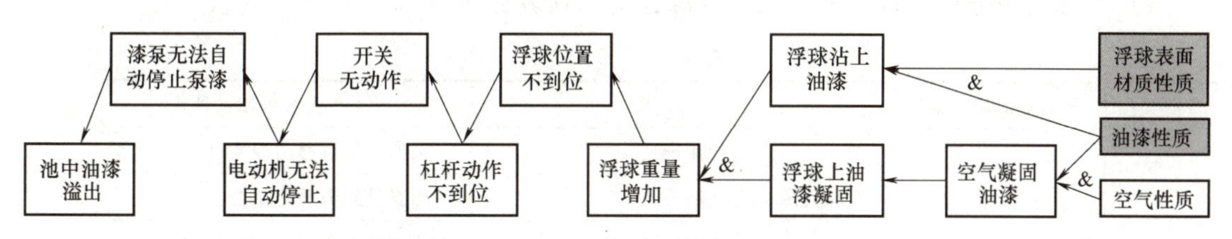

图 14-14　池中油漆溢出的根原因分析（部分）

3）裁剪元件。

裁剪方案 1：按照裁剪规则 B，裁去浮球，杠杆需要独立完成移动功能，目前不可行。按照裁剪规则 C，裁剪掉浮球，需要从系统或超系统找一种能够替代元件替代浮球执行移动杠杆的功能，新元件应不受漆凝固的影响。裁剪后功能模型如图 14-15 所示。

裁剪方案 2：进一步裁剪杠杆，按照裁剪规则 B，控制开关需要独立承担控制自身的功能。目前不可行。按照裁剪规则 C，需要从系统或超系统找一种元件替代杠杆控制泵控制开关的功能。并且不受油漆凝固的影响，如采用非接触式测量系统（如用光测量或超声波测量）测量油面实现控制。裁剪后功能模型如图 14-16 所示。

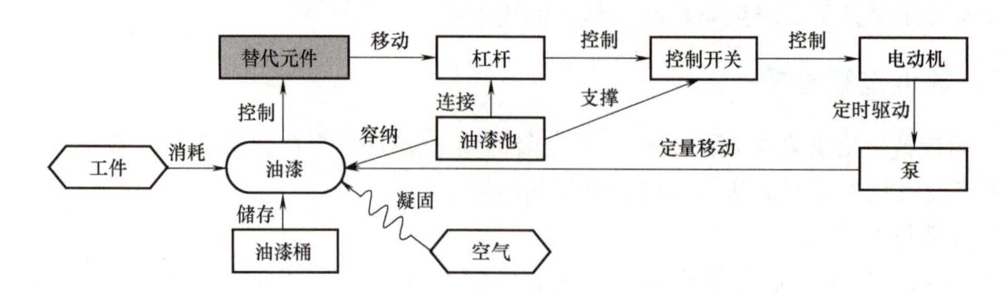

图 14-15 油漆涂装系统裁剪方案 1

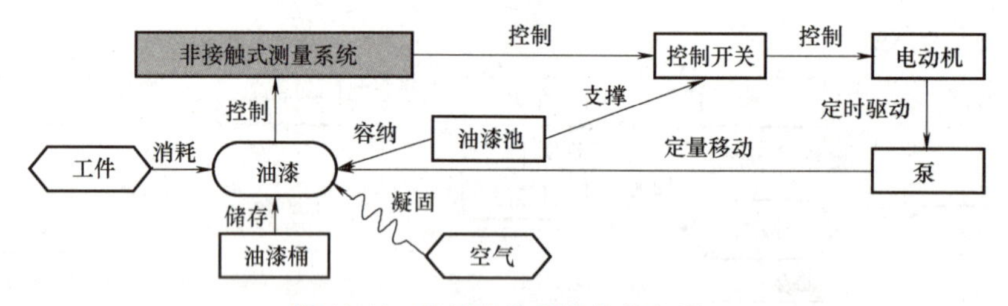

图 14-16 油漆涂装系统裁剪方案 2

裁剪方案 3：依照上面的思路，进一步深入裁剪，直到把浮球、杠杆、控制开关、电动机、泵都裁去。最终裁剪过后的功能模型如图 14-17 所示。模型失去了原来泵控制油漆液面高度的功能，是个问题模型。

（3）裁剪后处理 由于裁剪方案 3 存在油漆液面无法控制的问题，对该问题应用 TRIZ 中其他工具求解。

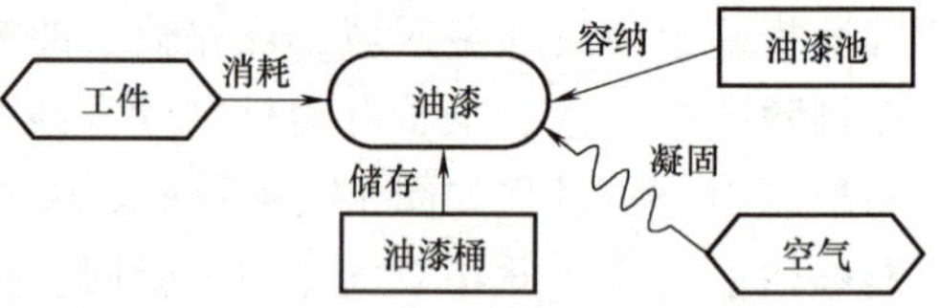

图 14-17 油漆涂装系统裁剪后功能模型

问题描述：装置无法自动实时供给油漆。

1）系统资源分析。首先分析系统资源，资源列表见表 14-2。

表 14-2 资源列表

资源类型	所需资源属性描述	可用资源		资源可用性评价
物质资源	能够移动、控制油漆的物质	内部资源	油漆桶	漆桶变形可移动油漆，但不可持续
			油漆	油漆受到力的作用会移动
			油漆池	油漆池面积变小，但不可持续，不可行
		外部资源	空气	空气流动产生力，空气可以传递压力
场资源	需移动油漆的力场	内部资源	油漆内部压力	油漆不同深度压力不同；油漆受到的压力不平衡时会流动，压力平衡时会静止
			漆桶对漆的作用力	漆桶对桶内油漆可产生力，不可持续
			漆池对漆的作用力	漆池面积变小可产生力，不可持续
		外部资源	气压	大气压随海拔而变化，气体压力与热力学定律和流体力学定律等有关，可考虑相关效应
			重力场	液体的势能能转化为动能

2）应用冲突求解。

希望改进的特性：自动化程度。

通常采用的措施：增加一套控制系统。

恶化的特性：装置的复杂性。

查找附录 D 中冲突矩阵得到的可用发明原理有：预操作（No. 10）、动态化（No. 15）和中介物（No. 24）。

由发明原理 10 预操作原理的描述“在操作开始前，使物体局部或全部产生所需的变化”。结合资源分析的结果，为了利用重力作为动力驱动油漆从油漆桶流入油漆池，需要把漆桶预置在高于漆池的一定高度。

由发明原理 15 动态化原理的描述“使一个物体或其环境在操作的每一个阶段自动调整，以达到优化的性能。”油漆受到的驱动力应该随着漆池液面高度的增加而减小，当液面达到一定高度时，油漆受到的驱动力变为零。

应用动态化原理，需要寻找系统或超系统可变化的资源：

① 漆桶液面下降会使油漆压力减小。

② 漆池液面上升会使内部压力提高。

③ 空气压力会随着流速和密度变化而变化。

其中漆桶液面下降导致的油漆压力变化可以直接应用，容易想到的是连通器原理，如图 14-18 所示。但是如何自动控制漆桶液面呢？

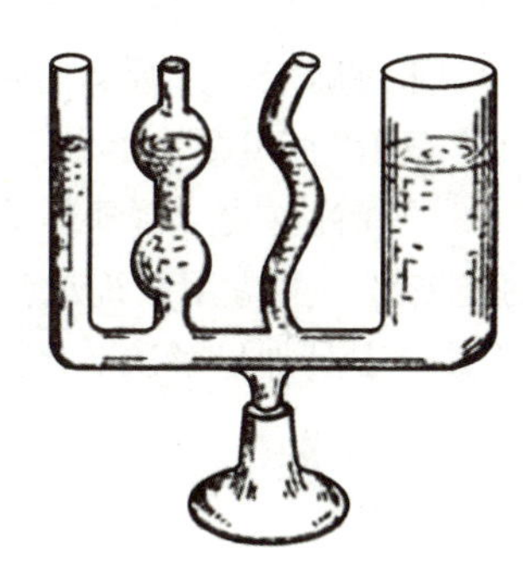

图 14-18 连通器原理

同理，油漆池中液体压力变化也与连通器有关。

如何利用空气压力变化呢？考虑空气压力变化相关因素，海拔变化不会太明显，由热力学中玻意耳定律——定温下气体压强与体积成反比，可以考虑通过体积变化改变压强。

由发明原理 24 中介物原理的描述“在两个物体、系统或作用中增加中介物”。考虑制造一个密闭空间，隔绝一部分气体，以改变气体压力。由资源分析结果可知，油漆桶和桶内油漆可以提供一个密闭的空间，隔绝内外空气。随着油漆液面的降低，内部气压降低，阻止油漆流出。

为了能够使桶内油漆在油漆池液面低于一定高度时自动连续注入油漆，需要调高桶内压力，补充一部分空气进入，当液面达到规定高度时，要阻止空气进入。考虑空气的通道，最好的方法就是直接利用液面作为中介物隔断空气的通道。最终设计方案的功能模型如图 14-19 所示。

应用裁剪工具剪掉了原有油漆罐装系统浮球及其一系列复杂的附属结构，大大简化了系统。结合 TRIZ 解决问题工具解决问题后得到的新模型不但减少了能源消耗，而且方便可靠。最终解决方案系统如图 14-20 所示。

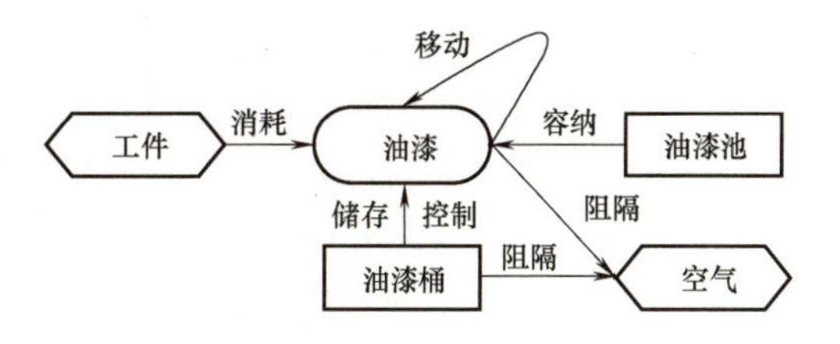

图 14-19 油漆涂装系统最终功能模型

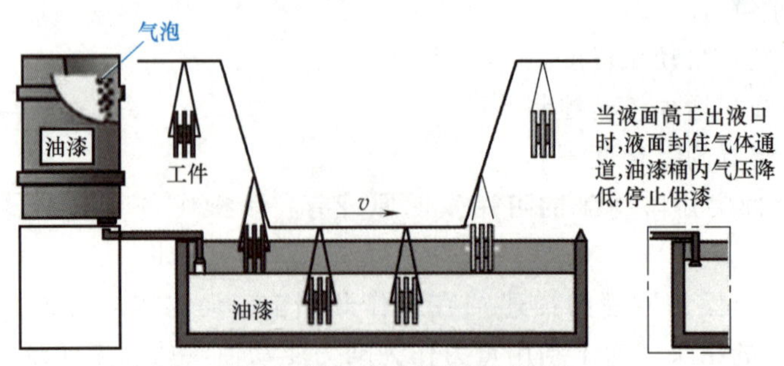

图 14-20 裁剪后解决方案系统图

思 考 题

1. 裁剪的目的是什么?
2. 简述几种裁剪规则。
3. 功能分析对裁剪的作用是什么?
4. 如何确定元件裁剪的顺序?
5. 裁剪与 TRIZ 中其他工具有什么联系?
6. 子弹由弹壳、弹头、火药（爆炸产生高压气体）、底火组成，建立子弹静态与使用时的功能模型，并应用系统裁剪的流程，对子弹进行裁剪分析，对其裁剪后引起的新问题应用TRIZ 其他工具加以解决。

第4篇

目标导向工具篇

阿奇舒勒曾经说过："我们应该主动开发新的工程系统，而不是静待问题的发生。"企业技术创新活动不仅要致力于解决当前产品中存在的问题，更要重视产品的长远规划。"审时度势"是技术创新有效构筑企业竞争优势的保证，"审时"是考虑时机，"度势"是研究趋势，也就是对当前技术状态和未来发展趋势的把握。

前面问题分析篇和问题求解篇都是针对原因导向型问题，致力于发生型问题的分析与解决。本篇针对目标导向问题，从两方面分析确定未来系统期望达到的状态，形成面向未来的产品设计问题。

（1）发掘技术系统自身的进化潜力　系统进化是系统不断发掘并应用系统和超系统资源的过程。技术系统进化潜力决定于未发现资源的发掘和应用。技术系统进化理论和理想解分析都是分析系统自身发展潜力的重要理论方法。其中理想解分析（第6章）同时也是问题分析的重要工具。技术系统进化理论主要研究技术系统自身进化的规律性，掌握了这些规律，就可以预测未来系统可能的状态。

（2）预测客户需求的变化　客户需求变化是技术系统进化的重要原动力，提前把握客户需求变化方向，有助于主动适应市场，抢占市场先机。

本篇分为三章：

第15章产品技术成熟度及其预测。产品技术成熟度是对产品当前的核心技术是否具有进一步提升的潜力的判断依据，也是很多TRIZ工具应用选择的依据。

第16章技术系统进化定律和进化路线。进化定律也称为进化法则或进化模式，描述的是技术系统在进化过程中系统、元件的功能、结构以及与超系统关系变化的规律性。主要用于技术预测，同时也可以提示产生解决问题的方向。

第17章需求进化。需求是超系统中的人对产品的期望，面对市场环境的变化，需求演变也是有规律的，需求的演变称为需求进化，提前把握未来需求对企业提前进行产品布局是很关键的。

第15章 产品技术成熟度及其预测

产品处于进化之中，快速有效地开发新产品是企业在市场竞争中取胜的重要武器。世界上大多数产品是在老产品或当前产品的基础上开发出来的。企业在新产品研发决策过程中需要预测当前产品的技术水平及新一代产品可能的进化方向，这种预测的过程称为技术预测（Technology Forecasting）。对当前产品的技术水平进行考察，确定当前技术是否具备进一步发展的潜力，就要进行产品技术成熟度预测。考虑我国企业当前所面临的形势，进行产品技术成熟度预测更有现实的意义。

15.1 产品技术成熟度

同一功能可以由不同的原理来实现，每一种功能实现原理就对应一个技术系统。对于企业产品进化而言，企业产品不断改进升级，产生了一代又一代的产品，但是只要实现产品主要功能的实现原理（核心技术）没有改变，这些产品就属于同一技术系统。各代产品实现的性能和出现的时间不同，在同一进化 S-曲线上的位置不同。只有产品主功能实现原理发生了根本性改变，才标志着新系统的产生。

1. 产品进化过程

从产品结构变化来看，产品进化过程一般是一个渐变与突变交替进行的过程。如图 15-1 所示，该系统由四个子系统（或元件）及其间关系构成。图 15-1a～k 描绘的是一个产品在实现主要功能的原理不变的前提下，产品的演化过程。这个过程是产品中不能满足要求的子系统或元件被不断替代的过程，即沿着一条 S-曲线进化的过程。当无法通过修改系统中的某个或某些子系统或元件实现产品性能进一步提高时，就要改变原有系统的结构，打破子系统间的关系，形成新的系统结构。新的系统结构依据新的功能实现原理，意味着产品核心技术的改变。图 15-1a′的产生就代表了基于新的核心技术的新系统的产生，之后进入新系统的渐变过程，即开始按照新的 S-曲线进化。

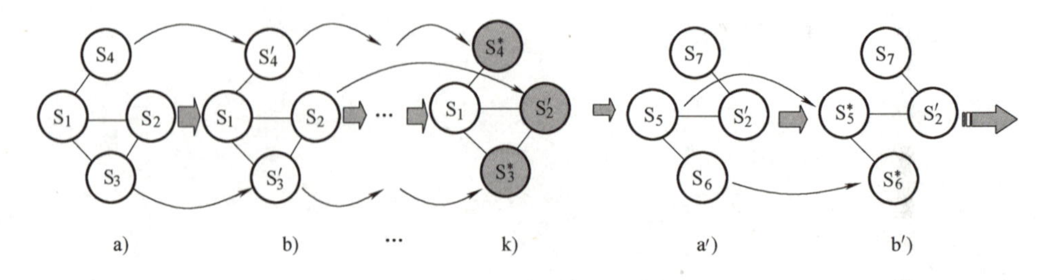

图 15-1 产品结构进化过程

2. 产品技术成熟度的定义

为了更清楚地表达技术系统性能提高的过程，阿奇舒勒用分段S-曲线表达基于某一核心技术的技术系统的进化过程，并按照系统性能提高的速率，把系统生命周期划分为四个阶段：婴儿期、成长期、成熟期和退出期，如图15-2所示。

基于同一核心技术的产品组成的产品族，每个产品族就是一个技术系统，其性能的提高满足S-曲线增长趋势。某个产品在该产品族进化S-曲线上的位置就是该产品的产品技术成熟度。产品技术成熟度在宏观上表现为当前技术对产品性能的实现程度。确定某一产品的产品技术成熟度的过程称为产品技术成熟度预测。产品技术成熟度预测就是把产品作为一个技术系统进行研究，通过对当前产品技术的评价，预测当前产品处于技术生命周期的哪个阶段。

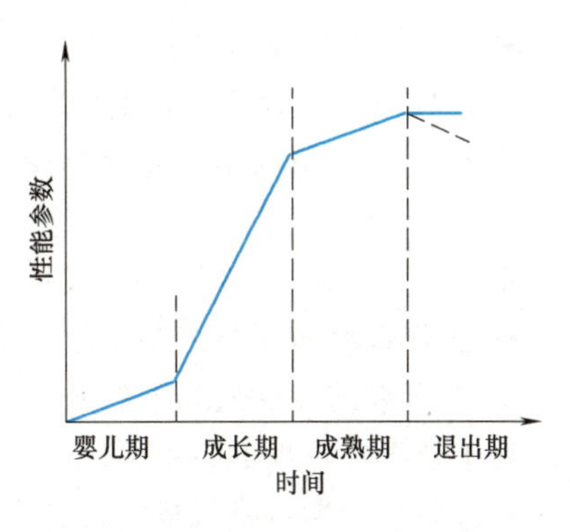

图15-2 S-曲线与技术生命周期

3. 产品技术生命周期各阶段特点以及应采取的策略

(1) 婴儿期　处于婴儿期的技术系统具有以下特点：

❖ 系统的原理是全新的，但是由于技术瓶颈导致的有限的实用性而没有进入市场，如DNA存储技术，限于目前的制造水平，成本过高。

❖ 系统吸收了其他系统的元件，结合了已在市场中占主导地位的系统，如燃料电池汽车。

❖ 成本大于收益，甚至没有收益。

对于处于婴儿期的技术系统应采用的策略：

➤ 识别和消除阻碍工程系统市场化的瓶颈，在根原因分析基础上，解决系统存在的问题。

➤ 与现有主流系统集成，适应已存在的基础设施和资源，如电动汽车。

➤ 婴儿期前期对系统的修改甚至可以包括工作原理的变化，后期不再涉及原理的变化。

➤ 与竞争系统相比，新系统应在具有明显优势的领域发展，在投放市场时，所有参数都必须是可以接受的，其中至少一个是一流的。

➤ 确定新系统物理极限和超系统发展极限是必要的，这是判定其为已有系统替代性技术的依据。

(2) 成长期　处于成长期的技术系统具有以下特点：

❖ 系统进入批量生产阶段，前期更有效但成本更高的解可以接受，随着需求增加，生产规模化，规模效应会降低成本。

❖ 因为知识产权保护和市场竞争的需要，本阶段前期市场中同类产品种类差异化逐渐增大，后期经过长期的技术选择，只有一种或少数几种成为主流。

❖ 技术系统开始在不同领域应用，如计算机和闪存技术。

❖ 为了更好地实现主要功能，技术系统集成了与主要功能密切相关的辅助功能。

❖ 由于受技术系统的影响，超系统元素反向适应工程系统，如交通系统适应车辆系统。

❖ 工程系统开始消耗与其相关的特定资源，更多产品开始支持工程系统，因为市场证明了其盈利能力。

对于处于成长期的技术系统应采用的策略：

➢ 实现最优化是改进系统的最基本方法。

➢ 使技术系统适应新领域或新应用。

➢ 尽可能找到技术系统固有的缺陷。

（3）成熟期　处于成熟期的技术系统具有以下特点：

❖ 工程系统消耗很多高度专业化的资源，如围绕汽车形成了制造、维修、改装等复杂产业链。

❖ 许多超系统组件设计与该系统适应，如手机。

❖ 工程系统需要与主要功能几乎无关的附加功能，如汽车上集成音响、通信设备等。

❖ 技术系统发展遇到了瓶颈，如光栅测量的精度取决于光的波长。

对于处于成熟期的技术系统应采用的策略：

➢ 短期和中期：降低成本、开发服务组件、提高美学设计。

➢ 长期：出于突破极限、解决冲突的目的应寻找现有主要功能的替代性实现原理。

➢ 进一步裁剪或与替代系统或其他技术系统集成而成为新系统的一部分。

➢ 寻找处于早期阶段的关键性能参数进行开发或采用颠覆性创新（也称为破坏性创新）技术，寻找新的产品价值。

（4）退出期　处于退出期的技术系统具有以下特点：

❖ 由于替代系统进入成长期或超系统变化，导致工程系统主要功能正在失去用途，成为娱乐性、装饰性、玩具或运动装备。

❖ 工程系统成为超系统的一部分，如相机集成为手机的一个子系统。

对于处于退出期的技术系统应采用的策略：

➢ 寻找还具有竞争力的领域，其余同成熟期。

➢ 寻找再生的机会：①有无新技术或新材料的出现解决系统固有问题。②有无新的应用环境

4. 产品技术成熟度预测的意义

（1）产品技术成熟度是企业制定战略的重要参考尺度　企业的决策者始终面临一个技术选择的问题，是对当前技术进一步优化，还是转向替代技术或寻找新的价值点，要解决这个问题，就必须确定技术的成熟度。图 15-3 所示为技术选择的过程。

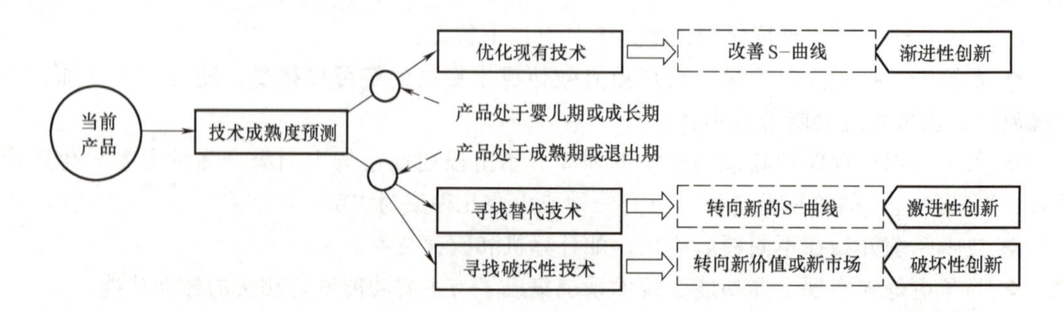

图 15-3　产品技术成熟度预测及决策

（2）产品技术成熟度是进行技术贸易的重要参考尺度　图 15-4 所示为引进技术的风险、价格和可能带来的收益随技术系统生命周期的变化。企业引进技术时需要根据产品竞争环境和自身的技术消化能力，选择合适成熟度的技术。

（3）产品技术成熟度预测可以帮助企业寻找自身差距　对于一项产品技术而言，不同企业的产品技术成熟度因其技术水平的差异而不同，在该行业中技术领先的企业产品技术成熟度高，代表了该领域中的技术成熟度。如图 15-5 所示，两条 S-曲线代表了同一技术系统在两个企业的发展过程，很显然，发展超前的企业的产品代表了当前市场中该产品的技术成熟度。

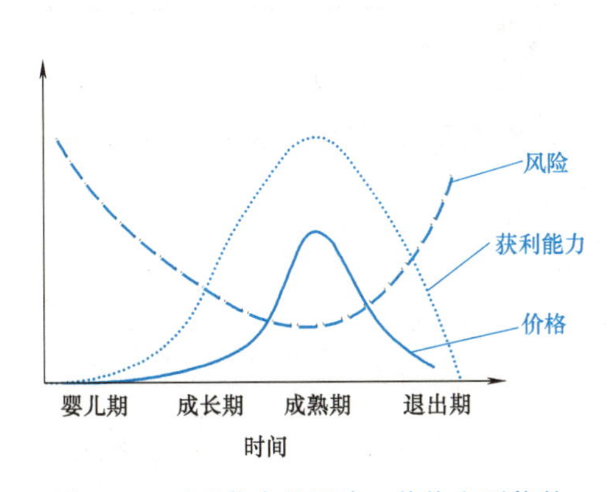

图 15-4　引进技术的风险、价格和可能的收益随技术系统生命周期的变化

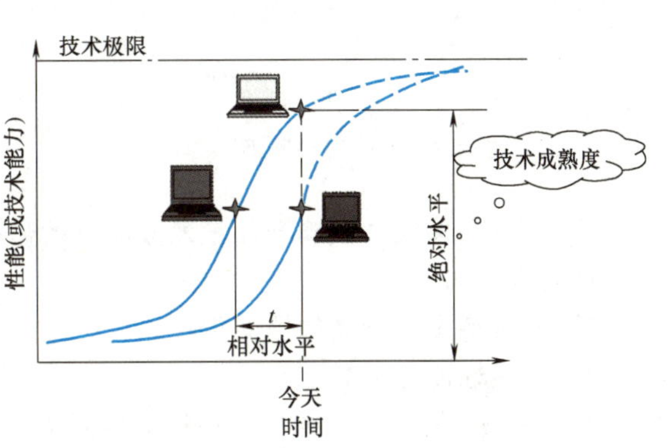

图 15-5　技术水平与技术成熟度之间的关系

15.2　产品技术成熟度预测方法

产品技术成熟度预测方法有直接预测法和间接预测法。直接预测法就是利用 S-曲线进行预测；间接预测法是利用与技术发展有关的指标来表征技术发展过程，并确定系统技术成熟度，目前多用专利分析法。

15.2.1　S-曲线法

1. 基本原理及优缺点

S-曲线法就是利用产品性能提高的过程满足 S-曲线的假设。其基本原理如图 15-6 所示，选择能够代表产品主功能的主要性能指标，根据历史数据在坐标平面上描点，然后选择合适的 S-曲线模型拟合，根据拟合曲线已产生的拐点，判断当前产品的技术成熟度。

该方法直接利用性能数据判断产品技术成熟度，操作起来相对简单。但存在以下不足：

1）对于有些产品的性能很难定量化，如超声焊接技术与主功能相关的性能指标难以定量化。

2）性能侧重点会随着系统处于不同阶段而发生转移，如图 15-7 所示，主要工作性能达到最高并不代表产品已经成熟。但依据此曲线可粗略判断当前产品的技术成熟度。

3）拟合数据的数学模型选择比较困难，模型选择会直接影响预测结果。并且很多模型需要预知性能极限，但对很多技术而言极限值是很难确定的。

4）产品早期时间长，数据多，有些数据模型拟合后可能形成完整 S-曲线，引起误判。

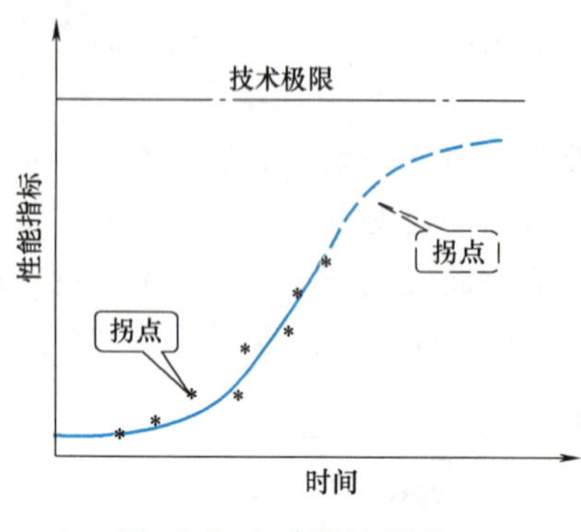

图 15-6　S-曲线法原理

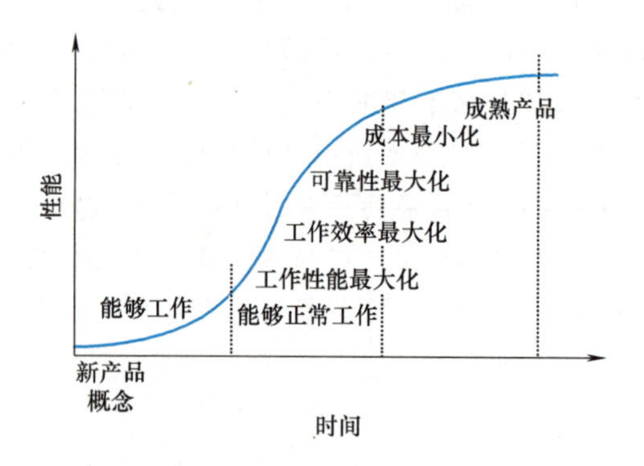

图 15-7　不同阶段产品性能侧重点

2. 应用 S-曲线法预测产品技术成熟度的步骤

预测步骤如下：

1）选定待预测产品的性能指标。

2）收集性能历史数据。

3）确定（估计）目标性能指标的极限 F。

4）选择合适的数学模型对历史数据进行拟合。

5）根据拟合的曲线判断产品技术成熟度。

3. 常用 S-曲线数学模型

常用的 S 曲线模型如下：

(1) 玻尔曲线以及各种在此基础上的变形

Pearl 模型　$f=F(1+ae^{-bt})$

Black Man 模型　$\ln[f/(F-f)]=\ln a+bt$

Floyd 模型　$\ln[f/(F-f)]+F/(F-f)=\ln a+bt$

Sharif-kabir 模型　$\ln[f/(F-f)]+\sigma[F/(F-f)]=\ln a+bt$

(2) 岗帕兹曲线(B. Compertz)　$f=Fae^{-ae^{-bt}}$

(3) 概率分布曲线　常用正态分布 $f=F\int_{-\infty}^{t}\frac{1}{\sqrt{2\pi\sigma}}e^{-\frac{(t-\tau)^2}{2\sigma^2}}$

(4) 多项式曲线　一般采用三次以上的曲线。

上述各种数学模型中，f 为性能值，F 为 f 无限逼近的极限值。

15.2.2　专利分析法

据世界知识产权组织（WIPO）统计，专利覆盖了全球研究成果的 90%~95%，而且其中 80%并未记载在其他杂志期刊中，专利信息蕴涵巨大的战略价值。研究关于某种产品技术或某项技术的专利所支持的技术性能，其增长应该符合 S-曲线规律。

1. Altshuller 模式

(1) 基本原理　阿奇舒勒分析了专利数量、专利等级和产品的获利能力、性能四个指标随着产品进化而变化的规律，与 S-曲线一起组成产品技术成熟度预测算子，称为四关系曲线算子，用于产品技术成熟度预测。四个指标随技术进化而变化的曲线的形状如图 15-8

所示。收集当前产品的四方面数据所建立曲线的形状与图 15-8 中四条曲线的形状比较，即可确定当前产品的技术成熟度。

(2) 专利数量　专利数量分析是要统计与所研究的产品进化相关的所有有效专利的数量，按照以下过程分析：

1) 定义竞争环境，查找竞争环境下的专利。

2) 定义要研究的技术系统（产品），可以把某一系统中的子系统（重要功能部件）作为研究对象。注意产品定义的抽象层次不同，则涵盖的专利范围是不同的。

3) 对所研究对象的名称和相关产品全面掌握。

4) 采用关键词检索（专利名称和国际专利分类号 IPC 结合使用）。

5) 剔除不相关的专利。

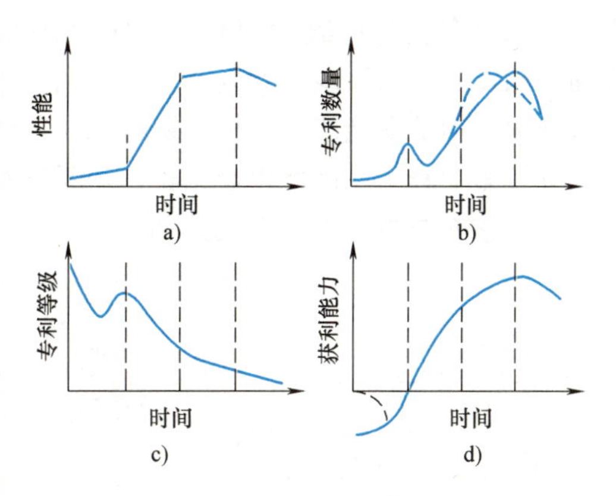

图 15-8　四关系曲线算子

文献中对专利数量在成熟期的变化有所不同，如图 15-8b 中实线和虚线，在不同产品中两种情况都可能出现，这主要与成熟期的长短有关。如果替代性技术迟迟没有进入成长期，则会出现虚线的情况；反之，则会表现为实线的情况。本书以实线作为产品技术成熟度预测参考的标准曲线。

(3) 专利等级　第 2 章已经介绍过发明的级别，本章需要强调的是，专利分级是专利进行横向和纵向比较的结果，在没有与其他专利比较前某个专利是无法分级的。对专利进行分级主要参考“对系统的改变”和“基于的知识域”两项指标。

对某个产品的所有专利进行分级，关键是确定标志性专利，标志性专利代表了产品技术进化的关键节点，引起系统结构和性能的较大变化。标志性专利具有以下特征：

➢ 一种物理的、化学的或几何的效应被首次用于该产品。
➢ 一种新功能的首次实现。
➢ 技术引入使该产品进入新的应用领域或进入新的细分市场。
➢ 一种新结构或新工艺被首次应用到该产品。
➢ 其他能够大幅提高产品性能的设计。

对标志性专利按照专利分级依据进行分级后，其余专利都是在标志性专利基础上进行改进的，专利等级依次降低。

(4) 获利能力　技术系统的获利能力可以用多种指标来大致衡量，如单位时间内产品的销售利润，单位时间内的销售数量，单位时间内平均单机（件）利润等。不同类型的产品应该通过不同的指标来衡量，必须符合该种产品、企业和行业的特点。获利能力应该是市场中该类产品一定时期内总消费范围内的平均获利，所以可以利用一些行业的公报来获取数据。但对于产品市场占有额有一定比例的企业可以利用本企业的销售情况来代替。

因为受市场波动等客观因素的影响，企业或行业的销售量或利润（率）等都不一定能够准确反映技术的获利能力。另外考虑货币贬值等因素，为了使数据具有可比性，要把企业获利能力按照一定标准折算到同一年。另外因为涉及商业机密等原因，这方面的数据获取比较困难。

（5）案例分析 图15-9所示为滚筒型纺纱机四个指标的统计曲线图，把统计曲线与标准曲线相比较，从性能、专利数量、专利等级三个指标综合判断滚筒型纺纱机在2000年处于成熟期，而从获利能力指标判断该系统处于退出期，综合四个指标，考虑到销售量受市场宏观环境影响较大，因此得出结论，该系统在20世纪末处于成熟期，如果没有新的替代技术出现，该系统将一直处于成熟期。

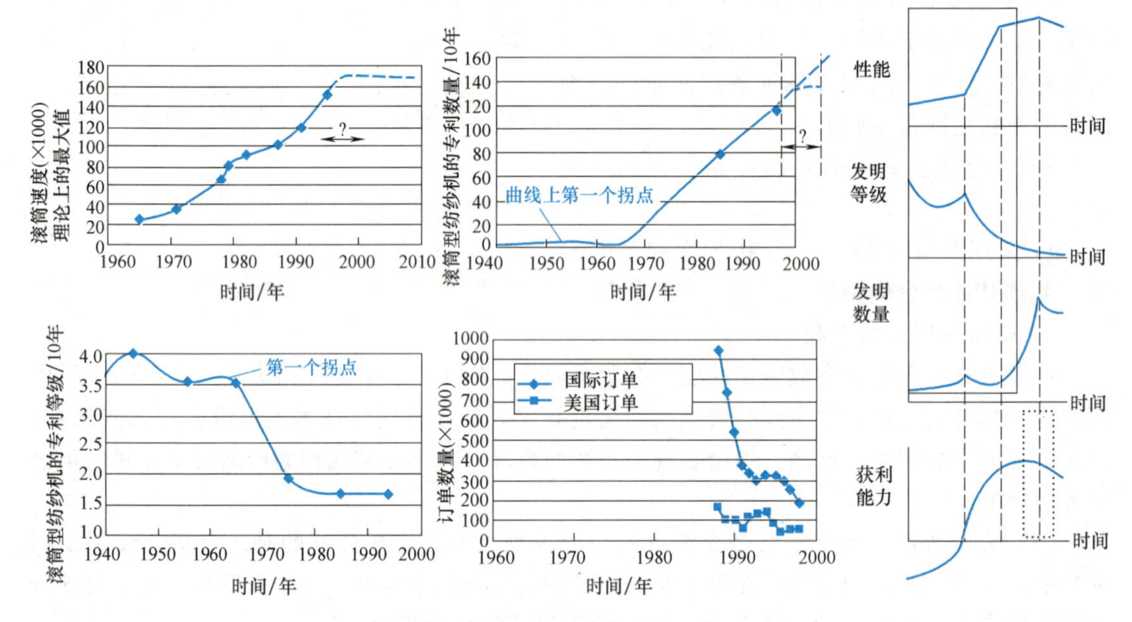

图15-9 滚筒型纺纱机技术成熟度预测

2. Darrell Mann模式

针对应用Altshuller模式进行技术成熟度预测专利分级比较困难的缺点，Darrell Mann重点研究了两类专利：

（1）降低成本的专利（Cost Reduction Related Patents，CRRP） 降低成本的专利是指能够使产品的成本降低，从而使产品的市场价格降低的专利，如对设计的简化、低成本材料的使用、生产和装配技术的改进等。

（2）弥补缺陷的专利（Symptom Curing Patents，SCP） 弥补缺陷的专利是指通过引入补充技术、结构或方法来弥补专利所指向的技术中所存在的缺陷，以在不致对技术系统做出太多改变的前提下提高技术性能，如为了降低噪声而为系统添加一个消音装置。

在考察专利时，通过阅读专利摘要就能够比较容易地把以上两类专利找出来。这两类专利在成熟期大量出现，成熟期中期后逐渐减少，这两类专利在产品技术生命周期中的数量变化如图15-10所示。研究某种产品的这两类专利的数量变化，可以快速判断出产品是否到了成熟期。另外这两类专利在成熟期大量出现，并且在同期专利中占了较大比例。利用这个结论，Mann统计了20世纪末制冷压缩机5年的专利，并对专利进行了统计分析，如图15-11所示，Mann认为除了对系统和子系统的改进，其余都是弥补缺陷的专利，从图15-11中可以看出弥补缺陷的专利在同期专利中比例很高，因此可以预测制冷压缩机技术处于后两个阶段，到目前为止，替代性技术还没有进入成长期，因此到目前为止，制冷压缩机技术依然处于成熟期。

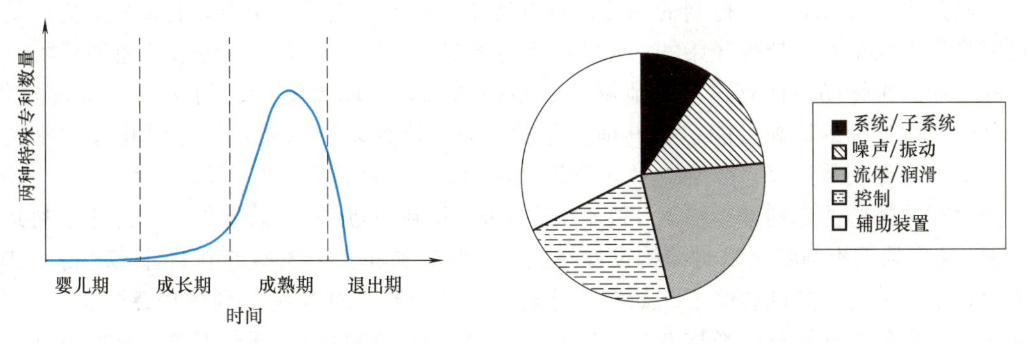

图 15-10 Darrell Mann 专利考察结果　　图 15-11 压缩机专利分布

3. TMMS 模式

结合 Altshuller 和 Darrell Mann 的研究结果，形成以专利数量、专利等级和弥补缺陷专利为指标的产品技术成熟度预测模型（TMMS 模型），如图 15-12 所示。按照前述专利统计和分析方法，做出所研究技术系统的三个指标的变化曲线，与三个指标组成的专利特性曲线相比较，可以预测所研究产品的技术成熟度。

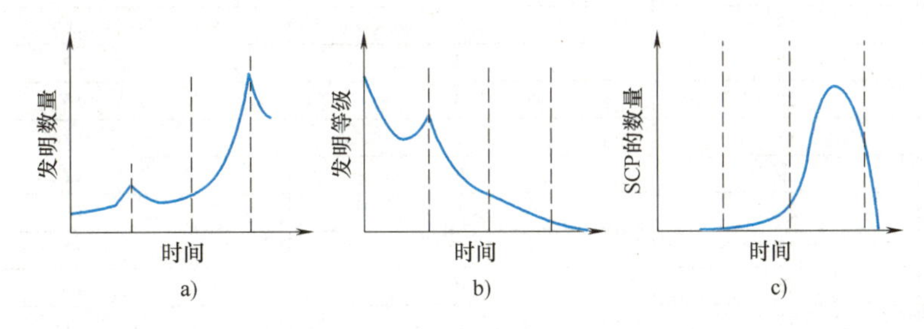

图 15-12 专利特性曲线

应用 TMMS 模型进行产品技术成熟度预测的步骤如下：

（1）检索专利数据　可以应用关键词（专利名称或国际专利分类号 IPC）检索。

（2）筛选专利数据　把不相关的专利剔除。

（3）专利分级和分类　将专利按照五级进行分级，并筛选出弥补缺陷的专利。

（4）专利汇总统计　对专利数据逐年或跨几年进行汇总，统计出专利数量、专利平均等级、弥补缺陷的专利数量时间序列。并统计近五年弥补缺陷的专利在同期所有专利中所占的比例。

（5）生成曲线图　对统计数据生成的时间序列，采用移动平均法进行平滑。根据曲线形状选择一次、二次、三次曲线或分段二次曲线进行拟合，或分别采用四种方法进行拟合，按照残差平方和最小原则进行选择。

（6）技术成熟度预测　根据各曲线形状（斜率），判断产品的技术成熟度。

（7）预测结论评价　按照性能历史数据和获利能力数据生成拟合曲线，与技术成熟度预测结论对照，分析技术成熟度预测结论的可信度。

15.3　案例分析

蝶阀是大口径管道流体控制的阀门，具有切断、调节和止回的功能。其最早的应用是从烟道或烟囱上风量调节挡板开始的，现已广泛用于空分、化工、冶金、污水处理等领域。

蝶阀的关键性能指标有很多：泄漏率、承载压强、启闭力矩、启闭次数（寿命）等，而且某个性能指标的提高可能引起其他指标的下降，因此蝶阀的技术性能量化起来比较复杂。查询国内专利数据库，分别以“蝶阀”“蝶形阀”“碟阀”“蝶型阀”为“专利名称”索引词对有关蝶阀的专利进行检索，检索出自1985年到2005年与蝶阀有关的公开专利共计688份。从中筛选出与蝶阀密封结构设计有关的发明专利和实用新型专利共计628份，其他与密封技术无关的专利就忽略了，如有关外观设计的专利。对蝶阀专利数据逐年进行汇总，统计每年度内的专利数量、平均专利等级、弥补缺陷的专利数量。逐年汇总统计的专利信息见表15-1。

表15-1　蝶阀专利信息汇总

年份	专利数量	平均专利等级	弥补缺陷专利的数量
1985	4	2.5	1
1986	4	1.75	3
1987	9	1.67	6
1988	6	2	6
1989	5	1.8	4
1990	13	1.3	10
1991	28	1.4	22
1992	20	1.3	16
1993	18	1.1	11
1994	19	1.26	11
1995	20	1.5	10
1996	24	1.17	17
1997	28	1.29	13
1998	35	1.2	21
1999	37	1.08	18
2000	26	1.35	19
2001	23	1.17	19
2002	71	1.22	65
2003	69	1.12	49
2004	82	1.15	53
2005	87	1.16	66

把查询的628份专利的基本数据和分级分类结果输入TMMS系统，选用三次曲线拟合，拟合曲线与标准曲线比较（见图15-13~图15-15），并统计得出最后5年蝶阀专利中弥补缺陷的专利占了70%，因此可以判断，目前我国的蝶阀技术已进入成熟期，因此应开发新的核心技术。

我国专利制度起步较晚，而且蝶阀技术是在模仿、吸收国外同类产品基础上发展起来的，因此我国的蝶阀技术经历了短暂的婴儿期之后，很快进入了成长期，产品性能提高较快。到现在为止几乎所有的单项性能参数都能够达到最大，企业面临的主要问题是如何进一步降低成本和进一步弥补存在的缺陷，因此蝶阀技术处于成熟期前期这个预测结果可信度较高。

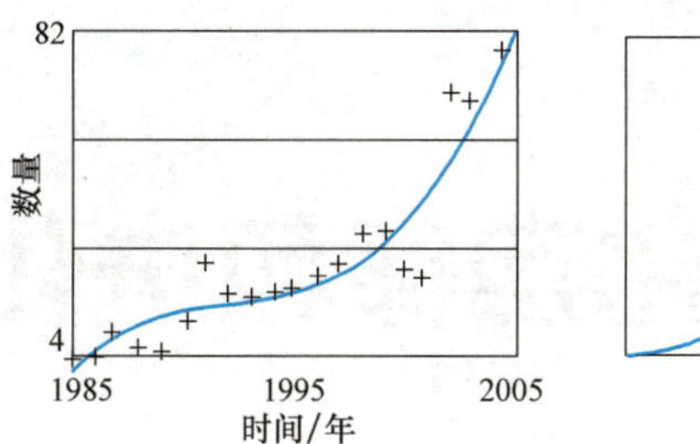

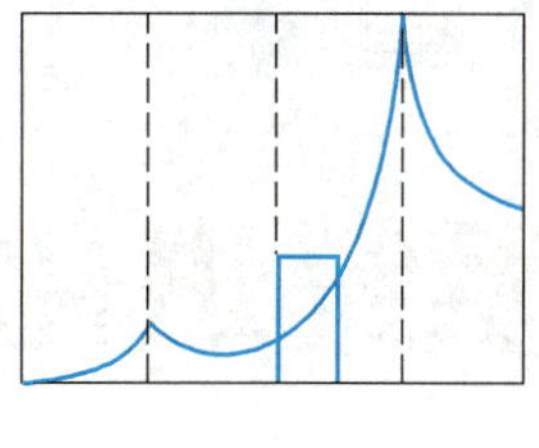

图 15-13 蝶阀专利数量曲线和标准曲线

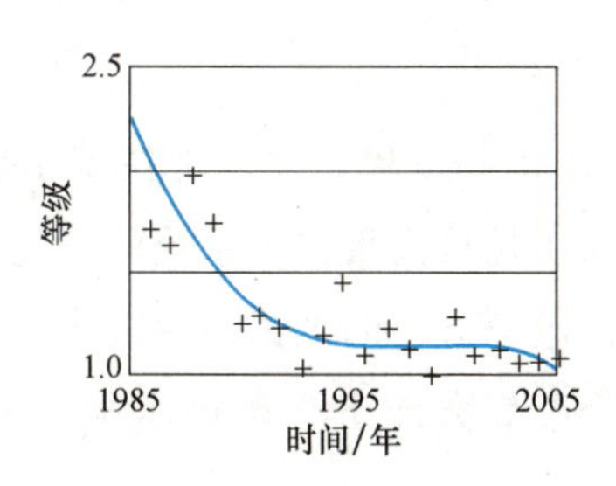

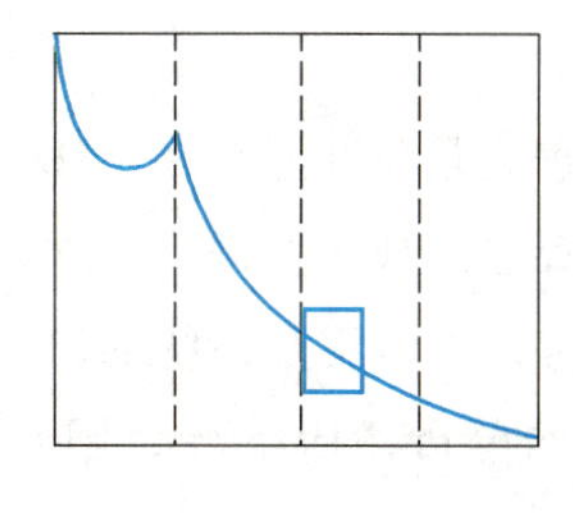

图 15-14 蝶阀等级曲线和标准曲线

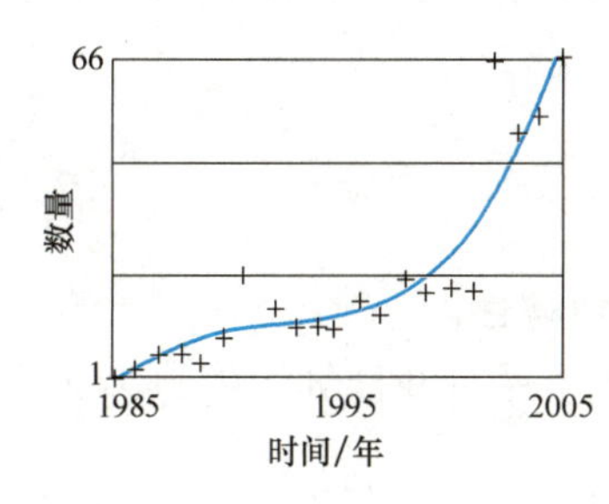

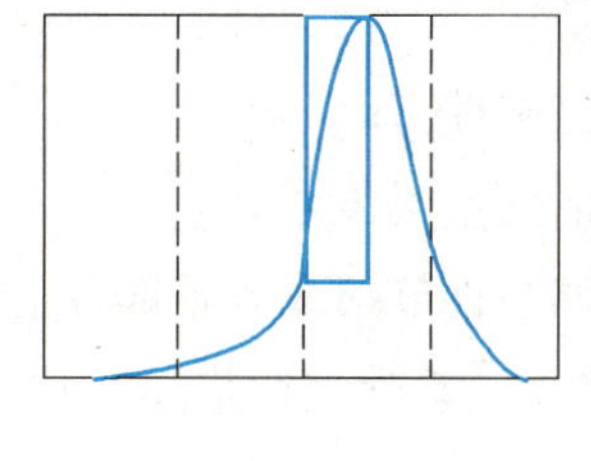

图 15-15 蝶阀弥补缺陷的专利数量曲线和标准曲线

思 考 题

1. 什么是产品技术成熟度？
2. 产品技术成熟度的意义是什么？
3. 产品成熟度各时期企业采取的技术战略和创新战略分别是什么？
4. 专利等级与技术进化过程的关系是什么？
5. 专利数量和获利能力与技术进化过程的关系是什么？
6. 应用本章内容，进行 MP3 的技术成熟度预测。

第16章 技术系统进化定律和进化路线

16.1 概述

技术系统进化理论是阿奇舒勒在 TRIZ 中的重要成果，他发现技术系统的进化不是随机的，而是按照客观存在的规律在进化。这些规律是从大量技术系统的进化历史中发现的，一旦经过证实，就能够进一步用于系统的研发，避免盲目的试错。

根据大量专利的分析，1975 年，阿奇舒勒首次提出八条技术系统进化定律，并分为三组：

1）静力学定律。静力学定律描述了技术系统能够稳定执行功能的条件，决定了系统生命周期的开始，包括：

➢ 工程系统的完整性。

➢ 工程系统中的能量流传导。

➢ 工程系统中同步性节拍或者零部件的协调性。

2）运动学定律。运动学定律描述了技术系统进化的外在宏观表现，决定系统进化的总方向，包括：

➢ 工程系统的理想化程度提高。

➢ 系统中包含的各子系统进化不均衡。

➢ 向综合系统转化（超系统）。

3）动力学定律。动力学定律描述了技术系统进化的内在原因，反映当前条件下进化包含的特定的物理和技术因素，包括：

➢ 工程系统中从宏观层次向微观层次转化。

➢ 包含的物质-场增加。

技术进化定律给出了技术系统进化的一般方向。随着研究的深入，在各条定律下又总结了很多进化路线，每条进化路线由系统所处的不同状态构成，其形式如第 3 章图 3-2c 所示。它更加详细地表明了技术进化由低级向高级进化的过程，成为技术预测的主要依据。

技术系统进化定律和路线描述了产品进化的方向，巧妙地使用这些定律和路线会极大地促进商业和工程实践上的成功。因为科技引领者和设计人员能够在众多的创新中判别出最有前途的创新。这些定律也可以有效地用于开发新技术和新产品，客观地评估系统的商业潜能和预测竞争者可能的想法。

16.2　技术系统进化定律与进化路线

经过40年的发展，技术系统进化理论在应用领域、进化路线等方面得到较大发展。例如：Boris Zlotin 和 Alla Zusman 基于技术系统进化理论提出了引导进化理论（Directed Evolution），总结了几百条进化路线作为该理论的核心工具，该理论致力于系统进化的控制，而不是仅仅解决当前问题。

目前，文献中对技术系统进化定律的描述并没有脱出阿奇舒勒提出的八条进化定律的范围，但从技术预测的角度对原有表述进行了部分修改，避免了静力学定律无法体现进化方向的问题。Fey 及 Rivin 在以往 TRIZ 研究成果的基础上，将技术系统进化定律归纳为九条，本节将以此为主线，结合其他研究成果，逐条介绍这些进化定律及其包含的主要进化路线。

16.2.1　完整性定律

完整性定律是指一个完整系统至少包含执行、传动、能源和操作控制四个部分，如图16-1所示。其中执行部分是直接完成系统主要功能的部分，传动部分将能源以要求的形式传递到执行部分，能源部分产生系统运行所需要的能量，控制部分使各部分的参数与行为按需要而改变。

例 16-1　自动照相机处理的对象是（制品）光，执行装置是光路和快门，传动装置是调节光路的光圈系统和快门驱动装置，动力装置是电动机（自动调焦），控制装置是检测控制单元。

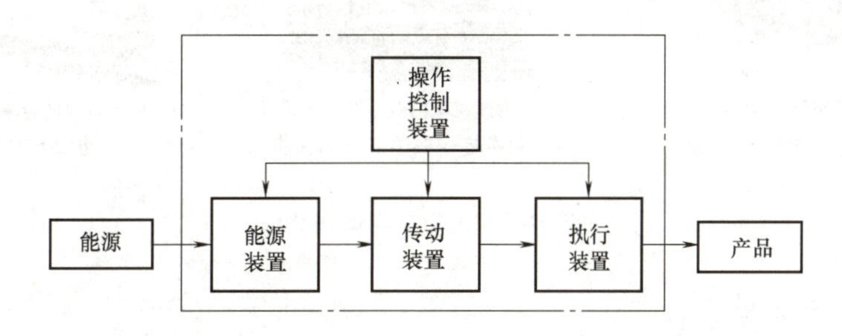

图 16-1　技术系统的构成

进化路线 1-1　完整性进化路线（减少人的介入路线）

一个新系统出现的标志是其执行装置的出现，新系统在执行功能过程中，操作者（人）执行了其余三部分的功能。出于提高生产率和降低工人劳动强度的目的，会逐步引入专门的传动系统、动力装置和控制装置，从而取代人工的参与。完整性进化路线如图16-2a所示，图16-2b所示为缝衣技术按照该进化路线进化的过程。

16.2.2　缩短能量流路径长度定律

技术系统运行的基本条件是能量能够从能源装置传递到各个执行装置，这是阿奇舒勒描述的能量传导定律，从进化的角度看能量流经路径的长度有缩短的趋势。该趋势的实现有两种途径。

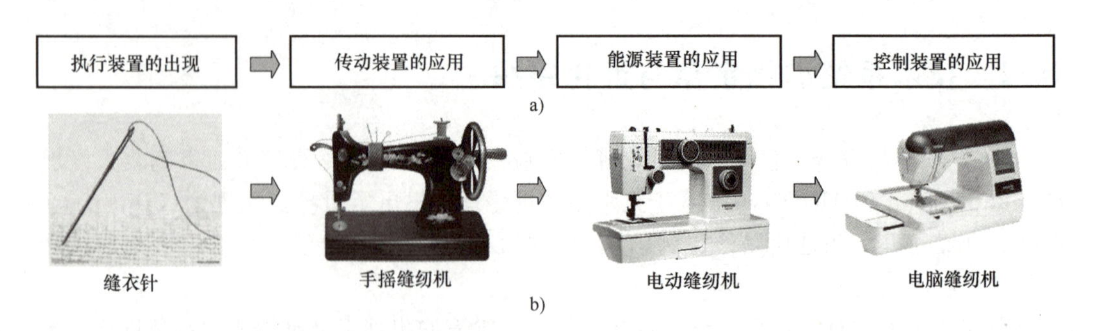

图 16-2 完整性进化路线

（1）减少能量传递的级数

① 减少不同能量形式间的转换次数。

② 减少同种能量参数的转换次数。

（2）增加能量的可控性 系统采用可控性更好的能量形式，可以利用能源装置完全或部分替代传动装置的功能，缩短能量传递路径的长度。常用能量可控性从低到高依次为：万有引力形成的势能、机械能、热能、电磁能。因此，将势能转变为机械能，将机械能转变为热能，将热能转变为电磁能是技术进化的趋势。

例 16-2 如图 16-3 所示，从蒸汽机车到内燃机车再到电力机车，机车能量转化效率的提高主要是因为能量转换次数的减少。内燃机代替蒸汽机还涉及热能传递路线的缩短。

图 16-3 火车机车的进化

16.2.3 增加协调性定律

实际运行中，系统的主要部件或子系统都要互相配合、和谐工作，这是系统产生规定运动或动作的基本保证。系统的协调性体现在多个方面，如图 16-4 所示。

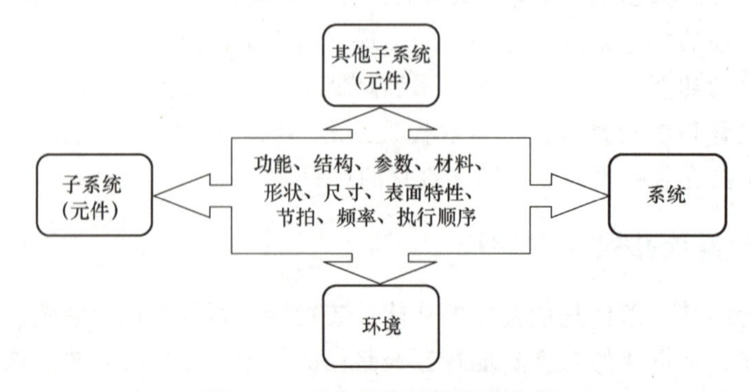

图 16-4 系统协调性涉及的内容

进化路线 3-1　频率协调进化路线

频率协调进化路线如图 16-5a 所示。它表示一个元件对另一个元件作用，作用频率依次从持续作用、循环作用、以被作用元件共振频率作用、几个联合作用到以行进波的形式作用，作用效果依次提高，代表频率协调性提高。图 16-5b 表示吸尘器对灰尘等的作用会随着频率协调性提高而改善。

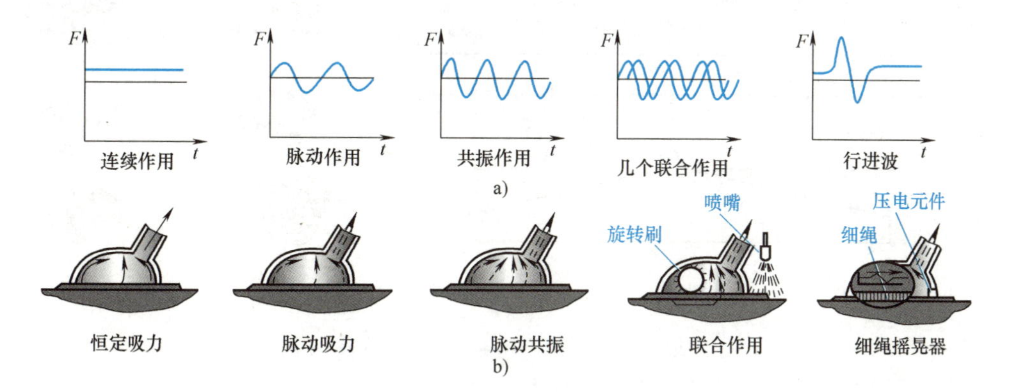

图 16-5　频率协调进化路线

进化路线 3-2　形状协调进化路线

（1）表面形态复杂化进化路线　表面协调性进化路线如图 16-6a 所示，前三步表示表面粗糙度值有逐渐提高的趋势，这是因为对于通过表面作用的两个元件间的作用，会随着粗糙度值的提高而加强；最后一步“带有活性物质的表面”表明了系统表面状态可随着工况改变而改变，使得两个相互作用的表面作用更加协调。该进化路线也属于向微观系统进化定律，称为表面分割进化路线。图 16-6b 表示方向盘表面按照该进化路线进化的过程。

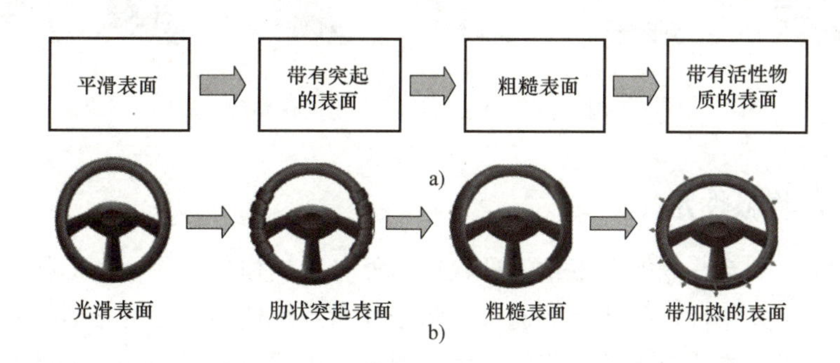

图 16-6　表面协调性进化路线

（2）几何形状复杂化进化路线　几何形状复杂化进化路线如图 16-7a 所示，两个相互作用的表面，接触副元素有复杂化的趋势。如图 16-7b 所示，轴承的接触副元素从点到线，再到面，再到场（周向主动作用），接触副承载能力提高；图 16-7c 所示为鼠标的进化，为了适应手的复杂形状，鼠标外形从简单方形变成圆柱面、再变成球形面，最后变成复杂曲面围成的复杂形体。几何形体的进化是与其功能和作用对象相协调的结果。

（3）内部结构复杂化进化路线　内部结构复杂化进化路线如图 16-8a 所示，内部结构复杂化是元件自身资源充分开发的结果，也是元件内部结构与功能相协调的结果。该进化路线

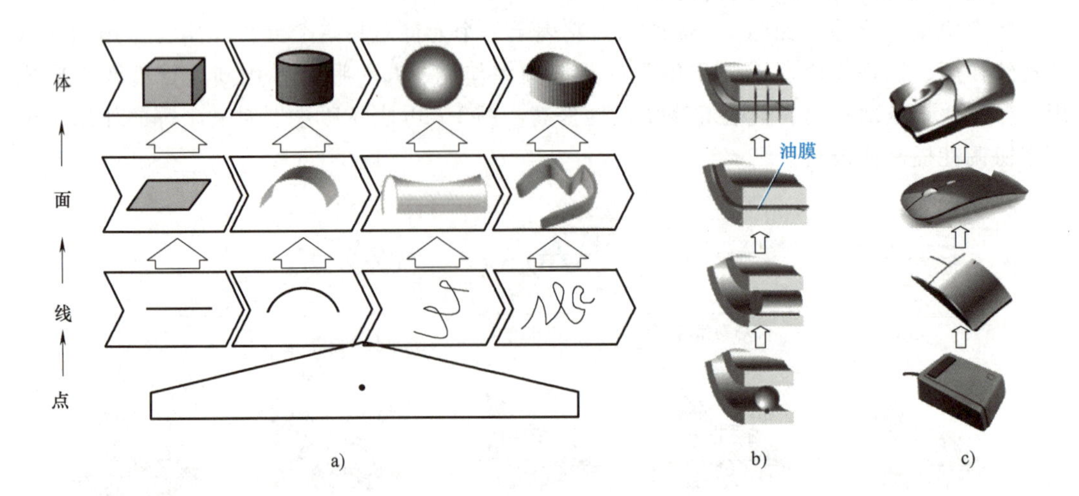

图 16-7 几何形状复杂化进化路线

也属于向微观系统进化定律，称为内部空间分割进化路线。如图 16-8b 所示为汽车保险杠内部结构的进化路线。

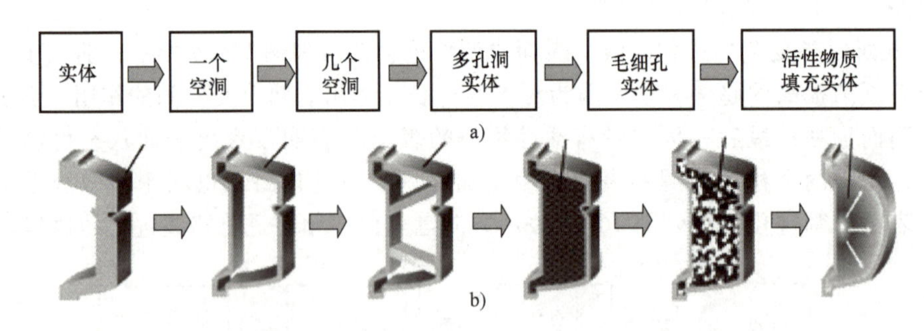

图 16-8 内部结构复杂化进化路线

16.2.4 提高动态性定律

动态性是指一个系统能够以不止一种状态与外界发生作用。一个新的技术系统通常解决一个特定的问题，只在特定的环境下运行。随着技术系统使用范围的拓展，系统运行状态需要具备随环境和超系统的变化而变化的能力，即系统需要具有动态性。技术系统（或元件）结构的柔性化往往是实现动态化的条件。系统通过元件间不同的拓扑关系以不同的形态适应性能、环境条件的变化以及功能的多样性需求。

进化路线 4-1 系统结构柔性化进化路线

如第 3 章图 3-2c 所示，从刚性系统到基于场的系统，系统柔性（状态可变性）提高。除了图 3-2a 和 b 所示的门禁系统和汽车转向驱动系统外，很多系统的进化都满足这条进化路线，如键盘整体结构的进化：整体式键盘→可折叠键盘→柔性键盘→基于场的键盘。

进化路线 4-2 增加系统状态进化路线

系统的动态化是状态的可变性，因此首先体现为可选状态数量的增加。该进化路线如图

16-9 所示。

图 16-9　增加系统状态进化路线

例 16-3　汽车的速度控制系统的进化。

早期的汽车速度控制系统是刚性的，发动机与驱动轮刚性连接，汽车运动速度通过调节发动机转速调节，这种调节系统是单态系统。齿轮变速器的引入改变了这种状况，驾驶员通过手柄可以调节汽车运行速度，而发动机转速始终处于最佳转速或其附近；后来还开发了多达 12~20 种调节速度的手动齿轮变速器，应用手动有级变速的系统是多态系统。当前比较高级的汽车都配备了自动无级变速器，汽车运行速度可以无级调节，该系统为连续状态变化系统。

进化路线 4-3　增强系统适应性进化路线

系统的动态化是为了适应环境和超系统的变化，从提高系统适应性角度，进化路线如图 16-10 所示。表明按照该路线系统进化有三种状态：被动适应、分级适应和自适应。被动适应系统是在没有设置动力驱动或伺服控制机构的条件下，系统能够适应环境的变化。分级适应系统是指系统的运行状态可以改变，但这种系统改变是分级的，而不是连续的。自适应系统是装有传感器和执行器的系统，传感器自动检测环境的变化，并将这种变化传递给执行器，连续快速改变系统运行参数和状态。

图 16-10　增强系统适应性进化路线

例 16-4　汽车悬架系统的进化。

汽车悬架是连接车身与车轮之间全部零件和部件的总称，主要由弹簧、减振器和导向机构三部分组成。当汽车行驶在不同路面上而使车轮受到随机激励时，由于悬架实现了车体与车轮之间的弹性支撑，有效抑制并降低了车体与车轮的动载与振动，从而保证汽车行驶的平稳性与操纵稳定性。其力学模型可以简化为由弹簧和阻尼组成的振动系统，如图 16-11a 所示。图 16-11b 表达了汽车悬架系统按照提高系统适应性进化路线进化的过程。悬架系统的主要参数是弹簧的刚度和减振器的阻力比。

（1）被动悬架　该类悬架的弹簧刚度系数和减振器的阻尼比是固定的，不能根据使用工况和路面输入的变化进行调整，难以满足车辆平顺性和操纵稳定性的更高要求。

（2）半主动悬架　区别于被动悬架系统，采用了可控阻尼的减振器。对于有级式半主动悬架，减振器的阻尼比分为两级或更多级，可由驾驶员选择或在控制系统作用下根据工况自动选择。提高了车辆在不同工况下的运行稳定性和可操作性。对于无级半主动悬架，阻尼比可连续变化，进一步提高了车辆对不同工况的适应性。

（3）全主动悬架系统　通常采用电液伺服液压缸作为主动力发生器，它由外部油源提供能量。力发生器产生主动控制力作用于振动系统，自动改变弹簧刚度和减振器阻尼特性参数。主动悬架除了控制振动还可以控制汽车的姿态和高度。相对于半主动悬架，全主动悬架使车辆对工作环境的适应性进一步提高。

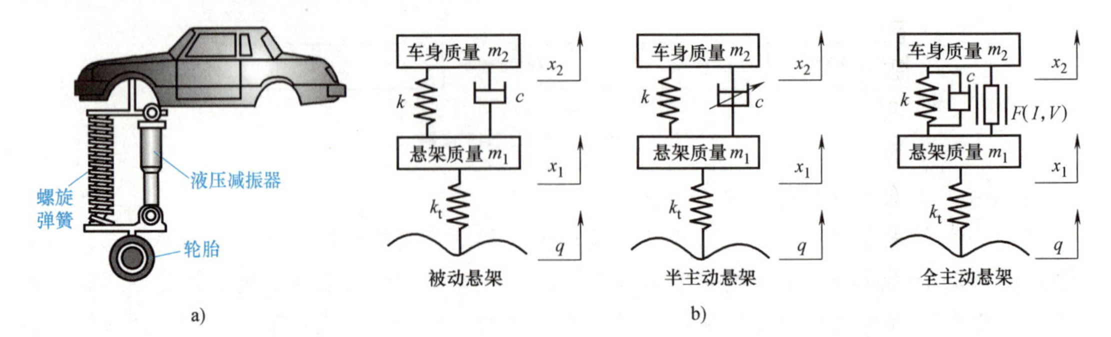

图 16-11　汽车悬架系统原理及其进化

进化路线 4-4　增强系统可移动性进化路线

系统的可移动性是指系统执行功能不受时间和地点的限制，体现了系统对超系统的依赖性降低，即系统对超系统变化的适应性增强。增强系统可移动性进化路线如图 16-12a 所示。图 16-12b 描述了电话机按照该进化路线进化的过程。

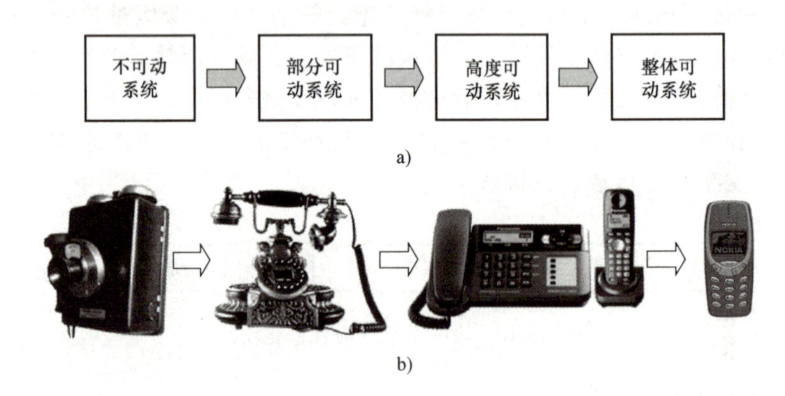

图 16-12　增强系统可移动性进化路线

16.2.5　提高可控性定律

系统可控性是指系统状态在规定的时间约束条件下可实现的程度。可控性越好，实现预定状态的时间越短。系统可控性与系统动态性密切有关，系统动态性为可控性提供了实现的目标（不同状态），可控性为动态性的准确实现提供了技术条件。因此很多文献把这两条定律合为一条，但从上述定义看可控性与动态性在本质上又是不同的。

进化路线 5-1　增加物质-场作用的进化路线。

如图 16-13a 所示物质-场模型，动态性是指 S_1（或 F）有多种状态。由物质-场模型表达的意义可知，在 S_2 和 F 不变的情况下，S_1 无法实现多态。因此按照物质-场变化规则，需要引入其他物质或场的作用才能实现 S_1 的新的状态。因此系统可控性实现，首先体现为物质-场作用的复杂性提高。增加物质-场作用进化路线如图 16-13b 所示。

例 16-5　药物的消化吸收时间的控制。

有些口服药为了控制在消化道溶解吸收的速度，出现了缓释剂和控制剂，如硝苯地平。缓释片和控释片的结构如图 16-14a 所示，该药物缓释与控释的原理就是在原来药物外部加

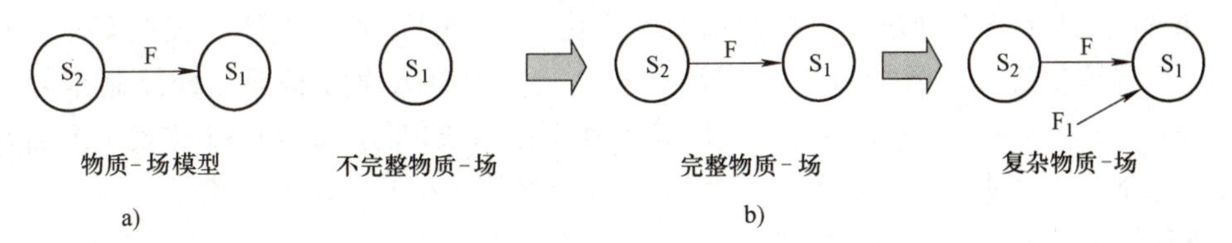

图 16-13 增加物质-场作用进化路线

上了半透膜（引入了一种物质），半透膜只允许水进入，药物离子只能通过半透膜上加工的小孔渗出。图 16-14b 表示了其溶解过程的功能模型（来自物质-场模型）的变化，溶解速度的可控性的实现是通过增加物质-场作用实现的。

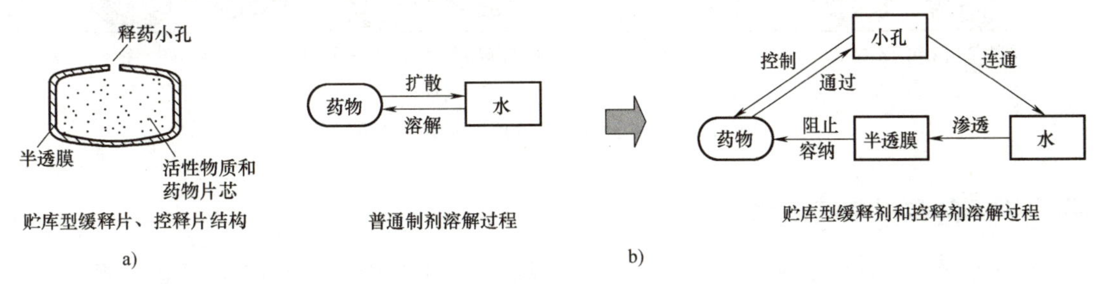

图 16-14 药物缓释片与控释片的进化

进化路线 5-2 向自适应控制进化的进化路线

向自适应控制进化的进化路线如图 16-15a 所示，这条进化路线表明了控制系统进化过程中，控制实施的效率和精度的不断提高。理想状态是自适应控制，是指假如工作条件改变，控制系统仍然使受控对象处于最佳工作状态。图 16-15b 描述了街灯控制系统按照这条进化路线的进化过程。

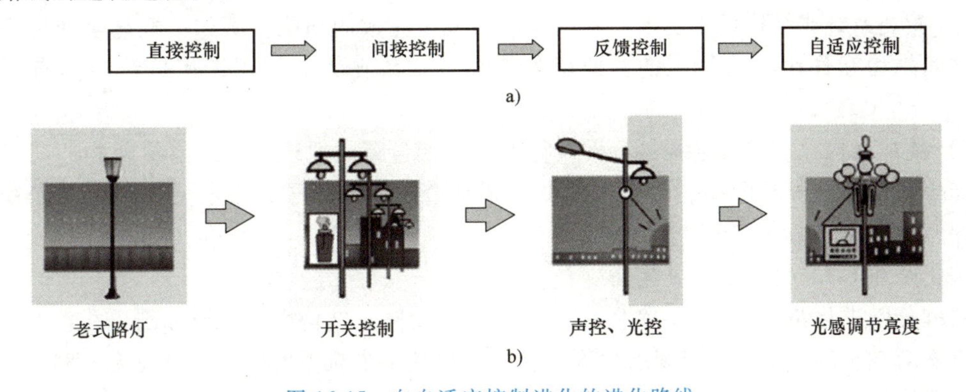

图 16-15 向自适应控制进化的进化路线

进化路线 5-3 向自动控制进化的进化路线

人参与完成系统功能的程度有减少的趋势，同样在控制系统中人的参与程度也有减少的趋势，这是实现系统自动化的基础条件。如图 16-16 所示为控制系统向自动控制方向进化的进化路线。

图 16-16 向自动控制进化的进化路线

图 16-17 描述了货车动态车轮控制系统的进化。图 16-17a 所示为刚性连接车轮，只有一种状态，不需控制装置，图 16-17b 有了动态车轮，并通过人直接驱动螺杆控制车轮状态的转换。图 16-17 中 a→b 从车轮的进化上讲满足动态性增长定律，b→c→d 体现了向自动控制进化的进化路线。从本案例看，动态性增长与可控性并不相同，动态性增长为可行性指明了控制对象和控制目标。

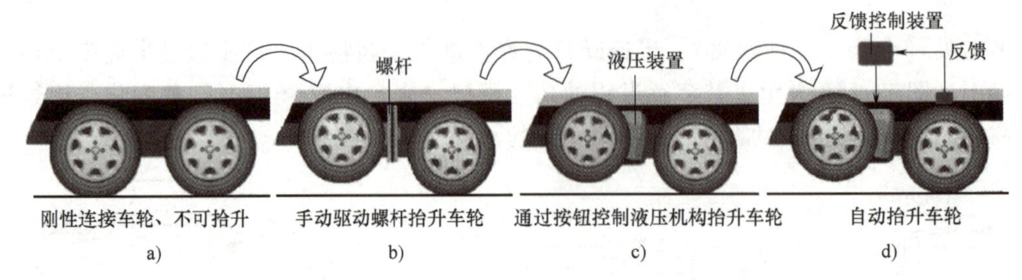

图 16-17　货车动态车轮控制系统的进化

16.2.6　向微观系统进化定律

技术系统是由物质组成的，物质分为从宏观到微观的不同层次。宏观物质由微观物质组成，宏观系统表现出来的特性都有微观结构在起作用。技术系统由宏观向微观系统进化是一种进化趋势，产生了很多在微观尺度上执行功能的微系统。当问题在宏观层次无法解决时，可转向微观，利用微观层次上宏观物质所不具有的特性和效应解决系统存在的问题。例如：石墨烯作为一种微观级超导材料，可以用于制作超级电池的电极，也可以植入人体，替代受损神经等。

目前微观系统的应用主要体现在以下两方面：

1）微观系统或结构用于实现宏观结构或系统所完成的功能。例如：电化学加工是采用分子之间的相互作用完成加工的，即用分子加工代替在力的作用下用传统刀具直接加工工件。

2）微观结构控制宏观结构的特性及行为，如变色镜的原理：光线与氯化物的离子相互作用产生氯化物原子与电子，电子与银的离子结合产生银原子，银原子积聚阻碍光线的穿透，使镜片变黑。

进化路线 6-1　物体分割进化路线

物体分割进化路线如图 16-18 所示，系统（或元件）结构由整体被分割，并且被分割的粒度有逐渐减小的趋势，从宏观层次到分子层次再到基本粒子层次，甚至虚无。例如：变压器与充电线的分开，为动态化准备了条件。如图 16-19 所示切削工具的进化满足物体分割进化路线。

16.2.7　提高理想化水平定律

如前所述，系统不断提高理想化水平，向着理想解进化是系统进化的总的方向。系统按照其他进化定律进化，其最终目的也是为了提高系统的理想化水平。按照前述提高理想化水平公式，增加系统功能、提高性能、降低成本和减少或消除有害作用是系统提高理想化水平的主要途径。例如：在过去的 10 年里，手机的价格已跌了近 10 倍，但却增加了许多新的功

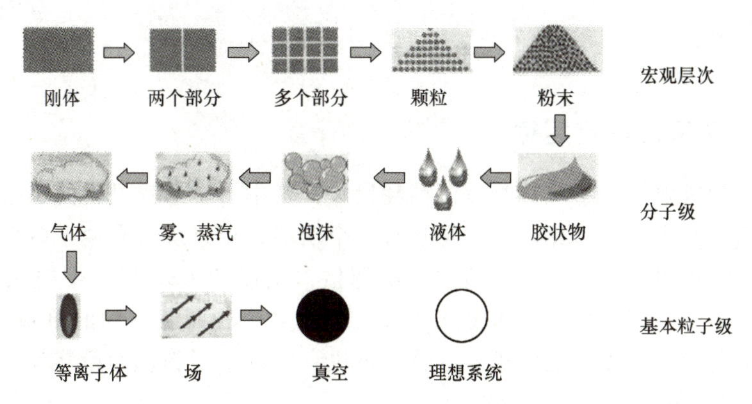

图 16-18 物体分割进化路线

能：电子邮件、GPS、电视、游戏等；笔记本计算机性能提升了几十倍；其他电子产品也发生了类似的变化。

进化路线 7-1 裁剪子系统进化路线

裁剪子系统进化路线如图 16-20 所示，首先可以裁剪的是传动装置，但裁剪的前提是传动装置的功能能被能源装置或执行装置替代执行。进一步裁剪能源装置后，改由执行装置或超系统执行能源装置和传动装置的功能，如机床行业使用的电主轴。然后裁剪控制装置，最后裁剪执行部分，功能转到超系统。例如：E-Mail 系统替代传统的邮政系统。

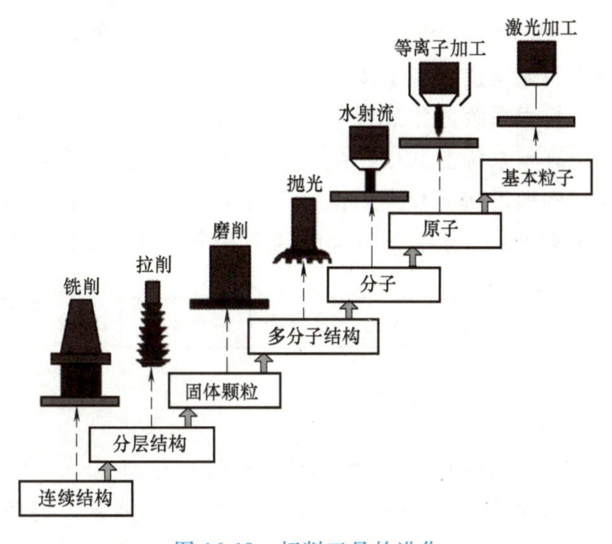

图 16-19 切削工具的进化

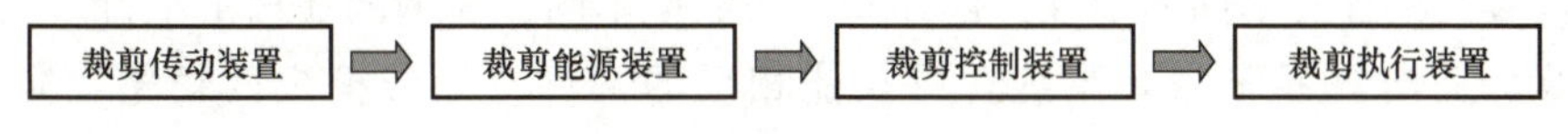

图 16-20 裁剪子系统进化路线

16.2.8 子系统非均衡发展定律

组成系统的子系统的发展是非均衡的，系统越复杂非均衡的程度越高。非均衡的出现是由于系统中的某些子系统满足了新的需求，从而其发展快于其他子系统。非均衡将导致系统内部子系统或子系统与系统间出现冲突，不断消除该类冲突可使系统得到进化。例如：在飞机发展过程中，曾经出现过片面增大发动机功率，而忽略了空气动力学的制约的情况。

应用“子系统非均衡发展”定律的步骤如下：

1）确定系统中的不同子系统及其功能。

2）选择与改进目标相关的子系统，提出改进该子系统的初始方案。

3）分析初始方案对其他子系统所产生的副作用或不利影响，明确冲突。

4）解决冲突。

5）重复1）~4）。

16.2.9 向复杂系统进化定律

当系统进化到成熟期，系统自身资源消耗殆尽，其中一个选择是转向超系统，技术系统由单系统向双系统及多系统进化。单系统具有一个功能；双系统含有两个单系统，这两个单系统可以相同，也可以不同，如数据接口与电源接口集成的USB口、带嵌入式系统的智能零部件、红蓝铅笔、手表手机等。多系统含有三个或多个相同或不同的单系统，如物联网、动车组分散动力的设计、多缸发动机、办公一体机、一盒不同颜色的粉笔等。

技术路线9-1 单-双-多进化路线

将单系统集成为双系统或多系统是系统升级的一种形式，也是一条重要的进化路线，如图16-21所示。例如：望远镜的进化过程为单筒望远镜→双筒望远镜→多镜头显微镜，其中多镜头显微镜相当于多个望远镜的镜头。

技术系统进化过程不是一直朝着复杂化的方向进化，在某些情况下双系统或多系统会裁剪原有单系统的共用冗余资源，从而简化为一个具有双系统或多系统功能或性能的新的单系统。例如近视镜和太阳镜（夹片）组合为双系统，裁剪镜片资源，得到近视太阳镜。新系统失去了原来组装到一起的两个系统可以分开的动态性特征，出现了变色近视镜。

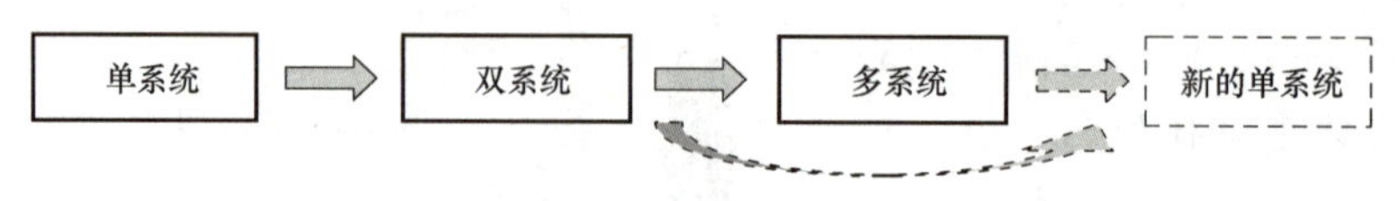

图16-21 单-双-多进化路线

技术路线9-2 增加部件多样性进化路线

增加部件多样性进化路线如图16-22所示。同质双系统或多系统的组成部件是相同的，如眼镜的两个镜片具有相同的度数。性能改变的双系统或多系统的组成部件具有相似性，但颜色、尺寸、形状等特征不同，如具有两种密度齿的梳子、一盒不同颜色的粉笔等。非同质性双系统或多系统含有不同的部件，部件本身功能也不同，典型的如瑞士军刀、工具箱内的不同工具等。反向双系统与多系统含有功能相反的部件，如带橡皮的铅笔、防阳光的眼镜等。

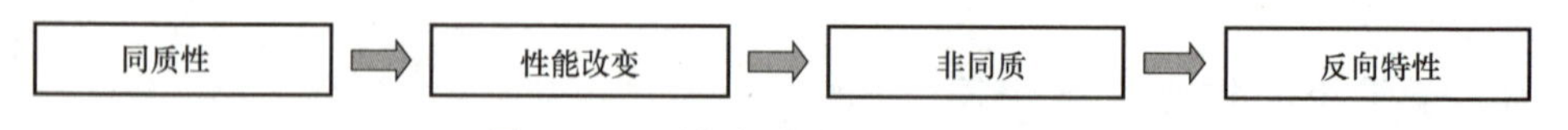

图16-22 增加部件多样性进化路线

增加部件多样性，就是把两个或多个独立系统进行集成，或依据已有资源，进行系统的拓展，如图16-23所示的多功能手杖、多功能打火机、多功能一体机、洗衣机坐便器、带DVD的电视机等都是两个或几个单系统集成的结果。

16.2.10 技术系统进化定律之间的关系

上述九条进化定律从九个方面描述了技术系统进化的规律性，定律间是相对独立的，对于同一技术系统可以从九个方面逐一预测系统未来的可能状态和进化方向。但是进化定律又

多功能手杖

多功能打火机

多功能一体机

洗衣机坐便器

带DVD的电视机

图 16-23　增加部件多样性的案例

不是完全独立的，存在一定的联系性，如图 16-24 所示。

提高理想化水平定律是技术系统进化的总的方向，系统按照其他进化定律都是为了提高系统的理想化水平。向微观系统进化定律下的物体分割进化路线和向复杂系统进化为提高系统动态性准备了物质基础和结构条件，动态性提高又为提高可控性提供了控制对象和控制变量，可控性提高使系统的协调性得以改善。改进系统中的短板也是使系统各组成部分之间的能力趋于协调的举措。

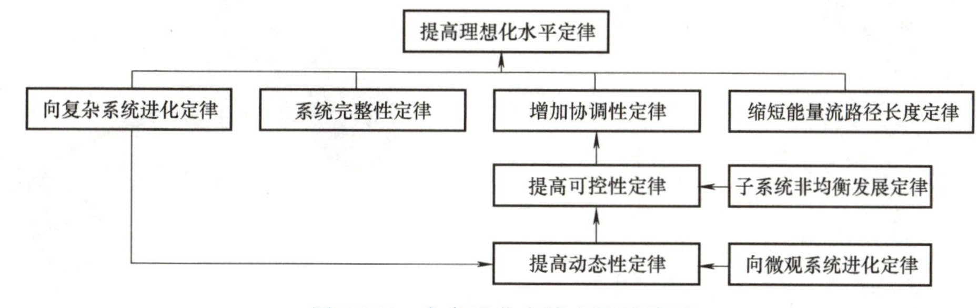

图 16-24　九条进化定律之间的关系

16.3　技术系统进化的四个阶段

从历史的观点看，实现某一主要功能的技术系统，在其进化过程中，按照面临的主要问题不同可以分为四个进化阶段：

（1）为系统选择零部件　一个新系统的诞生，其功能也许是全新的，但是其组成元件大部分都是从环境中已有的元件借用过来的。例如：最早的四轮汽车是在马车基础上加上发动机创造出来的；最早的自行车的车轮也是从马车借鉴过来的。

（2）系统元件改善　因为实现系统功能的元件多是从环境中已有元件借用过来的，其并不一定与所设计系统协调，可能存在着很多与其功能和性能要求不匹配的情况，并且各元件发展不均衡，这时就需要不断改善元件，改进短板，使其内部趋于协调，以正常完成功能，提高劳动效率。例如：汽车的设计出来之后，随着发动机的性能提高，原来马车的车身已经不能适应高速和舒适性要求，汽车车身逐渐与马车变得越来越不一样。

（3）系统动态化　随着新系统在市场的扩展，系统需要适应不同的用户和运行环境，即开始与外部相协调，当然这种协调性是通过系统结构柔性化实现的。例如：汽车随着速度的进一步提高和市场的扩大，对适应环境的能力要求使得汽车的动态化特征越来越明显，如悬挂系统的动态性、速度调节系统的动态性等。

(4) 系统自控制 系统自控制一方面是系统快速响应超系统变化的需要，另一方面也是减少人参与程度的必然要求。无人驾驶汽车一直以来就是研究的热点，并且已经取得较大发展。

图 16-25 所示为汽车上述进化的四个阶段。

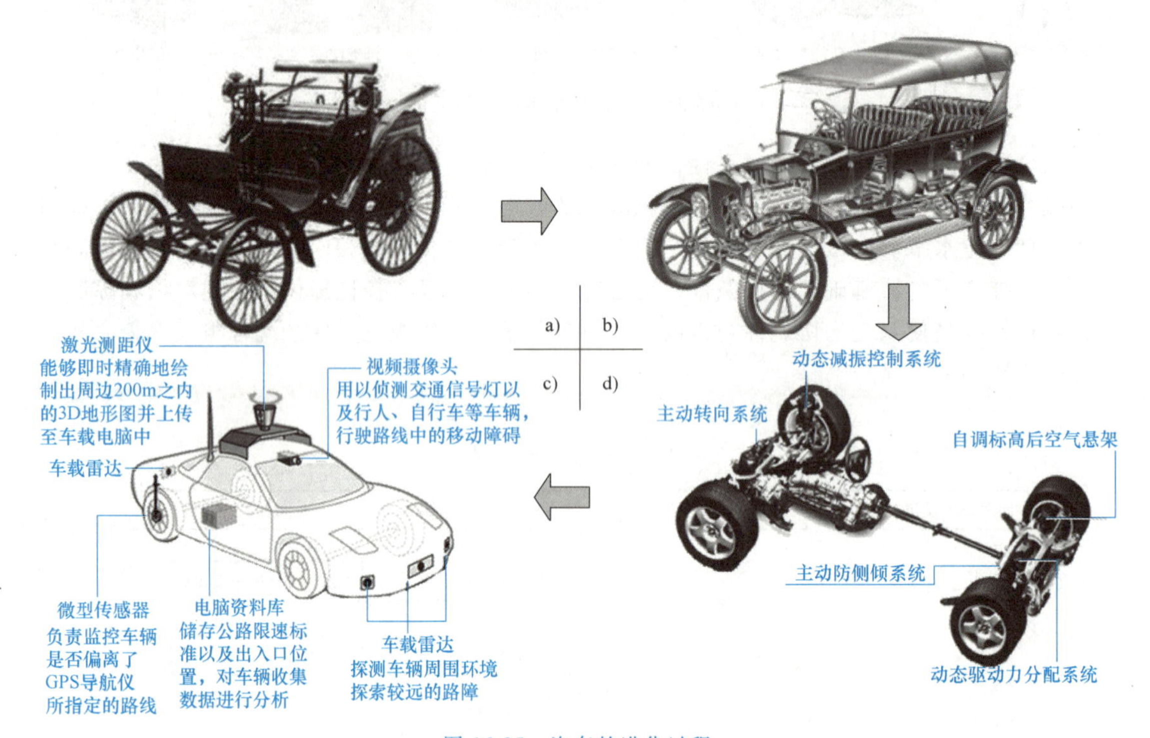

图 16-25 汽车的进化过程

16.4 技术系统进化理论的应用

1. 技术系统进化潜力

图 16-26 所示为某进化路线，该路线图所表示的进化路线开始状态是从状态 1 开始的，最高状态是状态 5。按照该进化路线分析产品的技术进化水平，如果技术水平处于进化状态 3，则此进化状态称为当前进化状态。进化状态 4 及 5 是产品的当前技术水平还没有达到的进化状态，这两个进化状态就是具有潜力的进化状态。技术进化潜力就存在于当前进化状态和最高进化状态之间。

每一个潜力状态都暗含着具有战略意义的潜在技术，对其进行分析，就可产生关于新产品的创新设想，从而制定产品发展战略。因为进化路线是从其他成功产品总结归纳出来的技术规律，所以分析进化潜力所产生的新技术战略的创新性、可靠性高，能够成功引导待研究技术系统的发展方向。

2. 应用技术系统进化理论进行产品技术预测的步骤

应用技术系统进化理论不仅能准确地预测将要出现的新一代产品，并且可以根据进化路

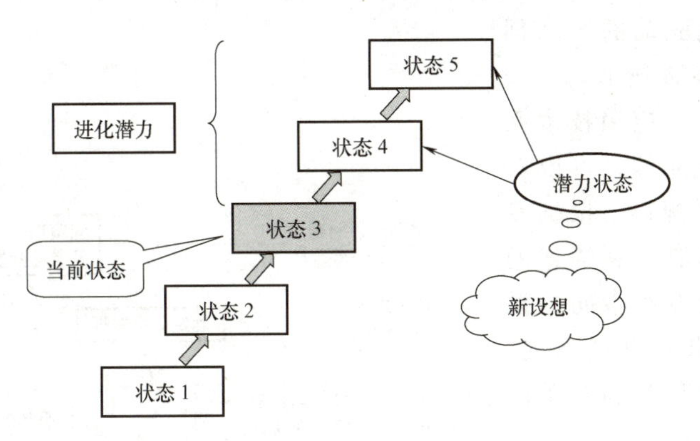

图 16-26　进化潜力

线实现新产品的开发，步骤如图 16-27 所示。

步骤 1：选定产品，分析系统的子系统和超系统。根据系统工作原理，建立系统功能模型，提取工作元件及其之间的联系，建立系统功能模型，分析系统参数。

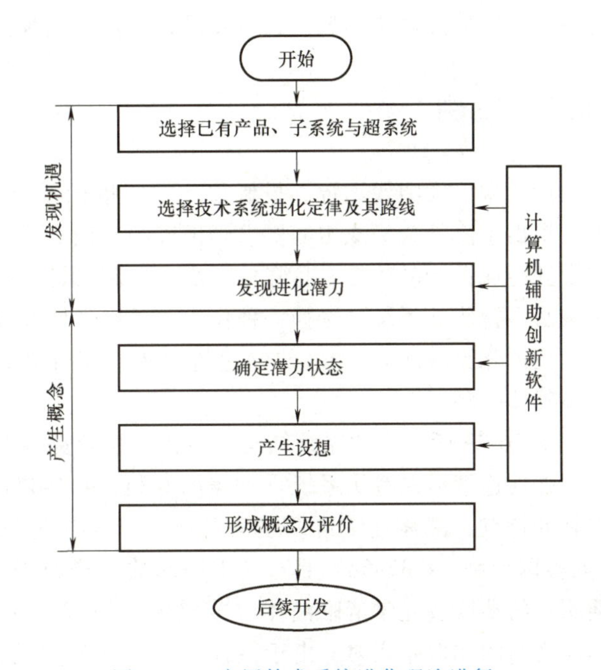

图 16-27　应用技术系统进化理论进行产品技术预测的步骤

步骤 2：选择技术系统进化定律：选择 TRIZ 中的一种或几种进化定律，按照进化定律的描述预测选定产品、子系统或超系统的未来进化趋势。分析每条定律下的进化路线，分析研究对象在进化路线上当前的位置。

步骤 3：发现技术机遇：由选定的定律与路线确定技术进化潜力，这些潜力是技术机遇。

步骤 4：确定潜力状态：由进化潜力确定潜力状态。

步骤 5：产生设想：分析每一个潜力状态，归结到当前系统产生创新设想。

步骤 6：概念形成及评价：将设想转变成概念，根据市场需求及本企业能力对所形成的概念进行评价，在若干个概念中选出最具有市场潜力的概念，作为后续设计的输入。

3. 技术系统进化理论的应用领域

技术系统进化理论主要用在以下三方面领域。

（1）定性技术预测　产品技术成熟度预测用于评价当前核心技术是否具有进一步提高的潜力，如果技术系统到了成熟期，则主要对系统应用完整性定律（能源装置的引入）、向复杂系统进化定律和对执行装置采用向微观系统进化定律预测替代性技术。如果系统还没有到达成熟期，则对系统及子系统应用技术系统进化定律。

技术系统进化驱动的产品创新设计过程如图 16-28 所示。

（2）专利规避　应用技术系统进化定律和进化路线，可以对已有专利进行专利规避。根据专利描述的特征，提取专利描述的系统的构成，确定专利指向的系统和重要子系统未来发展方向，用进化后的技术替代专利基于的技术，以实现专利规避。

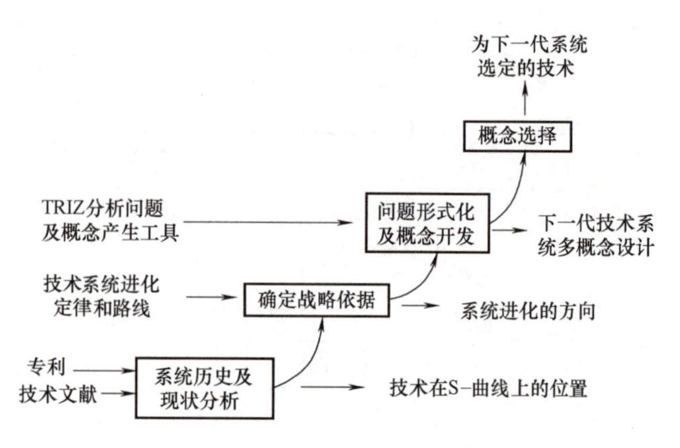

图 16-28　技术系统进化驱动的产品创新设计过程

（3）市场创新　用户从可能的进化趋势中选择最有希望的进化路线，之后经过市场调研人员及设计人员等的加工形成新的概念产品。

16.5　案例分析

近年来，大型望远镜、投影仪、空间摄像系统、卫星摄像系统、太阳能集热系统的发展，提出了降低镜头成本的要求。传统的双镜头或多镜头都存在制造成本高的问题。如果改进设计能保证产品性能，且降低了成本，新设计就具有广阔的市场。目前的产品多为采用双镜头及多镜头的系统，选择一种作为改进设计的基础。

按进化路线 4-1，产品的进化过程为：刚性系统→一个铰接→多个铰接→弹性体→液体→气体→场。

图 16-29 所示为“系统结构柔性化”进化路线与本工程实例进化过程的对应关系。

弹性连续可调镜头系统（如美国专利：4444471）同样具有传统镜头结构复杂、制造成本高的特点。液体连续可调镜头系统（如美国专利：4466706）及气体连续可调镜头系统（如美国专利：4732458）具有基本相同的工作原理，如图 16-30 所示。该系统主要由套筒、透明塑料薄膜及光学清晰液体（或气体）组成。在初始状态时，焦距是确定的，当改变两套筒之间的相对距离时，由于液体（或气体）是可压缩的，套筒及透明塑料薄膜所围成空间的光学清晰液体（或气体）的密度发生变化，从而改变焦距。

图 16-30 所示的系统有两条不能克服的固有缺点：

1）由于环境或机构振动使液体或气体存在波纹，影响精度。

2）为了适应高速摄影的需要，连续可调系统必须具有快速响应性。为此，透明塑料薄膜要具有一定的刚度，而这种材料在高速变化时会产生有害的像差。

图 16-29 所示进化路线的最高级是场控系统，新设计或改进后的设计结构应处于该状态。即改进设计的目标状态应为场控系统。其结构特点应该为：

1）利用电场或磁场的变化控制液体镜头的特性。

2）用对电场或磁场敏感的光学清晰液体代替传统的光学清晰液体。

3）利用具有非线性机械及光学特性的材料。

概念设计：根据已确定的结构特点，确定改进后新设计的作用原理如图 16-31 所示。其工作原理为：由电磁线圈控制的强磁场加到对磁场敏感的凝胶上，凝胶产生压力，压力使镜头的曲率发生变化，从而改变焦距。

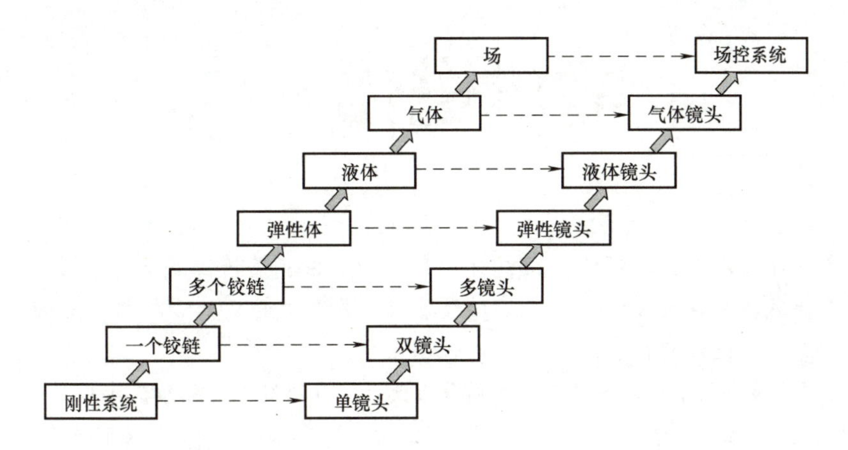

图 16-29 镜头沿“向流体或场传递”路线进化的过程

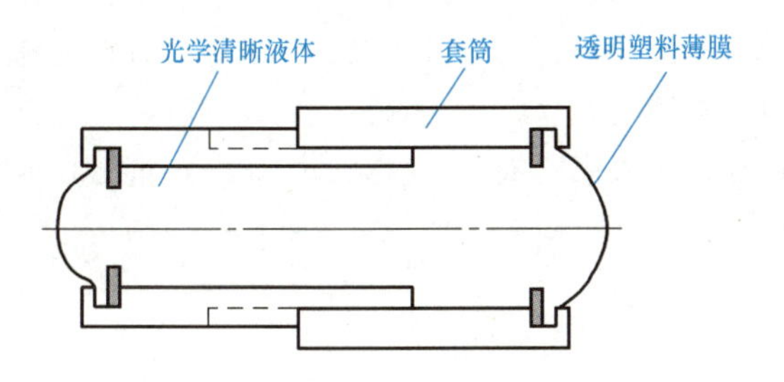

图 16-30 液体连续可调镜头系统原理图

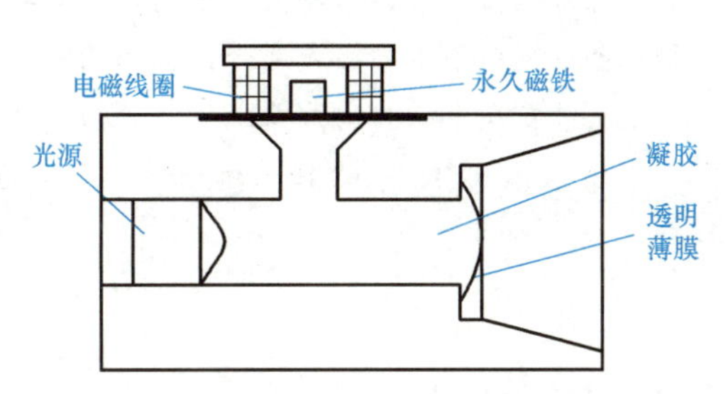

图 16-31 新一代场控连续可调系统概念设计

思 考 题

1. 技术系统进化定律与产品技术成熟度有什么关系？
2. 如何确定技术系统进化潜力？
3. 举出身边符合向微观系统进化定律的两个例子。
4. 举出身边符合向提高理想化水平进化的两个例子。
5. 按照缩短能量流路径长度进化定律汽车进化的方向是什么？
6. 未来的报纸是什么样的？请尝试给出报纸的技术系统进化路线。
7. 请尝试预测手机的未来发展方向。

第17章 需求进化

在产品设计领域，需求反映了用户对产品总的要求，是产品设计的出发点和落脚点，产品概念设计过程和详细设计过程无不体现着对用户需求的认知和把握。全面、准确地获取用户需求是产品设计的前提。

随着经济发展和技术进步，两者的共同作用使产品市场发生了翻天覆地的变化，市场逐渐走向多元化、全球化。在这个大背景下，用户的需求呈现多样化、个性化和复杂多变的特点，对产品设计提出了更高的要求。用户自身经济基础、知识水平、生活理念的发展，其消费心理和消费行为也由原来的初始、简单的形式向高级、复杂的形式进化。用户作为一个整体也是自然和社会系统中的重要组成部分，会影响经济社会的发展。因此，研究用户需求进化的客观规律，预测潜在及未来的用户需求已然成为产品开发的重要工作。

本章基于 TRIZ 中的需求进化定律，研究用户和需求进化的一般规律、需求分析工具和需求演变规律。

17.1 需求的定义

产品设计的出发点和落脚点都是满足用户需求，因此首先要明确用户对目标产品需求的含义。J. Paul Leagans 对需求的定义做了系统的描述，他认为需求代表了一种不平衡，是目标与现状的差距。

据此，我们把需求定义为用户主观上对产品的期望状态与产品实际状态之间的差距，如图 17-1 所示。需求工程中把需求定义为“用户为了解决一个问题或达到某个目标而需要的条件和能力”。对需求定义的两种表述内涵是一致的，前者着重理想与现实两种状态的差距，后者侧重弥补这种差距所需的条件和能力。

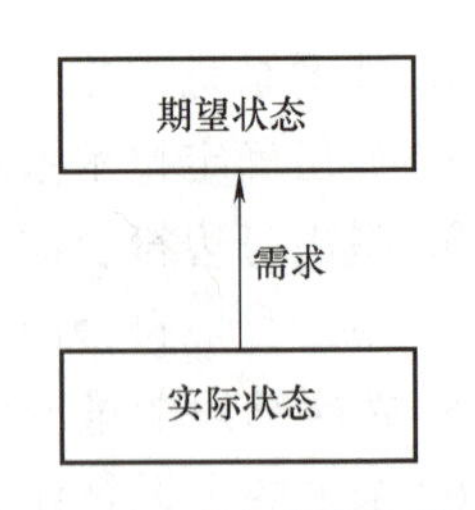

图 17-1　需求的定义模型

这里的期望状态并非代表产品的理想状态，这种期望是用户主观上对产品功能和外观的期望，是主观领域的概念；产品的理想状态是客观领域的概念，是产品功能理想化的状态，一般情况下，期望状态是产品理想状态的子集。

17.2 需求工程

1. 需求工程的定义

需求工程是软件工程领域对软件需求所进行的各种活动。需求工程是指应用已证实有效的技术、方法进行需求分析，确定用户需求，帮助分析人员理解问题并定义目标系统的所有外部特征的一门学科，也可以理解为所有与需求相关的活动统称为需求工程。它通过合适的工具和记号系统地描述待开发系统及其行为特征和相关约束，形成需求文档，并对用户不断变化的需求演进给予支持。

需求工程虽然是软件工程领域的一项技术，但需求分析是产品设计过程中的重要环节，需求工程的一些方法和基本概念同样适用于工业化产品的设计过程。

2. 需求工程的内容

需求工程的活动可划分为以下六个独立的阶段（见图 17-2）：

（1）需求获取　通过与用户的交流，对现有系统的观察，对任务进行分析，从而开发、捕获和修订用户的需求；需求获取的方法一般有问卷法、面谈法、数据采集法、用况法、情景实例法以及基于目标的方法等，还有知识工程方法，如场记分析法、卡片分类法、分类表格技术和基于模型的知识获取等。

（2）需求分析　需求分析是对用户的需求获取之后的一个粗加工过程，需要对需求进行推敲和润色以使所有涉众都能准确理解需求。分析过程中首先需要对需求进行检查，以保证需求的正确性和完备性，然后将高层需求分解成具体的细节，创建开发原型，完成需求从需求获取人员到开发人员的过渡。

（3）需求建模　为最终用户所看到的系统建立一个概念模型，作为对需求的抽象描述，并尽可能多地捕获现实世界的语义。从不同角度、不同抽象级别精确地说明对问题的理解、对目标产品的需求。需求模型的表现形式有自然语言、半形式化（如图、表、结构化英语等）和形式化表示三种。自然语言形式具有表达能力强的特点，但它不利于捕获模型的语义，一般只用于需求获取或标记模型。半形式化表示可以捕获结构和一定的语义，也可以实施一定的推理和一致性检查。形式化表示具有精确的语义和推理能力，但要构造一个完整的形式化模型，需要较长时间和对问题领域的深层次理解。

（4）建立需求文档　生成需求模型构件精确的形式化描述，作为用户和开发者之间的一个协议。文档就是对一个预期的或已存在的产品系统的描述。它可以作为开发者和用户之间协议的基础，以产生预期的系统。文档定义系统所有必须具备的特性，同时留下很多特性不做限制。

（5）需求验证　以需求文档为输入，通过专家论证、计算分析、仿真模拟或快速原型等途径，分析所获取的需求的正确性和可行性。此过程包含有效性检查、一致性检查（需求文档中的需求与获取的用户原始需求的一致性）、可行性检查和确认可验证性。

（6）需求管理　支持系统的需求演进，如需求变化和可跟踪性问题。

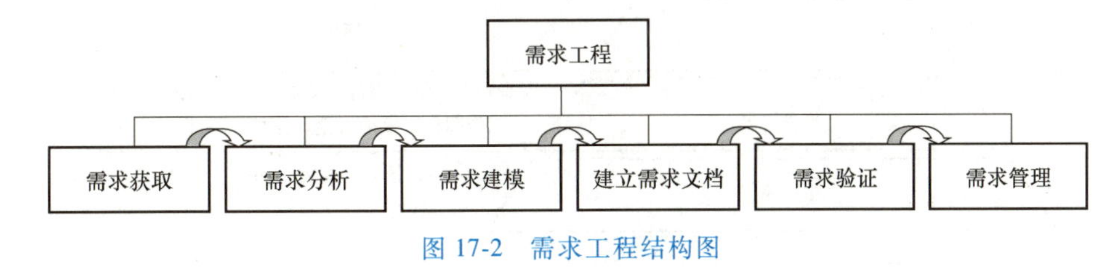

图 17-2　需求工程结构图

上述需求分析与需求建模阶段一项非常重要的工作就是把用户需求转变为产品需求。用户需求是从使用者的角度对产品功能、结构等方面提出的一些要求。只有将用户需求转变成对产品设计、零部件特性、工艺、生产制造等方面的要求才能真正地把用户需求贯穿于产品设计整个阶段。质量功能展开（QFD）是把顾客或市场的要求转变为产品需求的一个重要工具，其主要优势是减少设计时间，减少设计变动，减少设计和制造成本，提高产品质量，提高顾客满意度。

3. 需求类型

需求工程把需求分为功能需求和非功能需求，这个分类方法同样适用于非软件产品。

（1）功能需求　功能需求是对系统应提供的功能、系统在特定的输入下做出的反应及特定条件下的行为的描述。某些情况下甚至包括系统不应做什么。

（2）非功能需求　非功能需求是对系统提供功能和服务时受到的约束的描述，如可靠性、时间约束、成本约束等。有时非功能需求还与系统开发过程有关，表现为过程需求，如开发软件用的系统及版本。

非功能需求分为产品需求、组织需求和外部需求。产品需求又称为产品质量需求，是用户对产品设计结果提出的要求，包括速度、尺寸、安全性、可靠性、易用性、性能、维护性、适应性及多用性等。组织需求是指组织政策或规则形成的需求，如交付要求、行业标准、过程标准等。外部需求是从系统和开发过程外部产生的需求，如社会伦理、法律等引起的需求。

17.3 需求演变模型

虽然人们的需求越来越多样化和个性化，但是人类需求还是存在由低级到高级的宏观规律，已经有很多学者对这个宏观规律做出研究和描述，其中以美国心理学家亚伯拉罕·马斯洛（Maslow）的需求层次理论和日本东京理工大学教授狩野纪昭（Noriaki Kano）的Kano需求模型最具代表性。

1. 马斯洛需求层次理论

马斯洛将人类需求像阶梯一样从低到高按层次分为五种，分别是生理需求、安全需求、社交需求、尊重需求和自我实现需求，如图17-3所示。

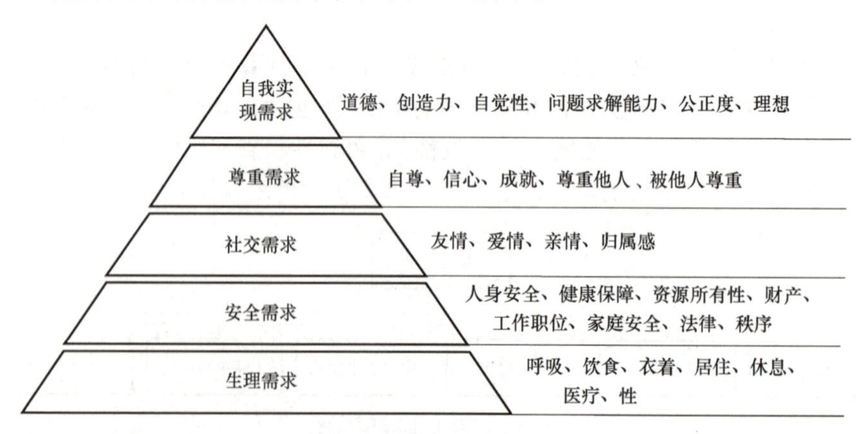

图17-3　马斯洛需求层次理论

（1）生理需求　人类维持自身生存的最基本要求，比如吃饭、穿衣、睡觉等，生理需求优于其他需求。如果这些需求任何一项得不到满足，人类个人的生理机能就无法正常运转。换言之，人类的生命就会因此受到威胁。在这个意义上说，生理需求是推动人们行动最首要的动力。马斯洛认为，只有这些最基本的需求满足到维持生存所必需的程度后，其他的需求才能成为新的激励因素，而到了此时，这些已相对满足的需求也就不再成为激励因素了。

（2）安全需求　安全需求指保护自身安全，免受外来伤害的需求，财产安全也属于此范畴。马斯洛认为，整个有机体是一个追求安全的机制，人的感受器、效应器官、智能和其他能量主要是寻求安全的工具，甚至可以把科学和人生观都看成是满足安全需求的一部分。当然，当这种需求一旦相对满足后，也就不再成为激励因素了。

（3）社交需求　社交需求指对亲情、友情、爱情的需求。人处在社会环境中，人与人的交往是生活的重要组成部分。人人都希望得到相互的关心和照顾。感情上的需求比生理上的需求来得细致，它和一个人的生理特性、经历、教育、宗教信仰都有关系。

（4）尊重需求　人人都希望自己有稳定的社会地位，要求个人的能力和成就得到社会的承认。尊重需求又可分为内部尊重和外部尊重。内部尊重是指一个人希望在各种不同情境中有实力、能胜任、充满信心、能独立自主。总之，内部尊重就是人的自尊。外部尊重是指一个人希望有地位、有威信，受到别人的尊重、信赖和高度评价。马斯洛认为，尊重需求得到满足，能使人对自己充满信心，对社会满腔热情，体验到自己活着的用处价值。

（5）自我实现需求　自我实现需求是最高层次的需求，是指实现个人理想、抱负，发挥个人的能力到最大程度，达到自我实现境界的人，接受自己也接受他人，解决问题能力增强，自觉性提高，善于独立处事，要求不受打扰地独处，完成与自己的能力相称的一切事情的需求。也就是说，人必须干称职的工作，这样才会使他们感到最大的快乐。马斯洛提出，为满足自我实现需求所采取的途径是因人而异的。自我实现需求是在努力实现自己的潜力，使自己越来越成为自己所期望的人物。

对于以上五种需求的应用，根据五个需求层次，可以划分出五个消费者市场：

1）生理需求→满足最低需求层次的市场，消费者只要求产品具有一般功能即可。

2）安全需求→满足对“安全”有要求的市场，消费者关注产品对身体的影响。

3）社交需求→满足对“交际”有要求的市场，消费者关注产品是否有助于提高自己的交际形象。

4）尊重需求→满足对产品有与众不同要求的市场，消费者关注产品的象征意义。

5）自我实现需求→满足对产品有自己判断标准的市场，消费者拥有自己固定的品牌，需求层次越高，消费者就越不容易被满足。

深刻把握人类需求从生理需求到自我实现需求进化的客观规律，深刻剖析产品是对用户哪种需求的满足，进而论证产品是否存在满足更高级需求的潜力，挖掘这种潜力，指导产品进行升级进化，提前赋予产品新的竞争力。

2. Kano 模型

Kano 模型如图 17-4 所示，该模型包括需求模型和质量模型。Kano 需求模型定义了三个层次的顾客需求：基本型需求、期望型需求和兴奋型需求。这三种需求根据绩效指标分为基本因素、绩效因素和激励因素。

（1）基本型需求　基本型需求是顾客认为产品“必须有”的属性或功能。当其特性不充足（不满足顾客需求）时，顾客很不满意；当其特性充足（满足顾客需求）时，无所谓满意不满意，顾客充其量是满意。对于这类需求，企业的做法应该是注重不要在这方面失分。

（2）期望型需求　期望型需求要求提供的产品或服务比较优秀，但并不是“必须有”的产品属性或服务行为。有些期望型需求连顾客都不太清楚，但是是他们希望得到的。在市场调查中，顾客谈论的通常是期望型需求，期望型需求在产品中实现得越多，顾客就越满意；当没有满足这些需求时，顾客就不满意。这是处于成长期的需求，客户、竞争对手和企业自身都关注的需求，也是体现竞争能力的需求。对于这类需求，企业的做法应该是注重提高这方面的质量，要力争超过竞争对手。

（3）兴奋型需求　兴奋型需求要求提供给顾客一些完全出乎意料的产品属性或服务行为，使顾客产生惊喜。当其特性不充足时，并且是无关紧要的特性，则顾客无所谓；当产品提供了这类需求中的服务时，顾客就会对产品非常满意，从而提高顾客的忠诚度。这类需求往往代表顾客的潜在需求，企业的做法就是去寻找发掘这样的需求，领先对手。

客户满意度是衡量产品在市场中表现的内在因素指标，按照狩野等人的研究，产品满意度很大程度上取决于产品的质量，图 17-4 所示为狩野博士 20 世纪 70 年代提出的质量模型，由于该模型体现了产品满意度随质量执行程度的变化，因此又称为产品的满意度曲线。与基本型需求、期望型需求和兴奋型需求相对应，该模型按照客户对产品或服务提供的质量满意度反应，把产品或服务质量分为三种：基本质量（Basic Quality）、规范质量（Performance Quality）和兴趣质量（Excitement Quality），分别介绍如下：

1）基本质量。基本质量是对客户基本需求的一种体现，客户认为产品或服务达到该质量是理所当然的，如果产品或服务不能满足该基本需求，属于不合格产品，将会引起客户强烈的不满，如手机必须能够通话。

2）规范质量。规范质量是指产品通常情况下满足客户需求的水平，产品或服务质量与客户需求呈线性关系。产品或服务的技术水平高，客户的满意程度也高。例如：同等价位的手机，长的待机时间可以成为规范质量。

3）兴趣质量。兴趣质量是产品或某方面服务的质量是客户未曾想到的，但确实是需要的。对产品或服务产生兴趣质量的微小改进，就将引起客户满意程度的较大提高。例如：同等价位的手机，“低辐射”可能成为兴趣质量。

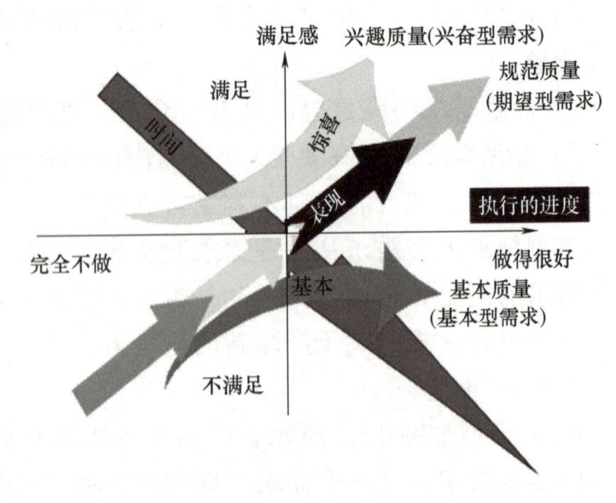

图 17-4　Kano 质量（需求）模型

Kano 质量模型还表示了质量需求随时间的变化规律，从图 17-4 中可以看出，随着时间的推移，产品或服务的兴趣质量将变成规范质量，而规范质量将变成基本质量。如果产品质量停留在某一固定水平，客户满意度会下降。因此，这对产品设计开发提出的要求也越来越高。

17.4 需求进化定律

产品设计的目的就是满足用户的需求，如果开发者能提前把握用户的未来需求，有针对性地开发设计新产品，就会在未来市场竞争中立于不败之地。因此企业需要一种能够比较准确把握未来需求的方法，尤其是把握其产品未来的状态。TRIZ 中的需求进化定律揭示了人类需求进化的一般规律，提出了产品可能进化的方向，可以有效帮助开发者掌握未来需求的演进趋势，做到有备无患。

Vladimir Perov 提出需求处于进化状态，这种进化受客观规律支配，并归纳为五条需求进化定律即需求理想化、需求动态化、需求集成化、需求专门化和需求协调化。如图 17-5 所示，需求通过动态化、集成化和专门化并不断协调达到理想化。

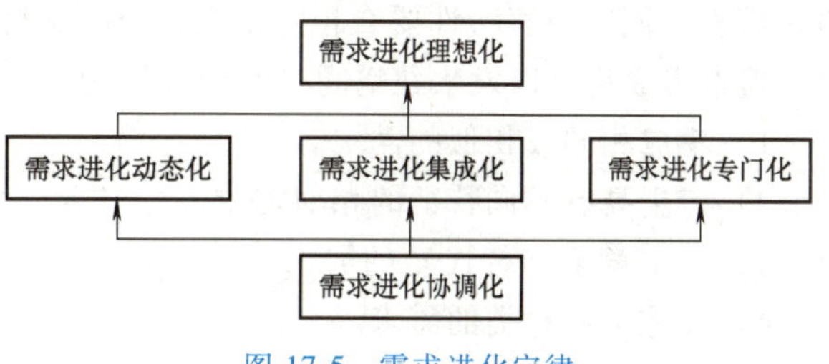

图 17-5 需求进化定律

（1）需求进化理想化趋势　需求进化理想化预示着需求数量的增加、需求质量的提高，实现需求所用的时间和手段（或工具）以及有害作用（支出因素）的减少。

需求进化理想化水平趋于无穷大是需求进化理想化进化趋势。理想化具有以下特点：

➢ 理想需求是一种在要求的时间、要求的地点和要求的环境下满足的需求。

➢ 理想需求也是一种不必要的要求，需求变得不需要或者自身能够满足，如可食用的盘子（不必要刷），再如具有自服务功能的产品。

根据这种趋势可以有四种方法推进需求进化的理想化：

1）增加需求的数量。

- 新需求的出现，如已有产品用于不同对象。
- 已有需求的差异化，如用于不同人群或用途。

2）提高需求的质量。

- 更进步的手段或工具的开发与应用，如对新技术的应用。
- 附加的或必要新手段或工具的发明。

3）减少满足需求的时间及手段或工具。

- 同时满足多个需求。
- 仅用一种手段或工具满足多种需求。
- 用可用资源满足新的手段或工具。

4）减少实现需求的有害作用的数量（支出因素）。

- 无损耗与平衡技术的应用。
- 资源的使用。
- 效应尤其是生物学效应的应用。

（2）需求进化动态化趋势　需求进化动态化预示需求随时间、空间、结构以及基于条件变化的规律。

1）需求顺应一定地点、一定人群或特定人。

2）需求要适应特定的位置、场所、地区及特定的人群，适应特定的时间、地点及形式。

3）需求将体现民族、职业、年龄、性别、受教育水平、宗教信仰、季节或一天中的时间段等。

4）需求将体现减少人的介入，如机械化、自动化与半自动化、可控制性等。

（3）需求进化协调化趋势　需求进化协调化可以在需求合理化（多需求自身协调）、参数、结构、条件、空间和时间方面实现。协调可以是动态的。失调导致失望、矛盾、破产、灾难、腐败、战争、生态破坏等。需求协调性还可以理解为人为导致的需求不协调（如强化需求间最大不同导致的需求不协调）。

（4）需求进化集成化　需求进化集成化以这样的方式实现：汇总并加强有用的（必要的）特性，同时有害特性要么相互抵消，要么保持先前的水平。

需求集成化可以发生在空间、时间或结构上，可以通过以下方式集成需求：

1）集成相同或相似的需求。

2）产生具有不同特征的相似需求。

3）产生竞争（替代）的需求。

4）集成不同种类的需求。

5）集成相反的需求。

（5）需求进化专门化趋势　需求进化专门化趋势趋向于选择一个精炼的需求，使其能够以更高质量、更精确地被满足。

提高需求专门化的步骤如下：

1）选择需求中最重要的部分。

2）详细说明这部分需求。

3）提供更好的条件充分满足这部分需求。

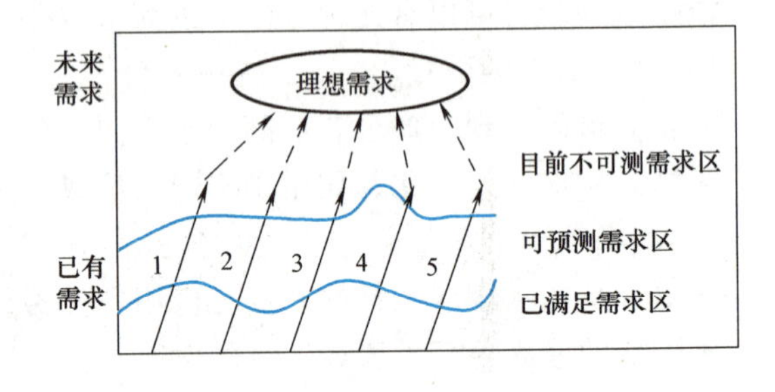

图 17-6　需求预测原理

1—需求理想化　2—需求动态化　3—需求协调性　4—需求集成化　5—需求专用化

如图 17-6 所示，每条定律都指出了需求进化的一个方向，研发人员可以根据该方向预测所开发产品可能的未来需求，引导企业今天开发未来的产品。需求进化定律指出了需求可能变化的方向，是一种比较抽象或笼统的需求描述，在应用到具体产品分析时还需要结合产品进行具体化和细化，从而得到能够直接生成产品设计说明（Product Design Specification，PDS）的设计需求。

思　考　题

1. 需求的定义是什么？
2. 需求工程的活动划分为哪几个独立的阶段？

3. 马斯洛将人类需求分为哪几种？
4. Kano 需求模型定义了顾客哪几个层次的需求？
5. 需求进化定律有哪几条？应用需求进化定律对手机进行需求进化分析。
6. 提高需求专门化的步骤是什么？按照该步骤分析对汽车的未来需求？

第5篇

设计流程与软件工具篇

前面四篇已经把 TRIZ 的基本概念，TRIZ 中分析问题、解决问题以及通过预测形成问题的工具和方法进行了介绍。每一种工具和方法在问题分析和求解过程中都起到了不同但又非常重要的作用。从前面章节可以知道，现代 TRIZ 中每种方法都自成体系，都有不同的问题分析和转化的方法。需要明确的是问题分析工具并不只限于分析问题，而是通过问题分析也可以直接得到问题的解。例如：根原因分析得到了很多导致问题的元件属性，如果元件属性很容易改变，并且不引起次生问题，那么该问题就直接解决了，而不一定用第四篇 TRIZ 中的求解工具对问题求解，那么该问题就是一个通常问题。同理，资源分析的结果也可以直接产生很多解。

为了更系统化地应用 TRIZ 求解问题，也是为了使问题得以更全面地解决，需要一个从问题发现、问题分析、问题转化到问题求解的系统化流程。

TRIZ 中发明问题解决算法（ARIZ）是阿奇舒勒提出的解决困难问题的一种系统化方法，致力于把问题转化为物理冲突加以解决。ARIZ 算法融合了 TRIZ 中绝大部分问题分析和求解的工具，对 TRIZ 初学者而言，真正掌握起来是比较困难的。因此出现了一些简化的 TRIZ 应用过程模型。

在文献基础上，结合本书作者多年 TRIZ 研究成果和 TRIZ 培训、咨询经验，建立了一种简化的 TRIZ 应用过程模型，并在实际应用中得到了很好的验证。

TRIZ 中提出的解都是抽象解，能否根据 TRIZ 解的描述得到领域解，这与个人知识面及经验有很大关系。为了帮助人们从 TRIZ 解较快得到具体问题的解，需要一些更具体的设计案例作为参考，设计者根据案例的问题情境和解的原理可以更快地联想到自己面对问题的具体解。另外效应知识库需要大量的效应作为底层支持，效应推理过程也比较复杂，需要软件来完成，因此出现了对 CAI 软件的需求。

以 TRIZ 为核心原理开发的 CAI 软件，有美国 Invention Machine 公司的 Goldfire Innovator™，美国 Ideation International 公司的 Innovation WorkBench，德国 TriSolver GmbH & Co. KG 的 Trisolver，比利时 CREAX NV- Mlk 的 Creax Innovation Suite，亿维讯（IWINT）公司的 Pro/Innovator，国内以河北工业大学创新设计团队开发的 InventionTool 系列软件为代表，2006 年成功开发 InventionTool3. 0 版本。上述的 CAI 软件功能模块各有特色。

本篇主要介绍 TRIZ 应用的流程和我们开发的 CAI 软件——InventionTool 系列软件。

第18章 发明问题解决的流程

18.1 概述

TRIZ 由很多概念、工具与方法构成，这些概念、工具和方法并不是凌乱地集合在一起，而是有逻辑地形成了解决发明问题的方法流程，即发明问题解决过程。TRIZ 认为，一个问题解决的困难程度取决于对该问题的描述或程式化方法，描述得越清楚，问题的解就越容易找到。TRIZ 中，发明问题求解的过程是对问题不断描述、不断程式化的过程。经过这一过程，初始问题被清楚地暴露出来，能否求解已很清楚，如果已有的知识能用于该问题则有解，如果已有的知识不能解决该问题则无解，需等待自然科学或技术的进一步发展。本章主要介绍基于 TRIZ 的发明问题解决流程以及 ARIZ 算法。

18.2 TRIZ 解决发明问题的流程

1. TRIZ 解决发明问题的一般流程

TRIZ 并不是一个无章可循的理论，它具有一套解决问题的基本思想，那就是先将设计者所要解决的特殊问题转化成一个标准的通用性的 TRIZ 问题；然后再利用 TRIZ 工具，如发明原理、技术进化定律、效应、标准解等，求出该 TRIZ 问题的通用解；最后设计者通过与实例类比，将通用解转化为领域解。该过程如图 18-1 所示。TRIZ 作为一种解决发明问题的创新方法，给出了一套标准的解决发明问题的流程。应用该流程解决问题，可以使设计人员克服思维惯性，避免解决问题过程中烦琐的试凑工作，进而得到高质量的解决方案。例如：LED 厂家遇到的散热问题，如果设计者直接搜索“如何解决 LED 灯的散热”问题，得到的答案往往不是很理想，原因在于这是一个领域性的问题，即使已经有人解决，也会遇到专利的壁垒。那么就应该将该问题转化成一个标准 TRIZ 问题，如图 18-2 所示。这样设计者就可以根据 TRIZ 解决问题的基本思路得到该问题的领域解。

图 18-1 TRIZ 解决发明问题的一般流程

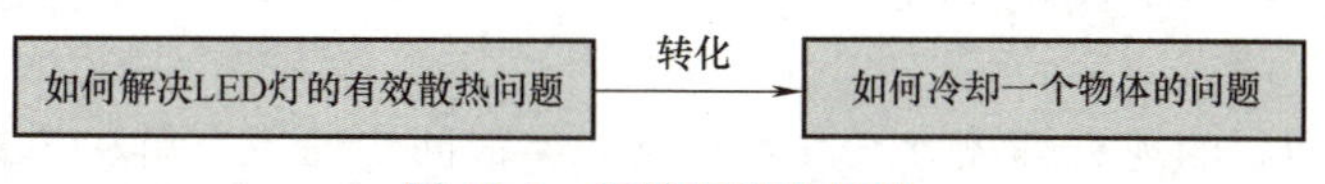

图 18-2 领域问题的转化

任何问题的解决过程都包含两部分：问题和存在问题的系统。成功的创新经验表明问题分析和系统转换对于解决问题都是非常重要的。TRIZ 理论包含了用于问题分析的分析工具和用于系统转换的基于知识的工具。通过引入问题分析工具和基于知识的工具，将图 18-1 基于 TRIZ 的发明问题解决流程进行细化，得到图 18-3 所示的模型。在该模型中，利用 TRIZ 分析工具（39 个通用工程参数、物质-场分析、技术系统进化定律、TRIZ 标准功能），将设计领域中的领域问题转化为 TRIZ 标准问题；再依据具体的标准问题，应用相应的 TRIZ 知识工具（40 条发明原理和冲突矩阵、76 个标准解、技术进化路线、效应），得到 TRIZ 标准问题的通解；最后将不同知识对应的实例通过类比思维确定领域解。该详细的发明问题解决模型也是开发 CAI 软件的基础。

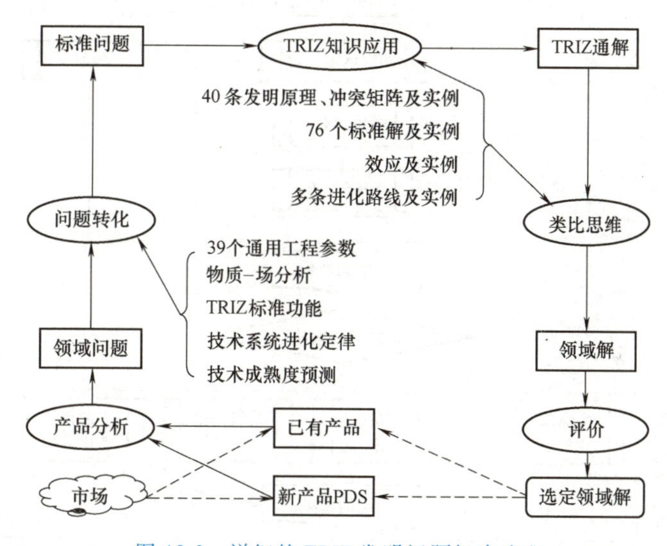

图 18-3 详细的 TRIZ 发明问题解决流程

2. 应用 TRIZ 解决原因导向型问题的简化过程模型

在问题表象比较清楚的情况下，解决问题的关键是根据表象找到问题的根原因，从根原因入手才能从根本上解决问题。ARIZ 算法是把模糊问题逐渐梳理并进行求解的系统化流程，但对初学者而言，ARIZ 算法比较烦琐，较难掌握。图 18-4 给出了 TRIZ 解决原因导向型问题的简化过程模型。该模型主要包括以下四个步骤。

（1）问题的描述　问题的描述是要具体描述问题的现象、发生条件等。问题描述越详细，越有助于对问题的透彻分析。如第 2 篇简介中所述，问题应从以下六个方面进行描述。

1）明确系统实现的功能。确定问题所在系统以及实现的功能，明确系统实现功能的约束。

2）分析现有系统的工作原理。明确系统由哪些部件组成，各部件之间的连接关系，如何实现系统功能。

3）阐明当前系统存在的问题。说明依据现有工作原理，目前系统存在的问题。

4）确定问题出现的条件和时间。明确问题是否是在某一个特殊的条件下、特殊的时间发生的。

5）分析类似问题的现有解决方案及其缺点。类似问题的现有解决方案不仅包含设计者尝试解决问题的方法，还包括相关专利中的类似问题解决方法，以及领先企业的解决方案。

6）明确对新系统的要求。

（2）问题分析　问题分析的主要任务是应用TRIZ理论中的分析工具对问题进行深入分析，找到问题产生的根本原因，确定冲突区域（即确定要解决的问题关键点），明确设计目标，并对系统进行资源分析。问题分析主要包含以下五个步骤。

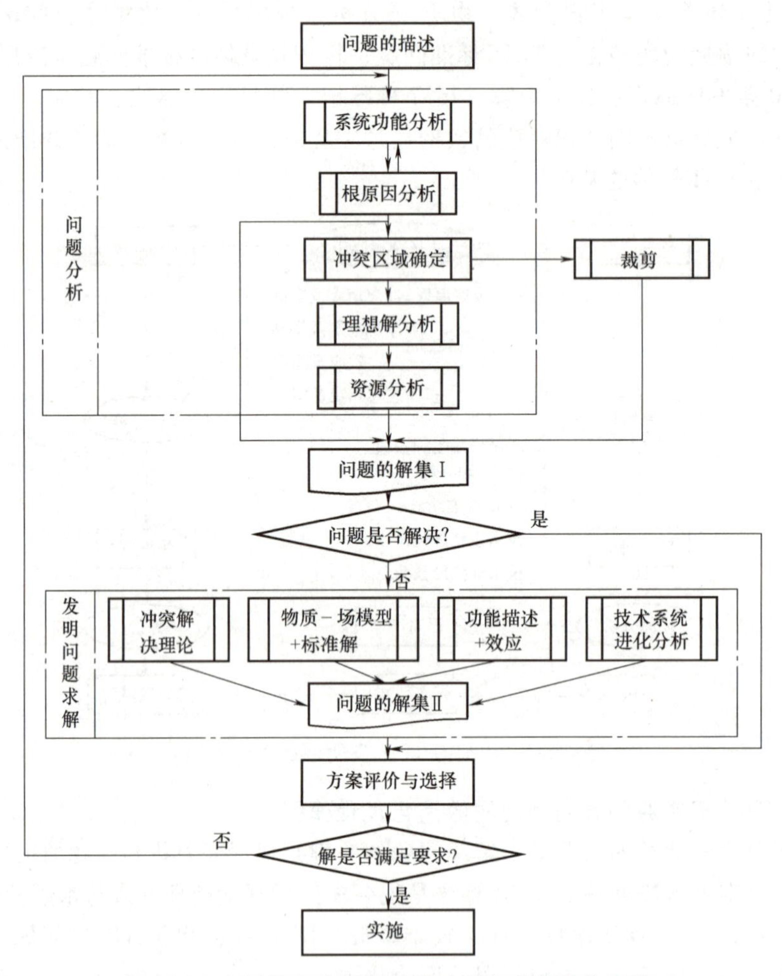

图18-4　应用TRIZ解决原因导向型问题的简化流程

1）功能分析。建立现有技术系统的功能模型，根据问题的表象，确定初始冲突区域。功能模型元件间作用的类型还需根据后续根原因分析的结果而定，因此会是一个反复修改的过程，具体参看根原因分析的案例。

2）根原因分析。应用根原因分析方法，从初始冲突区域开始，建立因果链。根据设计约束，确定可通过设计改变的根原因，并修改功能模型。

3）冲突区域确定。把与根原因直接相关的元件确定为最终冲突区域，即问题关键点所在。

4）理想解分析。理想解分析是为了突破由冲突区域确定的“最小问题”的界限，引导系统产生更高层级的解。

5）资源分析。根据消除根原因需要的资源类型，分别分析其子系统、系统、超系统的资源，判断理想解实现过程中克服障碍的可用资源，建立资源列表，分析每项资源在问题求解过程中可能的作用。

根原因分析和资源分析的结果都可以直接产生一些问题的解，如果能够直接消除根原因而不导致新的问题产生，则问题应该是通常问题。如果得到的解无法真正解决问题，则进入下面问题求解环节。

（3）发明问题求解

1）在根原因分析确定冲突区域之后，首先可以尝试对冲突区域进行裁剪，按照裁剪规则或启发式裁剪问句进行裁剪，并对裁去元件的有用功能重新分配，得到一些可能解，然后进行评价。

2）尝试消除根原因，分析是否导致新的问题，如果导致新的问题，则尝试用技术冲突或物理冲突表达和求解问题。

3）如果希望对冲突区域重新求解，则用黑箱模型表达要求解的功能，然后用效应求解。

4）把冲突区域用物质-场模型表达，则可用标准解求解。

5）直接对系统或冲突区域按照技术系统进化定律或路线进行技术预测，可以预测没有当前问题的技术系统应该具有的特征。

（4）方案评价，并确定最终解　从多个问题关键点出发，应用不同工具，可得到多个问题解决方案。通过对这些方案进行评价，最终确定问题的解决方案，进而进行后续设计。

3. TRIZ 求解目标导向型问题的简化流程

目标导向型问题首先需要明确的是系统希望达到的目标状态是什么。目标明确后问题也就明确了，进入原因导向型问题的求解过程。图 18-5 所示为应用 TRIZ 求解目标导向型问题的流程。

目标导向型问题求解，主要是在明确问题之前加上进化部分形成问题。具体步骤如下：

（1）选择预测对象　预测对象可以是具体产品，也可以是产品中某个重要子系统。

（2）预测目标状态　首先分析系统的功能，然后分为两个路径进行未来产品概念的预测。

1）应用技术系统进化理论进行分析。先做预测对象的产品技术成熟度预测，然后选择系统或子系统为对象应用进化定律和路线分析技术系统进化潜力。

2）应用需求进化定律（含马斯洛需求模型和 Kano 模型），分析未来用户需求的变化，然后把用户需求转化为系统需求。

由两种预测路径汇总得到未来产品概念的集合。选择一个产品概念，形成设计问题。

（3）概念求解阶段　形成设计问题之后，实际上可以按照原因导向型问题求解过程进行求解，但又稍有不同。

1）问题分析阶段。因为前面步骤已经进行了理想解分析，所以理想解分析可以略去。

2）问题求解阶段。因为系统已经做了进化分析，所以进化分析可以略去。

3）根原因分析和资源分析直接得到新系统的可行方案，由裁剪、冲突分析、物质-场分析和功能分析可以得到新系统的可能解，对得到的所有解进行综合评价和选择。挑选出最能满足新系统要求的解作为新系统的解。

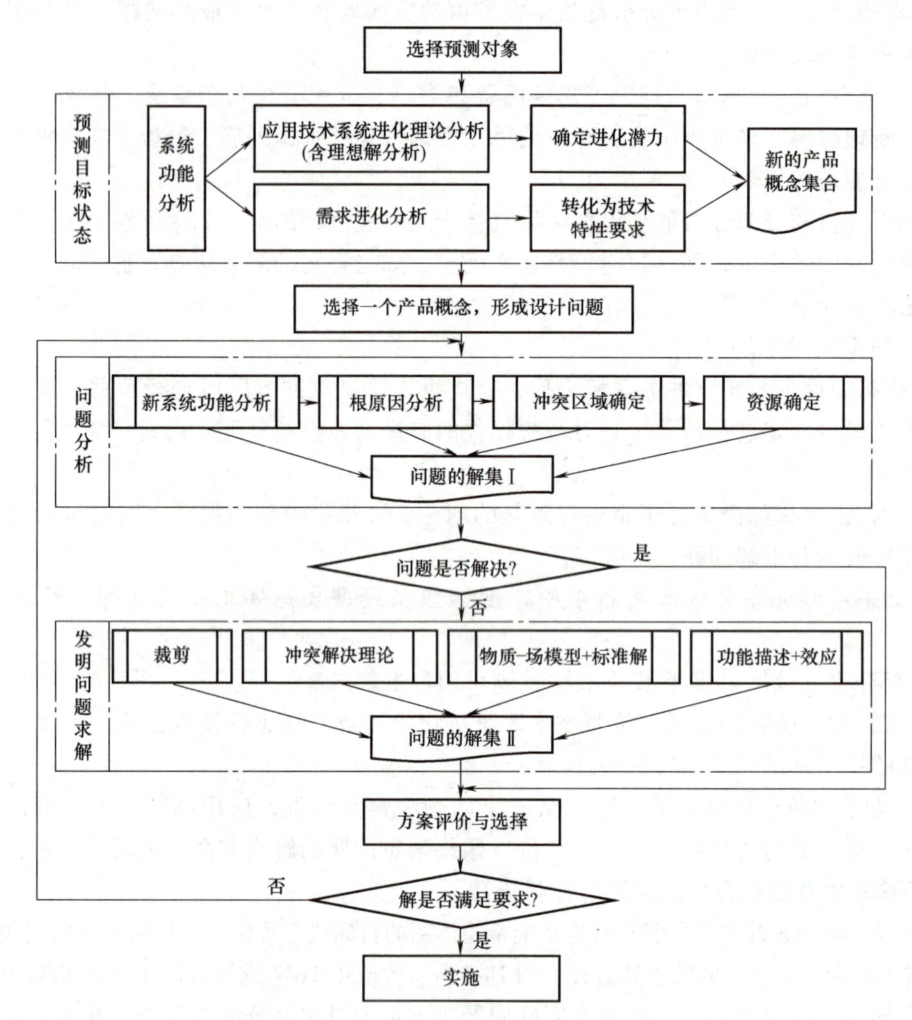

图 18-5　应用 TRIZ 求解目标导向型问题的流程

18.3　ARIZ 算法

TRIZ 由很多概念、工具与方法构成，所有这些又都包含在发明问题解决算法（ARIZ）之中。ARIZ 以一系列的操作实施 TRIZ 中的启发式方法，从而解决发明问题。ARIZ 帮助研发人员解决问题构造、问题定义、问题解决流程等，通过综合应用理想解、可用资源、9 窗口方法、聪明小人方法、冲突解决原理、标准解、效应等解决发明问题。尽管只有 1%的问题需要应用 ARIZ，但 ARIZ 本身也是一种方法，对研发人员理解发明问题解决的过程十分重要。

发明问题解决算法（Algorithm for Inventive-Problem Solving，ARIZ），是 TRIZ 理论中的一个重要的分析问题、解决问题的方法，其目标是解决问题的物理冲突。该算法主要针对问题情境复杂、冲突及其相关部件不明确的技术系统。ARIZ 是发明问题解决的完整算法，该算法采用一套逻辑过程逐步将初始问题程式化。该算法特别强调冲突与理想解的程式化，一方面技术系统向着理想解的方向进化，另一方面如果一个技术问题存在冲突需要克服，该问题就变成了一个创新问题。

ARIZ 算法解决问题过程如图 18-6 所示。作为一种规则，应用 ARIZ 取得成功的关键在于在理解问题的本质前，要不断地对问题进行细化，直至确定了问题所包含的物理冲突。经过上述过程的应用后如问题仍无解，则认为初始问题定义有误，在 ARIZ 步骤 6 中需调整初始问题模型，或者对问题进行重新定义。在应用 ARIZ 解决问题过程中，并不要求按顺序走完所有的九个子步骤，而是，一旦在某个步骤中获得了问题的解决方案，就可跳过中间的其他几个无关步骤，直接进入后续的相关步骤来完成问题的解决。以下给出 ARIZ 九个步骤的详细介绍。

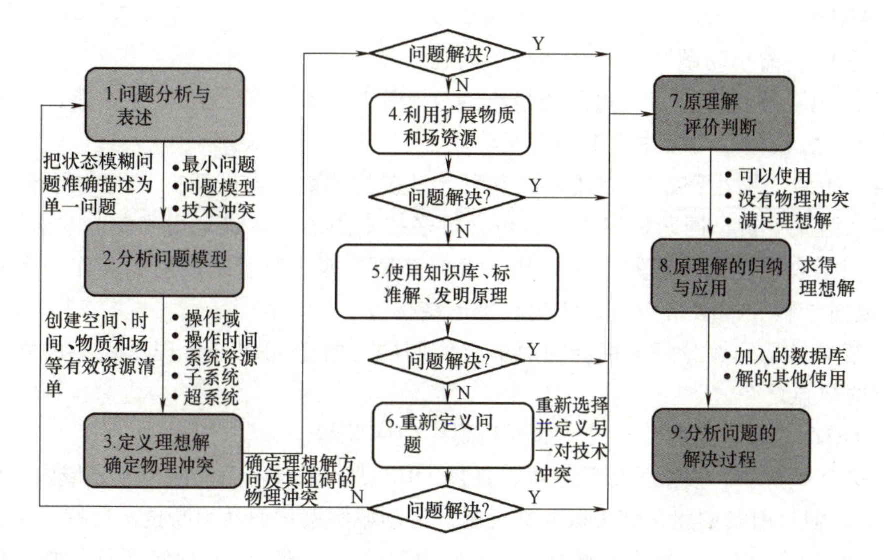

图 18-6 ARIZ 算法解决问题过程

准备工作：搜集问题所在系统的相关信息。

0.1 收集并陈述问题相关案例，了解已经尝试过但没有成功的解决方案。

0.2 通过回答以下问题，定义问题解决后应达到的目的，能接受的最大成本。

a-0.2 评价问题解决的技术和经济指标是什么？

b-0.2 问题解决后带来的好处是什么？

c-0.2 要解决问题，技术系统哪些特性和参数必须改变？

d-0.2 解决问题可以接受的最大成本是多少？

步骤 1：问题分析与表述。

问题分析步骤的主要作用是搜集技术系统相关信息，定义管理冲突，分析问题结构，以“缩小问题”的形式表述初始问题。

1.1 按照如下文本形式，表述技术系统：技术系统的主要目的是____，主要子系统包括____，有用功能包括____，有害功能包括____。

a-1.1 假设去除某个子系统，判断问题是否存在，通过这种方式确定问题涉及子系统。

b-1.1 列出子系统中对问题解决产生重要影响的元件。

c-1.1 列举出与子系统作用的环境组件。

d-1.1　根据下列模板描述子系统，问题涉及子系统____需要执行动作实现有用功能____。

e-1.1　指出有用功能和有害功能之间的联系。

1.2　采用系统算子寻找问题解决的替代方式，将问题边界扩大，考虑在超系统、子系统、前后过程等寻找原问题的替代解决方法。

1.3　回答如下问题，判断问题是常规问题还是冲突问题，常规问题不需应用 ARIZ。

a-1.3　应用已知方法提高有用功能，有害功能是否同时提高？

b-1.3　消除或减弱有害功能，有用功能是否同时减弱？

如果两个问题答案都是否定的，则是常规问题，应用本领域的已知常规方法解决问题，不需应用 ARIZ。

1.4　采用“缩小问题”形式表述初始问题。

“缩小问题”模板：如何通过系统最小的改动实现有用功能消除有害功能，或如何通过系统最小改动消除有害功能并不影响有用功能。

a-1.4　如果“缩小问题”描述并没有引入过多的约束，尝试解决“缩小问题”。

b-1.4　语义分析，问题描述中是否包含过多技术用语，尽量采用非专业术语描述问题。

1.5　图形表示“缩小问题”的结构。根据有用功能、有害功能的相互作用关系，分为点结构、成对结构、网状结构、线结构、星形结构等。

1.6　复杂结构问题分解为标准的简单结构问题，复杂问题分析理论还不成熟，是现在 TRIZ 研究的热点之一。

1.7　TRIZ 实例库应用，寻找是否可利用类似问题解。

在 TRIZ 实例库中，搜索类似问题解，并且 TRIZ 类比设计不只局限于本领域内，跨领域实例也可借鉴，但目前实例库存储采取分类机制，跨领域实例相似性判断技术还有待研究。

1.8　问题没有解决，转入步骤 2。问题解决可进入步骤 7：原理解评价判断，推荐继续后续解决问题步骤，以获得多个问题解。

步骤 2：分析问题模型。

该步骤分析问题所在技术系统各要素，构建技术冲突表述问题，并尝试采用发明原理与标准解解决技术冲突。详细子步骤如下：

2.1　定义冲突要素：原材料要素和工具要素。确定原始材料向产品转换过程中出现的有害功能和有用功能。

a-2.1　在这一步中，应选择问题的整个结构中最重要的有用功能。

2.2　以相反的两个状态分别定义技术冲突，如工具要素两种状态：工具要素存在，实现有用功能产生有害功能；工具要素不存在，不产生有害功能，但也不能实现有用功能。

a-2.2　如果工具要素能够存在两种状态，应该将两种状态都指示出来。因为它们预先确定了两个可能的技术冲突。

b-2.2　如果问题包括了许多对类似的相互作用的元素，仅仅考虑一个冲突。

c-2.2　通常情况下问题解决方案只限制于修改工具要素，很少改变原材料和产品。在“缩小问题”的框架内，在以下几种情况下可以改变原材料和产品。

- 如果另一个原材料能够被转换成需要的产品（通常是一个类似的原材料）。
- 如果这个改变是不重要的，不影响产品的功能。

- 如果这个改变是在技术系统生命周期的不同阶段做出的。

d-2.2 有时问题条件仅仅给出了原料要素和产品要素，而没有给出工具要素或者操作，所以没有清楚的工具，这种情况下，尽管初始目标或产品其中之一是显然不被允许的，但通过有条件地考虑初始目标或者产品的两个状态，可以找到工具。

e-2.2 有时确定测量问题中的主要功能和工具要素是非常困难的。工程应用上的测量几乎全是为了控制而执行。仅有的例外是为了科学目的的一些测量问题。通常在测量问题中，对主要功能来说，需要完整的测量技术（不仅是一个传感器，也就是主要的测量子系统）。一个测量经常被认为是反映原材料信息的一个改变。

f-2.2 通常问题本身指明了主要产品和原材料。

2.3 在产品和工具之间定义至少两个技术冲突（TC1 和 TC2），根据技术冲突的两种形式，构建如下技术冲突（TC1，TC2）。

TC1：增强有用功能，同时增强有害功能。

TC2：降低有害功能，同时降低有用功能。

a-2.3 根据技术冲突，获得一个问题的通用的陈述。

b-2.3 技术冲突对工具和产品都给出了补充的要求。后续步骤才可以确定最佳的冲突表述问题。

c-2.3 检查在步骤 2.1 和 2.2 中是否存在冲突。如果发现任何冲突，通过纠正管理冲突或者改进这三步之间的逻辑关系来消除这些冲突。

2.4 选择技术冲突 TC1 或 TC2，以确保如步骤 1.1 中问题情景所示技术系统的主要功能的执行。检查应用冲突矩阵描述被选择的技术冲突的可能性。

a-2.4 当已经选择了两个冲突其中之一时，就选择了工具的两个对立的状态之一。

b-2.4 如果两个有用功能出现在初始冲突描述中，选择最能满足子系统主要功能的那个 TC。

c-2.4 技术冲突矩阵给出了典型的技术冲突表述。如果存在于矩阵之外的 TC 较好地反映了问题的本质，那么它们也能被使用。

2.5 确定冲突，选择合适的技术冲突（TC1 ，TC2）来表述问题（原则是解决哪一个冲突可以更好地实现系统主要功能）。尝试用冲突矩阵与发明原理解决技术冲突，冲突解决则转到步骤 7。

2.6 通过指示元素的极限状态（性能、作用）采用参数算子方法，加强冲突，直到原问题出现质变或出现新的问题。

强化冲突直到问题质变的出现。在参数的一些等级水平上冲突加强是可能的，在每一个这样的等级处可能获得不同的新问题表述。

2.7 构建技术冲突的物质-场模型，尝试用标准解解决问题。如果技术冲突得不到解决继续步骤 3。

在第一阶段执行的问题分析模型的构建使问题表述更清楚。采用物质-场模型描述问题，使更有效率地利用标准解成为可能。

2.8 问题没有解决继续步骤 3，问题解决则跳转到步骤 7 原理解评价判断。

步骤 3：定义原理解确定物理冲突。

3.1 结合设计草图，定义操作区域 Z，操作时间 T。

3.2 定义理想解1。

理想解1模板：在操作区域内，操作时间段内，不使系统变复杂的条件下，改进X-资源实现有用功能，不产生并消除有害功能，不影响工具要素有用功能的执行能力。

理想解1只是一种冲突解决的理想结果，理想解1的主要含义是，实现有用功能或消除有害功能的同时，不引起系统其他方面性能的恶化。

3.3 加强理想解：引入附加条件，不能引入新的物质和场，尝试应用系统内可用资源实现理想解。

a-3.3 列出系统内所有可用资源清单，选择一种资源（X-资源）作为利用对象。依次选择冲突区域内的所有资源，选用的顺序为工具要素、其他子系统的资源、环境资源、原材料要素和产品；资源类型主要包括功能资源（传送、推动）、物理资源（热量、超导性）、化学资源（反应、热能释放）、几何资源（长度、圆形）、生物资源（发酵）等。

b-3.3 思考利用X-资源如何达到理想解，并思考如何能够达到理想状态（X-资源可作为假想冲突元素，可具有相反的两种状态或属性，不必考虑是否可实现）。

c-3.3 去除明显不合理的资源相反属性。

d-3.3 遍历所有可用资源以后，选择一个最可能实现理想解的X-资源作为假想冲突元素。

e-3.3 这里只是初步的可用资源分析，步骤4进行更深入的资源利用分析；通常情况下，产品和原材料资源是不可利用的，但在可用资源非常有限的情况下，输出产品也可作为可利用资源。

3.4 表述宏观物理冲突。

宏观物理冲突模板：在操作空间和时间内，所选X-资源应该具有某一微观物理状态以满足冲突一方，又应该具有相反的微观物理状态以满足冲突另一方；或者所选资源在操作空间 $Z+$ 和时间 $T+$ 内，必须具有一种状态以实现理想解，消除有害功能；又应该具有另外一种状态（相反的），在操作空间 $Z-$ 和时间 $T-$ 内，更高效率地实现有用功能，并不产生其他附加有害功能。

3.5 表述微观物理冲突。

微观物理冲突模板：在操作空间和时间内，所选X-资源应该具有某一微观状态以满足冲突一方，又应该具有相反的微观状态以满足冲突另一方。

采用微观物理冲突描述代替宏观物理冲突描述，可以消除设计者的思维惯性，发现以前没有注意到的资源属性。

3.6 定义理想解2。

理想解2模板：所选X-资源在操作时间和空间内，具有相反的两种宏观或微观状态；理想解2定义了一个新问题，这个问题解决则原问题解决。

3.7 尝试应用标准解解决理想解2指出的问题。

相对于步骤2中应用标准解解决问题，这里问题分析更加深入，便于更好地应用标准解解决问题。

3.8 问题没有解决继续步骤4，问题解决则跳转到步骤7。

步骤4：利用扩展物质和场资源。

在步骤3系统内可用资源分析的基础上，进一步拓展可用资源的种类和形式。只有当应用系统内资源不足以解决问题的情况下，才考虑应用外部资源和场。

4.1 使用智能体仿真（也称为“聪明小人”仿真）。

a-4.1 建立冲突解决模型，定义某种智能体（在草图中通常由小人表示）可以提供解决冲突所需功能。

b-4.1 确定该智能体应具有的属性，进而产生原理解。

4.2 尝试使用物质资源的混合体来解决问题。

真空也可以看作是一种物质，如稀薄的空气可以看作是空气与真空区的混合体，并且真空是一种非常重要的物质资源，可以与可利用物质混合产生空洞、多孔结构、泡沫等。

4.3 尝试应用派生资源。

派生资源可以通过物质资源的相态变化来获得。比如，如果物质资源是液体，我们可以考虑将冰和水蒸气当作导出资源，此外解体物质所获得的产品也可以当作导出资源。

4.4 将产品作为一种可用资源；常见的有如下几种应用形式：

a-4.4 产品参数和特性的改变。

b-4.4 产品暂时的改变。

c-4.4 多层结构。

d-4.4 采用真空。

4.5 尝试利用场资源和场敏物质解决问题。

考虑使用场和物质，或与场有响应的物质来解决问题，典型的是磁场和铁磁材料、紫外线和发光体、热与形状记忆合金等。

4.6 使用电场。

考虑引入一个电场或两个交互作用的电场解决问题，电子可被认为是存在于任何物体中的物质，此外电子与场相联系，可以获得高度的可控性。

4.7 在应用新资源的情况下，重新考虑采用标准解解决问题。

4.8 有解的话可跳转到步骤7。经过以上步骤问题仍没有解决，进入步骤5应用TRIZ知识库，经过以上分析步骤，问题表述更接近问题本质，有助于问题的解决。

步骤5：使用知识库、标准解、发明原理。

5.1 采用类比思维，参考ARIZ已解决的与理想解2类似的非标准问题。

5.2 应用效应知识解决物理冲突，新效应的应用常可获得跨学科高级别的发明解。

5.3 尝试应用分离原理解决物理冲突。

a-5.3 相反需求的空间分离：从空间上进行系统或子系统的分离，以在不同的空间实现相反的需求。

b-5.3 相反需求的时间分离：从时间上进行系统或子系统的分离，以在不同的时间实现相反的需求。

c-5.3 系统转换a：将同类系统与异类系统、超系统结合。

d-5.3 系统转换b：从一个系统转变到相反的系统，或将系统和相反的系统进行组合。

e-5.3 系统转换c：整个系统具有特性F，同时其零件具有相反的特性-F。

例如：自行车的链轮传动结构中的链条，其链条中每节链节是刚性的，多节链节连接成的整个链条却具有柔性。

f-5.3 系统转换d：将系统转变到持续工作在微观级的系统。

例如：液体撒布装置中包含一个隔膜，在电场感应下允许液体穿过这个隔膜（电渗透作用）。

g-5.3　相变1：改变一个系统的部分相态，或改变其环境。

例如：氧气以液体形式储存、运输、保管，以便节省空间，使用时压力释放下转化为气态。

h-5.3　相变2：动态改变系统的部分相态。

例如：热交换器包括镍钛合金箔片，在温度升高时，交换镍钛合金箔片位置，以增加冷却区域。

i-5.3　相变3：综合利用相变时的现象。

例如：为增加模型内部的压力，事先在模型中填充一种物质，这种物质一旦接触到液态金属就会气化。

j-5.3　相变4：以双相态的物质代替单相态的物质。

例如：抛光液由含有铁磁研磨颗粒的液态石墨组成。

k-5.3　物理-化学变化。

步骤6：重新定义问题。

问题没有解决的重要原因是发明问题很难得到正确表述，发明问题不可能一开始就得到精确的表述，问题解决本身也伴随着修改问题陈述的过程。

6.1　问题解决则跳转到步骤7。

6.2　检查步骤2.1中定义的产品要素和工具要素是否正确，是否可以定义其他产品要素和工具要素。

6.3　问题没有解决，返回步骤1，分析初始问题是否可分为几个小问题，重新分析确定主要问题。

6.4　选择步骤2中的其他冲突表述TC1、TC2。

6.5　无解返回1.3，重新在超系统范围内定义“缩小问题”。

6.6　以上步骤无解，则定义并分析“放大问题”。

步骤7：原理解评价判断。

7.1　检查每一种新引入的物质或场，是否必需。

a-7.1　检查新引入的物质或场，是否可从其他子系统获得。

b-7.1　检查新引入的物质或场，是否可由导出资源代替。

c-7.1　是否可以采用自控元素代替新引入的物质或场。自控元素是指某种元素自身的状态和属性能够使外界条件变化而变化。

7.2　评估得到的每一个原理解，主要采用如下评价标准：

a-7.2　是否很好实现了理想解1的主要目标？

b-7.2　是否解决了一个物理冲突？

c-7.2　方案是否容易实现？

d-7.2　新系统是否包含了至少一个易控元素？如何控制？

所有评价标准都不满足则回到步骤1。

7.3　从多个方案中选择最优方案。

a-7.3　应用进化路线选择最优方案。

b-7.3 采用7.2中评价标准选择最优方案。

7.4 检索专利库检查解决方案的新颖性。

7.5 子问题预测：预测解决方案会引起哪些新的子问题。解决冲突问题的解按照作用效果可分为两类：①单解：仅一个解就能够彻底消除现有技术冲突，并不引起新的冲突；②链式解：解能够解决现有技术冲突，但会引起新的冲突，需要有新的解继续解决新冲突。

步骤8：原理解的归纳。

分析原理解具体工程实现方法，评价该方法是否具有普遍意义，是否可以应用于其他问题。

8.1 考虑包含改进系统的超系统应如何改变。

8.2 考虑改进后系统是否有新的或不同的用途。

8.3 可行性分析：检查改进后的系统和超系统是否可以按新应用目的工作。

8.4 考虑应用选定的原理解决其他问题。

a-8.4 陈述选定原理解的通用解法原理。

b-8.4 考虑该方法原理能否直接用于其他问题。

c-8.4 考虑使用相反的解法原理解决其他问题。

d-8.4 检查主要参数变化后，原理解如何改变。

步骤9：分析问题的解决过程。

9.1 将问题解决实际过程与ARIZ的理论过程比较，记下所有偏离的地方。

9.2 将解决方案与TRIZ知识库比较，如果TRIZ知识库没有包含该解决方案的原理，考虑在ARIZ修订时扩充。

18.4 案例分析：织物印染系统

18.4.1 问题背景

在织物印染系统中，驱动织物运动的图案辊和橡胶辊的线速度与织物成本有直接关系，即线速度越高，生产率越高，织物成本越低，设备的生产能力越高，这是任何企业都需要的。但是提高线速度时，完成印染的织物上的图案颜色深度降低，即制品质量下降。则如何提高织物线速度，又不降低制品质量，成为改进设计最应考虑的问题。织物印染系统的示意图如图18-7所示。

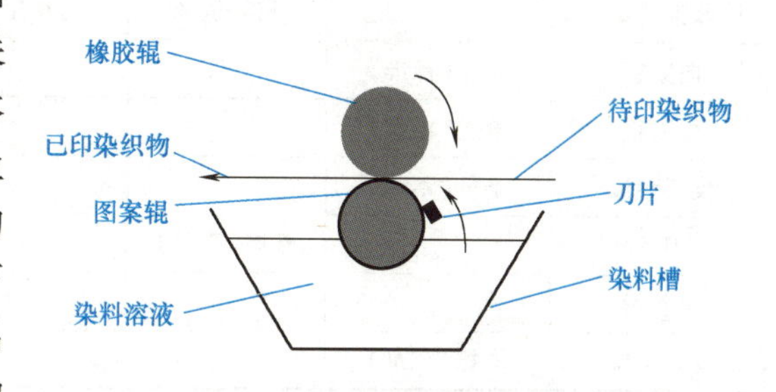

图18-7 织物印染系统示意图

传统的改进设计有如下两种概念。

1）增加图案辊凹陷部分的深度，能容纳更多的染料溶液，使高速运动的织物能吸附更多的染料溶液。实验表明实施这种概念是不成功的。

2）降低染料溶液的黏度，使其在真空状态下更容易被吸附到高速运动的织物上去。但由于溶液黏度降低后，溶液中的溶质减少，尽管织物上吸附的溶液增加，但干燥后织物上所剩溶质减少，导致图案颜色深度降低。

应用 TRIZ 理论解决该问题过程如下：

18.4.2　问题分析

（1）功能分析　首先建立功能模型进行功能分析，再确定初始冲突区域，步骤如下：

步骤一：制品、元件、超系统分析。

1）界定问题系统边界：印染系统。

2）明确问题系统功能：印染待印染织物。

3）确定问题系统制品：待印染织物。

4）进行层级划分，如图 18-8 所示，识别直接执行元件集、辅助执行元件集和超系统。

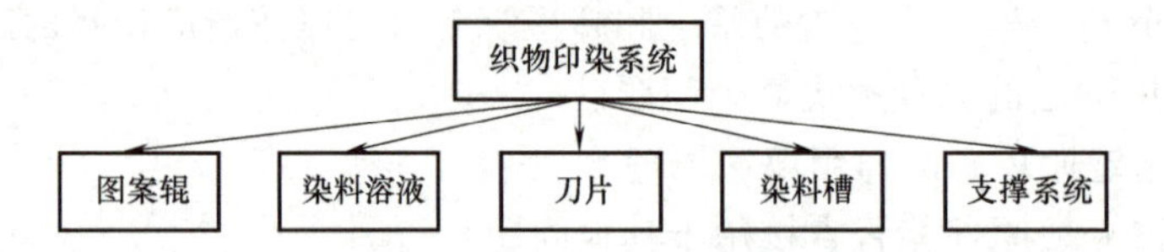

图 18-8　印染系统元件层级划分

5）填写制品、元件、超系统分析列表，织物印染系统的制品、元件、超系统分析见表 18-1。

表 18-1　织物印染系统的制品、元件、超系统分析

制品	待印染的织物
直接执行元件集	图案辊、橡胶辊、染料溶液
辅助执行元件集	刀片、染料槽
超系统	支撑系统

步骤二：相互作用分析，织物印染系统的相互作用矩阵见表 18-2。

表 18-2　织物印染系统的相互作用矩阵

	待印染的织物	图案辊	橡胶辊	染料溶液	刀片	染料槽	支撑系统
待印染的织物		相互压紧	相互压紧				
图案辊	输送(标准)			容纳/移动(标准)			
橡胶辊	输送(标准)						
染料溶液	染色(不足)						
刀片		摩擦(不足)		阻止(标准)			
染料槽				容纳(标准)			
支撑系统	支撑(标准)						

步骤三：建立织物印染系统的功能模型，如图 18-9 所示。

步骤四：确定织物印染系统初始问题相对应的初始冲突区域。

首先，明确与初始问题直接相关的制品或非制品。此系统的问题是已经印好的织物印染效果差，则与初始问题直接相关的是制品待印染织物。

其次，明确制品与初始问题相关的属性。待印染织物的吸湿性差、吸附性差、与染料接触时间不足导致染色效果差。吸湿性是织物的固有属性；吸附性是织物的因变特性，它受染料溶液扩散速度的影响；与染料接触时间不足也是织物的因变特性，它受染料溶液运动速度

的影响，也受自身运动速度的影响。

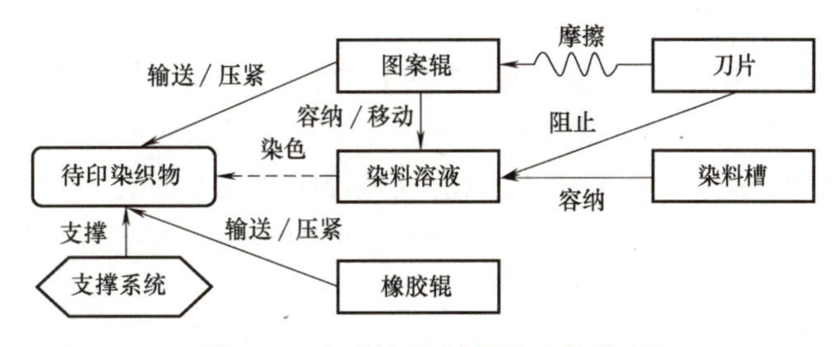

图 18-9 织物印染系统的功能模型

再次，确定直接执行元件，即染料溶液。其属性扩散速度影响了织物的吸附性，染料溶液的扩散速度越快，织物吸附染料越多。染料溶液的运动速度越快，织物与染料接触时间越短，染色效果越差。

最后，确定初始冲突区域，如图 18-10 所示。由该图中完整非有效的功能模型可以看出，待印染织物与染料的作用时间不足也可导致染色效果差。

图 18-10 织物印染系统的初始冲突区域

（2）根原因分析 针对功能模型中存在的问题，以染料溶液和待染织物间为初始冲突区域，按照 5.3 节介绍的根原因分析方法，通过冲突区域转换，建立因果链，分析问题产生的根原因，如图 18-11 所示。问题的根原因主要有辊间压力小、辊刚度大、染料溶液温度低。

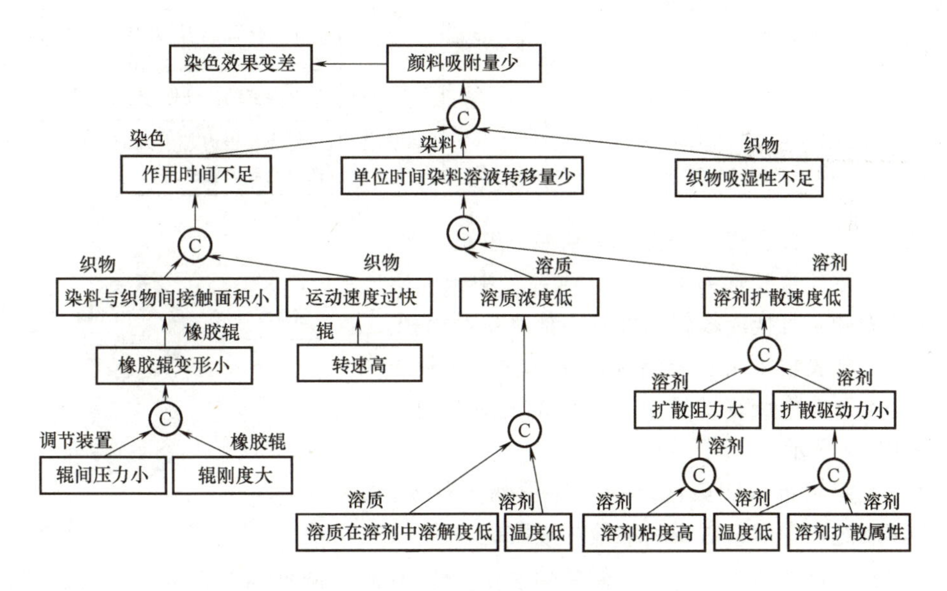

图 18-11 染色效果差的根原因

（3）冲突区域确定 根据因果链分析结果，可确定冲突区域为：

冲突区域一：由辊间压力小和辊刚度大导致的辊与织物间接触面积小、作用时间不足，最终造成印染质量差，因此图案辊、橡胶辊与织物作用区域是问题发生的一个冲突区域。

冲突区域二：由温度低导致的溶解度低、溶质浓度小以及织物吸湿性不足，造成印染质量差，因此，染料和织物相互作用区域为另一个冲突区域。

（4）理想解分析和资源分析

1）设计的最终目的是什么？提高生产率。

2）理想解是什么？通过提高辊的速度提高生产率（次理想解）。

3）达到理想解的障碍是什么？织物与辊接触面积小，橡胶辊和图案辊的线速度越快，织物与两辊作用时间越短，织物上吸附的染料越少。染料溶液温度和压力低，织物吸湿性不足。

4）出现这种障碍的结果是什么？印染织物与两辊作用时间越短，造成印染织物图案的颜色深度越低，即印染织物质量降低。

5）不出现这种障碍的条件是什么？印染织物与图案辊接触面积要足够大，染料溶液温度足够高或者辊间压力足够大、辊刚度足够小（前提是不引起其他问题）。

6）创造这些条件存在的可用资源是什么？建立资源列表，见表18-3。

表18-3　资源列表

资源类型	所需资源属性描述	可用资源		资源可用性评价
物质资源	能够使织物与图案辊接触时间长的物质	内部资源	橡胶辊	改变橡胶辊的柔性,成本低
		外部资源		
场资源	织物表面需大的压力场 需提高织物温度的热场 需加热染料的热场	内部资源	重力场	增大橡胶辊的质量,从而增大对织物的压力
		外部资源	热场	织物进入印染区之前,对织物进行预热,将有助于印制过程中织物对染料溶液的吸附能力
				通过加热染料溶液,使其黏度由2500MPa・s降低到1000MPa・s,这将改变染料溶液的流动性,提高扩散速度
			液压或气压	将橡胶辊内部引入液压或气压,以增大橡胶辊对织物的压力

通过理想解分析和资源分析，得到如下解决方案：

方案一：改变橡胶辊的柔性，目前装置中橡胶辊所采用的橡胶太硬，可换成较软的橡胶，提高接触面积。

方案二：橡胶辊采用复合结构，在钢辊外面附着橡胶材料，增大原有橡胶辊的质量，从而增大对织物的压力，如图18-12所示。

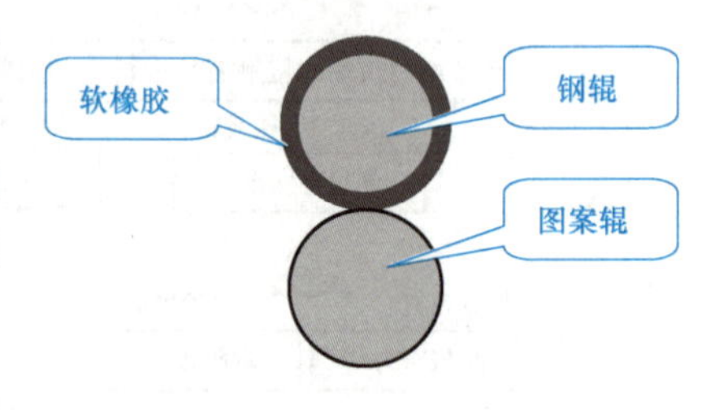

图18-12　方案二示意图

方案三：织物进入印染区之前，对织物进行预热，将有助于印制过程中织物对染料溶液的吸附能力。

方案四：通过加热染料溶液，使其黏度由2500MPa・s降低到1000MPa・s，这将改变染料溶液的流动性，提高扩散速度。

方案五：将橡胶辊内部引入液压或气压，以增大橡胶辊对织物的压力。

18.4.3　问题求解

（1）应用技术冲突解决原理

1）冲突描述：为了改善生产率，需要提高辊的转速，但这样做会导致系统可靠性降低。

2）转换成 TRIZ 标准冲突。

改善的参数：39 生产率。

恶化的参数：27 可靠性。

3）查找冲突矩阵，得到如下发明原理：No. 1 分割、No. 35 参数变化、No. 10 预操作、No. 38 加速强氧化。

4）依据选定的发明原理，得到如下解：

方案六：依据 No. 1 分割原理，为了提高可靠性（可靠性降低的原因是织物与图案辊接触面积小），可以把橡胶辊变成两个或更多个小辊（见图 18-13）。

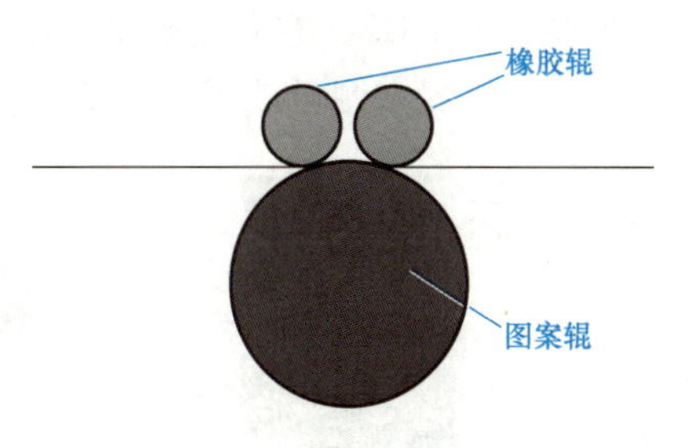

图 18-13　方案六原理图

依据 No. 35 参数变化原理，同样可以得到方案一、方案四。

方案七：依据 No. 10 预操作原理，得到的可能解为：

因为颜色深度随织物线速度的提高而降低，可以通过对织物进行化学预处理，改变织物对染料溶液在高速运动时的吸附性。

（2）应用 76 个标准解

1）建立问题区域的物质-场模型，如图 18-14 所示。

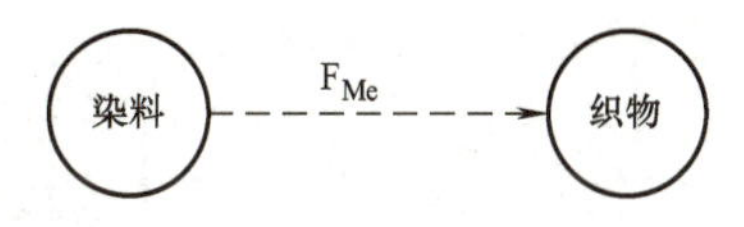

图 18-14　问题区域的物质-场模型

2）根据所建问题的物质-场模型，应用标准解解决流程，确定问题的通解。

在图 18-14 所示的物质-场模型中，染料对织物的作用为不足作用，因此选择 No. 1. 1. 3 条标准解。

No. 1. 1. 3 标准解：假如系统不能改变，但永久的或临时的外部添加剂改变 S_1 或 S_2 是可接受的。

3）依据选定的标准解，得到问题的解决方案：

方案八：在染料溶液中增加添加剂，改变溶液对高速运动的织物的吸附能力（见图 18-15）。

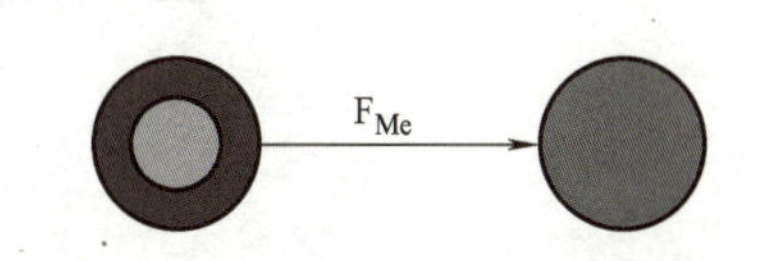

图 18-15　在染料溶液中添加添加剂

—染料　—添加剂　—织物

（3）方案评价　通过对上述方案的分析和评价，确定可能实现的方案，并进行实验。实验结果表明，方案一采用较软橡胶辊的效果好，能达到既提高线速度，又不降低织物颜色深度的目的。因此，该解是概念设计的初步结果。

思　考　题

1. 如何将一个具体的工程问题转化为 TRIZ 的问题模型？
2. 如何进行 TRIZ 领域问题的转化？
3. 什么是 ARIZ？
4. ARIZ 算法主要包含哪些重要步骤？

5. 应用 TRIZ 解决问题的流程是什么？

6. 橡塑件在试模过程中尺寸不稳定，需要快速精确测量零件的变形尺寸。其中，空间曲线曲面尺寸用常规量具无法直接测量。现有技术是用三坐标仪、投影仪或专用检具测量（见图 18-16），三坐标仪需要零件有方便测量的定位基准，工作原理如图 18-17 所示。投影仪对零件尺寸及尺寸观测角度有要求。专用检具测量便捷但有专一性，且需要一定加工周期。

要求应用 TRIZ，在满足测量精度的要求下，找到更为便捷适用的空间尺寸检测方法或工具，以有效提高测量效率，降低检验成本，为生产和检验工作服务。

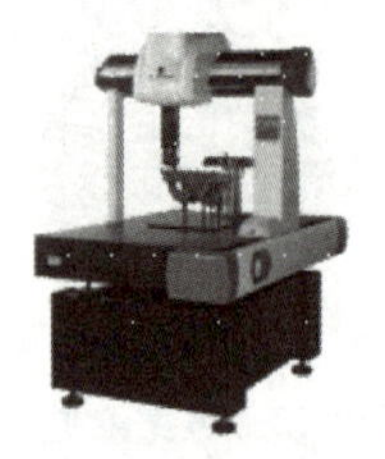

图 18-16 已有测量设备

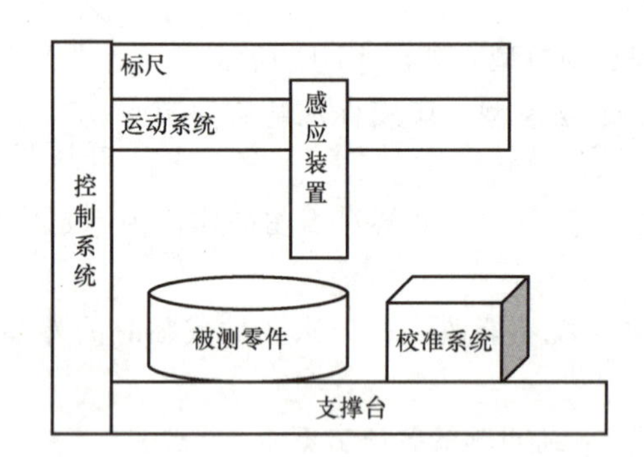

图 18-17 现有工作原理

第19章

计算机辅助创新软件——InventionTool系列软件简介

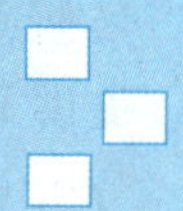

19.1 概述

创新是企业得以生存和持续发展的内在动力，是当今企业核心竞争力的重要标志。在知识经济时代，世界科技的发展将更加迅速，产品的技术含量不断提高，产品生命周期将更加缩短。一个新产品的设计过程，包括许多复杂推理及做出决定的过程。产品创新意味着需要更多的跨学科的知识结构、更复杂的技术支撑和更完善的创新理论。目前，CAD 软件在产品的分析、计算、绘图以及制造等方面发挥了很大的作用，但在产品创新构思阶段，更多、更重要的是非数据计算的通过想象、推理和判断来解决的创新活动，现有 CAD 软件不能支持概念设计阶段的创新活动，更不可能支持创新设计，因此，一个能支持产品创新设计的模型、方法和相应的计算机软件系统，将有助于产品创新设计技术的发展。计算机辅助创新设计技术（Computer-aided Innovation，CAI）的出现和发展补充了传统的 CAD 软件技术，它是以发明问题解决理论（TRIZ）研究为基础，结合现代设计方法学、计算机技术、本体论等多领域科学知识综合而成的创新技术。CAI 可辅助设计者有效地利用多学科领域的知识和前人已有的研究成果，结构化地分析问题，并充分调动既有知识，创造性地帮助设计者提出及解决发明问题，可以在产品的概念设计、技术设计以及工艺设计阶段，帮助设计者解决发明问题。CAI 与 CAD、CAM、CAPP 一起构成新产品开发必不可少的软件工具。

19.2 计算机辅助创新原理

19.2.1 计算机辅助创新（CAI）软件组成

1. CAI 体系构成

计算机辅助创新技术（CAI）的出现和发展补充了传统的 CAX 技术，可以针对不同行业技术特点进行产品创新。经过近二十年的发展，基于 TRIZ 的计算机辅助创新软件从最初的计算机化 TRIZ 工具已发展成为了以 TRIZ 理论为核心，融合现代创新方法、计算机技术、多领域科学知识为一体的综合创新系统。它将人类发明创造、解决技术难题过程中所包含、遵循的客观规律和进化法则加以总结。它是由解决技术问题，实现创新开发的各种方法、算法组成的综合理论体系，并综合多学科领域的原理和法则，建立起TRIZ 理论体系。

CAI 既是一种计算机辅助技术，较好地解决了设计思路、概念和创意的问题，同时也是一个知识管理的平台；以 TRIZ 理论为核心的现代设计方法论体系和大量的知识库组成了CAI 技术体系的核心基础。企业长期以来积累的智力成果都可以纳入到 CAI 知识平台中，譬如创意、经验、原理等，让知识分布从个人或部门掌握变成企业级的知识管理，为创新活动提供了强大的计算机环境下的方法、工具和知识支持。CAI 技术定位就是通过运用多种技术分析方法，为产品的概念设计提供有效的帮助。CAI 技术的体系构成如图 19-1 所示，随着质量功能展开（QFD）、专利分析、价值工程（VE）、公理设计（AD）、创新思维方法等理论、方法的逐渐融入，以及计算机技术的不断发展，CAI 技术逐渐形成完善的计算机辅助创新技术体系，将向智能化、自动化方向发展。

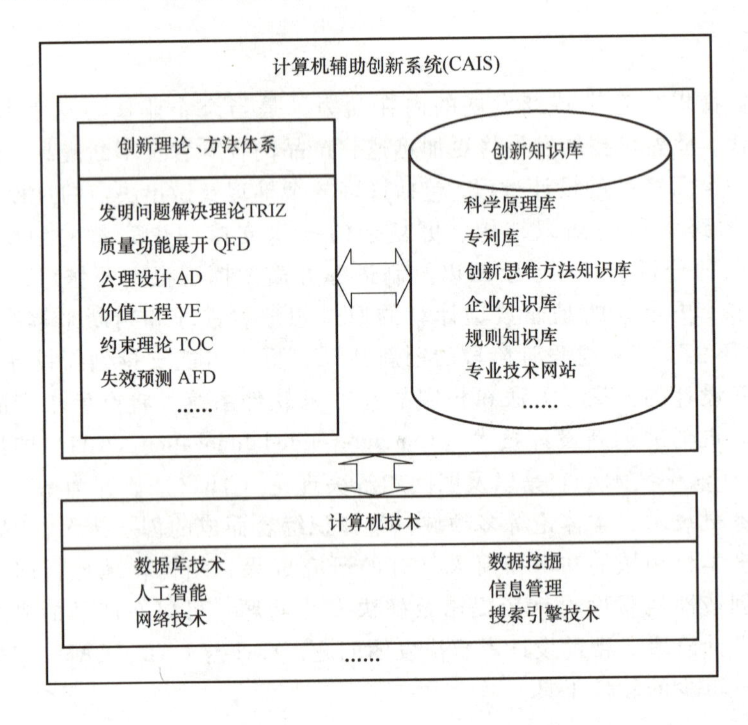

图 19-1 CAI 技术体系构成

2. CAI 软件组成

图 19-2 所示为 CAI 软件的组成原理。CAI 软件由技术支持与问题求解两部分组成，前者可以不存在，但后者必须存在。技术支持由产品分析、过程管理及网络支持 3 个模块组成，这 3 个模块可以存在 1~3 个。问题求解由 5 个模块组成，分别为发明原理、标准解、效应、技术系统进化及技术成熟度预测，这 5 个模块可以存在 1~4 个。

问题求解的 5 个模块有创新知识库的支持，知识库包括已有专利、工程设计实例、物理的、化学的、几何的、材料学科等中的效应。

每个模块可以是简单的系统，也可以是一单独运行的复杂软件系统。例如：网络支持模块可以有三种功能：数据挖掘、创新问题网上研讨、远程用户调用 CAI 系统等。

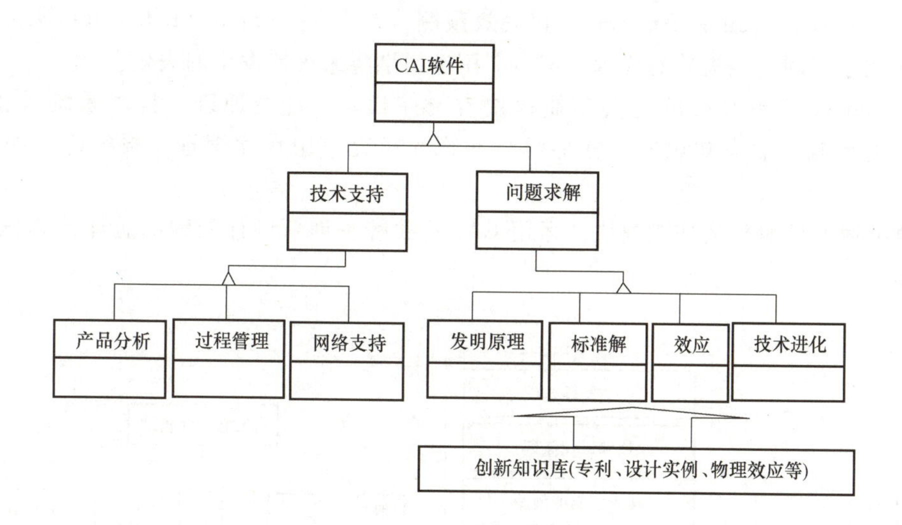

图 19-2 CAI 软件组成

19.2.2 CAI 软件的应用流程

目前较完善的 CAI 软件的主要功能包括以下几个方面：

• 创新导航：支持项目启动、初始问题描述、各功能模块的切换、方案评价和项目报告生成的整个创新设计过程导航，管理整个创新项目。

• 解决问题：能有效地帮助设计者利用多学科领域的知识和前人的研究成果，遵循创新规律，打破思维定式，正确地分析、发现技术系统中存在的问题，快速找到具有创新性的解决方案。

• 技术预测：可以对某项技术或产品的未来发展趋势做出预测，从而能够指导企业快速决策、准确把握产品技术走向，从而科学地进行技术研发立项，制定产品开发战略。

• 方案评价：系统内嵌方案评价模型可对创新方案进行技术、经济评价，从而提高方案成功的可能性，降低产品的研发和生产成本。方案评价模型可由技术人员修改和添加。

• 专利查询：提供通用的专利在线检索门户，支持设计者跨领域借鉴前沿创新知识，有效地避免侵犯别人的知识产权。

• 知识管理：可有效地积累和管理企业智力资产，帮助用户将企业内部和外部的资源进行有效整合、组织和关联，形成有机的一体，为解决问题提供更全面有效的可用资源。从而为保持企业的持久核心竞争力做好技术储备。例如：辅助进行专利生成，形成企业自主知识产权；辅助撰写技术文件等。

• 预期失效分析（Anticipatory Failure Determination，AFD）：采用逆向思维的方法将 TRIZ 中的理想解与冲突及系统资源观点逆向应用于失效分析，主动思考如何让产品失效，然后思考如何避免这些失效。这种方法克服了思维惯性，有助于全面分析并发现问题。目前只有美国 Ideation International 公司的 Innovation WorkBench 有 AFD 功能模块，该模块包括失效分析法（AFD-1：Failure Analysis）和失效预测（AFD-2：Failure Prediction）两部分。其中 AFD-1 用于发现已经失效的原因，AFD-2 用于识别将来可能发生的失效。

InventionTool 3.0 软件的主要功能模块有导航模块、冲突原理、技术系统进化原理、技术成熟度预测、效应知识库、标准解、知识库扩充、用户库管理、报表等，如图 19-3 所示。

综合上述 CAI 软件的功能模块，运用 CAI 软件解决创新设计问题的总体流程框架如图 19-3 所示。

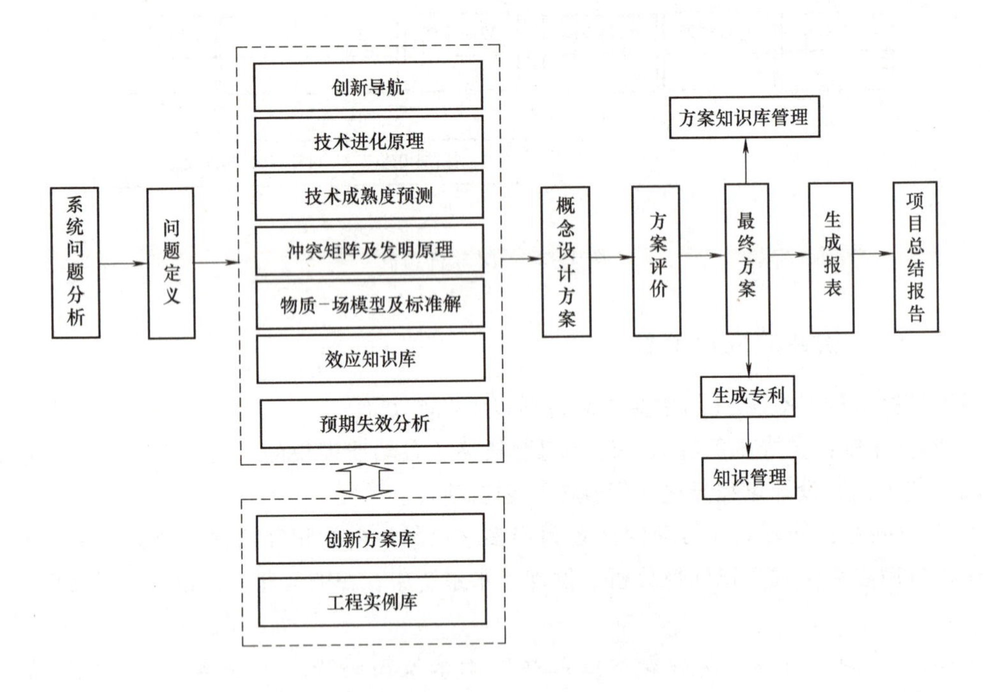

图 19-3 CAI 软件应用流程框架

① 分析问题实质。

② 对初始问题进行分解、分析及规范化处理。

③ 进入相应的功能模块寻求问题解。

④ 获得启发性方案。

⑤ 评价所得方案。

⑥ 结合实际生成最佳可行方案。

⑦ 专利规划及知识管理。

在解决问题的流程中，设计者可以有效地利用 CAI 软件内置的多学科领域的知识和前人的智慧，遵循创新规律，打破思维定式，正确地发现技术系统中存在的问题，找到具有创新性的解决方案，产生自己的核心技术，同时有效地帮助企业规避现有的竞争专利，转化成自主知识产权。促进原始创新、集成创新、引进消化再创新的实现。

CAI 是辅助创新软件，并非自动创新软件。它只能提供进行产品创新的一般思路或一般解，还需要设计人员将一般解具体化为领域解，才能形成新产品构思。应用软件的效果还是取决于应用它的人和应用的实际情况。

19.3 基于CAI的辅助创新原理

1. 基于CAI的问题解决过程

基于CAI软件的解决创新设计问题的过程模型如图19-4所示，依据该模型，问题解决过程分为四个域间的映射过程。即从设计中的领域问题到TRIZ标准问题的转化过程，TRIZ标准问题到TRIZ通用解的求解过程，TRIZ通用解到领域解的类比过程。

第一级映射需要设计者自己将领域问题转化为TRIZ标准问题。

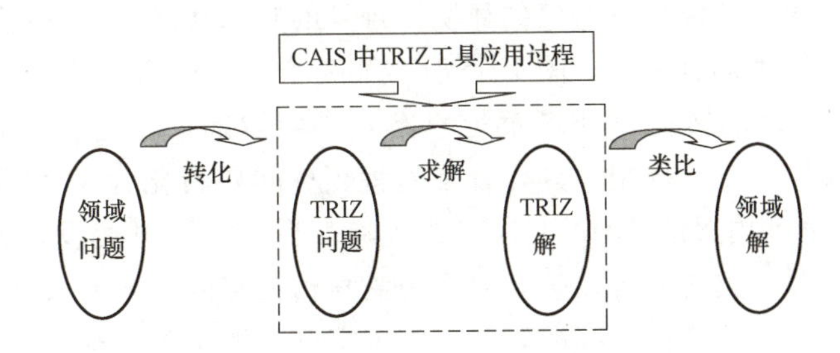

图19-4 基于CAI的发明问题解决过程模型

第二级映射过程中，CAIS为求解原理解过程的知识应用提供了若干种方法，见表19-1。通常，TRIZ中有四类标准问题，相对应的有四类解决问题的方法，称为TRIZ解。表19-1列出了TRIZ中的问题、解决问题的操作（检索）、TRIZ解的对应关系。对应于某个问题，在CAIS中通过相应的操作，可得到问题的解，同时与TRIZ解相关的实例就会自动出现，设计者就可以浏览学习相关的实例或知识。

表19-1 CAIS中不同问题的解决方法

TRIZ问题	操作（检索）	TRIZ解
相冲突的工程参数	冲突矩阵	40条发明原理
基于物质-场的功能分析	标准解搜索算法	76个标准解
技术系统进化分析	技术系统进化路线	技术系统进化预测
功能集	功能本体	效应

第三级映射是基于类比的概念设计过程，也需要人工完成。类比是一种推理方法，该方法根据源设计（以往成功设计）和目标设计（待设计系统）在某些特征上的相似，得出它们在其他特征上也可能相似的结论。基于该方法的设计称为基于类比的设计（Analogy-Based Design，ABD），简称类比设计。在第三级映射过程中，TRIZ解和相关的实例都是源设计。TRIZ解比较抽象，其抽象性为将其有效利用、转化为领域解带来了困难。因此第三级映射过程对设计人员自身有较强的依赖性，与设计者自身的领域知识、工程经验密切相关。将TRIZ解转化为领域解是有效运用CAI软件实践创新的关键。

2. 基于CAI的创新设计场景

TRIZ包含由世界专利库中抽象出来的很多工程实例，建立了应用不同领域及不同行业知识的框架。专利库中所存在的知识是隐性知识，很难被不同领域的设计者用于产品概念设计阶段的创新设想产生，如果其中的专利被抽象并被储存在 TRIZ 的知识库中，这些专利被转变为显性知识，设计者可较容易地运用这些知识。CAI 中包含有若干个知识库，如 InventionTool3.0 软件有冲突解决知识库、效应知识库、技术进化知识库和标准解知识库。每个库中都包含多条知识，通过关键字检索，进行结构化查询，可得到一系列解决方案供参考。这些解决方案是通过对近年来全球专利库有代表性的专利进行抽象精选得到的，由标题、问题描述、方案描述以及动画等几部分组成，以文字兼动画的方式来表达专利的工作原理、方法。这样的解决方案结构清晰，提示性很强，非常便于在研发过程中有效打开设计人员的思路。

设计是基于场景的，与设计者所处的环境，自身的知识和经验，以及设计者与环境之间在设计过程中的交互作用都有关系。图 19-5 所示为基于 CAI 的产品创新设想产生设计场景。CAI 软件系统在领域问题的转化、TRIZ 问题求解及领域解的产生过程中起到设计场景的作用，为设计者提供具体的设计环境。设计者首先将领域问题转化为 TRIZ 问题，问题可以是表 19-1 中的一种。CAIS 内置的 TRIZ 工具和大量的工程实例，可使设计者快速获得问题的解，得到匹配的类比源。类比源可以是发明原理及其相关实例、技术系统进化定律和路线及其相关实例、效应及其相关实例、标准解及其相关实例。类比源可有效激发设计者灵感产生尽可能多的设想，并对设想的有效性起到约束作用。

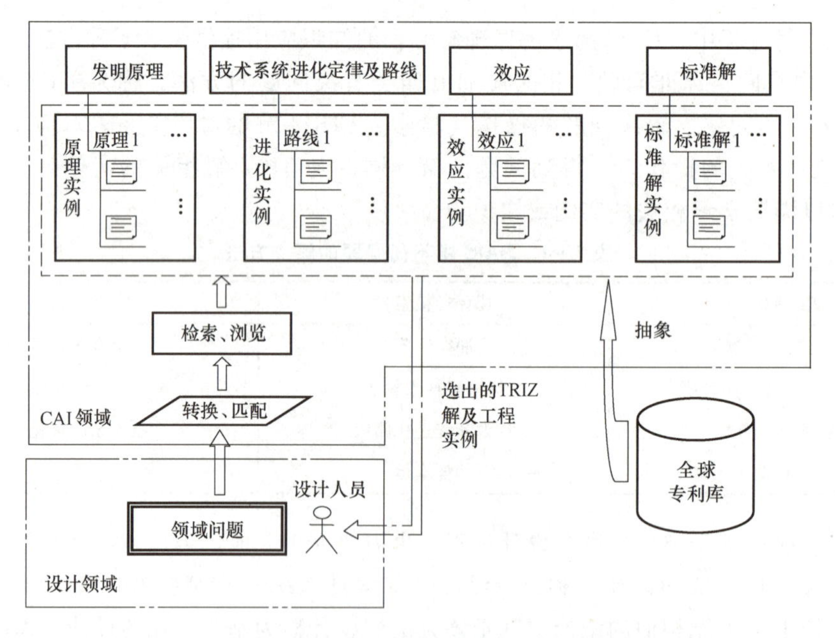

图 19-5 基于 CAI 的创新设计场景

3. 基于 CAI 的辅助创新原理过程

在领域解的产生过程中，CAI 软件的知识库资源所含有的大量成功工程实例可使设计者获得对原理的理解并以此作为类比源产生领域解。其实质是设计者通过源设计与目标设计的匹配，发现源设计中未预见的发现（Unexpected Discoveries，UXD），UXD 是源设计中能传递给目标设计的特征。源设计可能有多个，经过不断修改目标设计，最后得到修改的目标设计即为解决领域问题的创新概念。在这一过程中，UXD 启发创新并使设计者想出新概念，因此，发现及传递 UXD 成为类比创新成功的关键。

上述基于 CAI 的产品创新设计场景产生的结果，即 TRIZ 通用解和设计实例是后续创新的场景，在发明问题解决过程中可以作为类比源进而产生 UXD，对后续领域解的产生起到关键的驱动作用。在这一类比过程中，场景就是源设计，领域解是新设计，是目标设计的最终结果。

确定源设计的过程是将设计实例库中的实例通过与目标设计匹配获得的，作为场景的源设计可以是发明原理、进化模式与进化路线、效应、标准解及相应的实例。因此，适用于不同领域的 TRIZ 通用解及与之对应的成功设计实例是 CAI 软件驱动类比设计过程，求解领域创新解的基础。

求解领域解的类比设计过程既包含对源设计（设计实例）的继承性，同时又具有创新性，设计人员本身的个人知识和经验也起到重要的作用，因此对设计人员自身有较强的依赖性。设计者依据自身的知识、设计经验、对领域问题的理解及提供的场景，提出多个 UXDs，是 CAI 驱动产品创新领域解产生的关键步骤。依据同 TRIZ 问题匹配的通用解的类型不同，UXDs 分为 UXD-p（发明原理 UXD-p）、UXD-t（技术系统进化 UXD-t）、UXD-e（效应 UXD-e）、UXD-s（标准解 UXD-s）四类。

设计者在 UXDs、个人知识和经验共同作用下建立扩展解空间，将 UXDs 特征传递给目标设计，并不断修改目标设计，最后修改过的目标设计为领域解。CAI 驱动的产品创新领域解获取过程如图 19-6 所示。

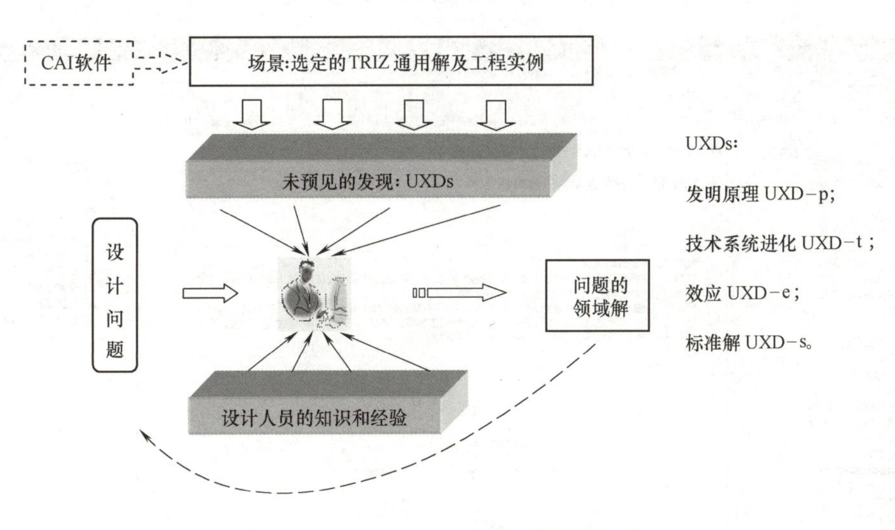

图 19-6 基于 CAI 的辅助创新原理过程

19.4 InventionTool 系统简介

InventionTool3.0 是河北工业大学 TRIZ 研究中心开发的 CAI 软件，该软件有发明原理、技术系统进化、技术成熟度、效应及标准解 5 个模块及 4 个知识库。图 19-7～图 19-12 所示为软件的主界面及 5 个模块的界面。

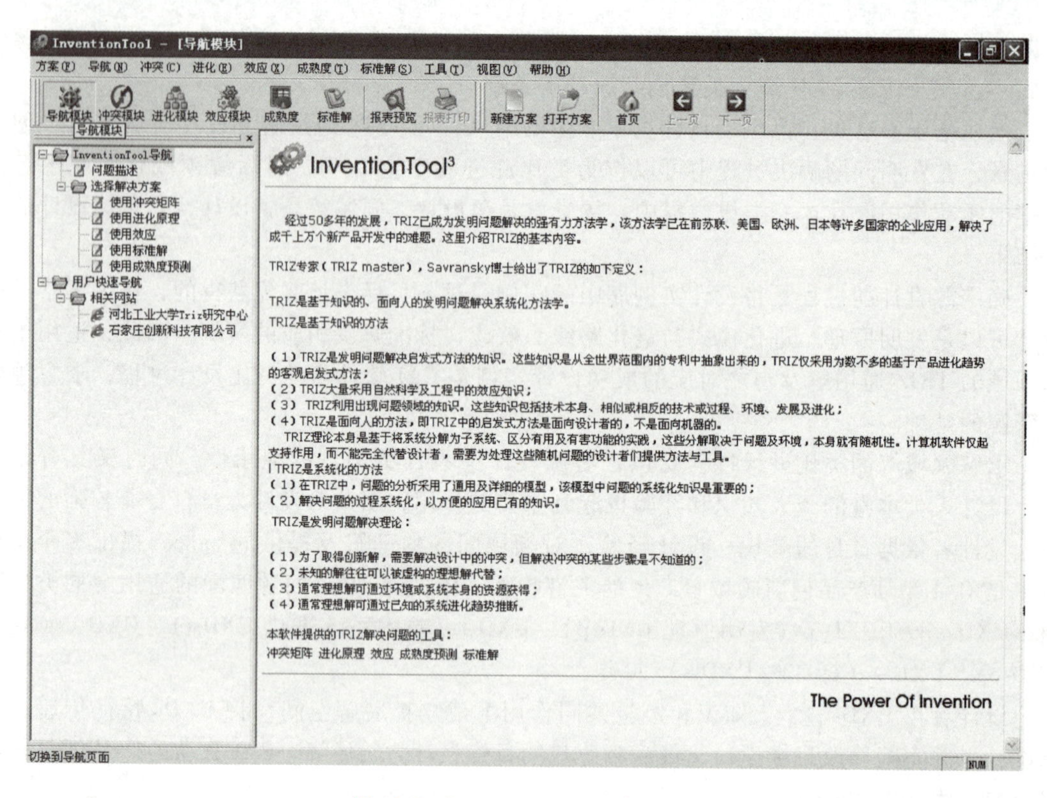

图 19-7 InventionTool 3.0 主界面

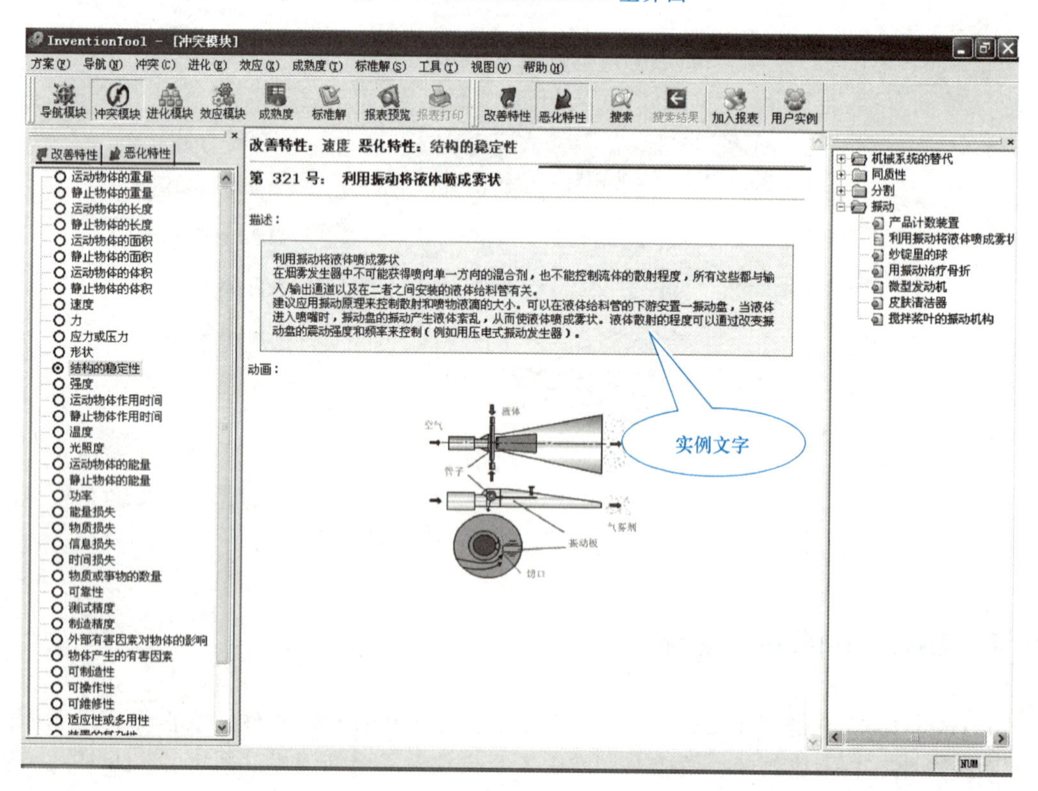

图 19-8 InventionTool 3.0 冲突模块界面

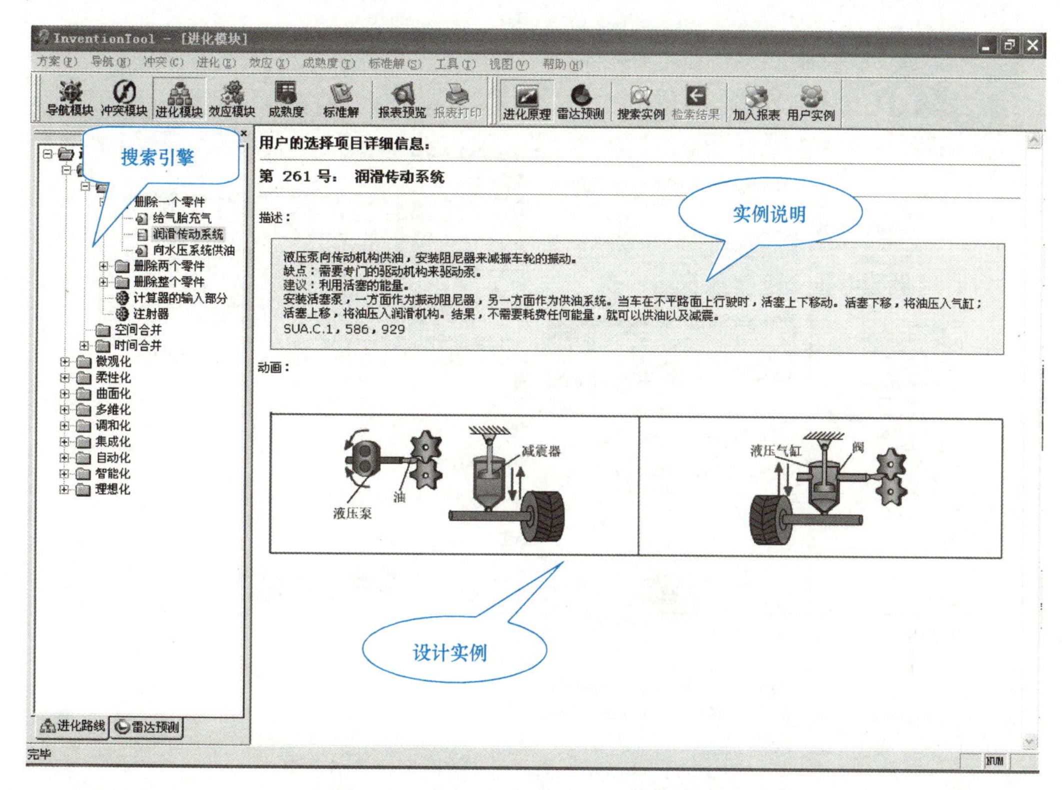

图 19-9 InventionTool 3.0 进化模块界面

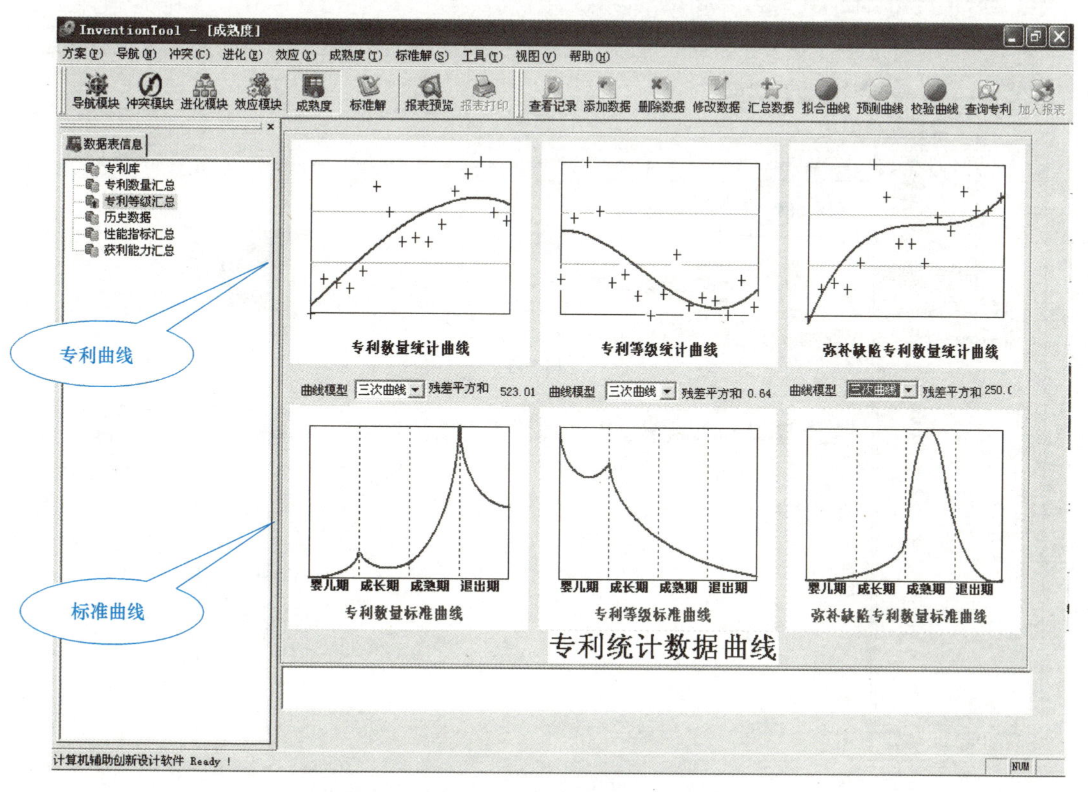

图 19-10 InventionTool 3.0 技术成熟度模块界面

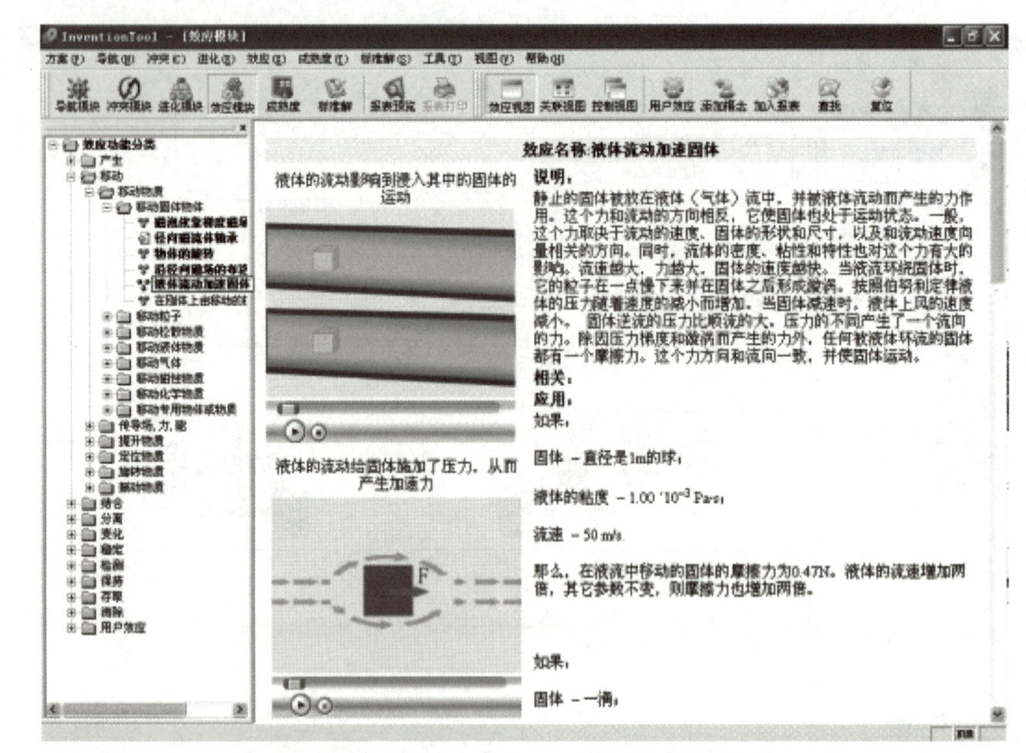

图 19-11　InventionTool 3.0 效应模块界面

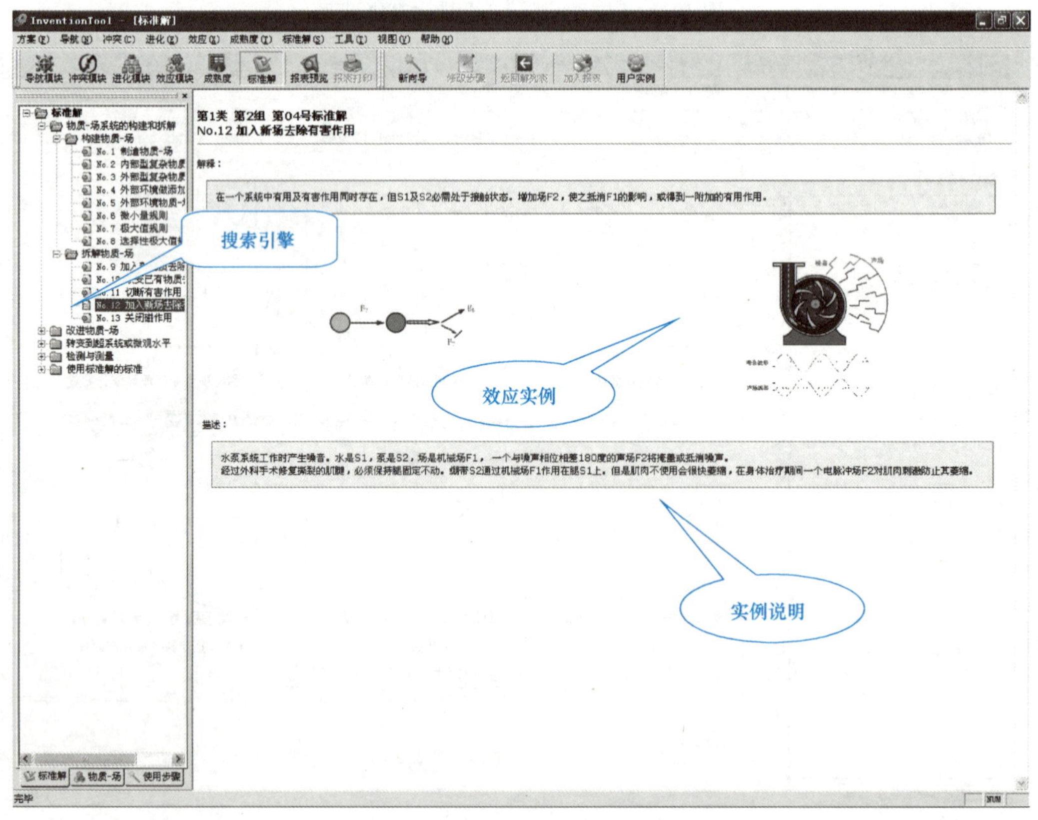

图 19-12　InventionTool 3.0 标准解模块界面

19.5 工程案例：基于 CAI 技术的蝶阀密封结构创新设计

蝶阀是用圆形蝶板作为启闭件并随阀杆转动来开启、关闭和调节流体通道的一种阀门。蝶阀的蝶板安装于管道的直径方向。最早的应用是从烟道或烟囱上风量调节挡板开始的，也用于通风或供气等低压系统。近年来，金属密封蝶阀发展迅速，随着耐高温、耐低温、耐强腐蚀、耐强冲蚀、高强度合金材料在蝶阀中的应用，使金属密封蝶阀在高温、低温、强冲蚀等工况条件下得到广泛的应用，并部分取代了截止阀、闸阀和球阀。美国制造厂协会报告称蝶阀是近几年来在阀门行业发展最快的一种阀门。随着我国工业的发展，各行业对设备的性能要求越来越严格，某些应用场合要求蝶阀必须达到“零泄漏”，如核电安全隔离阀或危险品的管道中。所以蝶阀产品设计，尤其是其密封结构设计一直是重要的研究课题。下面以新型硬密封蝶阀为例，基于 CAI 的辅助创新原理，对蝶阀的密封结构进行创新设计。

1. 蝶阀总体结构

以双偏心蝶阀为例，蝶阀的总体结构如图 19-13 所示。它主要由阀体、蝶板、阀杆、阀座、连接支架等组成的蝶阀主体结构与驱动装置组成。所谓双偏心密封是指阀杆轴心偏离蝶板中心，也偏离阀体中心。其中，蝶阀主体结构提供了不同公称通径和公称压力的管路系统的产品结构系列，并通过施加不同的驱动装置得到不同驱动方式驱动的蝶阀产品。

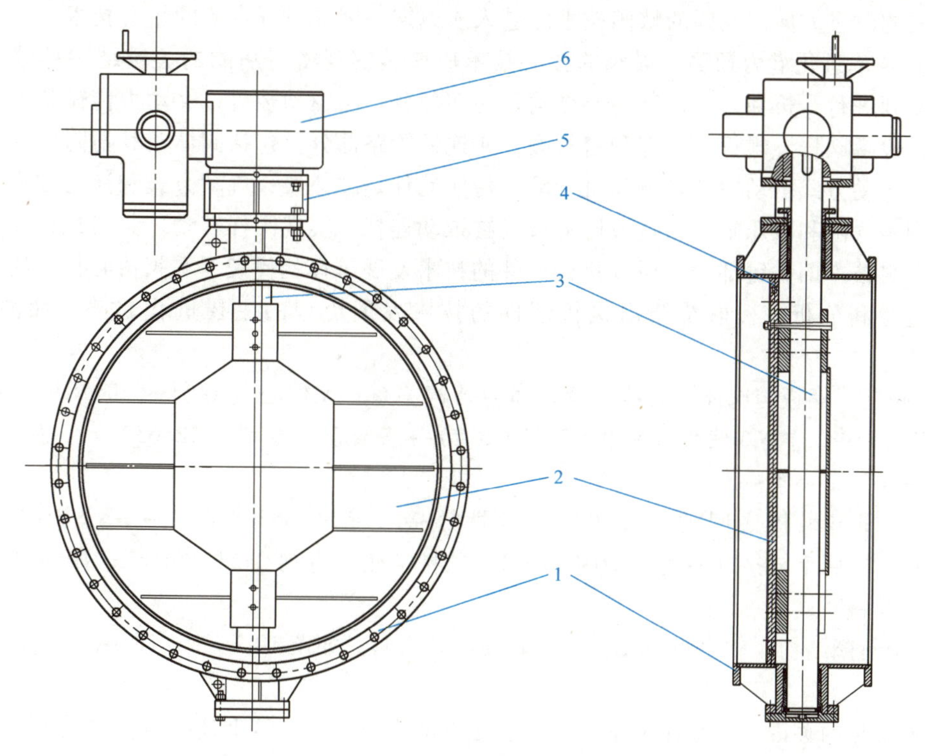

图 19-13 双偏心蝶阀总体结构

1—阀体 2—蝶板 3—阀杆 4—阀座 5—接座 6—驱动装置

2. 现有蝶阀产品问题分析

蝶阀属于已有产品，产品种类较多且具有很高的系列化程度，不同类型的蝶阀产品有其特有的产品结构特点，故蝶阀产品设计通常是分类进行的，而且90%以上的设计工作为适应性设计或变形设计。因此，蝶阀产品之间具有设计知识的继承性和重用性。通过对蝶阀产品总体结构设计规范、产品结构状况的研究分析，三偏心蝶阀结合了不同种类蝶阀产品的优点，使其在产品的结构和密封效果上都有了很大的提高，在各行业得到了广泛的应用，因此选择其作为创新设计的原型产品。

三偏心蝶阀是在双偏心的阀杆轴心位置偏心的同时，再加上圆锥形密封面中心线相对于阀门中心线偏转一个角度，形成第三个偏心。可使阀座与阀板在阀门的整个行程中完全脱离，阀板与阀座的接触只是在密封时的一瞬间。因此极大地减少了阀座与阀板之间在开关过程中的摩擦，减少了磨损，延长了使用寿命，提高了操作的可靠性。

虽然三偏心蝶阀在产品的结构和密封效果上都有了很大的提高，但是三偏心蝶阀还存在一定的缺陷：三偏心蝶阀对结构设计和选材要求严格，特别是密封圈，其椭圆形截面尺寸要求精确，工作条件亦苛刻；并且由于蝶板和阀座的弹性变形，在其接触和脱离的瞬间，仍存在着摩擦；又由于存在着正流和逆流两种不同的工作状态，要达到零泄漏比较困难。所以需要开发新的产品。

3. 确定产品改进方向

针对上述的蝶阀产品问题分析，应用技术成熟度预测、技术进化潜力预测方法，有目的地快速确定可能的下一代产品的研发方向，具体的结构和工作原理特点，或可能需要改进的功能单元的改进方向。我国的蝶阀技术已进入成熟期，因此应开发新的核心技术。

（1）技术进化潜力预测　蝶阀的核心技术应该是实现密封功能的关键结构部分。经过对上述专利进行分析和总结，其主要结构分为四部分：①驱动装置；②动力传输装置；③执行部分，包括阀杆、蝶板、阀座和密封圈；④连通管路部分，包括阀体及其他附属部件。

电力驱动方式下动力源是电动机，动力传输元件是减速器；气动方式和液动方式下，动力源分别是气缸和液压缸，通过液压缸或气缸推动连杆，实现阀杆转动。其中执行部分是实现蝶阀密封技术的关键部分，所以执行部件的技术发展历程就代表了蝶阀核心技术的进化历程。经过专利分析，提取总结出执行部件的技术发展历程的主要进化趋势，如图19-14所示。

1）阀杆、蝶板与阀体中心线三者之间的结构关系：无偏心（专利86208284）→单偏心（专利92227598.x）→双偏心（专利97241076.7）→三偏心（专利98226652.9），如图19-14中：①→③→⑦→⑩；

2）阀杆与蝶板之间的链接方式：刚性链接（专利86208284）→一个铰接（专利86100768）→两个链接（专利87208019 U）→柔性链接（专利03279456.8），如图19-14中：①→③→⑥→⑨；

3）密封圈结构：软密封→硬密封→软硬组合密封；如图19-14中：①→②→⑤或①→④→⑧。

蝶阀密封的关键技术是保证密封面处有足够的密封比压，从上述执行部件技术的进化趋势，不难看出执行部件的结构设计都以实现良好的密封功能，减少蝶板开启、关闭时的摩擦，及应用耐磨材料为目的。例如：双偏心和两个铰接结构可产生偏心轮作用，实现蝶板在开启、关闭瞬间沿阀杆径向平移动作，从而减小密封面的摩擦，同时可保证足够的密封比压。

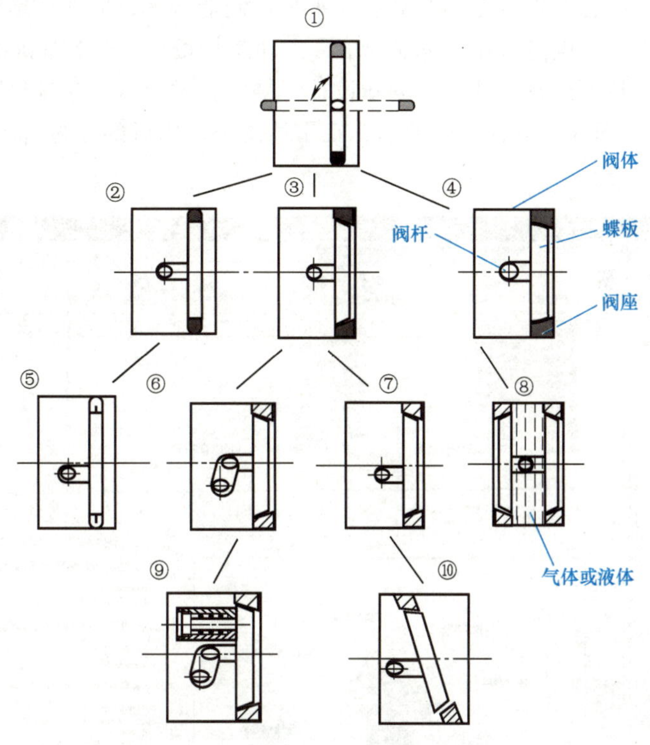

图 19-14　蝶阀的主要密封结构进化过程

分析蝶阀核心技术的进化趋势，应用 InventionTool3.0 的技术进化模块下的进化潜力预测模块选择相关的进化模式和进化路线及确定技术进化程度，总共有可控性、动态性、减少人的介入、新物质、功能相似集成、空间分割、线的几何进化、维数，共 8 条相关进化路线符合蝶阀密封技术的进化趋势。

例如：与上述的进化趋势一相关的进化路线为“维数增加”；与进化趋势二相关的进化路线为“动态性增加”和“物体分割”；与进化趋势三相关的进化路线为“线的几何进化”。

其中前四条路线与蝶阀的密封功能密切相关，后五条作为蝶阀技术的进化趋势也一并考察。综合以上对蝶阀密封结构的进化路线分析，应用 InventionTool3.0 软件的进化模块进行蝶阀的进化潜力预测，如图 19-15 所示。

进化路线的选择操作结果如图 19-15 中左方的“进化树”所示。将蝶阀的各个进化趋势同相关进化路线的进化状态对比分析，并确定 8 条相关进化路线的技术进化程度。进化路线选择及进化程度确定的同时，软件自动完成所选择路线及进化程度的统计列表，如图 19-15 中右上方的进化路线列表所示。同时完成技术进化潜力图的绘制，清晰地显示出蝶阀当前技术水平的进化潜力状态，并给出定性的预测结果，如图 19-15 中右下方的说明文档所示。预测结果指出蝶阀的密封技术沿进化路线：“添加新物质”“减少人的介入”“可控性增加”“物体分割”“功能相似物体集成”的进化潜力较大。同时结合前述的蝶阀技术分析，对进化潜力图分析还可以确定“动态性增加”进化路线的进化潜力也较大。从而可从具有进化潜力的进化路线入手分析，以期产生产品开发新设想，创造新的用户需求。

综合上述分析，密封面的磨损是导致蝶阀的密封效果降低及寿命缩短的根本原因，应通过改进设计彻底解决。结合合作企业的产品设计水平、制造水平，能够将预测技术变为现实技术，同时考虑市场需求，确定应用“物体分割”“动态性增加”“添加新物质”作为最具有潜力的路线用于蝶阀技术的密封性能的创新设计。蝶阀技术沿这三条进化路线的进化分析如图 19-15 的 InventionTool 3.0 软件界图所示，在雷达图中，阴影部分为当前蝶阀技术水平，空白部分为进化潜力状态。

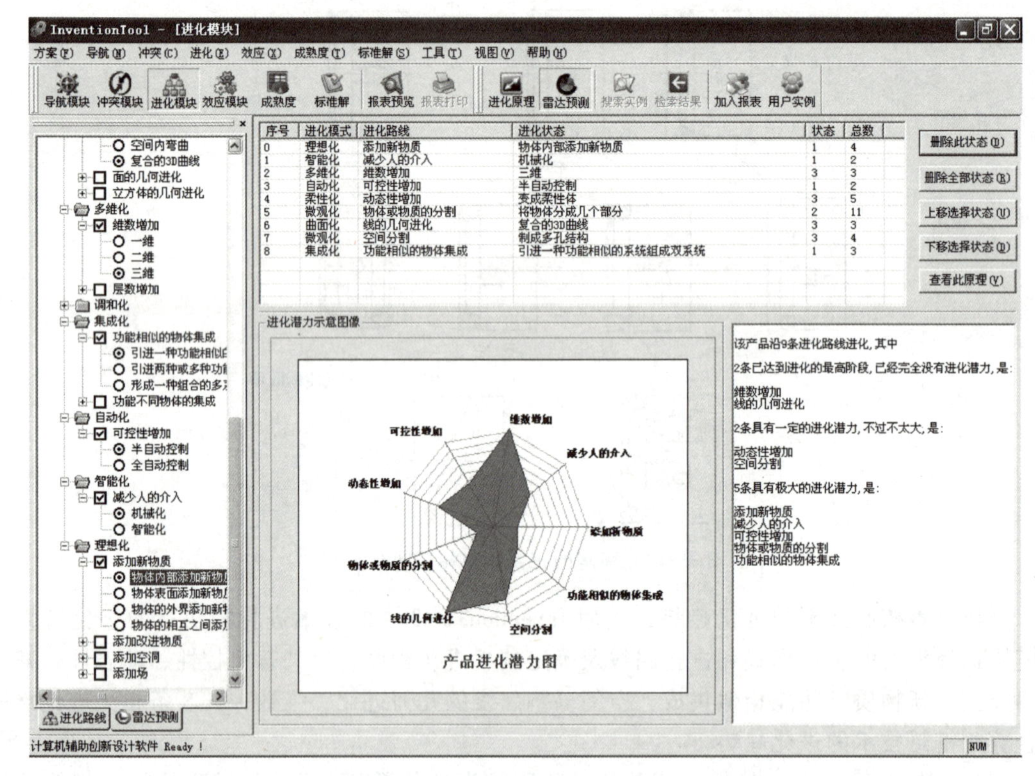

图 19-15 蝶阀的技术进化潜力图

（2）创新设计设想 蝶阀的关键密封技术在于其能否达到零泄漏的要求，这可以通过补偿密封圈或阀座的磨损以减少泄漏量来解决，密封面间不产生摩擦是这一问题的理想解。可以通过以下方法实现：控制蝶板在启闭瞬间，蝶板与阀座不接触，即密封面脱开一段距离。比如在蝶阀开启时，首先使蝶板背离阀座方向平行移动一小段距离，使得密封面脱开，然后在密封面无摩擦的情况下旋转打开阀板。蝶阀闭合时，首先旋转蝶板到关闭位置，然后再使蝶板向阀座方向做平行移动，直至压紧密封面。这种设计设想如能实现可大大降低密封面摩擦，延长蝶阀寿命。

结合分析上述的三条进化路线的潜力状态，给出较具体的设想方案：

方案 1：基于“物体分割”进化路线（见图 19-16a）分析：将传统的固定阀座进行“分割”，设计成能够沿蝶板轴线方向平行移动的结构，这样可使上述的设想方案更易于实现。开启蝶板时，以较低的驱动力矩使阀座动作脱开密封面，使蝶板两边的介质压力卸掉大部分，可大大降低开启力矩。

方案2：基于“结构柔性化”进化路线（见图19-16b）分析：在阀体内部设置弹簧装置，辅助阀座的复位以及压紧密封面。

方案3：基于“向复杂物质-场”进化路线（见图19-16c）分析：将密封圈和阀座的材料添加新型物质，增强密封副的耐磨性和耐腐蚀性。

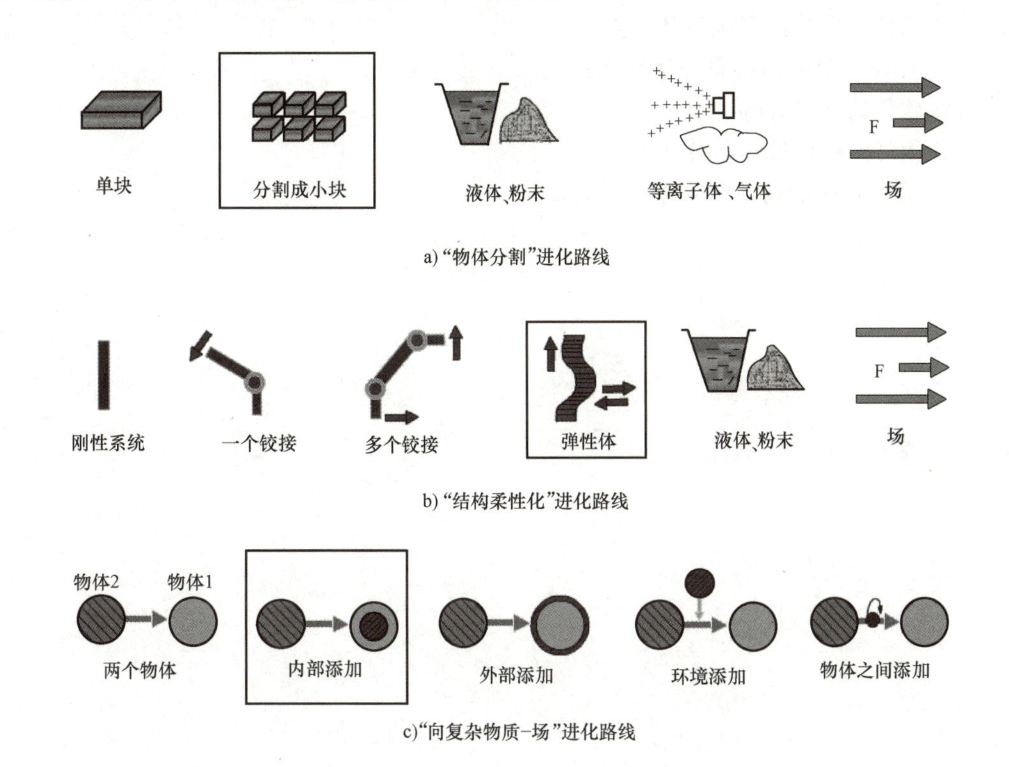

图19-16 蝶阀技术最具有潜力的进化路线分析

综合分析蝶阀的创新设计设想，经过与合作企业技术人员的交流，结合企业的设计水平、制造水平和开发人员的经验等进行评估，确定蝶阀创新设计方案，如图19-17a所示，图19-17b所示为根据创新设计方案设计的蝶阀三维装配模型。

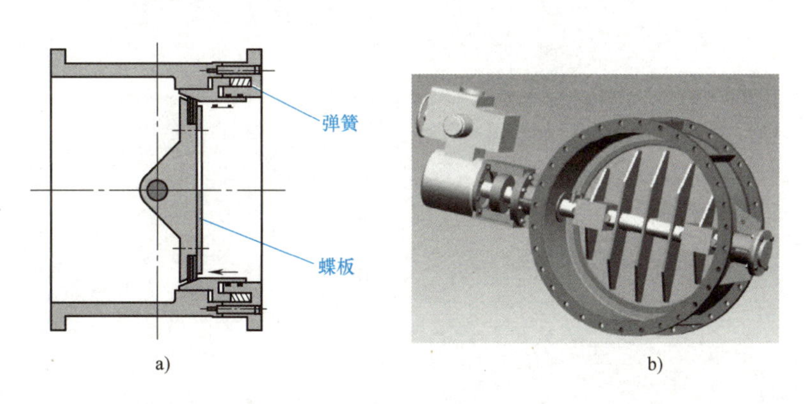

图19-17 蝶阀创新设计方案图及三维装配图

思　考　题

1. CAI 软件的组成都有哪些？
2. CAI 软件主要功能都包括什么？
3. 基于 CAI 的辅助创新原理是什么？
4. CAI 软件的优点有哪些？
5. CAI 软件的应用流程是什么？
6. 简述基于 CAI 的辅助创新原理过程。

第 6 篇

创新设计知识拓展篇

创新设计的结果必须是“新”的，具有不同于已有所有设计的特征。如何确定设计结果是“新”的呢？只能通过与已有的设计进行比较才能确定。信息技术的发展，使得很多创新设想公布于众，我们如何保护自己的创新成果，又不对已有的成果造成侵权呢？这些都涉及知识产权的基本知识。现代工业化社会的工程师，必须有专利意识。

创新设计的成果可以通过申请专利加以保护，我国专利包括发明专利、实用新型专利和外观设计专利。申请发明和实用新型专利的发明创造应当具备新颖性、创造性和实用性。专利申请是获得专利权的必需程序，要由申请人向国家专利机关提出申请，提交一系列的申请文件，如请求书、说明书、说明书摘要和权利要求书等，委托专利代理机构申请的还要提交委托书。专利文件经国家专利机关批准并颁发证书。

申请专利不能侵犯他人在先的创造发明。专利规避设计是一种常见的知识产权策略，采用不同于受知识产权保护的新的设计，从而避开他人某项具体知识产权的保护范围。专利规避是企业进行市场竞争的合法行为，重点在于利用不同的结构或技术方案来达成相同的功能，可以巧妙利用原有专利的遗漏点进行创新设计。所以专利规避设计是一种避免侵害某一专利的保护范围，有针对性地进行的一种持续性创新与设计活动。

本篇主要介绍专利类型、专利授权条件、专利申请文件、申请流程、专利规避设计原则及方法等内容。

第20章 专利申请与规避

20.1 概述

专利是受法律规范保护的发明创造。它是指一项发明创造向国家审批机关提出专利申请，经依法审查合格后向专利申请人授予的在规定的时间内对该项发明创造享有的专有权。

这种权利具有独占的排他性。非专利权人要想使用他人的专利技术，必须依法征得专利权人的同意或许可。

专利的种类在不同的国家有不同规定，我国《专利法》所称的发明创造是指发明专利、实用新型专利和外观设计。专利申请是获得专利权的必须程序。专利权的获得，要由申请人向国家专利机关提出申请，经国家专利机关批准并颁发证书。申请人在向国家专利机关提出专利申请时，还应提交一系列的申请文件，如请求书、说明书、摘要和权利要求书等。在专利的申请方面，世界各国专利法的规定基本一致。

专利规避设计是一项源于美国的合法竞争行为。通过专利规避设计使得企业可以在不侵犯他人专利权的前提下，重新改进技术方案，从而获得与现有专利保护范围不同的新技术，在设计思路上侧重于如何利用不同的结构构造完成相同的功能，避免触犯他人权利。

20.2 专利申请书格式与内容简介

专利申请文件的概念：专利申请文件是个人或单位为申请取得专利权向国家专利局提交的一系列文件的总称。

专利申请文件的种类及使用范围：我国专利分为发明专利、实用新型专利和外观设计专利。申请这三种专利需提交的文件略有不同。

申请发明专利的，申请文件应当包括：发明专利请求书（见附录C）、摘要、摘要附图（适用时）、说明书、权利要求书、说明书附图（适用时），各一式两份。

涉及氨基酸或者核苷酸序列的发明专利申请，说明书中应包括该序列表，把该序列表作为说明书的一个单独部分提交，并与说明书连续编写页码，同时还应提交符合国家知识产权局规定的记载有该序列表的光盘或软盘。

申请实用新型专利的，申请文件应当包括：实用新型专利请求书、摘要、摘要附图（适用时）、说明书、权利要求书、说明书附图，各一式两份。

申请外观设计专利的，申请文件应当包括：外观设计专利请求书、图片或者照片（要求保护色彩的，应当提交彩色图片或者照片）以及对该外观设计的简要说明，各一式两份。提交图片的，两份均应为图片，提交照片的，两份均应为照片，不得将图片或照片混用。

20.3 专利申请一般策略

专利申请策略是专利战略中最为重要的一部分，它涉及一系列复杂的决策分析因素，包括经济考量、地区选择、申请类型等众多问题，通过对该项技术的经济价值、市场前景和技术本身的特点决定是否申请专利。

1. 专利申请策略类型

（1）基本专利策略　基本专利是指开拓了一个新的技术领域的专利。例如：世界上第一件电话机专利、第一件晶体管专利、第一件录音机专利等。所谓基本专利战略是指将在研究开发活动中取得的奠基性、首创性的发明创造申请专利，依法取得专利保护。基本专利除了向本国提出外，还应选择若干市场前景看好的外国提出专利申请。企业取得了基本技术专利权，就可以主导该技术的发展方向，掌握主动权。

（2）外围专利策略　外围专利是指围绕基本专利技术所做出的改进发明创造专利。外围专利战略具有两方面的内容：其一是指在自己的基本专利周围设置许多原理相同的小专利组成专利网，防御他人对该基本专利的进攻；其二是指对他人的基本专利进行研究，发现缺陷，做出改进，然后提出专利申请，利用外围专利技术同基本专利权人进行对抗。

企业可以利用外围专利策略延长专利保护期限。例如：美国菲利浦石油公司在取得耐热性能出类拔萃的热塑性树脂聚苯硫醚的基本专利之后，又不断改进，陆续取得了从制造、应用到加工等外围技术专利300余件。因此，尽管基本专利于1984年11月到期，但大量的外围专利在那之后仍在有效期内，使得基本专利可以继续得到有效保护。

中小型高科技企业可以利用外围专利战略后来居上。

（3）抢先申请策略　世界上绝大多数国家在专利确权上都实行申请在先原则。因此，及时申请专利是十分重要的，否则可能会让竞争对手捷足先登，使自己反而受他人约束。

但申请专利的时间也不宜过早，过早申请可能因技术成果尚未成熟影响专利权的获得。

同时，企业如果认为有些发明创造没有必要取得独占权，或者实现独占后将得不偿失，但万一被他人抢先获得专利权会妨碍本企业实施该技术时，可以将发明内容在报刊上公开发表，以阻止他人获得专利权。

（4）专利申请类型策略　企业在进行专利申请时还应该考虑专利申请种类的选择。在我国，专利的种类有发明、实用新型和外观设计三种。这三种类型的专利不仅保护内容不同，保护期限、收费标准、申请文件种类也不同。因此申请专利前，应当根据自己发明创造的特点，先确定申请哪类专利，以便针对性地进行准备。

发明专利保护的特点是，创造性程度要求高、保护期较长、审批周期较长、申请费用较高。实用新型专利不包括方法，因而凡涉及生产方法、加工方法、配方等方法方面的发明创造，均不能申请实用新型专利。实用新型涉及的只是产品，而且这种产品必须是有一定固定形状的产品。外观设计实际上是对产品的外表所做的设计，它必须与产品有关并与使用该外观设计的产品结为一体。

我国《专利法》规定发明专利的期限为20年，实用新型专利权和外观设计专利权的期限为10年，均自申请日起计算。

在具体的申请实践中，企业可以同时申请两种或两种以上专利保护形式，以使各种专利申请形式取长补短。例如：一种发明创造可以同时申请发明专利与实用新型专利。这样做的优点在于利用实用新型专利审批周期较短的特点，尽快获得专利保护。

2. 专利申请具体策略

专利申请策略的制定要考虑专利与技术秘密相结合，基本专利与外围专利相结合，专利申请和国际投资、贸易相结合等。

1）制定专利申请策略时，要注意权利的选择。专利保护具有地域性，申请专利也必然涉及技术内容公开，且发明专利的有效期自申请日起只有 20 年。采用有效的保密措施，通过技术秘密保护，则既无保护期限的限制，又无地域性、技术公开等瓶颈导致被放置的担忧。对于一项技术成果，若作为技术秘密来保护比专利保护更为有利，就不申请专利，如美国的“可口可乐”饮料配方，作为企业的技术秘密，至今已有 100 多年。然而，由于当今科技发展迅速，仿制手段更是层出不穷，无论保密手段如何高明，都会存在泄密的风险，这种权利选择战略也将面临较大的挑战。企业必须对专利保护与技术秘密保护的有效性进行博弈，选择风险最小，能够最大限度保护核心技术的手段。

2）制定专利申请策略时，要注重基本专利与外围专利相结合。基本专利，是指开拓了一个新的技术领域的专利，往往是指企业那些划时代的、先导性的核心技术或主体技术，具有广泛的应用价值和获取巨大经济利益的前景。在研发活动中取得的开拓性、首创性的发明创造，一般都应当申请基本专利，依法取得专利保护。除申请本国专利，还应向市场前景看好的外国提出专利申请。基本专利是企业专利战略的核心，取得了基本专利权，就等于占领了该产品市场的“制高点”，取得了主动权。所谓外围专利，是指围绕基本专利技术所做出的改进发明创造，也即对他人的基本专利进行研究，发现缺陷，做出改进，然后提出专利申请。实践中，企业在制定专利申请策略时，要将基本专利与外围专利相结合，做到有攻有守。

3）制定专利申请策略时，要将专利申请和国际投资、贸易相结合。专利战略的制定要立足于企业自身实际，与企业发展、运营环节相适应。专利申请战略的制定亦是如此，要紧密联系企业投资、贸易发展的动态。例如：如果明确了某市场对企业来说极有发展前景，是未来投资的方向，就要做到专利先行，用专利技术为企业投资、贸易开拓市场。

4）是否申请专利保护，还要根据对技术本身的评价和对竞争对手及市场的分析做出决定。对于基本专利，一般要等到其应用研究和周边研究大体成熟后，再提出专利申请。防止其他企业在基本专利的基础上，做继续改进研究，或抢先申请应用发明专利，而造成对自己基本发明的封锁；对于面临的竞争对手多，或市场需求强的技术成果，应尽快申请专利；对本企业领先的但又易被模仿的技术，可以在先期采取技术秘密保护，在竞争对手快要追上时再申请专利，一方面延长了保护期，另一方面也避免了技术过早地公开而给竞争对手可乘之机。并且，在申请专利之前应先了解一下社会对发明创造的需求情况，选择有利的申请时机，以免获取有效专利权后得不到及时实施或有效运营而带来损失。

20.4　专利侵权的判定

专利是法律赋予发明人的一种合法权利，保护其发明的利益不受侵害，因此，其他仿效者很容易侵犯发明人的权利。掌握侵权的判断原则，了解侵权判定的法规与逻辑，为进行专

利的规避设计提供宏观指导。专利侵权的判定原则主要包括以下原则：全面覆盖原则、等同原则、禁止反悔原则、多余指定原则、逆等同原则。下面利用A、B、C、D……代表专利当中的技术特征进行说明。

1. 全面覆盖原则

全面覆盖指被控侵权物（产品或方法）将专利权利要求中记载的技术方案的必要技术特征全部再现；被控侵权物（产品或方法）与专利独立权利要求中记载的全部必要技术特征一一对应并且相同。全面覆盖原则，即全部技术特征覆盖原则或字面侵权原则。

（1）字面侵权　即被控侵权对象完全对应等同于专利权利要求中的全部必要技术特征，虽然文字表达有所变化但无任何实质的修改添加和删减（见图20-1）。

（2）从属侵权　即被控侵权对象除了包含专利的全部必要技术特征之外，又添加了其他技术特征（见图20-2）。

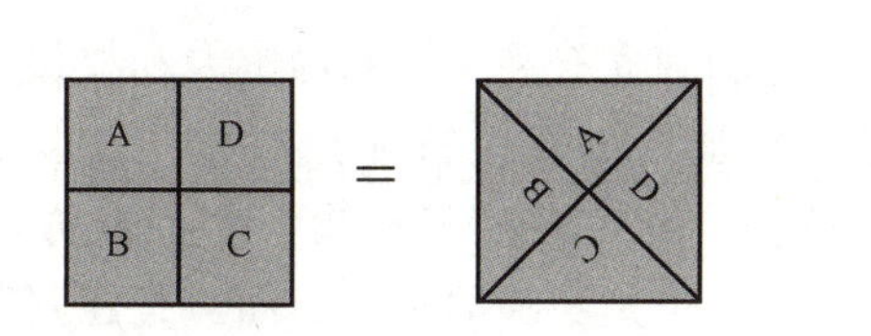

图20-1　字面侵权图示

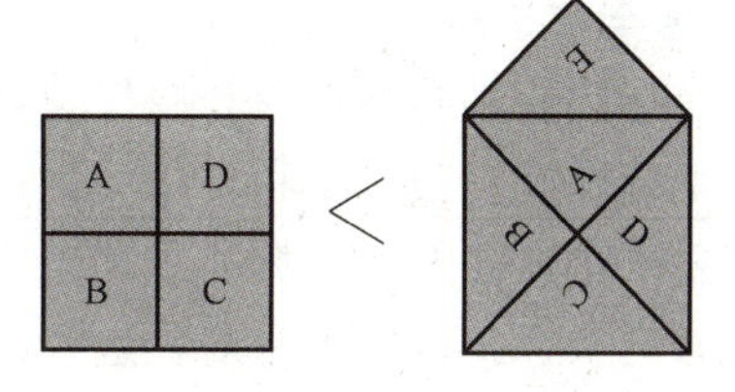

图20-2　从属侵权图示

2. 等同原则

等同原则是指被控侵权物（产品或方法）中有一个或者一个以上技术特征经与专利独立权利要求保护的技术特征相比，从字面上看不相同，但经过分析可以认定两者是相等同的技术特征。这种情况下，应当认定被控侵权物（产品或方法）落入了专利权的保护范围。在专利侵权判定中，当适用全面覆盖原则判定被控侵权物（产品或方法）不构成侵犯专利权的情况下，才适用等同原则进行侵权判定（见图20-3）。

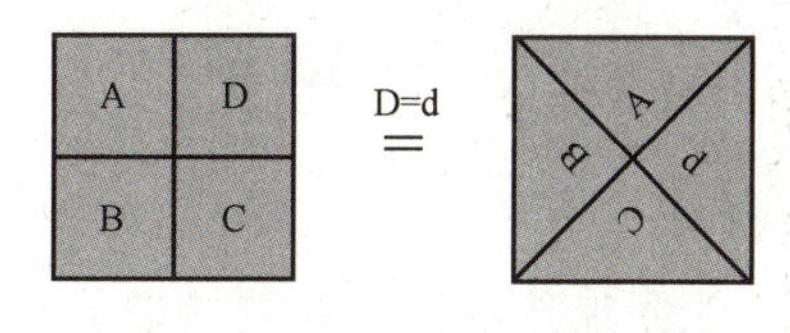

图20-3　等同原则图示

等同特征又称为等同物，被控侵权物（产品或方法）中，同时满足以下两个条件的技术特征时，可以认定为专利权利要求中相应技术特征的等同物。

1）被控侵权物中的技术特征与专利权利要求中的相应技术特征相比，以基本相同的手段，实现基本相同的功能，产生了基本相同的效果。

2）对该专利所属领域普通技术人员来说，通过阅读专利权利要求和说明书，无须经过创造性劳动就能够联想到的技术特征。

3. 禁止反悔原则

禁止反悔原则是指在专利审批、撤销或无效程序中，专利权人为确定其专利具备新颖性和创造性，通过书面声明或者修改专利文件的方式，对专利权利要求的保护范围做了限制承诺或者部分放弃了保护，并因此获得了专利权。而在专利侵权诉讼中，法院利用等同原则确定专利权的保护范围时，应当禁止专利权人将已被限制、排除或者已经放弃的内容重新纳入专利权保护范围。当等同原则与禁止反悔原则在适用上发生冲突时，即原告主张适用等同原则判定被告侵犯其专利权，而被告主张适用禁止反悔原则判定自己不构成侵犯专利权的情况下，应当优先适用禁止反悔原则（见图 20-4）。

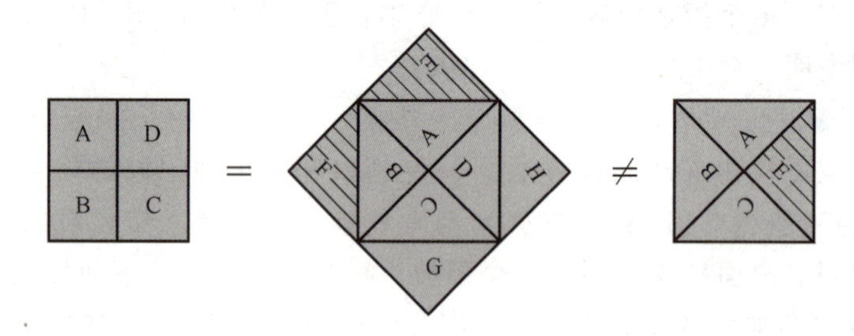

图 20-4　禁止反悔原则图示

图 20-4 右端被控对象采用了图 20-4 左端专利技术在申请阶段放弃的部分技术特征 E 来实现了技术要求，因此适用于禁止反悔原则，不构成专利侵权。

4. 多余指定原则

多余指定原则是指在专利侵权判定中，在解释专利独立权利要求和确定专利权保护范围时，将记载在专利独立权利要求中的明显附加技术特征（即多余特征）略去；仅以专利独立权利要求中的必要技术特征来确定专利权保护范围，判定被控侵权物（产品或方法）是否覆盖专利权保护范围的原则。这个原则实际上不是一个判断上的标准，而只是在判断前确定专利保护范围的一个准则而已（见图 20-5）。随着 2009 年最高人民法院《关于审理侵犯专利权纠纷案件应用法律若干问题的解释》明文确立了“全部技术特征原则”（即“全面覆盖原则”），由此宣告了“多余指定原则”在实践上的终结。

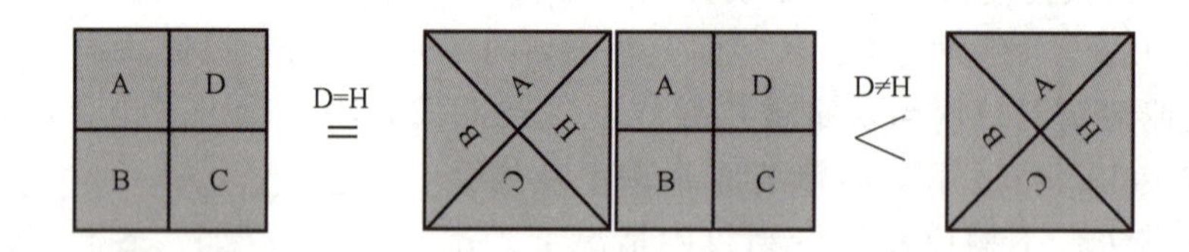

图 20-5　多余指定原则图示

当附加技术特征 D 被“指定”为“多余的技术特征”时，专利保护范围为 A+B+C。侵权判定时存在两种情况：

1）若被控对象包含此多余技术特征（D=H）时，构成专利侵权。

2）若被控对象不包含此多余技术特征时，属于该专利的从属专利，同样构成从属专利侵权。

5. 逆等同原则

当被控侵权物完全落入全面覆盖中的字面侵害时，或满足申请专利范围的所有限制条件，但其技术特征的手段、功能或结果截然不同，则尽管落入字面侵权，但不涉及侵权（见图 20-6）。逆等同原则是美国联邦最高法院在专利侵权案件审判中确立的平衡原则，用于对等同比较的结果进行修正。从侵权判定的角度而言，逆等同原则是被告针对相同侵权指控的一种抗辩手段。

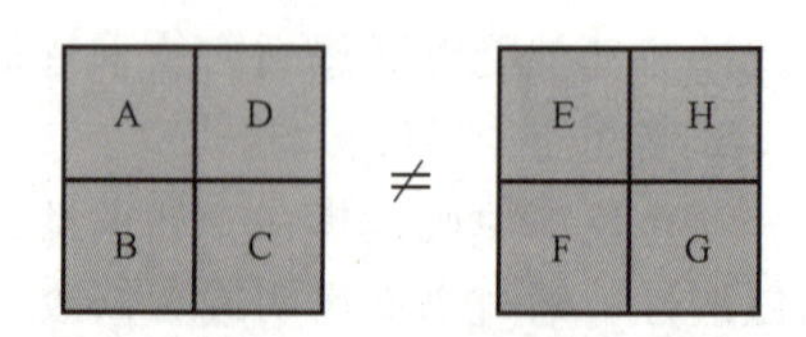

图 20-6　逆等同原则图示

6. 专利侵权的判定流程

法律侵权判断原则优先适用全面覆盖原则，如果技术方案涵盖了原专利权利要求所记载的全部技术特征应用逆等同原则进行判断，如果不同则不侵权，如果相同，则为侵权；如未涵盖全部技术特征，则适用等同原则，判断两者的区别技术特征是否在特征、功能和效果三方面实质相等同。若特征实质等同，则适用禁止反悔原则，判断是否该等同技术特征已经贡献给社会公众，成为现有技术。专利侵权判断流程如图 20-7 所示。

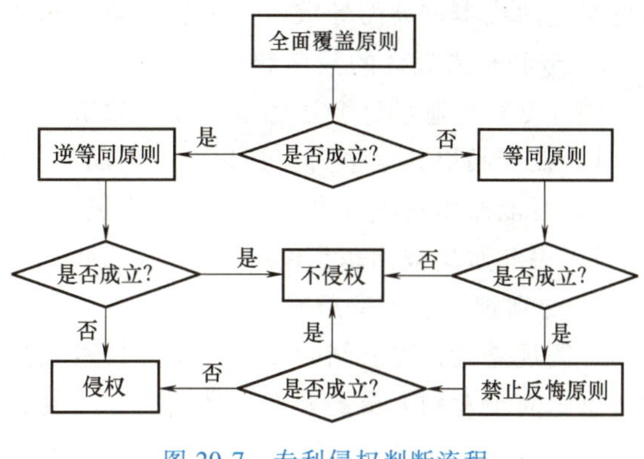

图 20-7　专利侵权判断流程

20.5　专利规避基本知识

20.5.1　专利规避的原则

专利规避最初的目的是从法律的角度来绕开某项专利的保护范围以避免专利权人进行侵权诉讼。专利规避是企业进行市场竞争的合法行为。首先对专利规避设计的实施方法做出回应的是法律学者，随着专利纠纷案件的不断积累，总结与归纳出了相应的组件规避原则，其主要是从删除、替换、更改以及语义描述的变化等方面进行专利规避。

实际应用中专利规避设计可遵循的三点原则：

1）减少组件数量以避免侵犯全面覆盖原则。

2）使用替代的方法使被告主体不同于权利要求中指出的技术以防止字面侵权。

3）从方法、功能、结果上对构成要件进行实质性改变，以避免侵犯等同原则。

专利规避设计原则是从侵权判断的角度进行分析，根据权利要求书分析专利的必要技术特征，对其进行删减和替代，以减少侵权的可能性。专利规避设计原则是宏观层面上的指导方针，对设计人员来说，需要具体可以实施的过程来详细指导如何在现有专利技术基础上进行重组和替代，开发出新的技术方案绕开现有专利的保护范围。功能裁剪作为有效的分析工具能够指导设计人员进行技术分析，并结合专利规避设计原则选择合理的技术进行删除或替代，从根本上突破现有专利的技术垄断。

20.5.2　专利规避设计方法

1. 专利规避设计的基本要求

专利规避重点在于利用不同的结构或技术方案来达成相同的功能，可以巧妙利用原有专利的遗漏点进行创新设计，一般来说，一个成功的专利规避设计需要满足如下两个基本条件：

1）在专利侵权判定中不会被判侵权。这是专利规避设计最下限的要求，也是法律层面最基本的要求。

2）确保规避设计的成果具备商业竞争力、满足获利要求。不是为了规避而规避，必须考虑避免因成本过高而导致产品失去竞争力和利润空间的问题，这个是商业层面上的要求。

2. 专利规避设计的预期效果

做好专利规避设计会达到以下预期效果：

1）使产品更具竞争力，强化原有产品的优点，改良缺点。

2）可能产生一项或多项新的技术专利。

3）可能避免被判恶意侵权。

3. 专利规避设计常用方法

专利规避设计需要结合专利人员、技术人员以及市场人员等各方力量，才可能更富有成效。这里对于专利人员的要求也特别高，需要有扎实的专利法律知识功底和专利实务操作经验，对技术、产品的原理非常熟悉，对产业和市场比较敏感。

具体来讲，可从以下几方面进行专利规避设计：

（1）借鉴专利文件中技术问题的规避设计　通过专利文件解析新产品的技术方案解决的技术问题，重新设计得到完全不同于专利中的技术方案，则不存在侵权的问题。但是，另起炉灶的研发费用可能会较大，研发周期也相对较长。专利文件仅起到提示竞争者创新的作用，竞争者对其利用程度不高。

（2）借鉴专利文件中背景技术的规避设计　专利文件的背景技术部分往往会描述一种或多种相关现有技术，并指出它们的不足之处；审查员也会指出最接近的现有技术，有些国家的专利文件中还会指出与该专利相互引证的专利文献。

因此，借助于与该专利相近的技术文献，完全有可能通过对现有技术以及其他专利技术的改进，组合形成新的技术方案，来规避该专利。这种规避设计方法利用了专利文件的信息，在此基础上创造出了不侵犯该专利权的规避设计方案，但在此过程中要注意避免对其他涉及的专利构成侵权。

（3）借鉴专利文件中发明内容和具体实施方案的规避设计　专利的保护范围以权利要求为准，其具体实施方案中可能提供了多种变形和技术方案，其发明内容部分可能揭示了完成本发明的技术原理、理论基础或发明思路。然而其权利要求却未必能精准地概括上述这些具体实施方案，其技术原理、理论基础或发明思路也未必对应其权利要求中的技术方案。

通过上下两个方面进行突破，一方面，寻找权利要求的概括疏漏，找出可以实现发明目的，却未在权利要求中加以概括保护的实施例或相应变形；另一方面，可以通过应用发明内容中提到的技术原理、理论基础或发明思路创造出不同于权利要求保护的技术方案。

（4）借鉴专利审查相关文件的规避设计　根据禁止反悔原则，专利权人不得在诉讼中，对其答复审查意见过程中所做的限制性解释和放弃的部分反悔；而这些很有可能就是可以实现发明目的，但又排除在保护范围之外的技术方案，所以如果能获得这样的信息，规避设计就事半功倍了。

（5）借鉴专利权利要求的规避设计　采用与专利相近的技术方案，而缺省至少一个技术特征，或有至少一个必要技术特征与权利要求不同。这里的权利要求也应当理解为字面及其等同解释。这是最常见的规避设计，也是最与专利保护范围接近的规避设计。这种方法技术上的难度相对较大，同时也应当把握好规避设计下限的度的问题。关键点在于找出权利要求各技术特征中最易缺省或替代的技术特征，也就是突破口，这需要有丰富的技术设计经验。

20.5.3　基于 TRIZ 的专利规避设计

TRIZ 理论来源于对大量高水平专利的分析与总结，反之，TRIZ 理论肯定能适用于对专利的分析，对专利规避设计也有一定的启发作用。基于 TRIZ 的专利规避设计是以 TRIZ 创新理论作为有效指导的，应用 TRIZ 理论对现有专利技术进行“模仿”，在充分分析现有技术的优势和创新点的基础上，引进其有利于发展自有技术发展的因素，通过技术创新进行消化吸收并融入新技术中，从而开发出更加创新性的新技术来规避现有专利的技术垄断。

基于 TRIZ 的专利规避方法目前有很多种，基于 TRIZ 的专利规避设计流程可以分为以下几个阶段：

（1）专利检索与目标专利确定　通过设置主要竞争对手的专利检索背景表来精准地确定专利数据的检索范围，找到主流技术的最相关专利文献。通过专利检索，往往会得到多个相关的专利，需要对这些专利进行分析从而确定规避的目标专利。常用的专利分析方法有专利生命周期分析法、技术/功效矩阵法、专利地图等，选择时可以从功能-技术发展的角度进行筛选归类从而确定代表该领域核心技术的专利，即需要规避的目标专利。

（2）目标专利保护范围分析　通过分析目标专利的权利要求，确定必要技术特征和附加的技术特征。进而分析专利文献中的技术元件的功能、方法及结果，以了解各关键技术特征实现功能的手段。

（3）专利规避原则的选择　根据前面介绍的三种专利规避设计原则，选择其中合适的原则进行专利规避。

（4）基于 TRIZ 的专利规避设计　通过以上分析确定了需要规避的专利技术特征或关键功能元件，可以采用 TRIZ 中的冲突解决原理、物质-场分析、功能裁剪、技术系统进化及效应等工具对专利进行规避设计。如果规避后产生了新问题，将这些问题转化为 TRIZ 问题，再利用 TRIZ 理论解决问题并产生创新方案。

（5）专利侵权判定　根据专利侵权判定原则对规避设计后形成的新产品进行专利侵权判定，以保证规避方案不侵权。若侵权再一次拟定规避策略，进行创新设计，直到符合设计要求并且不侵权为止。也可以将规避设计成功的新方案申请专利。

20.6　专利规避案例分析

20.6.1　问题背景

带式输送机（见图 20-8）是一种摩擦驱动以连续方式运输物料的机械。它既可以进行碎散物料的输送，也可以进行成件物品的输送。除进行纯粹的物料输送外，还可以与各工业企业生产流程中的工艺过程的要求相配合，形成有节奏的流水作业运输线。

带式输送机广泛应用于现代化的各种工业企业中。在矿山的井下巷道、矿井地面运输系统、露天采矿场及选矿厂中，广泛应用带式输送机。它用于水平运输或倾斜运输。

20.6.2　专利规避设计

（1）专利检索与目标专利确定　本实例面向国内皮带输送机市场，规避我国专利对皮

图 20-8 带式输送机

带输送机技术的控制，因此，专利信息源为中国专利局的专利，通过大为计算机软件开发有限公司的 PatentEX 专利信息创新平台，从中国专利局网站上检索皮带输送机的发明专利，采用“带式输送机”“皮带输送机”关键词进行检索，检索到发明专利 298 项。对检索到的专利进行筛选得到最相关的皮带输送机专利 78 项，对筛选出来的专利进行专利数据分析确定要规避的目标专利技术。

（2）目标专利保护范围分析　通过对筛选后得到的专利的发明目的、权利要求书、说明书进行分析得到，现有皮带输送机专利主要解决问题的方向是：承载方式、驱动方式、制动方式、输送带结构、可否移动。对专利进一步分析可知解决承载方式问题的专利数量较多，因此选择皮带输送机的承载方式作为规避新设计的主要方向。

（3）专利规避原则的选择　选择专利规避原则二：替代技术。为了能够成功规避现有皮带输送机的承载方式专利，尝试替换该专利中实现承载方式的必要技术特征。因此，如何利用新的资源重新实现该功能是思考方向。

（4）基于 TRIZ 的专利规避设计　应用 TRIZ 中的技术系统进化路线对皮带输送机的承载方式技术进行分析，寻求新的替代技术。

1）选择结构柔性化。

2）确定目前的承载方式技术的当前技术进化状态（见图 20-9）。基于结构柔性化路线，

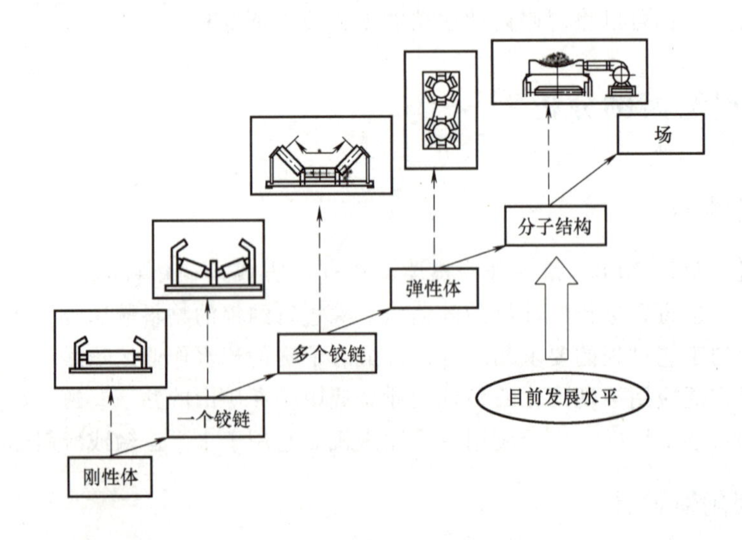

图 20-9 带式输送机技术进化状态

分析现有皮带输送机的承载方式技术的核心技术特征进化过程，带式输送机的承载方式已经达到了分子结构，出现了气垫式带式输送机。虽然气垫式带式输送机已经得到了一定程度的应用，但是它的缺点决定了它的应用场合受到了很大的限制，也促使它向更高的程度进化。因此带式输送机的承载方式将向场进化，可以利用磁场支撑来实现。

3）根据技术系统进化路线能够确定初步方案：将胶带磁化制成一磁弹性体，并在支承胶带的支承面上安装与胶带被支承面同级的永久磁铁，则胶带与支承磁铁之间会产生排斥力，使胶带悬浮在支承座上，从而实现非接触支承，如图 20-10 所示。该方案的缺点是需要专门的磁性胶带，且容易发生飘带和跑偏。

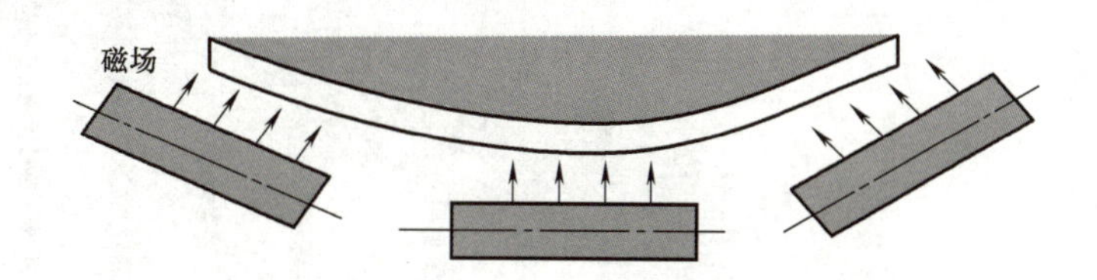

图 20-10 初步方案示意图

4）专利规避设计发明问题的确定和解决。以上方案利用电磁场使胶带悬浮在支承座上减少摩擦但是同时带来容易飘带、跑偏以及成本增加等缺点。磁垫式带式输送机的输送带与托辊之间是靠磁力支承的，没有了摩擦阻力，提高了传动效率，降低了输送带的摩擦，但是没有了摩擦阻力，增大了输送带跑偏的趋势。因此，可将这个问题转化为冲突问题：力与结构的稳定性。查询冲突矩阵，可得发明原理 No. 35、No. 10、No. 21。

5）根据发明原理得到解决方案。

发明原理 10：预操作。应用该条发明原理，可以想到为磁垫式带式输送机预先加一个防跑偏的装置。

发明原理 21：紧急行动。输送带的跑偏是伴随着输送物料的过程发生的，是长时间输送物料可能产生的有害状况，但是这个状况又是随机的，是无法预测的，是必须要避免的，因此无法用最快的速度完成这个操作。所以这条发明原理不能产生有效方案。

发明原理 35：参数变化。采用改变参数的方法，如果能通过改变输送带自身的某个参数来解决输送带跑偏的缺陷，无疑是最好的方法。这里最可行的是采用“改变物体的柔性”的原理。增大托辊的柔性，采用每组多个托辊支承的方式，并增大托辊的槽角。经过简单的受力分析就可以得出结论，带能自行对中，不会跑偏。

如图 20-11 所示，假设胶带向左偏，则胶带与托辊间的间距$\delta_1<\delta_2$，这时磁斥力 $N_5>N_4$，则在 x 方向 $N_4>N_5$，胶带在 N_4 作用下右移；反之 $N_5>N_4$，胶带则向左移动，只有当 $\delta_1=\delta_2$，$N_4=N_5$ 时，胶带将在 x 方向达到受力平衡，故磁浮系统能使胶带自动对中。其中，δ_1、δ_2 为传输带与磁极之间的距离；N 为磁斥力。

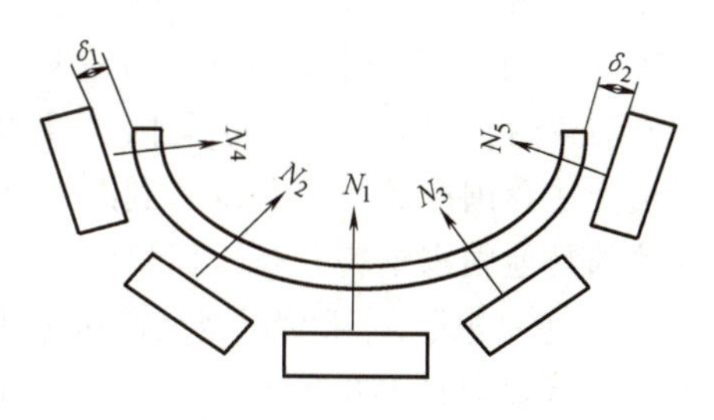

图 20-11 胶带受力示意图

6）最终方案确定。通过方案对比最终选取根据发明原理 35：参数变化，得到的解决方案为最终方案。方案结构如图 20-12 所示。

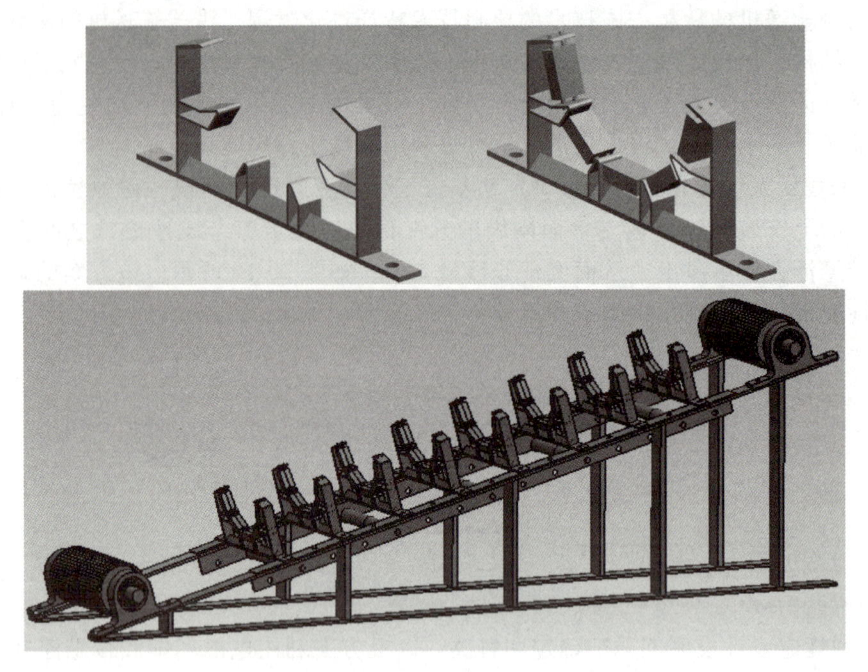

图 20-12　最终方案结构示意图

（5）专利侵权判定　磁垫式带式输送机与普通带式输送机最大的区别就是采用磁性支承，因此作为一个磁极的上托辊，是本次规避设计的创新点，有效地规避了已有的专利技术。与以往圆柱形托辊不同，磁垫式带式输送机的托辊采用矩形结构，这种结构可以有效地利用磁性材料，用更小的体积产生更大的受力面积。托辊的材料选择永磁铁，可以降低制造成本。

思　考　题

1. 我国专利有哪几种类型？
2. 专利有什么特点？
3. 专利申请有哪三种策略？
4. 专利侵权如何判定？
5. 专利侵权判定的原则有哪些？
6. 专利规避的一般策略是什么？
7. 上海 A 研究所领衔研究，B 有限公司独家生产的恶性肿瘤固有荧光诊断仪，在获得中国专利权后，又先后获得了美国、日本的专利权。对此，由美国公司提供相关技术，日本公司负责在我国产品尚未获得专利的加拿大生产同类型诊断仪，然后在我国产品尚未获得专利保护的其他国家销售，是否侵权？
8. 上海一家企业开发新型空调压缩机，采用二氧化碳替代氟利昂，导致内部压力由 20 多个大气压猛增到 120 多个大气压，压缩机密封件必须寻找性能更好的替代技术。企业专利人员主动出击，找到一种原用于高压水泵的密封技术专利，利用其原理，经过简单二次开发，转用到了压缩机上。是否侵权？为什么？

附　录

附录 A　TRIZ 名词中英文对照及解释

英语词汇	中文翻译	名 词 解 释
Additional Function	附加功能	系统在主要功能之外增加的功能,一般与主要功能无关
Algorithm for Inventive Problem Solving (ARIZ)	发明问题解决算法	TRIZ 中用于分析模糊、结构不良问题,并将之转换为明确物理冲突的一系列逻辑过程
Anticipatory Failure Determination	失效预测	基于 TRIZ 的方法,用于分析和避免发生设计失效的方式
Auxiliary Function	辅助功能	对基本功能起支持作用的功能
Auxiliary Tool	辅助工具	支持主工具的性能,对于非检测类系统,辅助工具主要执行监测、测量的功能
Bi-system	双系统	由两个单系统组成的系统
Conflict Area (Conflict Domain, Operation Zone)	冲突区域	由与问题相关的两个元件及元件间作用组成的区域
Conflicting Components	冲突元件	与系统冲突相关的元件,冲突区域的元件
Conflict Matrix (Contradiction Matrix, Altshuller Matrix)	冲突矩阵(阿奇舒勒矩阵)	用于解决典型技术冲突时,查取发明原理的矩阵。39×39 的矩阵,矩阵元素为发明原理代号
Degree of Ideality	理想化水平	系统功能能力与成本和有害因素的和的比值
Double Sufield	双物质-场	两种物质间存在两个场的物质-场模型
Effect	效应	场与物质作用的结果,效应是输入场到输出场的变换,一般用物理、化学、几何等定律表示
Elementary Sufield	基本物质-场模型	由两种物质与其间的一个作用组成的物质场模型
Environment	环境	系统或其元件周围对其有直接物理作用的因素
Field	场	两种物质间相互作用需要的能量
Final Conflict Area	最终冲突区域	与根原因直接相关的元件组成的冲突区域
Function	功能	技术系统的两个元件间有目的性的相互作用
Harmful Function/Action	有害功能/作用	妨碍基本功能执行的功能
Homogeneous Bi(Poly)-System	同质双(多)系统	组成系统的子系统功能是相同或相似的
Ideal Final Result	最终理想解	对于一个工程设计问题基于理想技术系统概念的理想解
Ideal Technological System	理想技术系统	系统实体不存在,但预定功能存在的系统
Incomplete Sufield	不完整物质-场	物质-场中缺少元件(三元件不完整)

（续）

英语词汇	中文翻译	名词解释
Initial Situation (Initial Problem)	初始问题	初始问题声明，往往是不同问题混杂在一起
Inventive Principles, Typical Techniques for Overcoming System Conflicts	发明原理	解决技术冲突的典型方法或操作
Inverse Bi(Poly)-System	相反双(多)系统	组成系统的子系统具有相反的功能
Knowledge Base of Engineering Applications of Physical, Chemical and Geometric Effects	物理、化学和几何效应工程应用的知识库	通过功能原理建立起来的物理的、化学的、几何效应的集合
Law of Completeness	完整性定律	系统至少包含四个部分：执行、传动变换、能源、控制
Law of Elimination of Human Involvement	减少人参与的定律	技术系统有减少人的参与的趋势
Law of Harmonization	增加协调性定律	组成系统的元件作用周期的协调性是有效系统存在的条件
Law of Increasing Controllability	提高可控性定律	系统朝着提高系统可控性方向进化
Law of Increasing Degree of Ideality	提高理想化水平定律	系统向着理想化程度提高的方向进化
Law of Increasing Flexibility (Law of Increasing Dynamism)	提高动态性定律	系统向着结构更加柔性化的方向进化，以适应变化的环境和不同的性能要求
Law of Non-Uniform Evolution of Sub-Systems	子系统非均衡发展定律	组成系统的各个子系统进化是不均衡的
Law of Shortening of Energy Flow Path	缩短能量流路径长度定律	能量在系统中的路径有缩短的趋势
Laws of Technological System Evolution; (Laws of Engineering System Evolution, Patterns of Technological System Evolution, Trends of Technological System Evolution)	技术系统进化定律(技术系统进化模式、趋势)	反映了系统在进化过程中，技术系统的元件间、系统与环境间重要的、固定的、重复的相互作用
Law of Transition to a Higher-Level System (Law of Transition to a Supersystem)	向复杂系统进化(向超系统进化)	系统有由单系统向双系统或多系统进化的趋势
Law of Transition to a Micro-Level	向微观系统进化	系统有向着元件分割(首先是工作方式的分割)的方向进化的趋势
Level of Invention	发明等级	量化评价发明的新颖性和对原系统的影响
Lines of Evolution	进化路线	与进化定律相关，并详细指明了系统进化过程的一系列特定阶段
Macro Physical Contradiction	宏观物理冲突	在 ARIZ 中，在宏观元件层次形成的物理冲突
Main Tool	主要工具	执行基本功能的工具
Main Function	主要功能	体现系统存在的主要目的的功能，如电话的通话功能，汽车载人载物行驶的功能
Maxi-problem	最大问题	导致系统发生巨大改变的问题，如实现功能原理的改变
Micro Physical Contradiction	微观物理冲突	ARIZ 中，描述系统元件成分(颗粒)的物理冲突

（续）

英语词汇	中文翻译	名 词 解 释
Minimal Technological System	最小技术系统	只包含对象、工具及其之间作用能量的系统，该系统可以用基本物质-场描述
Mini-problem	最小问题	问题按照以下规则阐述：系统保持不变甚至简化，但有害作用消失或者获得一个有用功能，当解决一个最小问题，系统功能实现原理是不变的
Mono-system	单系统	只执行单一功能的系统
Object (Article, Product)	被作用对象（物体、制品）	系统中被作用（处理、改变）的元件
Partially Convoluted Bi(Poly)-System	部分裁剪的双（多）系统	减少系统辅助元件数量后的双或多系统
Physical Action	物理作用	特定功能执行的物理机制
Physical Contradiction	物理冲突	对同一系统提出相反的状态要求
Poly-system	多系统	系统中包含超过两个以上单系统
Primary Function	基本功能	与要实现的功能直接相关的功能（作用），执行元件执行的功能是系统的基本功能
Psychological Inertia	心理惯性	按照经验和传统方法思考和解决问题的现象
Resources	资源	系统或环境中能够用于改进系统的物质、场、时间、空间等资源
S-curve	S-曲线	系统进化过程中主要性能提高过程可以用S-曲线描述
Separation Principles (Generic Principles for Overcoming Physical Contradictions)	分离原理	用于解决物理冲突的典型方法或操作
Shifted Bi(poly)-systems (Biased Bi(poly)-systems)	性能改变的双（多）系统	组成双或多系统的子系统执行的功能相同，但具体参数不同
Standard Approaches to Solving Problems (Standard Solutions, Standard Techniques, Standards)	标准解	最有效的典型系统变换的集合，这些系统变换基于了技术系统进化定律，很多都用物质-场描述
Substance	物质	物质-场模型中基本组成元件，参与技术系统中任何复杂层次的功能的执行
Substance-Field (Sufield) Analysis	物质-场分析	TRIZ 研究系统变换和物质-场进化的一个分支
Sufield	物质-场模型	TRIZ 中表达技术系统的模型，包含物质及其之间的场
Supersystem (Higher-level system)	超系统	当前系统作为其中一个子系统而运行的更大的系统
Technology Assessment Curves (Altshuller Metrics, The Four Relationship Curves Operator)	技术评价曲线（阿奇舒勒判据，四关系曲线算子）	阿奇舒勒发现的产品主要性能、发明数量、发明等级和获利能力四个指标随系统进化而变化的四条曲线，用于技术成熟度预测
Tool	工具	对被作用对象（制品）直接作用的元件
Trimming (Pruning, Convolution)	裁剪	在提高系统理想化水平过程中，通过消除系统，并将其功能转给系统中其他子系统的方法
TRIZ Technology Forecasting (Directed Evolution, Guided Technology Evolution)	TRIZ 技术预测（引导进化）	一种系统化地预测下一代系统的方法。核心理论是技术系统进化理论

（续）

英语词汇	中文翻译	名词解释
Typical System Conflicts (Typical Engineering Contradictions, Typical Technical Contradictions)	典型技术冲突	用通用工程参数描述的冲突。对系统进行技术冲突分析时，需要把具体的冲突转化为典型技术冲突后才能够用发明原理求解
Useful Function/Action	有用功能/作用	对基本功能执行有用的功能
Void	虚无	物质的不连续，物质与虚无形成中空、多孔结构

附录B 常用物理效应和化学效应

常用物理效应列表

序号	实现的作用或功能	物理效应
1	测量温度	热膨胀及由其引起的固有振荡频率的变化；热电现象；辐射光谱物质的光、电、磁特性的变化；经过居里点的转变；霍普金斯及巴克豪森效应
2	降低温度	相变、焦耳-汤姆逊效应、兰克-赫尔胥效应、磁热效应、热电现象
3	提高温度	电磁感应；涡流；表面效应；电介质加热，电力加热；放电；物质吸收辐射；热电现象
4	稳定温度	相变（其中包括经过居里点的转变）
5	指示物体的位置和位移	引进可标记的物质，它能改造外界的场（如荧光粉）或形成自己的场（如铁磁体），因此易于发现；光的反射和发射；光效应，变形；伦琴射线和无线电辐射；发光；电场及磁场的变化；放电；多普勒效应
6	控制物体位移	磁场作用于物体和作用于与物体相结合的铁磁体、以电场作用于带电的物体、用液体和气体传递压力、机械振动、离心力、热膨胀、光压力
7	控制液体及气体的运动	毛细管现象、渗透压、汤姆斯效应、伯努利效应、波动、离心力、威辛别尔格效应
8	控制气性溶胶流（灰尘、烟、雾）	电离、电场及磁场、光压
9	搅拌混合物，形成溶液	超声波、空隙现象、扩散、电场、与铁磁性物质相结合的磁场、电泳、溶解
10	分解混合物	电分离与磁分离、在电场和磁场作用下液体分选剂的视在密度发生变化、离心力、吸收、扩散、渗透压
11	稳定物体位置	电场及磁场、在电场和磁场中硬化的液体的固定、回转效应、反冲运动
12	力作用、力的调节、形成很大压力	磁场通过铁磁物质起作用、热膨胀、离心力、改变磁性液体或等电液体在磁场中的视在密度使流体静压力变化、应用爆炸物、电水效应、光水效应、渗透压
13	改变摩擦	约翰逊-拉别克效应、辐射作用、克拉格尔斯基现象（氢磨损效应）、振动
14	破坏物体	放电、电水效应、共振、超声波、气蚀现象、感应辐射
15	蓄积机械能与热能	弹性变形、回转效应、相变
16	传递能量：机械能、热能、辐射能、电能	形变；振动；亚历山大罗夫效应；波动，包括冲击波；辐射；热传导；对流；光反射现象；感应辐射；电磁感应；超导现象
17	确定活动（变化）物体与固定（不变化）物体间的相互作用	利用电磁场（从“物质”的联系过渡到“场”的联系）
18	测量物体的尺寸	测量固有振动频率、标上磁或电的标记并读校

（续）

序号	实现的作用或功能	物 理 效 应
19	改变物体尺寸	热膨胀、形变、磁致与电致伸缩、压电效应
20	检查表面状态和性质	放电、光反射、电子发射、莫比乌斯带效应、辐射
21	改变表面性质	摩擦、吸收、扩散、包辛海尔效应、发电、机械振动和声振动、紫外辐射
22	检查物体内状态和性质	引进标记物质，它改变外界的场（如荧光粉）或形成取决于被研究物质状态及性质的场（如铁磁体）；改变取决于物体结构及性质变化的比电阻；与光的相互作用；电光现象及磁光现象；偏振光；伦琴及无线电辐射；电子顺磁共振和核磁共振；磁弹性效应；经过居里点的转变；霍普金斯效应及巴克豪森效应测量物体的固有振动频率；超声波；霍尔效应
23	改变物体空间性质	电场及磁场作用下改变液体性质（视在密度、黏度）；引进铁磁性物质及磁场作用；热作用，相变；在电场作用下电离；紫外线；伦琴射线、无线电波辐射；形变；扩散；电场及磁场；热电效应；热磁及磁光效应；气蚀现象；光电效应；内光电效应
24	形成要求的结构，稳定物体结构	波的干涉、驻波、莫比乌斯带效应、电磁场、相变、机械振动和声振动、气蚀现象
25	指示出电场和磁场	渗透压、物体电离、放电、压电效应及塞格涅特电性（又称为铁效应）、驻极体、电子发射、光电现象、霍普金斯效应及巴克豪森效应、霍尔效应、核磁共振、回转磁现象及磁光现象
26	指示出辐射	光声效应、热膨胀、光电效应、发光、照片底片效应
27	产生电磁辐射	约瑟夫逊效应、感应辐射现象、隧道效应、发光、霍尔效应、切伦柯夫效应
28	控制电磁场	屏蔽；改变介质状态，如其导电性的增加或减少；改变与场相互作用的物体的表面形状
29	控制光	折射光和反射光、电现象和磁-光现象、弹性光、克尔效应和法拉第效应、耿氏效应、约瑟夫森效应、光通量转换成电信号或反之、刺激辐射（受激辐射）
30	产生和加强化学变化	超声波（超高音频）、亚声波、气穴现象、紫外线辐射、X 射线辐射、放射性辐射、放电、形变、冲击波、催化、加热
31	分析物体成分	吸附、渗透、电场、辐射作用、物体辐射的分析（分析来自物体的辐射）、光-声效应、穆斯堡尔效应、电顺磁共振和核磁共振

常用化学效应列表

序号	实现的作用或功能	化 学 效 应
1	测量温度	热色反应、温度变化时化学平衡转变、化学发光
2	降低温度	吸热反应、物质溶解、气体分解
3	提高温度	放热反应、燃烧、高温自扩散合成物、使用强氧化剂、使用高热剂
4	稳定温度	使用金属水合物、采用泡沫聚合物绝缘
5	检测物体的工况和定位	使用燃料标记、化学发光、分解出气体的反应
6	控制物体位移	分解出气体的反应、燃烧、爆炸、应用表面活性物质、电解
7	控制气体或液体的运动	使用半渗透膜、输送反应、分解出气体的反应、爆炸、使用氢化物
8	控制悬浮体（粉尘、烟、雾等）	与气悬物粒子机械化学信号作用的物质雾化
9	搅拌混合物	由不发生化学作用的物质构成混合物；协同效应；溶解；输送反应；氧化还原反应；气体化学结合；使用水合物、氢化物；应用络合酮

（续）

序号	实现的作用或功能	化学效应
10	分解混合物	电解、输送反应、还原反应、分离化学结合气体、转变化学平衡、从氢化物和吸附剂中分离、使用络合酮、应用半渗透膜、将成分由一种状态向另一种状态转变（包括相变）
11	物体位置的稳定（物体定位）	聚合反应（使用胶、玻璃水、自凝固塑料）、使用凝胶体、应用表面活性物质、溶解黏合剂
12	感应力、控制力、形成高压力	爆炸、分解气体水合物、金属吸氢时发生膨胀、释放出气体的反应、聚合反应
13	改变摩擦力	由化合物还原金属、电解（释放气体）、使用表面活性物质和聚合涂层、氢化作用
14	分解物体	溶解、氧化还原反应、燃烧、爆炸、光化学和电化学反应、输送反应、将物质分解成组分、氢化作用、转变混合物化学平衡
15	积蓄机械能和热能	放热和吸热反应、溶解、物质分解成组分（用于储存）、相变、电化学反应、机械化学效应
16	传输能量（机械能、热能、辐射能和电能）	放热和吸热反应；溶解；化学发光；输送反应；氢化物；电化学反应；能量由一种形式转换成另一种形式，再利用能量传递
17	可变的物体和不可变的物体间相互作用	混合、输送反应、化学平衡转移、氢化转移、分子自聚集、化学发光、电解、自扩散高温聚合物
18	测量物体尺寸	与周围介质发生化学转移的速度和时间
19	改变物体尺寸和形式（形状）	输送反应、使用氢化物和水化物、溶解（包括在压缩空气中）、爆炸、氧化反应、燃烧、转变成化学关联形式、电解、使用弹性和塑性物质
20	控制物体表面形状和特性	原子团再化合发光；使用亲水和疏水物质；氧化还原反应；应用光色、电色和热色原理
21	改变表面特性	输送反应、使用水合物和氢化物、应用光色物质、氧化还原反应、应用表面活性物质、分子自聚集、电解、侵蚀、交换反应、使用漆料
22	检测（控制）物体容量（空间）状态和性质（形状和特性）	使用色反应物质或指示剂物质的化学反应、颜色测量化学反应、形成凝胶
23	改变物体容积性质（空间特性，密度和浓度）	引起物体的物质成分发生变化的反应（氧化反应、还原反应和交换反应）、输送反应、向化学关联形式转变、氢化作用、溶解、溶液稀释、燃烧、使用胶体
24	形成要求的、稳定的物体结构	电化学反应、输送反应、气体水合物、氢化物、分子自聚集、络合酮
25	显示电场和磁场	电解、电化学反应（包括电色反应）
26	显示辐射	光化学、热化学、射线化学反应（包括光色、热色和射线使颜色变化反应）
27	产生电磁辐射	燃烧反应、化学发光、激光器活性气体介质中的反应、发光、生物发光
28	控制电磁场	溶解形成电解液、由氧化物和盐生成金属、电解
29	控制光通量	光色反应、电化学反应、逆向电沉积反应、周期性反应、燃烧反应
30	激发和强化化学变化	催化剂、使用强氧化剂和还原剂、分子激活、反应产物分离、使用磁化水
31	物体成分分析	氧化反应、还原反应、使用显示剂
32	脱水	转变成水合状态、氢化作用、使用分子筛
33	改变相态	溶解、分解、气体活性结合、从溶液中分解、分离出气体的反应、使用胶体、燃烧
34	减缓和阻止化学变化	阻化剂、使用惰性气体、使用保护层物质、改变表面特性

附录 C　发明专利请求书格式

请按照“注意事项”正确填写本表各栏				此框内容由国家知识产权局填写
⑦发明名称				① 申请号　（发明）
				②分案 提交日
⑧发明人				③申请日
				④费减审批
				⑤向外申请审批
⑨第一发明人国籍　居民身份证件号码				⑥挂号号码
⑩申请人	申请人(1)	姓名或名称		电话
		居民身份证件号码或组织机构代码		电子邮箱
		国籍或注册国家（地区）	经常居所地或营业所所在地	
		邮政编码	详细地址	
	申请人(2)	姓名或名称		电话
		居民身份证件号码或组织机构代码		
		国籍或注册国家（地区）	经常居所地或营业所所在地	
		邮政编码	详细地址	
	申请人(3)	姓名或名称		电话
		居民身份证件号码或组织机构代码		
		国籍或注册国家（地区）	经常居所地或营业所所在地	
		邮政编码	详细地址	
⑪联系人		姓　名	电话	电子邮箱
		邮政编码	详细地址	
⑫代表人为非第一署名申请人时声明　特声明第____署名申请人为代表人				
⑬专利代理机构		名称		机构代码
	代理人(1)	姓　名	代理人(2)	姓　名
		执业证号		执业证号
		电　话		电　话
⑭分案申请		原申请号	针对的分案申请号	原申请日　年　月　日
⑮生物材料样品		保藏单位	地址	
		保藏日期　年　月　日	保藏编号	分类命名

（续）

<table>
<tr><td>⑯序列表</td><td colspan="3">□本专利申请涉及核苷酸或氨基酸序列表</td><td>⑰遗传资源</td><td>□本专利申请涉及的发明创造是依赖于遗传资源完成的</td></tr>
<tr><td rowspan="2">⑱要求优先权声明</td><td>原受理机构名称</td><td>在先申请日</td><td>在先申请号</td><td>⑲不丧失新颖性宽限期声明</td><td>□已在中国政府主办或承认的国际展览会上首次展出
□已在规定的学术会议或技术会议上首次发表
□他人未经申请人同意而泄露其内容</td></tr>
<tr><td></td><td></td><td></td><td>⑳保密请求</td><td>□本专利申请可能涉及国家重大利益，请求按保密申请处理
□已提交保密证明材料</td></tr>
<tr><td colspan="4">㉑□声明本申请人对同样的发明创造在申请本发明专利的同日申请了实用新型专利</td><td>㉒提前公布</td><td>□请求早日公布该专利申请</td></tr>
<tr><td colspan="4">㉓申请文件清单
1. 请求书　份　页
2. 说明书摘要　份　页
3. 摘要附图　份　页
4. 权利要求书　份　页
5. 说明书　份　页
6. 说明书附图　份　页
7. 核苷酸或氨基酸序列表　份　页
8. 计算机可读形式的序列表　份

权利要求的项数　项</td><td colspan="2">㉔附加文件清单
□费用减缓请求书　份 共 页
□费用减缓请求证明　份 共 页
□实质审查请求书　份 共 页
□实质审查参考资料　份 共 页
□优先权转让证明　份 共 页
□保密证明材料　份 共 页
□专利代理委托书　份 共 页
总委托书（编号____________）
□在先申请文件副本　份
□在先申请文件副本首页译文　份
□向外国申请专利保密审查请求书　份 共 页</td></tr>
<tr><td colspan="4">㉕全体申请人或专利代理机构签字或者盖章

年　月　日</td><td colspan="2">㉖国家知识产权局审核意见

年　月　日</td></tr>
</table>

参考文献

[1] 檀润华 . TRIZ 及应用——技术创新过程与方法[M]. 北京：高等教育出版社，2010.

[2] G S Altshuller. Creativity as an Exact Science：The Theory of the Solution of Inventive Problems[M]. New York：Gordon and Breach，1984.

[3] 檀润华 . 创新设计——发明问题解决理论[M]. 北京：机械工业出版社，2002.

[4] Joe Tidd，John Bessant. Managing Innovation——Integrating Technological，Market and Organizational Change [M]. 4th ed. Chichester：A John Wiley & Sons，Ltd.，Publication，2009.

[5] 佐藤允一 . 问题解决术[M]. 杨明月，译 . 北京：中国人民大学出版社，2010.

[6] Suh Nam P. The Principles of Design[M]. New York：Oxford University Press，1990.

[7] 江屏 . 公理设计理论应用及其软件开发[D]. 天津：河北工业大学，2003.

[8] 檀润华，丁辉 . 创新技法与实践[M]. 北京：机械工业出版社，2010.

[9] Pahl G，Beitz W. Engineering Design[M]. Berlin：Spinger-Verlag，1996.

[10] 谢友柏 . 现代设计理论和方法的研究[J]. 机械工程学报，2004，40（4）：1-9.

[11] Jack B Revelle，John W Moran，Charles A Cox. The QFD Handbook[M]. New York：John Wiley&Sons Inc，1988.

[12] 奥尔洛夫 . 用 TRIZ 进行创造性思考实用指南[M]. 2 版 . 陈劲，朱凌，等译 . 北京：科学出版社，2015.

[13] Gordon Cameron. TRIZICS—Teach Yourself TRIZ，How to Invent，Innovate and Solve "Impossible" Technical Problems Systematically[M/OL]. CreateSpace，2010，http：//www. TRIZICS. com.

[14] 檀润华，张瑞红，刘芳，等 . 基于 TRIZ 的二级类比概念设计研究[J]. 计算机集成制造系统，2006，12(3)：328-333.

[15] 赵敏 . TRIZ 进阶及实战——大道至简的发明方法[M]. 北京：机械工业出版社，2015.

[16] Donald A Norman，Roberto Verganti. Incremental and Radical Innovation：Design Research versus Technology and Meaning Change[J]. Design Issues，2012，30(1)：78-96.

[17] Boris Zoltin，Alla Zusman. The Concept of Resources in TRIZ：Past，Present and Future[OL]. 2005. http：//www. ideationtriz. com/new/materials/finalconceptresources. pdf.

[18] Bilge Mutlu，Alpay Er. Design Innovation：Historical and Theoretical Perspectives on Product Innovation by Design[C]. 5th European Academy of Design Conference，Barcelona，2003.

[19] Eliyahu M Goldratt. Theory of Constraints Handbook[M]. New York：McGraw Hill，2010.

[20] Yuri Salamatov. TRIZ：the Right Solution at the Right Time：A Guide to Innovative Problem Solving[M]. Krasnoyarsk ：Institute of Innovative Design，2005.

[21] Darrell Mann. System Operator Tutorial-1）9-Windows on the world[J/OL]. TRIZ Journal，2001. http：//www. triz-journal. com.

[22] Darrell Mann. 40 Inventive（Architecture）Principles with Examples[J/OL]. TRIZ Journal，2001. http：//www. triz-journal. com.

[23] Y B Karasik. On the History of Separation Principle[J/OL]. TRIZ Journal，2001. http：//www. triz-journal. com.

[24] Larry Ball，David Troness，et al. TRIZ Power Tools—Job #5：Resolving Problems [M/OL]. Tempe（USA）：Third Millennium Publishing，2010. http：//3mpub. com.

[25] Larry Ball，David Troness，et al. TRIZ Power Tools—Skill #1：Resolving Contradictions [M/OL]. Tempe（USA）：Third Millennium Publishing，2012. http：//3mpub. com.

[26] Larry Ball，David Troness，et al. TRIZ Power Tools—Job #4：Simplifying [M/OL]. Tempe（USA）：Third Millennium Publishing，2010. http：//3mpub. com.

[27] Zinovy Royzen. Tool, Object, Product (TOP) Function Analysis[J/OL]. TRIZ Journal, 1999. http://www. triz-journal. com.

[28] Karen Gadd. TRIZ For Engineers: Enabling Inventive Problem Solving[M]. Chichester: A John Wiley & Sons, Ltd., Publication, 2011.

[29] Ed Sickafus. Cause=Effect[J/OL]. TRIZ Journal, 2004. http://www. triz-journal. com.

[30] Pentti Soderlin. Thoughts on Substance-Field Models and 76 Standards, Do We Need All of the Standards[J/OL]. TRIZ Journal, 2003. http://www. triz-journal. com.

[31] 成思源，周金平．技术创新方法——TRIZ 理论及应用[M]. 北京：清华大学出版社，2014.

[32] Michael A Orloff. Modern TRIZ—A Practical Course with Easy TRIZ Technology[M]. Berlin: Springer, 2012.

[33] Michael A Orloff. Inventive Thinking through TRIZ—A Practical Guide[M]. 2nd ed. Berlin: Springer, 2006.

[34] Alexey Zakharov. TRIZ Future Forecast[J/OL]. TRIZ Journal, 2004. http://www. triz-journal. com.

[35] Darrell Mann. Hands-on Sysmatic Innovation[M]. Clevedon: IFR Press, 2007.

[36] B Von Stamm. What are Innovation, Creativity and Design[M]. Chichester: A John Wiley & Sons, Ltd., Publication, 2003.

[37] Ellen Domb. The 39 Features of Altshuller's Contradiction Matrix[J/OL]. TRIZ Journal, 1998, http://www. triz-journal. com.

[38] Victor R Fey, Eugene I Rivin. Guided Technology Evolution (TRIZ Technology Forecasting) [M/OL]. TRIZ Journal, 1999, http://www. triz-journal. com.

[39] Ellen Domb. Using the Ideal Final Result to Define the Problem to Be Solved. TRIZ Journal, 1998, http://www. triz-journal. com.

[40] G S Altshuller. The Innovation Algorithm, TRIZ, Systematic Innovation and Technical Creativity[R]. Technical Innovation Center, Inc., Worcester, 1999.

[41] James F Kowalick. Technology Forecasting with TRIZ[J/OL]. TRIZ Journal, 1997. http://www. triz-journal. com.

[42] Boris Zlotin, Alla Zusman. Utilization of Instruments of Directed Evolution for Bridging Results of Short and Long Term Forecasting[OL]. Ideation International Inc, 2009. http://triz-journal. com.

[43] 爱德华·德·博诺．六顶思考帽 [M]. 冯杨，译．太原：山西人民出版社，2008.

[44] 曹国忠．面向功能的设计理论及实现方法研究[D]. 天津：河北工业大学，2006.

[45] 曹国忠，檀润华．功能设计原理及应用[M]. 北京：高等教育出版社，2016.

[46] Rod Coombs, Ken Green, Albert Richards, et al. Techonolgy and the Market—Demand, Users and Innovation [M]. Massachusetts: Edward Elgar Publishing, Inc., 2001.

[47] Vladimir Petrov. The Laws of System Evolution[J/OL]. TRIZ Journal, 2002. http://www. triz-journal. com.

[48] Victor Fey. Glossary of TRIZ[J/OL]. TRIZ Journal, 2001. http://www. triz-journal. com.

[49] S D Savaransky. Engineering of Creativity—Introduction to TRIZ Methodology of Inventive Problem Solving [M]. New York: CRC Press, 2000.

[50] 檀润华，孙建广．破坏性创新技术事前产生原理[M]. 北京：科学出版社，2014.

[51] 檀润华，曹国忠，陈子顺．技术创新方法培训丛书——面向制造业的创新设计案例[M]. 北京：中国科学技术出版社，2009.

[52] 孙永伟，谢尔盖·伊克万科．TRIZ：打开创新之门的金钥匙 I [M]. 北京：科学出版社，2016.

[53] 阿奇舒勒．哇！发明家诞生了[M]. 范怡红，黄玉霖，译．成都：西南交通大学出版社，2004.

[54] Don Clausing, Victor Fey. Effective Innovation[M]. New York (USA): ASME Press, Suffolk (UK): Professional Engineering Publishing Ltd., 2004.

[55] Boris Zlotin, Alla Zusman, Ron Fulbright. Knowledge Based Tools for Software Supported Innovation and

Problem Solving[OL]. 2011. http://www.uscupstate.edu/uploadedFiles/academics/arts_ sciences /Informatics/ knowledge %20based%20tools%20for%20innovation.pdf.

[56] Boris Zlotin, Alla Zusman. General Scenario of Technological Evolution: System's Evolution beyond its Original S-curve [OL] . 2003. http://www.ideationtriz.com/new/materials/GeneralScenarioofTechnological Evolution.pdf, 2005.

[57] 创新方法研究会，中国 21 世纪议程管理中心．创新方法教程（高级）[M]. 北京：高等教育出版社，2012.

[58] 尼古拉·什帕科夫斯基．进化树——技术信息分析及新方案的产生[M]. 郭越红，孔晓琴，林岳等译．北京：中国科学技术出版社，2010.

[59] 檀润华，马建红，陈子顺，等．基于 TRIZ 中需求进化定律的一类原始创新过程研究[J]. 中国工程科学，2008，10(11)：52-58.

[60] John Terninko, Ellen Domb, Joe Miller. The Seventy-six Standard Solutions, with Examples Section One[J/OL]. TRIZ Journal, 2007. http://www.triz-journal.com.

[61] John Terninko, Ellen Domb, Joe Miller. The Seventy-six Standard Solutions, with Examples Section Class 2 [J/OL]. TRIZ Journal, 2007. http://www.triz-journal.com.

[62] John Terninko, Ellen Domb, Joe Miller. The Seventy-six Standard Solutions, with Examples Section Class 3 [J/OL]. TRIZ Journal, 2007. http://www.triz-journal.com.

[63] John Terninko, Ellen Domb, Joe Miller. The Seventy-six Standard Solutions, with Examples Section Class 4 [J/OL]. TRIZ Journal, 2007. http://www.triz-journal.com.

[64] John Terninko, Ellen Domb, Joe Miller. The Seventy-six Standard Solutions, with Examples Section Class 5 [J/OL]. TRIZ Journal, 2007. http://www.triz-journal.com.

[65] John Terninko. Su-Field Analysis[J/OL]. TRIZ Journal, 2000. http://www.triz-journal.com.

[66] Victor Fey, Engene Rivin. Innovation on Demand[M]. New York (USA): Cambridge University Press, 2005.

[67] Boris Zoltin, Alla Zusman. Utilization of Instruments of Directed Evolution For Bridging Results of Short and Long Term Forecasting[OL]. 2008. http://www.ideationtriz.com.

[68] Vikram J Khona, Michael S Slocum, Timothy G Clapp. Increasing Speed of Yarn Spinning[J/OL]. TRIZ Journal, 1999. http://www.triz-journal.com.

[69] 张换高．基于专利分析的产品技术成熟度预测技术及其软件开发[D]. 天津：河北工业大学，2003.

[70] Vladimir Petrov. Laws of Dialectics in Technology Evolution[J/OL]. TRIZ Journal, 2002. http://www.triz-journal.com.

[71] Vladimir Petrov. Laws of Development of Needs[J/OL]. TRIZ Journal, 2006, http://www.triz-journa1.com.

[72] Kalevi Rantanen. Level of Solution[J/OL]. TRIZ Journal, 1997. http://www.triz-journal.com.

[73] Severine Gahide, Timothy G clapp, Michael S Slocum. Application of TRIZ to Technology Forecasting Case Study: Yarn Spinning Technology[J/OL]. TRIZ Journal, 2000. http://www.triz-journal.com.

[74] Darrell Mann. Using S-Curves and Trends of Evolution in R&D Strategy Planning[J/OL]. TRIZ Journal, 1999. http://www.triz-journal.com.

[75] 张建辉．CAI 驱动的机械产品创新设计过程研究[D]. 天津：河北工业大学，2010.

[76] 张建辉，檀润华，杨伯军，等．产品技术进化潜力预测研究[J]. 工程设计学报，2008，15(3)：157-163.

[77] 齐美灵．基于 TRIZ 的带式输送机创新设计[D]. 天津：河北工业大学，2007.

[78] 林娜．冲突区域确定过程与方法研究[D]. 天津：河北工业大学，2016.

[79] 赵磊．面向理想化的剪裁方法研究与软件开发[D]. 天津：河北工业大学，2017.

[80] Janice Marconi. ARIZ: The Algorithm for Inventive Problem Solving[J/OL]. TRIZ Journal, 1998. http://www.triz-journal.com.